OSTA ETTIC

绿色建筑工程师职业培训教材
全国高等职业院校选修课程系列教材

绿色建筑
综合案例分析

OSTA 人社部中国就业培训技术指导中心　组织编写
ETTIC 绿色建筑工程师专业能力培训用书编委会　编

U0391715

中国建筑工业出版社

图书在版编目(CIP)数据

绿色建筑综合案例分析/人社部中国就业培训技术指
导中心组织编写;绿色建筑工程师专业能力培训用书
编委会编.—北京:中国建筑工业出版社,2015.10
绿色建筑工程师职业培训教材
ISBN 978-7-112-18459-0

Ⅰ.①绿… Ⅱ.①人…②绿… Ⅲ.①生态建筑-案
例-建筑师-职业培训-教材 Ⅳ.①TU18

中国版本图书馆 CIP 数据核字(2015)第 219752 号

《绿色建筑综合案例分析》根据人力资源和社会保障部下属的中国就业培训技术
指导中心绿色建筑工程师职业培训及考试大纲进行编写,用于从事绿色建筑工程师职
业培训与考试的指导用书。

本书以《绿色建筑基础理论知识》、《绿色建筑实操技能与实务》和《绿色建筑相
关法律法规与政策》三本书为基础,针对绿色建筑评价过程中的主要环节内容,以案
例的形式进行点评和分析,帮助读者在分析案例过程中掌握绿色建筑相关技能。全书
共 10 章,总计 100 个案例。具体为:第 1 章绿色建筑费用效益案例分析;第 2 章绿色
建筑技术案例分析;第 3 章绿色建筑设计案例分析;第 4 章绿色建筑施工案例分析;
第 5 章绿色建筑运营管理案例分析;第 6 章绿色建筑专题评价案例分析;第 7 章合同
能源管理案例分析;第 8 章美国 LEED 评价体系案例分析;第 9 章绿色建筑检测案例
分析;第 10 章绿色建筑综合评价案例分析。

责任编辑:封　毅　毕凤鸣
责任设计:李志立
责任校对:张　颖　关　健

绿色建筑工程师职业培训教材
绿色建筑综合案例分析
人社部中国就业培训技术指导中心　组织编写
绿色建筑工程师专业能力培训用书编委会　编

*

中国建筑工业出版社出版、发行(北京西郊百万庄)
各地新华书店、建筑书店经销
北京红光制版公司制版
北京市密东印刷有限公司印刷

*

开本:787×1092毫米　1/16　印张:19½　字数:487千字
2015 年 10 月第一版　　2015 年 10 月第一次印刷
定价:45.00 元
ISBN 978-7-112-18459-0
(27717)

编 委 会

前 言

《绿色建筑综合案例分析》根据人力资源和社会保障部下属的中国就业培训技术指导中心绿色建筑工程师职业培训及考试大纲进行编写，用于从事绿色建筑工程师职业培训与考试的指导用书。

本书的技术指导单位中国北京绿色建筑产业联盟（联合会）为本书的编写提供了知识体系的设计规划指导，并组织了教研小组和编写团队，各位编委在百忙中为本套书进行了严谨、细致而专业的撰写，为本套书的学术质量提供了有力的保障。

感谢百高职业教育集团对本书提出了涉及各章节知识点的技巧、方法、流程、标准等专业技能要素设计需求，协助组织了教材编写专家研讨会。通过研讨会确定了编写标准、内容大纲及最新的法规政策，为本套书的技术要素提供了准确的方向。

本书在第一版（绿色建筑工程师岗位技术能力培训——综合案例分析，天津科学技术出版社，2014 年版）的基础上，按照《绿色建筑评价标准》2014 新版本编写。本书以《绿色建筑基础理论知识》、《绿色建筑实操技能与实务》和《绿色建筑相关法律法规与政策》三本书为基础，针对绿色建筑评价过程中的主要环节内容，以案例的形式进行点评和分析，帮助读者在分析案例过程中掌握绿色建筑相关技能。全书共 10 章，总计 100 个案例。具体为：第 1 章绿色建筑费用效益案例分析；第 2 章绿色建筑技术案例分析；第 3 章绿色建筑设计案例分析；第 4 章绿色建筑施工案例分析；第 5 章绿色建筑运营管理案例分析；第 6 章绿色建筑专题评价案例分析；第 7 章合同能源管理案例分析；第 8 章美国 LEED 评价体系案例分析；第 9 章绿色建筑检测案例分析；第 10 章绿色建筑综合评价案例分析。

调整了部分章节安排，原第 6 章绿色建筑评价标识案例分析调整为：第 6 章绿色建筑专题评价案例分析和第 10 章绿色建筑综合评价案例分析两章；一方面考虑读者学习了前面各章案例分析，再通过最后一章两个综合案例分析的学习，能更好地完整理解和掌握绿色建筑设计评价和运行评价的主要内容，同时考虑各章内容篇幅更加均衡。增加了第九章绿色建筑检测案例分析，因为绿色建筑检测是运行评价的依据和重要的前提条件。

全书由江苏双强工程有限公司和江苏保利来岩土工程有限公司总工程师、江苏省盐城工学院李飞教授任主编，并负责第 1、2、3、6、8、9、10 章共 7 章的编写；盐城市工业职业技术学院单春明副教授任副主编，主要负责编写了第 4、5、7 章三章；盐城工学院梅星新老师参加了部分章节的编写和书稿整理工作。为本书提供工程案例的有：孙雅欣、周骧、徐双喜、杨华金、王丽萍、倪守春、姜可、姜学宜、翁萍、梁小龙、邬珊、刘鹏飞等，相关案例已经编入有关章节，这里一并表示感谢！特别感谢本书第一版主编和各位作者的辛勤劳动！由于时间和编者水平所限，案例涉及专业面广，本书难免有不妥和错误之处，敬请广大读者批评指正！

目　　录

第 1 章　绿色建筑费用效益案例分析

本章提要

什么叫绿色建筑？为什么要制定绿色建筑评价标准？我国《绿色建筑评价标准》2014版总则第 1.0.3 条明确指出：绿色建筑评价应遵循因地制宜的原则，结合建筑所在地域的气候、环境、资源、经济及文化等特点，对建筑全寿命期内节能、节地、节水、节材、保护环境等性能进行综合评价。因此，经济性原则理应成为绿色建筑的重要理念。"经济"作为绿色建筑的理念其含义主要包括两个方面：一是自然资源和社会资源投入最少；二是经济效益、社会效益和环境效益最佳。

一般意义上的经济效益是指产出与投入比。绿色建筑的产出主要指功能的实现，因此，绿色建筑的经济效益就是绿色建筑的功能与成本之比。绿色建筑的功能主要包括容纳活动的能力和环境优化的程度与环境的舒适度等。绿色建筑的成本应包括私人成本与环境成本、社会成本三个方面。私人成本包括生产成本和使用成本两个方面。环境治理成本是指建筑活动所产生的环境治理成本。社会成本是指建筑活动在社会内产生消极的影响、对社会成员利益的损害。环境成本和社会成本又称为外部成本，因为它是某一地区所有人和生态系统所要付出的成本。对私人来说，具有外部性。以相对小的私人成本和外部成本来充分实现绿色建筑环境的容纳度、舒适度和环境效益、社会效益的最大化，应当是绿色建筑追求的理想目标。

本章案例分析所指的成本主要指绿色建筑的生产成本和使用成本两个方面。首先介绍几种常用的费用分析方法。

（1）建筑围护结构以及供暖系统节能改造后每年节煤量 S_{M1} 和节省燃煤费用 S_{C1} 的计算

根据《严寒和寒冷地区居住建筑节能设计标准》JGJ 26—2010，建筑围护结构以及供暖系统节能改造后每年节煤量 S_{M1} 和节省燃煤费用为 S_{C1} 的步骤如下：

先计算建筑热源厂处耗热量，然后计算绿色建筑与基准建筑的能耗差，将节热量换算成节煤量，根据煤价计算节省费用。

① 计算绿色建筑热源厂处耗热量（单位：kJ）

$$Q_1' = Q_1/\eta_1 \eta_2 = H_1 \times 24 \times 3600 \times H_D \times \frac{A}{\eta_1 \eta_2} \tag{1-1}$$

② 计算绿色建筑与基准建筑的能耗差（单位：kJ）

$$\Delta Q_1 = Q_1' \frac{(a_1 - a_2)}{1 - a_1} \tag{1-2}$$

③ 将节热量换算成节煤量（单位：kg）

$$S_{M1} = \frac{\Delta Q_1}{H} \qquad (1\text{-}3)$$

④ 计算冬季采暖期节煤费用（单位：元）

$$S_{C1} = S_{M1} \times P \qquad (1\text{-}4)$$

式中　Q_1——绿色建筑物耗热量（kJ）；

η_1——室外管网输送效率；

η_2——锅炉运行效率；

H_I——供热指标（kW/m²）；

H_D——采暖天数（d）；

A——建筑面积（m²）；

a_1——绿色建筑节能率；

a_2——基准建筑的节能率；

H——标准煤的热值（kJ/kg）；

P——标准煤的价格（元/t）。

（2）夏季空调的节煤量 S_{M2} 和节能效益 S_{C2} 的计算

先确定建筑物空调的年度终端耗能量，然后计算绿色建筑与基准建筑的空调年度耗能差，将建筑空调耗能差换算成节煤量，最后计算绿色建筑空调用电节煤费用。

① 确定建筑物空调的年度终端耗能量（kW·h）

$$Q'_2 = \frac{Q_2}{\eta} \qquad (1\text{-}5)$$

② 计算绿色建筑与基准建筑的空调年度耗能差（kW·h）

$$\Delta Q_2 = \frac{Q'_2(a_1 - a_2)}{1 - a_1} \qquad (1\text{-}6)$$

③ 将建筑空调耗能差换算成节煤量（kg）

$$S_{M2} = \frac{\Delta Q_2}{H} \qquad (1\text{-}7)$$

④ 计算绿色建筑空调用电节煤费用（元/年）

$$S_{C2} = S_{M2} \times P \qquad (1\text{-}8)$$

式中　η——一次转化为电能的效率；

Q_2——绿色建筑夏季空调用电能耗；

a_1——绿色建筑节能率；

a_2——基准建筑的节能率；

H——标准煤的热值；

P——标准煤的价格。

（3）项目全寿命周期成本的净现值计算

全寿命周期成本由初始成本、能耗成本、维修成本、人工成本、设备替换成本、大修成本、残余值7部分构成，各部分的计算方法如下：

① 初始成本 C_1

初始成本 C_1 即直接增量成本。

② 能耗成本 C_2

能耗成本 C_2 是指如绿色建筑使用非传统水源时的处理运行能耗费，是每年重复发生的，故该部分的增量成本为：

$$C_2 = P_1 \times Q \times (P/A, r, T) \tag{1-9}$$

式中　P_1——处理运行非传统水源单位水量的能耗单价（元/m^3）；

　　　Q——年非传统水源处理量（m^3/年）；

　　　r——利率；

　　　T——全生命研究周期（年）。

③ 维修成本 C_3

维修成本 C_3 是指绿色建筑节水项目的日常维修费，是每年重复发生的，故该部分的增量成本为：

$$C_3 = P_2 \times (P/A, r, T) \tag{1-10}$$

式中　P_2——绿色建筑项目年维修成本（元/年）。

④ 人工成本 C_4

人工成本 C_4 是指绿色建筑项目的日常运行维修发生的人工费，是每年重复发生且逐年增长的，属于等比数列现金流量的资金时间价值计算，故该部分的增量成本为：

$$C_4 = P_3(1+r)^{-1} \times [F/A, ((1+s)(1+r)^{-1} - 1)], T) \tag{1-11}$$

式中　P_3——第1年时的绿色建筑节水项目日常运行年人工成本；

　　　s——人工费增长率；

　　　T——等比数列现金流量的时间，即全生命周期研究时间。

⑤ 设备替换成本 C_5

设备替换成本 C_5 是指绿色建筑项目的设备替换费，该部分的增量成本为：

$$C_5 = P_4 \times (P/A, R_1, n_1) \tag{1-12}$$

式中　P_4——绿色建筑项目的设备费；

　　　R_1——设备替换成本 C_5 的计算复利；

　　　n_1——研究周期内的设备替换次数。

⑥ 大修成本 C_6

大修成本 C_6 是指绿色建筑项目的大修费。故该部分的增量成本为：

$$C_6 = P_5 \times (P/A, R_2, n_2) \tag{1-13}$$

式中　P_5——绿色建筑项目每次的大修费；

　　　R_2——大修增量成本计算复利；

　　　n_2——研究周期内的大修次数。

⑦ 残余值 C_7

残余值 C_7 转化现值为：

$$C_7 = C_8 \times (P/F, r, T) \tag{1-14}$$

式中　C_8——绿色建筑项目在全生命周期末的残余值。

绿色建筑项目全生命周期增量成本经济模型为：

$$C = \sum_{i=1}^{6} C_i - C_7 \tag{1-15}$$

式中　　C_i——初始成本、能耗成本、维修成本、人工成本、设备替换成本、大修成本；

$\quad\quad\quad C_7$——残余值。

本章共选编了 12 个绿色建筑费用效益案例及分析，其中有节能、节水等专项案例，也有小区等绿色示范工程综合效益分析。

【案例 1.1】某宿舍楼围护结构节能最优方案选择的分析

背景：

某项目建筑性质为宿舍用房，地上三层，首层面积为 196m²，层高为 3m，建筑体型为正方形，边长 14m，总的建筑面积 196×3＝588m²；选用中央空调保持室内温度，冷热负荷均由中央空调系统提供。

1. 项目设计备选方案

（1）外墙的设计方案见表 1-1。

外墙的设计方案　　　　　　　　　　　　　　　　　　　　　表 1-1

类型	结构成分	传热系数 U（W/m² · K）	单价（元/m²）
D	单一墙体，空心砖	0.886	110
F	复合墙体，100mm 空心砖和 50mm 聚苯乙烯保温层	0.389	185

（2）屋顶的设计方案见表 1-2。

屋顶的设计方案　　　　　　　　　　　　　　　　　　　　　表 1-2

类型	结构成分	传热系数 U（W/m² · K）	单价（元/m²）
H	无保温层的平屋顶，150mm 混凝土结构层	1.91	400
I	保温平屋顶，150mm 混凝土结构层，25mm 聚苯乙烯保温，70mm 抹灰，4mm 沥青，并覆盖 550mm 太阳能吸收率的铝涂料	0.736	565
J	保温平屋顶，150mm 混凝土结构层，50mm 聚苯乙烯保温，70mm 抹灰，4mm 沥青，并覆盖 550mm 太阳能吸收率的铝涂料	0.481	610

（3）外窗的设计方案见表 1-3。

外窗的设计方案　　　　　　　　　　　　　　　　　　　　　表 1-3

类型	窗户类型	传热系数 U（W/m² · K）	可见光穿透率（%）	单价（元/m²）
W₁	普通双层玻璃	3.42	0.80	300
W₂	热反射双层玻璃	2.27	0.10	450
W₃	低辐射双层玻璃	1.89	0.41	540

2. 参数的选定

室温：供暖室内设计温度 21℃，供冷室内设计温度 25℃。

外墙面积：147×3＝441m²，外窗面积：5.2×4×3＝62.4m²，屋顶面积 196m²（假设每面墙的窗墙比相同，总的窗户面积为平均每面墙 5.2m²，且每面墙上只有一个窗户，外窗类型为推拉窗；屋顶选择平屋顶）。

年折现率：6.5%，电价：0.5 元/kW，建筑寿命期：20 年。

本案例墙和屋顶建筑类型备选方案如下：①单一墙体类型 D 和平屋顶无保温层屋顶类型 H；②单一墙体类型 D 和平屋顶有保温层屋顶类型 I；③单一墙体类型 D 和平屋顶有保温层屋顶类型 J；④复合墙体类型 F 和平屋顶有保温层屋顶类型 J。

问题：

应用全寿命周期成本理论，选出最佳的围护结构方案。

分析要点：

（1）围护结构各项目的初始化建设成本见表 1-4。

围护结构各项目的初始化建设成本　　　　　　　　　表 1-4

分　类		总造价＝单价×面积（单位：元）
外墙	单一墙体 D	110×441＝48510
	复合墙体（50mm 聚苯乙烯保温层）F	130×441＝57330
屋顶	H	450×196＝88200
	I	565×196＝110740
	J	580×196＝113680
外窗	W1	300×62.4＝18720
	W2	450×62.4＝28080
	W3	540×62.4＝33696

（2）外墙与屋顶节能方案的能源成本见表 1-5。

外墙与屋顶节能方案的能源成本　　　　　　　　　表 1-5

方案	年冷负荷（kW）	年热负荷（kW）	年总负荷（kW）	年能源成本（元）
a	126900	48036	174936	87468
b	73800	19515	93315	46657.5
c	69150	16044	85194	42597
d	62229	11220	73449	36724

（3）外墙屋顶各方案的寿命周期成本见表 1-6。

外墙屋顶各方案的寿命周期成本 表 1-6

方案	初始化建设成本（元）	年运营费用（元）	寿命周期成本（万元）
a	48510＋78400＝126910	87468	113.02
b	48510＋110740＝159250	46657.5	69.44
c	48510＋119560＝168070	42597	65.67
d	48510＋119560＝201145	36724	62.24

由上表可以看出方案 a 的初始建设成本最低，而方案 d 的寿命周期成本最低，全寿命周期成本外墙屋顶节能方案应选择为方案 d，建设成本比前者高出 74235 元，而寿命周期成本则低出 50.78 万元。

（4）上述最优方案 X 与外窗的节能方案组合，形成围护结构节能方案。

① X 与 W_1

② X 与 W_2

③ X 与 W_3

应用全寿命周期成本理论，计算各方案的全寿命周期成本，选择出最优方案。

（5）玻璃热传递与热辐射引起的能源成本见表 1-7。

玻璃热传递与热辐射引起的能源成本 表 1-7

外墙屋顶方案	外窗类型	年冷负荷（kW）	年热负荷（kW）	年总负荷（kW）	年能源成本（元）
d	W_1	62229	11220	73449	36724.5
	W_2	49560	13965	63525	31762.5
	W_3	40287	18561	58848	29424

（6）外窗方案的寿命周期成本见表 1-8。

外窗方案的寿命周期成本 表 1-8

方案	初始化建设成本（元）	年运营费用（元）	寿命周期成本（万元）
W_1	18720	36724.5	44.00
W_2	28125	31762.5	39.24
W_3	33750	29424	37.12

（7）围护结构方案的寿命周期成本分析见表 1-9。

围护结构方案的寿命周期成本分析 表 1-9

方案	初始化建设成本（元）	年运营费用（元）	寿命周期成本（万元）
①	219865	73449	106.23
②	229270	68487	101.48
③	234895	66148.5	99.36

根据全生命周期成本理论，全寿命周期的成本最低为最佳方案，所以应选方案③。

【案例 1.2】某绿色建筑示范工程综合效益及推广的分析

背景：

（1）地理位置

该项目地处华北某市海港区西部，和平大街以南，西港路以西，汤河以东，滨河路以北。该项目是该市最大的旧城改造项目，占地 56 万 m²（840 亩），拆迁安置居民 3661户，工业企业 16 家。规划总建筑面积 150 万 m²，配套有幼儿园、小学、中学及商业服务业。

该地块位于城市的居住核心区，周边交通便利，紧邻已建成的汤河绿化景观带，拥有得天独厚的景观资源，人流疏密有致，闹中取静，环境十分优越，是建造居住区的理想用地。

（2）建筑类型

项目建筑类型为新建居住区，由多层住宅、高层住宅、别墅和公建等组成。公建配套有中学、小学、幼儿园、物业服务中心、居民活动中心、洗浴、超市、体育设施和停车库等配套服务设施。

结构形式：高层均为剪力墙结构，配套公建为框架结构。

示范面积：该项目地块是迄今为止该市最大的出让地块，项目占地约为 56hm²，示范项目 A 区用地范围为北至和平大街，东至西港路，南至纤维街，西至先锋路，用地面积共计 17.81 万 m²，总建筑面积 59.7 万 m²（其中地上建筑面积 49.7 万 m²，地下建筑面积10 万 m²）。

问题 1：

请分析该项目的综合效益。

分析要点：

（1）建筑节能方面

由于墙体节能采用聚苯乙烯板外保温隔热技术，屋面防水层下为聚苯乙烯保温板，并且采用了三玻两中空断桥铝门窗，建筑节能效果由传统的 50% 提高到 65%，能源消耗无论是电力还是热力，都减少 30% 左右。供热系统采用集中式系统，具有室温控制及热量计量装置。随着国家供热体制改革的不断深入，低能耗住宅将给居民带来更多的实惠。

节煤量计算如下。

耗煤量为 $$Q = q_c \cdot a \cdot m \tag{1-16}$$

式中　q_c——耗煤量指标（kg/m²）；

　　a——采暖天数（d）；

　　m——采暖面积（m²）。

其中该市 65％节能居住建筑耗煤量指标 q_c 为 7.75 kg/q_c，50％节能居住建筑耗煤量指标 q_c 为 13.43kg/m²；A 区实行 65％节能的建筑面积为 243370.1m²。

节煤量为

$$\Delta Q = \Delta q_c \cdot m \tag{1-17}$$
$$= （13.43—7.75）\times 243370.1/1000t$$
$$=1382.34t$$

CO_2 减排量为 3446.17t/a，SO_2 减排量为 103.68t/a，粉尘减排量为 940 t/a。

（2）太阳能热水系统

节约电量计算如下：

年总辐照量为

H=5844.4MJ/（m²·a）；年总日照小时数 S=2755.5h；集热器总面积 A=1.46m²；日产热水量 T=80L；全年光照日平均温升45℃；太阳能保证率为50％～68％；电发热功率按 1kW·h=860kcal，电加热系统效率按 n=95％计算。

利用太阳能全年得到热量为

$$Q_0 = 0.65 \times （T \times 45 \times 365）/860kW \cdot h = 993.58kW \cdot h \tag{1-18}$$

产生同样的热量全年需耗电量为

$$q = Q_0/0.95 = 1045.6kW \cdot h \tag{1-19}$$

即项目每户系统通过利用太阳能全年节约电量约 1045.6kW·h，产生同样的热量全年需耗电量 $q=Q_0/0.95=1045.6$kW·h 电能。

A 区居民 4800 户，年节约电量 540 万 kW·h（此数据为理论数据）。

节煤量为节约标准煤 1994t，CO_2 减排量为 4971.042t/a，SO_2 减排量为 149.55t/a，粉尘减排量为 1355.92t/a。

（3）太阳能光导照明节电

太阳能光导照明节电表见表 1-10。

太阳能光导照明节电表　　　　　　　　　　　　　　　　　　　　　　表 1-10

序号	车库号	面积（m²）	光导规格	数量（套）	电光源功率（荧光灯）	数（盏）	电装容量（kW）	年耗电量（节电量万 kW·h）
1	1-3	7917.7	STG1000	20	1×36	404	14.5	5.3
2	1-4	9809	EVGC450	30	2×36	413	29.7	10.8
3	1-6	6587	EVGC450	41	2×36	172	12.38	4.5
合计	—	24313.7	—	91	—	989	56.58	20.6

年耗节电量按平均白天 10h 计算，安装光导照明后车库可关闭 80％荧光灯，节电量为 20.6×80％万 kW·h=16.48 万 kW·h。

（4）雨水利用

以年均降水量 587mm 为例，雨水利用工程实施以后，整个小区每年可直接利用雨水量约为 33620m³。若将雨水回用，则可替代自来水从而减少了自来水的使用量。按水价

6.24 元/m³ 计算，则年均可直接节约水费 33620×6.24 元＝20.98 万元。

同时雨水收集还带来以下社会效益：

① 消除雨水排放而减少的社会损失

据分析，为消除污染每投入 1 元可减少的环境资源损失是 3 元，即投入产出比为 1∶3，大大减少了污染雨水排入水体，也减少了因雨水的污染而带来的水体环境的污染。以每年排污费 0.9 元/m³ 作为每年因消除污染而投入的费用，则每年因消除污染而减少的社会损失费用为 33620×0.9 元＝3.03 万元。

② 节省城市排水设施的运行费用

雨水利用工程实施后，每年减少向市政管网排放雨水约为 53620m³（绿地渗透约 20000m³）。这样会减轻市政管网的压力，也减少市政管网的建设维护费用。每立方米水的管网费用为 0.08 元，所以每年可节省城市排水设施的建设运行费为 0.43 万元。

③ 提高防洪标准而减少的经济损失

随着城市和住宅开发，使不透水面积大幅度增加，使洪水在较短时间内迅速形成，洪峰流量明显增加，使城市面临巨大的防洪压力，洪灾风险加大，水涝灾害损失增加。如果所有新建小区都采取雨水渗透、回用等措施可大大缓解这一矛盾，延缓洪峰径流形成的时间，削减洪峰流量，从而减小雨水管道系统的防洪压力，提高设计区域的防洪标准，减少洪灾造成的损失。

④ 改善城市生态环境带来的收益

如果雨水集蓄利用工程能在整个城市推广，有利于改善城市水环境和生态环境，能增加亲水环境，会使城市河湖周边地价增值；增进人民健康，减少医疗费用；增加旅游收入等。

⑤ 减少地面沉降带来的灾害

很多城市为满足用水量需要而大量超采地下水，造成了地下水枯竭、地面沉降和海水入侵等地下水环境问题。由于超采而形成的地下水漏斗有时还会改变地下水原有的流向，导致地表污水渗入地下含水层，污染了作为生活和工业主要水源的地下水。实施雨水渗透方案后，可从一定程度上缓解地下水位下降和地面沉降的问题。

（5）中水利用

本工程处理水量为 2000m³/d，A 区冲厕用水量为 800m³/d，中水水费 1.7 元/t，自来水费为 3.60 元/t。目前 A 区每天实际的日处理水量为 800m³，年节约自来水 800×365t ＝29.2 万吨，居民年节约费用 55.48 万元。

中水回用技术的应用改变了我国用宝贵的自来水进行冲厕的传统，提高了小区居民的节水意识，同时缓解了城市排水设施的运行负担，相应提高了城市污水处理的能力，减少了污物排放，很大程度上节约了资源，保护了环境。

问题 2：

请对该项目进行技术经济分析。

分析要点：

工程项目绿色建筑增量成本概算表见表 1-11。

某绿色建筑示范工程项目 A 区绿色建筑增量成本核算表　　　表 1-11

项目		使用量	增量成本	总成本（万元）	
太阳能热水		59.7 万 m²	60 元/m²	3582	
雨水收集利用	下凹渗透绿地	1400m²（10 个区域）	208.23 元/m²	29.15	243.05
	渗透沟	1m×0.25m×1796m（3 个区域）	80 元/m	14.4	
	湿地净化系统	608m²（5 个区域）	350 元/m²	21.3	
	渗透井	16m³（6 个）	12000 元/个	7.2	
	蓄水池	500m³	—	20.0	
	渗水地面	45700m³	31 元/m²	141.7	
	透水停车地面	3000m²	31 元/m²	9.3	
太阳能光导照明		97 套		43	
中水利用		243370.1m²	22 元/m²	535.5	
施工环境综合控制		—		30	
总计				4433.55	

该小区 A 区增量成本预算为 4433.55 万元，增量成本为 74.25 元/m²，建筑节能 65％与节能 50％的投资比较是前者多支出 25 元/m²，合计绿色建筑增量为 99.26 元/m²，占整个项目土建建安和安装费用的 2.75％。

【案例 1.3】华东地区某低能耗建筑示范工程综合效益的分析

背景：

1. 建筑概况

先锋岛地处江苏东部沿海某市区，全岛面积 268 亩，这里东临串场河、南临蟒蛇河、西北临越河，被三条河流围成三角形状，自然环境独特。先锋国际广场项目，总建筑面积 35 万 m²，共分商业中心、传统文化区、酒店公寓区和广场景观等四个部分。

先锋岛城市综合体一期工程——商业中心，总建筑面积 15.89 万 m²，分地上五层、地下两层（含夹层），其中地上约 9.02 万 m²。主体建筑地上部分划分为 A、B、C、D 四个功能区，其中 A、B 区为商业百货区，C 区为餐饮娱乐区，D 区为精品商业、影院区；地下及夹层部分，主要为大型超市、停车库、各种设备用房等，其中 C 区地下一层南侧平时作为汽车库，战时作为人防。

2. 用能系统概况

（1）围护结构

外墙：

① 地上部分：外墙基层墙体采用 200 厚加气混凝土砌块，保温材料选用 25 厚酚醛复合保温板；

② 地下室部分：外墙保温材料选用 30 厚 XPS 保温板。

屋顶：

① 混凝土屋面保温层采用 70 厚 JQK 复合轻质防水型保温隔热砖；

② 钢结构屋面保温层采用 75 厚岩棉板。

外窗：

断热铝合金单框中空玻璃窗 6Low-E＋12A＋6 透明（传热系数 2.4 $W/m^2 \cdot K$，遮阳系数为 0.3）；建筑幕墙气密性能分级为 3 级（GB/T 21086—2007）。

屋面天窗部分采用 6Low-E＋12A＋6 夹胶玻璃。

（2）暖通空调系统

本工程采用水源热泵系统提供空调冷热源。

先锋岛地下设有能源站，为先锋国际广场供冷供热。能源站采用水源热泵＋水蓄冷（热）联合供冷（供热），水源来自于项目边上的越河，全年水温在 4℃～30℃之间。

站房内设置 4 台离心式水源热泵机组，夏季供回水温度 5℃～13℃，冬季供回水温度 40℃～45℃；另有 2 台锅炉系统，在冬季极端气候条件下，采用电锅炉蓄热作为辅助加热系统。后期将添加一台全热回收螺杆式水源热泵机组，为即将建设的酒店公寓式建筑提供生活热水。

本工程设一个蓄能水池和一个调节水池，蓄能水池容量为 8000m^3，调节水池容量为 1000m^3，水池深度均为 10m。蓄能水池一部分作为冬季主机串联平衡调节水池用，兼顾主机开机初期能量调节和压力稳定调节，保证各组主机的正常稳定运行。

（3）太阳能并网光伏发电系统

光伏系统安装于先锋国际商业广场 5 号楼和 8 号楼朝南屋面，装机量分别为 47.69kWp（5 号楼）和 72.58kWp（8 号楼），安装面积合计约 840m^2，系统总装机容量为 120.27kWp，采用用户侧低压并网方式。本项目每年可发电约为 15.3 万 kW·h。所发电量并入电网，提供大楼用电。

问题：

试对该建筑围护结构热工性能进行权衡计算分析。

分析要点：

（1）参照建筑和设计建筑的热工参数和计算结果，见表 1-12 和表 1-13。

参照建筑和设计建筑的热工参数和计算结果（1）　　　　表 1-12

围护结构部位	参照建筑 kW/（$m^2 \cdot K$）	设计建筑 kW/（$m^2 \cdot K$）
屋面	0.60	0.56
外墙（包括非透明幕墙）	0.80	0.58　（＊）
底部自然通风的架空楼板	0.80	0.60

续表

围护结构部位		参照建筑 kW/（m² · K）			设计建筑 kW/（m² · K）		
外窗 （包括透明幕墙）	朝向	窗墙比	传热系数 K W/（m² · K）	遮阳系数 SW	窗墙比	传热系数 K W/（m² · K）	遮阳系数 SW
单一朝向幕墙	东	窗墙面积比 0.2（0.16）	3.50	0.45	0.30	2.40	0.26
	南	窗墙面积比 0.2（0.17）	3.50	0.70	0.37	2.40	0.26
	西	0.2＜窗墙面积 0.3（0.22）	3.00	0.35	0.13	2.40	0.26
	北	0.4＜窗墙面积比 ≤0.5（0.46）	2.50	0.55	0.24	2.40	0.26
屋顶透明部分		≤屋顶总面积的 20.00%	2.70	0.35	0.02	0.02	2.40
地面和地下室外墙		热阻 R（m² · K）/W			热阻 R（m² · K）/W		
地面热阻		—			—		
地下室外墙热阻 （与土壤接触的墙）		1.20			0.85		

注：（＊）为全部外墙加权平均传热系数。

参照建筑和设计建筑的热工参数和计算结果（2）　　　　表 1-13

房间用途	是否空调	累积面积 （m²）	室内设计温度 ℃		人均使用 面积 （m²/人）	照明功率 W/m²	电器设 备功率 W/m²	新风量 m³/hp
			夏季	冬季				
其他	否	累积面积：45950.2m²						
一般商店营业厅	是	106067	25	18	3	10	13	30
普通办公室	是	4524.68	26	20	4	9	20	30
合计空调房间面积 （m²）		110592	合计非空调房间面积 （m²）			45950.2		

（2）设计建筑能耗计算

根据建筑物各参数以及《江苏省公共建筑节能设计标准》DGJ 32/J96—2010 所提供的参数，得到该建筑物的年能耗如表 1-14 所示。

设计建筑物的年能耗计算表　　　　表 1-14

能源种类	能耗（kW · h）	单位面积能耗#（kW · h/m²）
空调耗电量	11818028	74.97
采暖耗电量	5499947	34.89
总计	17317975	109.86

注：# 为单位面积能耗针对建筑面积计算，即能耗/总建筑面积。

（3）参照建筑能耗计算

根据建筑物各参数以及《江苏省公共建筑节能设计标准》DGJ 32/J 96—2010 所提供

的参数，得到该参照建筑物的年能耗如表 1-15 所示。

参照建筑物的年能耗计算表　　　　　　　　　　表 1-15

能源种类	能耗（kW·h）	单位面积能耗#（kW·h/m²）
空调耗电量	12065518	76.54
采暖耗电量	5499947	34.89
总计	17565465	111.43

注：单位面积能耗针对建筑面积计算，即能耗/总建筑面积。

（4）建筑节能评估结果

对比 1 和 2 的模拟计算结果，汇总如表 1-16 所示。

设计建筑和参照建筑物的年能耗汇总表　　　　　　表 1-16

计算结果	设计建筑	参照建筑
全年能耗	109.86	111.43

结论：

该设计建筑的单位面积全年能耗小于参照建筑的单位面积全年能耗，节能率为
65.49%，因此先锋国际广场已经达到了《江苏省公共建筑节能设计标准》DGJ32/J96—
2010 节能 65% 的要求，见图 1-1。

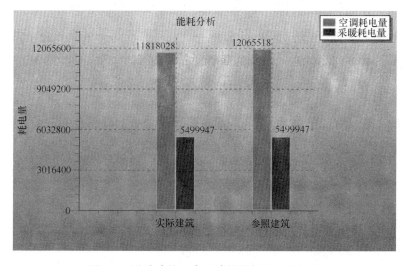

图 1-1　设计建筑和参照建筑能耗对比分析图

【案例 1.4】某绿色建筑采暖节省燃煤费用的分析

背景：

某绿色建筑项目采暖面积为 39900m²，采暖天数为 120 天，当地基准建筑的节能率为

62%，该绿色建筑的节能率为 70%，采暖指标为 $60\mathrm{W/m^2}$，锅炉运行效率为 82%，室外管网输送效率 79%，煤价为 680 元/吨，标准煤的热值为 29307kJ/kg。

问题：

计算该项目绿色建筑节省的燃煤费用。

分析要点：

根据本章提要（1）建筑围护结构以及供暖系统节能改造后每年节煤量 S_{M1} 和节省燃煤费用 S_{C1} 的计算如下：

a. 计算绿色建筑热源厂处耗热量

$$Q'_1 = H_1 \times H_D \times 24 \times 3600 \times \frac{A}{\eta_1 \eta_2} = \frac{60 \times 120 \times 24 \times 3600 \times 39900}{0.82 \times 0.79}$$

$$= 3.83 \times 10^{13} \ \mathrm{kJ} \tag{1-20}$$

b. 计算绿色建筑与基准建筑的能耗差

$$\Delta Q_1 = Q'_1 \frac{(a_1 - a_2)}{1 - a_1} = 3.83 \times 10^{13} \times \frac{0.7 - 0.62}{1 - 0.7} = 1.02 \times 10^{13} \ \mathrm{kJ} \tag{1-21}$$

c. 将节热量换算成节煤量

$$S_{\mathrm{M1}} = \frac{\Delta Q_1}{H} = \frac{1.02 \times 10^{13}}{29307} = 348039717.47 \ \mathrm{kg} \tag{1-22}$$

d. 计算冬季采暖期节煤费用

$$S_{\mathrm{C1}} = S_{\mathrm{M1}} \times P = 348039717.47 \times 0.68 = 236667007.88 \ \text{元} \tag{1-23}$$

【案例 1.5】某绿色建筑夏季空调节能效益的计算分析

背景：

某绿色建筑项目每年夏季空调能耗为 $1682100\mathrm{kW \cdot h}$，当地基准建筑的节能率为 62%，该绿色建筑的节能率为 70%，一次转化为电能的效率为 35%，煤价为 680 元/吨，标准煤的热值 $H = 29307/3600 = 8.141\mathrm{kW \cdot h/kg}$。

问题：

计算该项目绿色建筑的节能效益。

分析要点：

根据本章提要（2）夏季空调的节煤量 S_{M2} 和节能效益 S_{C2} 的计算如下：

先确定建筑物空调的年度终端耗能量，然后计算绿色建筑与基准建筑的空调年度耗能差，将建筑空调耗能差换算成节煤量，最后计算绿色建筑空调用电节煤费用。

① 确定空调的年度终端耗能量

$$Q'_2 = \frac{Q_2}{\eta} = \frac{1682100}{0.35} = 4.81 \times 10^6 \text{ kW} \cdot \text{h} \tag{1-24}$$

② 计算绿色建筑与基准建筑的空调年度耗能差

$$\Delta Q_2 = \frac{Q'_2(a_1 - a_2)}{1 - a_1} = \frac{4.81 \times 10^6 \times (0.7 - 0.62)}{1 - 0.70}$$

$$= 1.28 \times 10^6 \text{ kW} \cdot \text{h} \tag{1-25}$$

③ 将建筑空调耗能差换算成节煤量

$$S_{M2} = \frac{\Delta Q_2}{H} = \frac{1.28 \times 10^6}{8.141} = 157228.84 \text{ kg} \tag{1-26}$$

④ 计算绿色建筑空调用电节煤费用

$$S_{C2} = S_{M2} \times P = 157228.84 \times 0.68 = 106915.61 \text{ 元} \tag{1-27}$$

【案例 1.6】某绿色建筑太阳能热水系统的增量经济效益的估算

背景：

某项目采用太阳能热水器，以满足小区全年供热水 300 天，且每天将 80000kg 水从 25℃ 加热到 45℃，当地基准建筑的节能率为 62%，该绿色建筑的节能率为 70%，太阳保证率 f 取 0.50，煤价为 680 元/吨，标准煤热值为 29307kJ/kg。

问题：

估算该项目太阳能热水系统增量的经济效益。

分析要点：

其具体步骤如下：计算出太阳能光热系统节省的能耗；根据标准煤热值将节热量换算成节煤量；计算绿色建筑运用太阳能技术的节煤费用。

计算出太阳能光热系统节省的能耗（单位：kJ）

$$\Delta Q_3 = Q_w C_w (t_{end} - t_i) \times f \tag{1-28}$$

式中　Q_w——年度总用水量（kg）；

　　　C_w——水的比热容，取值为 4.1868kJ/（kg·℃）；

　　　t_{end}——储水箱内的终止水温（℃）；

　　　t_i——水的初始温度（℃）；

　　　f——太阳能保证率，一般为 0.3~0.8；

本案例计算步骤如下：

① 计算出太阳能光热系统应用技术节省的能耗

$$\Delta Q_3 = Q_w C_w (t_{end} - t_i) \times f = 80000 \times 300 \times 4.1868 \times (45 - 25) \times 0.50$$
$$= 1004832 \times 10^3 \text{ kJ} \tag{1-29}$$

② 根据标准煤热值将节热量换算成节煤量

$$S_{M3} = \frac{\Delta Q_3}{H} = \frac{1004832 \times 10^3}{29307} = 34286.42 \text{kg} \tag{1-30}$$

③ 计算绿色建筑运用太阳能技术的节煤费用

$$S_{C3} = S_{M3} \times P = 34286.42 \times 0.68 = 23314.77 \text{ 元} \tag{1-31}$$

【案例 1.7】某绿色建筑照明技术节能效益的分析

背景：

某项目年度绿色照明能耗为 627665kW·h，当地基准建筑的节能率为 62%，该绿色建筑的节能率为 70%，η 取 0.35，标准煤热值 H 取 8.141kW·h/kg，煤价为 680 元/t。

问题：

计算该项目绿色照明技术的节能效益。

分析要点：

根据本章提要（2），绿色照明技术的节煤量 S_{M5} 和节能效益 S_{C5} 的计算步骤如下：
确定建筑物绿色照明终端耗能量；计算绿色建筑与基准建筑年度照明耗能差；将建筑照明耗能差换算成节煤量；计算绿色建筑绿色照明节煤费用。

① 确定建筑物绿色照明终端耗能量

$$Q_5' = \frac{Q_5}{\eta} = \frac{627665}{0.35} = 1793328.57 \text{ kW} \cdot \text{h} \tag{1-32}$$

② 计算绿色建筑与基准建筑年度照明耗能差

$$\Delta Q_5 = Q_5' \frac{(a_1 - a_2)}{1 - a_1} = 1793328.57 \times \frac{(0.7 - 0.62)}{1 - 0.7}$$
$$= 478220.95 \text{ kW} \cdot \text{h} \tag{1-33}$$

③ 将建筑照明耗能差换算成节煤量

$$S_{M5} = \frac{\Delta Q_5}{H} = \frac{478220.95}{8.141} = 58742.29 \text{ kg} \tag{1-34}$$

④ 计算绿色建筑绿色照明节煤费用

$$S_{C5} = S_{M5} \times P = 58742.29 \times 0.68 = 39944.76 \text{ 元} \tag{1-35}$$

式中　Q_5——绿色建筑绿色照明能耗；

　　　η——一次转化为电能的效率；

　　　a_1——绿色建筑节能率；

a_2——基准建筑的节能率；

H——标准煤热值；

P——标准煤的价格。

【案例 1.8】某绿色居住小区综合增量费用及效益的分析

背景：

A 项目位于某工业区，总体地形西南地势平坦，东北地势起伏，形成三山两涧的丘陵地貌，整体南北长约 615m，东西宽约 740m。除北部红线主要沿山脊线分布以外，地形基本呈矩形，地貌属低山丘陵台地及冲洪积沟谷；项目地块呈东北高、西南低的特点。其位置在总体规划中处于近期非常具备发展潜力的方向，从城市纵向发展空间轴线来看，该项目处在四条发展轴中最中间的中部生活服务轴上，是未来 5 年内非常具备潜力的发展方向；从城市横向发展空间来看，A 项目处在三个圈层最中心的第二圈中部，是城市空间轴向发展后转入梯度同步建设的起步区域。A 项目处于两大未来支柱产业——物流、高新技术两条产业带交汇的区域，产业集成优势明显。该项目总规模超过 40 万 m²，总占地面积为 46.8 万 m²，建筑面积 52.9 万 m²，共 4000 余户，分四期开发，拥有完善的配套设施，包括约 3 万 m² 的社区商业区和九年一贯制公立学校等。产品定位为"亲地建筑"，包含两层含义，第一，容积率决定了产品多为低层、多层产品，与大地更接近，带来一种更自然的生活，让人真正成为土地的主人；第二，楼盘的绝大多数单位都有花园和露台，与封闭的城市生活相比，是一种更开放的生活方式，与大地，与自然能够发生更多的关系。

A 项目四期是建设部与荷兰住房部认可的中荷可持续示范项目，任务是将该项目四期建设成为国家级的绿色建筑示范项目，为国家推广绿色建筑技术积累经验。其建筑面积近 13 万 m²，产品以 Townhouse（一种 3 层左右、独门独户、前后有私家花园及车库（车位）的联排式住宅）和高层为主，容积率为 1.3。该项目的主要技术目标包括：①节能 65%；②可再生能源占建筑总能耗的比例达到 5% 以上；③中水回用达到 30%；④节水器具使用率达 100%；⑤生活垃圾分类收集率≥70%，生活垃圾回收利用率≥30%；⑥隔声和减噪满足国家规范要求；⑦装修材料满足国家规范要求；⑧不占用优质耕地和自然保护区用地；⑨保护原生地貌和表皮土壤。

通过 A 项目四期工程技术方案与一、二及三期的常规做法的比较，从节地与室外环境、节能与能源利用、节水与水资源利用、节材与材料资源利用、室内环境质量和运营管理六个方面分析可能引起增量费用的项目，由于节材与材料资源利用和室内环境质量的增量费用在主体结构或节能技术中已经考虑，为避免重复计算，忽略此两项。所以，A 项目的增量费用主要从节地与室外环境、节能与能源利用、节水与水资源利用及运营管理四个方面计算。增量费用的计算是在确定技术备选方案的基础上进行的，四期工程中增量费用采取 2005 年当地建筑安装成本定额，如没有相应定额则参考采用两家以上的同类型技术企业的报价。

问题：

计算该项目的增量费用与增量效益，并从建设投资、标煤价格、水价三个方面对增量投资回收期和增量投资内部收益进行敏感性分析。

分析要点：

能够引起增量费用的因素主要包括以下四个方面：节地与室外环境质量、节能与能源利用、节水与水资源利用与运营管理，其各方面占单项和总体比例如表 1-17 所示。

增量费用比例分析表　　　　　　　　　　表 1-17

编号	项目	技术	增量费用（元/m²）	占单项例（%）	占总体比例（%）
1		自然通风模拟	2	2.21	0.59
2		建筑隔声—分户墙	8.4	9.30	2.47
3	节地与室外环境质量	建筑隔声—楼板	65.3	72.28	19.20
4		屋面佛甲草	3.48	3.85	1.02
5		渗水路面	11.16	12.35	3.28
	小计		90.34	100.00	26.56
6		Townhouse	76.76	39.39	22.57
7	节能与能源利用	高层建筑	76.5	39.25	22.49
8		可再生能源利用	41.63	21.36	12.24
	小计		194.89	100.00	57.30
9		中水回用及雨水收集	27.63	58.33	8.12
10	节水与水资源利用	中水水质弃流装置	2.41	5.09	0.71
11		雨水过滤器	13.88	29.30	4.08
12		水质保障	3.45	7.28	1.01
	小计		47.37	100.00	13.93
13	运营管理	智能化技术	7.52	100.00	2.21
	小计		7.52	100.00	2.21
	总计		340.12		100.00

从表 1-17 中可看出在引起增量费用的各个项目中，所占比例由大至小的项目依次为：节能与能源利用、节地与室外环境质量、节水与水资源利用、运营管理。具体如表1-18～表 1-21 及图 1-2 所示。

项目四期工程增量费用计算表——节地与室外环境质量

表 1-18

编号	增量发生项目					基准项目			增量费用 (元/m²)
	增量费用项目	技术	单位定额 (元/m²)	面积 (m²)	增量项目价格 (元/m²)	是否是以前采用过的技术	单位定额 (元/m²)	价格 (元/m²)	
1	小区自然通风	通过计算机模拟，小区内自然通风良好	2	124 680	2	没有	0	0	2−0=2
2	分户墙满足《民用建筑隔声设计规范》二级标准	200 厚硅酸盐砌块墙+双面抹灰	74.2+17（外墙）+14（内墙）	124 680	105.2	200 厚加气混凝土砌块墙+双面抹灰	65.8+17（外墙）+14（内墙）	96.8	105.2−96.8=8.4
3	楼板满足《民用建筑隔声设计规范》二级标准	100 厚实心混凝土楼板+40 厚细石混凝土加钢筋瓦片+双面抹灰	32.8+25+40+10	124 680	107.8	100 厚实心混凝土楼板+双面抹灰	32.5+10	42.5	107.8−42.5=65.3
4	小区热岛强度不高于 1.5℃	在幼儿园、高层平面屋顶采用佛甲草种植屋面	80	5 420	80×5420÷124680=3.48	没有	0	0	3.48−0=3.48
5		人行路面采用渗水路面	163	8 540	163×8540÷124680=11.16	没有	0	0	11.16−0=11.16

项目四期工程增量费用计算表——节能与能源利用

表 1-19

编号	增量费用项目	增量发生项目				基准项目			单位增量费用（元/m²）
		技术	单位定额（元/m²）	面积比例	增量项目价格（元/m²）	是否是以前采用过的技术	单位定额（元/m²）	价格（元/m²）	
1	Townhouse	外墙：200厚蒸压气混凝土砌块墙+25厚XPS板	65.8+80	52%	65.8+80+624×0.23=369.32	外墙：200厚蒸压气混凝土砌块墙	65.8	65.8+80+330×0.23=221.7	(369.32−221.7)×52%=76.76
		屋顶：25厚XPS板	80			屋顶：25厚XPS板	80		
		外窗：粉末喷涂铝合金Low-E中空玻璃窗	624×0.23（窗地系数）			外窗：铝合金单层玻璃	330×0.23（窗地系数）		
2	高层建筑	外墙：200厚蒸压气混凝土砌块墙+25厚XPS板	65.8+80	48%	65.8+80+624×0.27=394.28	外墙：200厚蒸压气混凝土砌块墙	65.8	65.8+80+330×0.27=234.9	(394.28−234.9)×48%=76.5
		屋顶：25厚XPS板	80			屋顶：25厚XPS板	80		
		外窗：粉末喷涂铝合金Low-E中空玻璃窗	624×0.27（窗地系数）			外窗：铝合金单层玻璃	330×0.27（窗地系数）		
3	可再生能源	Townhouse采用分户式太阳能热水器	15000元/套 共346套	124 680	15000×364=5190000	没有	0	0	5190000÷124680=41.83

注：XPS保温板—挤塑式聚苯乙烯隔热保温板，它是以聚苯乙烯树脂为原料加上其他的原辅料与聚合物，通过加热混合同时注入催化剂，然后挤塑压出成型而制造的硬质泡沫塑料板。

Low-E玻璃—低辐射玻璃，是在玻璃表面镀上多层金属或其他化合物组成的膜系产品。

项目四期工程增量费用计算表——节水与水资源利用

表 1-20

编号	增量费用项目	增量发生项目				基准项目			增量费用(元/m²)
		技术	单位定额(元)	面积(m²)	增量项目价格(元/m²)	是否是以前采用过的技术	单位定额(元/m²)	价格(元/m²)	
1	中水回用及雨水收集	中水采用的预处理＋人工湿地处理系统（雨水经过管道和排水沟收集后排入冲水沟，经冲水沟静水区、跌水曝气区和植物进行初步进化）	总投资：3 445 290	124 680	3445290÷124680＝27.63	没有	0	0	27.63
2	中水水质杂流装置		30 000 元/个，共 10 个	124 680	3000×10÷124680＝2.41	没有	0	0	2.41
3	雨水过滤器		5 000 元/个，共 346 个	124 680	5000×346÷124680＝13.88	没有	0	0	13.88
4	水质保障		总投资：430 000	124 680	430000÷124680＝3.45	没有	0	0	3.45

项目四期工程增量费用计算表——运营管理

表 1-21

编号	增量费用项目	增量发生项目				基准项目			增量费用(元/m²)
		技术	单位定额(元)	面积(m²)	增量项目价格(元/m²)	是否是以前采用过的技术	单位定额(元/m²)	价格(元/m²)	
1	闭路监控系统	浙江大华数字硬盘录像机 DVR-1604	16 000 元/个共 5 个	124 680	16000×5÷124680＝0.64	没有	0	0	0.64
2		一体化球机 ENVM230M（博世 ENVM230M）	15 420 元/个共 6 个	124 680	15402×6÷124680＝0.74	没有	0	0	0.74
3	居家防盗系统	红外、微波双鉴探测器（DT7225）	210 元/个共 858 个	124 680	210×858÷124680＝1.45	没有	0	0	1.45
4		方向性幕帘红外探测器（DG466）	216 元/个共 2 574 个	124 680	216×2574÷124680＝4.46	没有	0	0	4.46
5	电子巡更系统	巡更棒（EGS-W-9301）	2 220 元/个共 6 个	124 680	2200×6÷124680＝0.11	没有	0	0	0.11
6		巡更点（EGS-P-9302A/EGS-W-9302B）	60 元/个共 40 个	124 680	60×40÷124680＝0.02	没有	0	0	0.02
7	防雷接地	JD-A20 电源防雷器	2 500 元/个共 1 个	124 680	2500×1÷124680＝0.02	没有	0	0	0.02
8		JD-A21 视频信号防雷器	165 元/个共 64 个	124 680	165×64÷124680＝0.08	没有	0	0	0.08

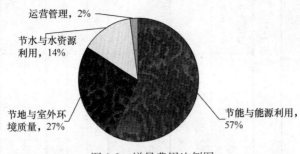

图 1-2　增量费用比例图

因此，要想对绿色建筑的增量费用进行控制应以节能与能源利用、节地与室外环境质量、节水与水资源利用作为主要的控制项目。

由于间接增量效益的测算一般采用间接方式，且收集数据比较困难，所占比重较小，因此，本案例暂不予以考虑。

1. 节能技术增量效益分析

（1）由 A 项目四期位于夏热冬暖地区，只需考虑夏季空调用电节省效益。由资料可知该项目采用节能 65% 的标准，同年该市节能强制标准为 50%。项目每年夏季空调能耗为 1 582188 kW·h，标准煤热值取 8.141 kW·h/kg，煤价为 680 元/吨，η 取 0.35，夏季空调的节煤量 S_{M1} 和节能效益 S_{C1} 的计算步骤如下：

① 确定空调的年度终端耗能量

$$Q'_1 = \frac{Q_1}{\eta} = \frac{1582188}{0.35} = 4520537.14 \text{ kW·h} \tag{1-36}$$

② 计算与基准建筑的空调年度耗能差

$$\Delta Q_1 = \frac{Q'_1(a_1 - a_2)}{1 - a_1} = \frac{4520537.14 \times (0.65 - 0.5)}{1 - 0.65}$$

$$= 1937373.06 \text{ kW·h} \tag{1-37}$$

③ 将建筑空调耗能差换算得得出节煤量

$$S_{M1} = \frac{\Delta Q_1}{H} = \frac{1937373.06}{8.141} = 237977.28 \text{ kg} \tag{1-38}$$

式中　Q_1——绿色建筑夏季空调用电能耗；

$\quad\quad\ \eta$——一次转化为电能的效率；

$\quad\quad\ a_1$——绿色建筑中采用节能率；

$\quad\quad\ a_2$——基准建筑的节能率；

$\quad\quad\ H$——标准煤的热值；

（2）本项目采用了户式太阳能热水器，以满足小区全年供热水 260 天，且每天将 72660kg 水从 15℃ 加热到 40℃，太阳保证率 f 取 0.55，标准煤热值 29307kJ/kg，太阳能热水系统应用技术的增量经济效益进行估算，其具体步骤如下：

其节煤量为：

① 计算出太阳能光热系统应用技术节省的能耗

$$\Delta Q_2 = Q_w C_w (t_{end} - t_i) \times f = 72660 \times 260 \times 4.1868 \times (40 - 15) \times 0.55$$

$$= 1087561075 \text{kJ} \tag{1-39}$$

② 根据标准煤热值将节热量换算成节煤量

$$S_{M2} = \frac{\Delta Q_2}{H} = \frac{1087561075}{29307} = 37109.26\ \text{kg} \tag{1-40}$$

式中　Q_w——年度总用水量（kg）；

　　　C_w——水的比热容，取值为 4.1868kJ/（kg·℃）；

　　　t_{end}——储水箱内的终止水温（℃）；

　　　t_i——水的初始温度（℃）；

　　　f——太阳能保证率，一般为 0.3～0.8；

　　　H——标准煤热值；

（3）四期项目年度绿色照明能耗为 552647kW·h，标准煤热值取 8.141kW·h/kg，η 取 0.35，绿色建筑的照明节能率为 65%，基准建筑的照明节能率为 50%，绿色照明技术的节煤量 S_{M3} 和节能效益 S_{C3} 的计算步骤如下：

绿色照明技术的节煤量为：

① 确定建筑物绿色照明终端耗能量

$$Q_3' = \frac{Q_3}{\eta} = \frac{552647}{0.35} = 1578991.43\ \text{kW·h} \tag{1-41}$$

② 计算绿色建筑与基准建筑年度照明耗能差

$$\Delta Q_3 = Q_3' \frac{(a_1 - a_2)}{1 - a_1} = 1578991.43 \times \frac{(0.65 - 0.5)}{1 - 0.65}$$
$$= 676710.61\ \text{kW·h} \tag{1-42}$$

③ 将建筑照明耗能差换算成节煤量

$$S_{M3} = \frac{\Delta Q_3}{H} = \frac{676710.61}{8.141} = 83123.77\ \text{kg} \tag{1-43}$$

式中　Q_3——绿色建筑绿色照明能耗；

　　　η——一次转化为电能的效率；

　　　a_1——绿色建筑节能率；

　　　a_2——基准建筑节能率；

　　　H——标准煤热值；

（4）A 项目四期节能技术总节煤量

$$S_M = S_{M1} + S_{M2} + S_{M3} = 237977.28 + 37109.26 + 83123.77$$
$$= 358210.31\ \text{kg} \tag{1-44}$$

（5）煤价分析

随着各种自然资源的日趋匮乏，能源危机日益严重，能源价格必定呈上升趋势，煤价的发展趋势对于项目的增量效益分析起着关键性作用。假设标煤的价格为 400 元/t，年增长率为 10%。

（6）节能技术增量经济效益计算

$$C_{aj} = S_M \times P_j = S_M \times P_0 \times (1 + j_a)^{u-1} \tag{1-45}$$

式中　S_M——总的节煤量；

C_{aj}——第 j 年的节煤效益；

P_j——第 j 年的煤价；

P_0——初始煤价，即第一年煤价 400 元/t；

j_a——煤价增长率，假定为 10%。

假设计算期为 15 年，每年节煤增量效益如表 1-22 所示。

节煤增量效益分析表 　　　　　　　　　　　　　　　　　　　表 1-22

年份	0	1	2	3	4	……	14	15
节能增量效益（万元）	0	14.33	15.76	17.34	19.07	……	49.47	54.41

2. 节水技术增量效益分析

（1）节水技术节水量分析

根据 A 项目四期节水设计方案，可知该方案收集雨水 101490m²，人工湖的调蓄深度为 0.48m。在 100% 以上入住率的情况下，可满足四期全部的绿化、道路冲洗和整个项目小区的水景（面积估计为 19500m²）的补水，以及除 12 月和 1 月以外的洗车用水。此时中水的回用率为 38%，雨水的平均利用率为 38.33%，项目每年可节约用水 183000m³。

（2）水价分析

现水价 2.5 元/m³，假设水价年增长率为 14%。

（3）节水技术增量经济效益计算

$$C_{bj} = Q \times P'_j = Q \times P'_0 \times (1 + j_b)^{n-1} \qquad (1\text{-}46)$$

式中　Q——节水量；

C_{bj}——第 j 年的节水效益；

P'_j——第 j 年的水价；

P'_0——初始水价，即第一年水价 2.5 元/m³；

j_b——水价增长率，假定为 14%。假设计算期为 15 年，每年节水增量效益如表 1-23 所示。

节水经济效益分析表 　　　　　　　　　　　　　　　　　　　表 1-23

年份	0	1	2	3	4	……	14	15
节水增量效益（万元）	0	45.75	52.16	59.46	67.78	……	251.28	286.46

A 项目四期绿色建筑工程预计建设 124680m²，通过上述计算增量费用为 340.12 元/m²，总计需要增加投资 42406161.60 元。其中可以获得国家财政 50% 的补贴，为 21203080.8 元，该集团需自主筹集资金 50%，为 21203080.8 元。A 项目四期绿色建筑示范项目费用效益指标选用增量投资回收期和增量投资内部收益率两个指标。以下两个指标计算中的现金流出只考虑增量费用的流出和现金净流入，忽略房屋销售收入，仅按照每年的增量经济效益来计算。

① 增量投资回收期的估算

项目以 0 年为净现值基准计算年，假设项目建成后即可以 100% 负荷投入正常运行；根据上述对增量投资回收期的定义，此处增量投资回收期计算公式为：

$$C_i = \sum_{t=1}^{\Delta P_t} \left[C_a(P/A, i_c, j_a, n) + C_b(P/A, i_c, j_b, n) \right] \tag{1-47}$$

式中　$(P/A, i_c, j_a, n)$ ——等比系列现值系数；

$\qquad\quad i_c$ ——等比增长率；

$\qquad\quad C_a$ ——节能效益；

$\qquad\quad C_b$ ——节水效益；

$\qquad\quad j_a$ ——煤价增长率，拟定为 10%；

$\qquad\quad j_b$ ——水价增长率，拟定为 14%；

$\qquad\quad C_i$ ——项目增量费用；

$\qquad\quad \Delta P_t$ ——估算的增量投资回收期。

由于项目建成投产后各年的净收益不同，所以

$\Delta P_t = $（累计净现金流量出现正值的年份 -1）$+ \dfrac{\text{上一年累计净现金流量的绝对值}}{\text{出现正值年份的净现金流量}}$

计算可得项目增量费用在项目建成后约 14 年能完全收回，现金流量如表 1-24 所示。

项目增量投资回收年限计算表

表 1-24

时间	项目增量费用	节能增量效益	节水增量效益	累计净现金流量
0	−2120.31			−2120.31
1		14.33	45.75	−2060.23
2		15.76	52.16	−1992.31
3		17.34	59.46	−1915.51
4		19.07	67.78	−1828.66
5		20.98	77.27	−1730.41
6		23.08	88.09	−1619.24
7		25.38	100.42	−1493.44
8		27.92	114.48	−1351.04
9		30.71	130.51	−1189.82
10		33.79	148.78	−1007.25
11		37.16	169.61	−800.48
12		40.88	193.35	−566.25
13		44.97	220.42	−300.86
14		49.47	251.28	−0.11
15		54.41	286.46	340.76
回收期	（15−1）＋0.11/（54.41＋286.46）＝14.00（年）			

本案例的绿色建筑项目由于引入了"绿色"的概念，部分工程内容只有环境效益（如渗透雨水管、曝气喷泉、人工湖生态湖岸修建等）并没有计算到直接增量效益内。因此，结合项目的特征，从增量投资回收期这个经济指标上分析是比较合理可行的。绿色建筑项

目中的节能、节水等设备的增量费用一般来说会随着规模的增大而减小，因此如果在人口规模更大的小区采用节能、节水技术，其经济指标将会更好，即项目增量投资回收期还会适当缩短。

② 增量投资内部收益的估算

假设项目计算期为 30 年，根据公式

$$\Delta NPV(\Delta IRR) = \sum_{t=0}^{20} (\Delta C_2 - \Delta C_1)_t (1 + \Delta IRR)^{-t} = 0 \qquad (1\text{-}48)$$

式中 ΔC_2 ——增量效益；

ΔC_1 ——增量费用。用内插法即线性插值法计算得到内部收益 $IRR = 7.90\%$

影响绿色建筑项目直接增量效益的因素主要是建设投资、标煤价格及自来水价格。建设投资、标煤价格和自来水价格变化后，绿色建筑项目的增量投资回收期和增量投资内部收益率将随之变动，具体如表 1-25 所示。

绿色建筑项目增量效益敏感性分析　　　　　　　　　　表 1-25

a. 绿色建筑项目增量效益敏感性分析——建设投资

变化的幅度（%）	−30	−20	−10	0	10	20	30
建设投资（万元）	1484.22	1696.25	1908.28	2120.31	2332.34	2544.37	2756.40
ΔP_t（年）	11.70	12.54	13.30	14.00	14.62	15.22	15.76
ΔIRR（%）	11.33	10.03	8.90	7.90	6.99	6.16	5.39

b. 绿色建筑项目增量效益敏感性分析——标煤价格

煤价涨幅（%）	7.00	8.00	9.00	10.00	11.00	12.00	13.00
ΔP_t（年）	14.24	14.16	14.08	14.00	13.90	13.80	13.69
ΔIRR（%）	7.47	7.59	7.74	7.90	8.09	8.30	8.53

c. 绿色建筑项目增量效益敏感性分析——水价

水价涨幅（%）	9.80	11.20	12.60	14.00	15.40	16.80	18.20
ΔP_t（年）	15.95	15.23	14.58	14.00	13.45	12.97	12.51
ΔIRR（%）	3.52	5.00	6.46	7.90	9.32	10.72	12.11

【案例 1.9】 某绿色建筑小区节水项目全生命周期增量成本的分析

背景：

我国西部某绿色建筑小区，该小区规划占地 26.33 万 m^2，总建筑面积 29.7 万 m^2，示范工程设计目标达到《绿色建筑评价标准》三星级要求，实现节能、节水、节材、节地和保护环境的目的。该项目采取了供水系统技术、中水处理与回用技术、雨水收集与利用技术、人工湖水质保障技术、非传统水源输配系统安全保障等技术措施，节水率达到

37.8%，非传统水源利用率达到 30.4%。每年减少市政供水 20.2 万吨，利用非传统水源 14.6 万吨。该项目采用了节水技术后增加了建造和运营工程量，由此产生了一系列的增量成本。

该项目的初始增量成本为 623.4 万元；每年处理运行非传统水源单位水量的能耗单价 0.31 元/m³，传统水源处理量为 146000m³/年；节水项目年维修成本为 5.6 万元/年；日常运行年人工成本为 1.44 万元/年，人工费增长率 9.0%；绿色建筑节水项目的设备费为 169.4 万元，15 年更换设备一次，建筑的寿命周期为 50 年；节水项目每次的大修费用为 11.5 万元，每 8 年进行一次大修；节水项目在全生命周期末的残余值为 22.4 万元。

问题：

按折现率 7.721%，计算该项目节水项目全寿命周期成本的净现值。

分析要点：

根据本章提要（3），节水项目全寿命周期成本由初始成本、能耗成本、维修成本、人工成本、设备替换成本、大修成本、残余值 7 部分构成，各部分的计算方法如下：

本案例的节水项目全生命周期增量成本为：

$$C = C_1 + C_2 + C_3 + C_4 + C_5 + C_6 - C_7$$
$$= C_1 + P_1 \times Q \times (P/A, r, T) + P_2 \times (P/A, r, T) + P_3 (1+r)^{-1} \times$$
$$(F/A, ((1+s)(1+r)^{-1} - 1), T) + P_4 \times (P/A, R_1, n_1) +$$
$$P_5 \times (P/A, R_2, n_2) - C_8 \times (P/F, r, T)$$
$$= 623.4 + 0.31 \times 146000 \times (P/A, 7.721\%, 50) + 5.6 \times (P/A, 7.721\%, 50) +$$
$$1.44 \times (1+7.721\%)^{-1} \times (F/A, ((1+9.0\%) \times (1+7.721\%)^{-1} - 1), 50) +$$
$$169.4 \times (P/A, ((1+7.721\%)^{15} - 1), 3) + 11.5 \times$$
$$(P/A, ((1+7.721\%)^8 - 1), 6) - 22.4 \times (P/F, 7.721\%, 50)$$
$$= 936 (万元)$$

【案例 1.10】某项目喷灌技术增量投资净现值和增量投资回收期技术经济评价的分析

背景：

A 建筑设计院科研设计中心项目（以下简称本项目）建设地点在××市中南路西侧，南临中南二路，西、北临 A 建筑设计院院区，总用地面积 11327m²。本地块场地整体上呈北高南低的地势（高差约 2.4m），本地块地处××市交通主干线，并且在地铁线主干线上，区域内交通畅达，视野开阔，是一个高品质的办公楼宇。现对其绿地喷灌技术进行经济评价，其初始投资为 25 万元，每年的节水效益为 1.21 万元，节省人工费用为 2.16 万元。

问题：

采用增量投资净现值和增量投资回收期对该项目进行技术经济评价。

分析要点：

本案例在对各关键技术的经济评价基准收益率 i 取 8%，设备残值率 r 取 5%，若设备寿命超过 20 年，则不计算其残值。关键技术的经济评价可以为投资者在选取技术方案上提供科学的参考和依据。进行单项技术经济评价时只考虑直接经济效益而不考虑间接效益。增量投资净现值根据公式：

$$NPV = \sum_{i=1}^{t} E_t \times (P/F, a, t) - IC + E_R \times (P/F, i, T) \tag{1-49}$$

式中　E_t——该项技术第 t 年的年经济效益；

$\quad\quad IC$——该项技术的增量成本；

$\quad\quad T$——该项技术的寿命周期；

$\quad\quad i$——折现率；

$\quad\quad E_R$——设备残值为该技术的折现率；

a 为技术的折现率　$\left(a = \dfrac{1+R}{1+i}\right)$ $\tag{1-50}$

水价平均增长率 $R = 14.1\%$，人工增长率 $R = 12\%$

技术的折现率：$a_1 = \dfrac{1+R}{1+i} = \dfrac{1+14.1\%}{1+8\%} = 1.06$

$$a_2 = \frac{1+R}{1+i} = \frac{1+12\%}{1+8\%} = 1.04$$

$$NPV = \sum_{i=1}^{15} 1.21 \times (P/F, 6\%, t) + \sum_{i=1}^{15} 2.16 \times (P/F, 4\%, t) - 25 + 25 \times$$
$$5\% \times (P/F, 8\%, 20) = 49.7 \text{（万元）}$$

净现金流量如表 1-26 所示。

项目净现金流量表　　　　　　　　　　　　　　　表 1-26

年末	0	1	2	3	4	5	6	7	8
现值1	−25.0	1.34	1.42	1.50	1.58	1.67	1.77	1.87	1.97
现值2		2.24	2.32	2.41	2.50	2.60	2.69	2.79	2.89

年末	9	10	11	12	13	14	15	残值	
现值1	2.08	2.20	2.32	2.46	2.60	2.60	2.9	0.39	
现值2	3.0	3.11	3.22	3.34	3.47	3.60	3.73		

根据公式：

$$P_b = (n-1) + \frac{\left| \sum_{t=0}^{n-1} ND_t (P/F, i, t) \right|}{ND_n (P/F, i, t)} \tag{1-51}$$

式中　n——累计净现金流量出现正值的年份；

ND_n——第 n 年的净现金流量。

计算得到增量投资回收期为 6.2 年。

喷灌技术主要应用于农业灌溉当中，在建筑园林绿化中较少采用。在考虑节水和节省人工两方面效益之后，仅用三分之一的设备寿命时间便收回了投资。因此，喷灌技术作为一种新兴的技术应在建筑园林绿化中推广。

【案例 1.11】某小型建筑应用全寿命周期成本理论对传统设计方案与绿色设计方案的比较分析

背景：

A 项目为 3 层建筑，总面积为 450m²，外墙面积为 250m²，外窗面积为 65m²，屋顶面积 196m²，折现率：5%，电价：0.5 元/kW，建筑寿命期：20 年。该项目绿色设计方案与传统设计方案的单位成本与年总负荷如表 1-27 所示（年金现值系数值为12.462）。

绿色方案与非绿色方案对比表　　　　　　　　　　　　表 1-27

	传统设计方案	绿色设计方案
	单位成本（元/m²）	单位成本（元/m²）
外墙	100	175
屋顶	400	550
外窗	300	450
年总负荷（kW）	174936	93315

问题：

应用全生命周期成本理论，对传统设计方案与绿色设计方案进行比较。

分析要点：

应用全生命周期成本理论，建设成本＝单位成本×外墙面积＋单位成本×屋顶面积＋单位成本×外窗面积，所以传统设计方案建设成本＝100×250＋400×196＋300×65＝122900 元；绿色设计方案建设成本＝175×250＋550×196＋450×65＝180800 元。运营成本＝年总负荷×电价，所以传统设计方案运营成本＝174936×0.5＝87468 元；绿色设计方案运营成本＝93315×0.5＝46657.5 元。

全生命周期成本＝建设成本＋运营成本×年金系数，所以传统设计方案全生命周期成本＝122900＋87468×（P/A，5%，20）＝122900＋87468×12.462＝1212926.216 元；绿色设计方案全生命周期成本＝180800＋46657.5（P/A，5%，20）＝180800＋46657.5×12.462＝762245.765 元。

由计算结果可知，根据全生命成本理论，绿色设计方案全生命周期成本较低，绿色设计方案更经济。

【案例 1.12】某夏热冬冷地区二星级绿色建筑单位面积投资增量分析

背景：

工程位于 A 省 B 市，属于夏热冬暖地区，是国家二星级绿色建筑项目，建筑主要功能为售楼中心和业主会所。商业楼项目用地面积为 4872m²，建筑占地面积 1241m²，总建筑面积 4459m²，其中地下建筑面积 999m²，地上 3 层，地下 1 层，框架结构。本项目所采用的绿色技术如下：

（1）围护结构隔热保温

本项目围护结构采用传热系数低、性能优越的保温材料，保证建筑的节能率在 50% 以上。

（2）外墙

B 市夏季太阳辐射较大，外墙使用浅白色，以降低太阳辐射吸收系数。使用加气混凝土砌块自保温，填充墙构造为外侧为 20mm 厚水泥砂浆，中间为 200mm 厚加气混凝土砌块，内侧为 20mm 厚石灰石砂浆，填充墙平均传热系数<1.15W/（m²·k）。

（3）屋顶

屋顶分为普通屋面和屋顶花园，其中普通屋面面积 690m²，屋顶花园面积 550m²。普通屋面使用挤塑聚苯板隔热保温，其构造为 8mm 厚面砖＋25mm 厚水泥砂浆＋10mm 厚石灰砂浆＋2mm 厚聚氨酯防水涂料＋20mm 厚水泥砂浆＋20mm 厚粉煤灰陶粒混凝土＋40mm 厚挤塑聚苯板＋100mm 厚钢筋混凝土＋20mm 厚水泥砂浆，其平均传热系数<0.55W/（m²·K）。屋顶花园绿化全部采用佛甲草，佛甲草属多年生草本植物，生命力特强，其耐旱时间可长达 2 个月，无须浇水、施肥、修剪、除杂等管理，负荷极轻，采用无土栽培（屋顶绿化时土层厚度为 5cm，基质荷载<40kg/m²，饱水荷载<70kg/m²），是应用于屋顶绿化的杰作，可取代传统的隔热层和防水保护层。

（4）外窗

外窗依据《公共建筑节能设计标准 A 省实施细则》相关规定，选用 Low-E 中空玻璃，传热系数<3.0W/（m²·k），比传统玻璃传热系数小 50% 以上，大大提高其隔热性能，降低玻璃遮阳系数。门窗、幕墙的面板缝隙采取灌注密封胶密封，提高外窗的气密性。

（5）遮阳

本项目全部采用 Low-E（低辐射玻璃）中空玻璃，玻璃遮阳系数为 0.32，可见光透过率为 0.48，具有较好的节能效果。为防止太阳辐射，本项目在南向、西向和东向设置了较大面积的可水平移动百叶遮阳，抵挡夏季的阳光直射，并抵御直射阳光引起的眩光，也兼顾了冬季阳光的利用。

（6）通风

本项目建筑朝向基本为南向，在夏季主导风条件下，有利于在建筑表面形成理想的风压值。建筑布局基本为行列式，可以形成流畅的通风通道。周围所有高层和超高层住宅全部做局部架空，除了电梯厅外首层基本为架空，大大改善小区风环境，避免小区的热岛效应。室内外窗可开启比例＞30%，幕墙可开启比例＞10%，优化了室内通风环境。

（7）可再生能源的利用

B市属于日照多地区，年平均日照 2000h 以上，年辐射总量为 4500～5000MJ/（$m^2 \cdot a$）。年内 6～12 月日照最丰富，可有光照 5h/d，其中 7～11 月平均每天有 6h，而 7 月则多达 7h 以上。本项目根据当地气候条件优势，采用太阳能热水系统，用于室内卫生间和淋浴间的热水供应。设计日生活热水用量为 60℃热水 $1.5m^3$，为保证热水供应，系统还加配 1 台空气源热泵热水器，其最大热水产热量为 $0.42m^3/h$。当太阳能不能满足生活热水温度时，启动风冷热泵系统。除了 B市极端天气外，项目 100% 生活热水全部由本系统解决，其中由太阳能的热保证率达 55% 以上。太阳能集热器面积确定综合考虑当地太阳辐射条件、水温度、太阳能集热器的日平均效率、太阳能集中热水系统投资、当地常规能源（燃气、电）价格、太阳能集热器安装朝向以及倾角、实际可提供的安装建筑面积等因素，进行全年的运行节能性以及经济性比较后确定。集热器面积（考虑直接系统）可以按以下经验公式确定：

$$A = \frac{QC(t_{end} - t_1)f}{J\eta_{cd}(1-\eta_L)} \tag{1-52}$$

式中 A——直接系统集热器采光面积（m^2）；

Q——设计日均用水量，取 1500（kg）；

C——水的比热容，取 4.1868（kJ/kg·℃）；

t_{end}——储水箱内水的设计温度，取 60（℃）；

t_1——储水箱内水的初始温度，取 15（℃）；

J——当地集热器采光面上的年平均日太阳辐照量，取 13500（kJ/m^2）；

f——太阳能保证率，根据系统使用期内的太阳辐照、系统经济性及用户要求等因素综合考虑后确定，取 0.5；

η_{cd}——集热器平均集热效率，取 0.45；

η_L——管路及储水箱热损失率，取 0.2。

$$A = \frac{QC(t_{end} - t_1)f}{J\eta_{cd}(1-\eta_L)} = \frac{1500 \times 4.1868 \times (60-15) \times 0.5}{13500 \times 0.45 \times (1-0.2)} = 29m^2$$

经计算太阳能热水系统集热器面积为 $29m^2$，故本项目太阳能热水系统集热器面积设计为 $30m^2$。

（8）空调系统热回收

本项目冷源全部采用 VRV（Varied Refrigerent Volume，一种冷剂式空调）机组，共采用 3 台 VRV 机组，每层设置 1 台便于控制使用。VRV 系统采用冷媒管直接输送到用户末端，末端为风机盘管形式。VRV 机组的额定工况 COP＞3.1，IPLV（综合部分负荷性能系数）设计值＞4.1，属于节能型空调。

（9）水资源利用

B市属于年降水多地区，年平均降水量1682mm，为雨水收集提供了非常优越的条件。本项目设计屋顶雨水收集系统，其工艺流程如图1-3所示。

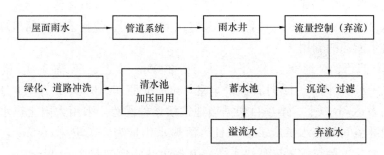

图1-3　屋顶雨水收集工艺流程

根据本项目的雨水回用规划和水量平衡情况，实际收集普通屋面的雨水，绿化屋面的雨水不做收集。

具体技术增量成本如表1-28所示。

绿色建筑技术增量成本分析表　　　　　　　　　　　表1-28

采取的关键技术	单价	应用量	应用面积（m²）
可调节外遮阳	800 元/m²	200m²	200
Low-E 中空玻璃	300 元/m²	1554m²	1554
雨水回收系统	5000 元/m³	20m³	500
太阳能—风冷热泵热水系统	80000 元/m³	1.5m³	4459
屋顶绿化	70 元/m²	550m²	550
微灌系统	20 元/m²	500m²	500
排风热回收装置	7.5 元/m³	8000m³	4459

问题：

计算该绿色项目的单位面积投资增量及各项技术所占项目投资增量的比例。

要点分析：

计算每项技术的增量成本见表1-29。

绿色建筑技术增量成本计算表　　　　　　　　　　　表1-29

采取的关键技术	单价 （1）	应用量 （2）	增量成本（万元） （1）×（2）	占总成本的比 （%）
可调节外遮阳	800 元/m²	200m²	16.00	32%
Low-E 中空玻璃	300 元/m²	1554m²	23.30	14%
雨水回收系统	5000 元/m³	20m³	10.00	17%

采取的关键技术	单价 （1）	应用量 （2）	增量成本（万元） （1）×（2）	占总成本的比 （%）
太阳能-风冷热泵热水系统	80000 元/m³	1.5m³	12.00	5%
屋顶绿化	70 元/m²	550m³	3.85	1%
微灌系统	20 元/m²	500m²	1.00	8%
排风热回收装置	7.5 元/m³	8000m³	6.00	22%
项目的总投资增量＝16.00＋23.30＋10.00＋12.00＋3.85＋1.00＋6.00＝72.15（万元）				

项目的单位投资增量＝721500÷4459＝161.81（元）

第 2 章　绿色建筑技术案例分析

本章提要

　　绿色建筑技术是跨学科、跨行业、综合性和应用性很强的技术。绿色建筑项目集成包括：绿色建筑室内外环境及控制技术、绿色建筑节约材料技术、绿色建筑围护结构节能技术、绿色建筑设备节能技术、绿色建筑能源应用技术、绿色建筑水资源合理利用技术和绿色建筑管理技术等主要技术领域。绿色建筑全寿命期内各环节和阶段，都有可能在生产技术、产品选用和管理方式上进行性能提高和创新。为鼓励绿色建筑整体性能的提高和创新，2014 版《绿色建筑评价标准》专门增设了相应的评价项目，并将此类评价项目列为"加分项"，最高可加 10 分。

　　本章所选 8 个案例有所侧重某方面技术领域，但不可能涵盖绿色建筑所有的技术领域。实际工程中也不是说技术集成越多，绿色建筑就越"绿"。而是要因地制宜，充分考虑技术、经济、社会、环境等综合效益，合理选用绿色建筑技术。

【案例 2.1】某绿色建筑现代住宅小区主要示范技术的分析

背景：

1. 项目概况

　　该现代住宅小区位于江苏省东部沿海某县城主城区，是集住宅、购物、餐饮、娱乐、休闲为一体的综合大型住宅小区。小区占地 7.09 万 m²，总建筑面积 29.95 万 m²，共有 20 幢以 19 层为主的高层建筑，最高为 30 层，可容纳住户 1472 户，商户 200 多家。小区三面临街、一面临水。小区周围沿街配套商业，区内为住宅，通过合理的空间分割，在喧闹的城市中心营造出一个闹中取静的、适宜居住的"生态之城、科技之城"。

2. 小区建设的主要绿色建筑理念

　　（1）高层建筑充分利用土地

　　该项目从计划竞拍土地开始就认真进行了全方位的策划，通过考察全国大中城市 140 多个具有代表性的知名楼盘，充分借鉴大都市成熟、现代的经验，结合本地民情，选择著名的规划设计单位合作，科学规划，确定建 20 幢高层住宅建筑群的方案。该方案不仅可节约土地资源 40%～50%，更重要的是拉大了楼宇间间距，还有较大的室外公共空间生态景观和完善的配套设施，使得光照充分、眺望性更好。高层建筑的抗震性能好，住宅采光面大、通透性好空气质量高、噪声污染小。

（2）高密度屋顶绿化

该项目在地下室顶板上回填种植土，进行高密度的屋顶绿化。小区内分散布置多块组团规模的绿地，住宅间设有成片的庭院绿地，以各种乔木为主，局部种植草皮、常青灌木和四季花卉，形成冬有青、夏有荫，四季有花开的优美环境。整个小区绿化面积达到了3.5 万 m²，绿地覆盖率达到 36.2%。

区内建有 16 处独立的、风格各异的大型园林、森林、果岭、绿岛、植物园，并充分考虑了常绿与落叶、针叶与宽叶、绿色与彩色、有花与无花、有果与无果、有形与自然、大树、中树、灌木、草本四个层次的穿插、搭配和分布，既突出了植物多样性，又突出了季节色彩变化，实现了多层次立体绿化。

小区绿化景观以 16 处主题植物园为"面"，以 23 个原始文化雕塑和原创主题雕塑为"点"，贯穿其中的一千多米仿原生态景观水系为"线"，构成"点、线、面"相结合的多层次空间，形成了独具特色的园林景观，使整个小区变成一座美轮美奂的生态公园。

（3）地下车库自然通风、采光

该项目考虑到私家车的未来发展趋势，充分利用地下空间，建成了 6.5 万 m² 的地下停车库，让所有业主都能拥有一个独立的地下停车库，解决了小区停车难和停车占道影响交通的问题。地下室车库顶设置了 80 个采光通风井，利用了自然采光和自然通风，地下室设置的照明和通风设备仅作为辅助使用，节约了照明用电和通风用电。

（4）智能化科技之城

该项目全方位应用智能化技术实现了一卡通、一线通等的高度集成智能化，采用一线通弱电系统，所有弱电通过一根光缆传输；采用一卡通出入系统，业主仅凭一张智能卡，从大门入口进入、车辆到车库、到单元门厅进入电梯、到入户门进家全凭一张智能卡；采用 BA 设备控制系统，根据环境的和预定的时序实现照明的智能化控制，有区别地设定光控、声控、触摸、人体感应等节能控制技术，合理调节公共照明，节省电耗。

（5）菜单式精装修

本项目进行了精装修，从个性化、细致化入手，以"简约、实用"的设计风格为主流，通过经典欧式、经典中式、简约欧式、简约中式、现代时尚、现代实用和经济舒适等多种风格及多种标准来满足不同住户的个性化需求，并可大大减少装修对住宅环境的破坏。

问题：

（1）试根据上述背景材料，分析该项目采用了哪些绿色建筑主要示范技术？

（2）试结合本项目特点，简述可采用的生态绿化技术及其作用？

（3）简述绿色环保精装修的做法？

分析要点：

（1）项目绿色建筑主要示范技术如下：

① 综合利用地下空间及其自然通风、采光技术；

② 本土化植物园式的生态绿化技术；

③ 智能化运营管理技术；

④ 设备节能与智能控制技术；

⑤ 菜单式、组合式、绿色环保精装修技术。

（2）生态绿化技术

① 屋顶绿化的顶板处理；

② 各类植物合理配置、主题植物园；

③ 与建筑、规划和谐统一；

④ 改善微小气候环境、消除城市热岛效应；

⑤ 种植本土古树名木，体现地域特色；

⑥ 贴近自然的仿原生态水系；

⑦ 科学移植古树名木，保证成活率；

⑧ 盲管排水系统；

⑨ 自动喷灌系统；

⑩ 地面覆盖、树体保湿。

（3）绿色环保的精装修

① 采用的所有精装修材料均达到国家 El 级环保标准；

② 选用节水型洁具；

③ 选用节能型中央空调；

④ 选用高效全热交换器；

⑤ 严格执行环保监测。

【案例 2.2】某绿色建筑示范工程主要技术创新点的分析

背景：

该项目根据住宅建筑自身特点以及华北某市当地气候特点、城市自然环境和人文环境，优先采用本土化适宜技术，形成一套可行实用的绿色住宅建筑技术体系。建设单位在工程绿色运营研究与实践工作中，积极、认真、务实，主要技术创新点如下：

（1）外墙外保温隔热技术、屋面保温隔热技术、三玻两中空断桥铝合金门窗节能技术的应用。

（2）高层阳台立面分户式太阳能热水系统，部分太阳能路灯。

（3）中水处理回用技术。

（4）雨水收集利用、雨水直接渗透技术。

（5）地下车库光导照明技术。

同时，项目在技术创新的基础上保证了较好的品质和合理的成本，带来了一定的经济效益和社会效益。

问题：

（1）试简述该项目太阳能利用的技术？

（2）重点介绍光导照明技术要点？

（3）简述雨水收集利用技术？

分析要点：

1. 太阳能利用技术

（1）高层建筑太阳能热水一体化，充分利用高层建筑南立面，并与立面效果相结合，每户安装太阳能热水器。

（2）地下车库采用光导照明。

（3）部分路灯采用太阳能路灯。

2. 光导照明技术要点

（1）工作原理

自然光光导照明系统通过采光装置聚集室外的自然光线并导入系统内部，再经过特殊制作的导光装置强化与高效传输后，由系统底部的漫射装置把自然光线均匀导入到室内任何需要光线的地方。从黎明到黄昏，甚至是阴天或雨天，该照明系统导入室内的光线仍然十分充足。

（2）产品特点

① 节能：可完全取代白天的电力照明，至少可提供 10h 的自然光照明，无能耗，一次性投资，无须维护，节约能源，创造效益。

② 环保：系统照明光源取自自然光线，采光柔和、均匀，光强可以根据需要进行实时调节，全频谱、无闪烁、无眩光、无污染，并通过采光罩表面的防紫外线涂层，滤除有害辐射，能最大限度地保护用户的健康。

③ 安全：采光系统无须配带电气设备和传导线路，避免了因线路老化引起的火灾隐患，且整个系统设计先进、工艺考究，具有防水、防火、防盗、防尘、隔热、隔声、保温以及防紫外线等特点。

④ 健康：光导照明系统秉承自然理念，全力打造健康和谐的娱乐、办公、居住环境。科学研究证明，自然光线照明具有更好的视觉效果和心理作用，并且可以清除室内霉气，抑制微生物生长，促进体内营养物质的合成和吸收，改善居住环境等。

⑤ 时尚：光导照明系统外形美观，是自然光与人工建筑的完美结合，创造了低耗能、高舒适度的健康娱乐、办公、居住环境，有利于建筑装饰艺术创作；加上阳光丰富的色彩，材料质感更加明显，显示出自然光的无穷魅力。

⑥ 隔热：光导照明系统是中空密封的，具有良好的隔热保温性能。

（3）光导照明系统布置位置的确定

（4）光导照明系统基础预留

在施工图设计时，由于景观设计图纸尚未完善，故图纸中未预留光导照明基础。在景观设计方案确定后，以变更的形式设计出光导照明的基础图纸。根据各车库的实际情况，最终确定设计图纸，如图 2-1 所示。

（5）光导照明系统安装

3. 雨水收集利用技术

（1）雨水间接利用——下凹式绿地：绿地的雨水渗透至地下含水层，补充地下水，削

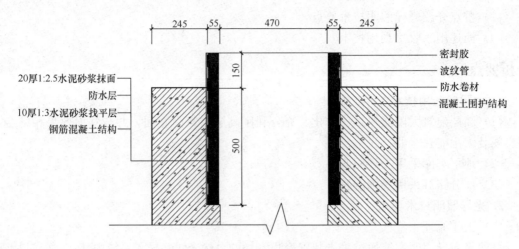

图 2-1 光导照明基础剖面图

减洪峰流量。绿地是一种天然的渗透设施，分布广泛。下凹式绿地是在绿地建设时，使绿地高程低于周围地面一定的高程，以利于周边的雨水径流的汇入。下凹式绿地透水性能良好，建设成本与常规绿地相近，可减少绿化用水并改善城市环境，对雨水中的一些污染物具有较强的截留和净化作用。因此，在绿地规划设计时应充分考虑建设下凹式绿地，以增加雨水渗透量。下凹式绿地的下凹深度一般以 5～10cm 为宜。

（2）下凹式绿地布置：在小区景观水系周围的高层楼群附近利用绿地进行雨水收集利用，分为渗透式下凹绿地、非渗透式下凹绿地、植物滤池及渗透井和渗透管部分。共建设渗透式下凹绿地、非渗透式下凹绿地 13 处，面积为 $1400m^2$。下凹式绿地剖面图如图 2-2 所示。

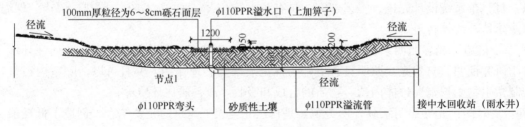

图 2-2 下凹式绿地剖面图

（3）雨水直接利用——收集屋面、路面的雨水，用于补充景观水、绿化灌溉、洗车及道路浇洒。

（4）屋顶雨水收集系统：将建筑物的屋顶雨水利用设在外墙的雨水管进行收集，汇集至室外绿地及地下雨水收集池。

（5）人工湖雨水收集系统：景观湖周围建筑屋面的雨水可流入景观湖。

（6）雨水收集池：在中水站旁建设地下雨水收集池，用于收集雨水，作为小区灌溉、景观湖、中水补充用水。

（7）利用渗水砖渗水植草砖进行雨水收集：室外人行道路及停车场设计为渗水砖渗水植草砖路面。渗水砖路面做法如图 2-3 所示。

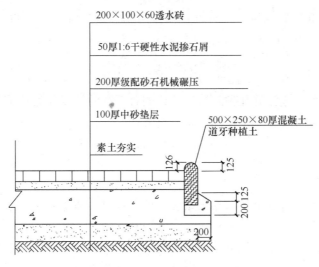

图 2-3　渗水砖路面做法

【案例 2.3】某工程地源热泵技术应用的分析

背景:

　　某工程项目总建筑面积 25 万 m^2,其中高层住宅 18 万 m^2,低层住宅 5 万 m^2,公建 2 万 m^2。一期包括 5 万多 m^2 的低层住宅及 2000 多 m^2 的公建,本方案采用地源热泵系统中土壤源热泵系统解决一期项目住宅冬季供暖的需求及公建冬季供暖、夏季供冷的需求,从而达到节能、环保、节约运行费用的目的。

　　节能效益分析:折算一次能源,以能源利用总能效进行分析,地下水热泵系统供热总能量最高约为 115%,土壤源热泵系统供热总能效约为 100%,燃煤集中锅炉供热总能效约为 55%左右,燃气集中锅炉供热总能效约为 65%左右,热电厂供热总能效约为 70%。根据地域、建筑类型、地源热泵系统方式的不同,地源热泵供暖与传统燃煤锅炉供暖相比节能 25%~50%,根据地域、建筑类型地源热泵系统方式的不同,地源热泵供暖与传统燃煤锅炉供暖相比节能 50%,地源热泵供冷与传统冷水机组供冷相比节能 40%。

　　环境效益分析:地源热泵系统没有氢氧化物、二氧化硫和烟尘的排放,真正做到无污染。如果全国每年在 2000 座建筑中推广应用地源热泵空调系统,则可替代 70 万吨左右标煤,5.2 亿 m^3 左右天然气,削减约 470t 氢氧化物和约 40t 颗粒物的排放。

　　经济效益分析:地源热泵系统不仅能供暖、制冷而且可以提供生活热水,具有多重功能,主机使用寿命一般在 20 年左右。根据现有实际工程测算,如采用地下水式地源热泵系统,冷热源部分的初始投资每平方米约 150~300 元,如采用土壤源地源热泵系统,系统初始投资冷热源部分投资每平方米约 200~400 元,与采用国产冷水机组加锅炉式中央空调系统的初始投资相比略高。采用地源热泵系统制冷时,其运行费用可比传统中央空调降低 40%左右,静态投资增量回收期约 4~5 年。地源热泵系统的维护成本非常低,无须专人看管，节省了占地空间和人力资源。运行费用低：系统正常运行冬季运行费用低于 15 元/m²，夏季低于 10 元/m²。

问题：

（1）地源热泵系统包括哪几种系统？并说明各系统的特点与适用范围。

（2）结合案例分析地源热泵技术的特点有哪些？

（3）与传统的中央空调系统相比，地源热泵技术有什么优点？

要点分析：

（1）地源热泵系统包括土壤源热泵系统、地下水热泵地源系统、地表水热泵系统等三种不同的系统。

土壤源热泵交换系统采用闭式方式，通过中间介质（通常为水或者是加入防冻剂的水）作为热载体，中间介质在埋于土壤内部的封闭环路中循环流动，流动中的介质与周围岩土体进行热交换。此种类型较少受地下地质条件的限制，在不具备地下水资源的区域基本上都可以采用，且系统运行具有高度的可靠性和稳定性。

地下水源热泵系统通过建造抽水井群将地下水抽出，送至换热器或水源、热泵机组，经提取热量或释放热量后，由回灌井群灌回地下原地下水层中。该系统简便易行，综合造价低，水井占地面积小，可以满足大面积的建筑物的供暖空调要求，能效比可达供暖 1：4，供冷 1：6。但该系统受当地的水文地质条件的制约，只有在地下水源丰富、稳定、水质较好，并有较好的回灌地质条件的区域才能采用。

地表水热泵系统通过直接抽取或者间接换热的方式，利用包括江水、河水、湖水、水库水以及海水等作为热泵冷热源。该系统简便易行，初始投资较低，但由于地表水源容易受自然条件的影响，且一定的地表水体所能够承担的冷热负荷与其面积、体积、温度、深度以及流动性等诸多因素有关，需根据具体情况进行精确的计算。

（2）地源热泵技术的特点：可再生能源、经济有效的节能技术、环境效益显著、系统维护费用低、一机多用。

（3）与传统的中央空调系统相比，地源热泵系统占地面积小，可采用小机组灵活安装在室内楼梯下、设备房；设备寿命较长，一般为 25 年；利用土壤或地下水的热量不消耗水资源；利用电能，能效比为 4～6；无燃烧，无排放污染物，无热岛效应；系统组成简单，运行费用低，维护方便，节约 40%～70% 费用；可分区域控制，独立制冷或供暖，区域间互不影响；可根据需要分期投资，逐台加装地源热泵机组。

【案例 2.4】某办公楼绿色建材选择及舒适光环境要素的分析

背景：

某办公楼占地约 4800m²，地上建筑面积 12000m²，地上 9 层，地下 2 层，为国际甲级写字楼及配套商业。该建筑土建用材尽量采用可回收、可循环材料以及废弃物材料，并优化设计节约材料用量。室内装修材料选用环保型材料，追求舒适、高档，但不奢华。通过地下采光天井，将自然光引入到地下，美化环境的同时节约电耗。地下室光导管技术采用高效反射材料，将自然光引入地下室，用于地下室的照明。办公室通过水平光管技术将自然光引入到建筑内部，节约建筑照明能耗，同时可起到自然光杀菌的卫生效果。裙房屋顶设置太阳能集热板，满足地下室卫生间及淋浴用水。通过日照分析，选取日照比较充足的南立面和屋顶设置太阳能光伏发电板。空调冷热源采用地源热泵技术，充分利用地表浅层地热资源，吸收或放出热量，达到冬季供热和夏季制冷，并同时与太阳能热水系统耦合，提供生活热水，大幅度降低了空调电耗。

问题：

（1）绿色建筑材料的特点及选择的标准是什么？
（2）舒适光环境的要素有哪些？

要点分析：

1. 绿色建筑材料的特点及选择的标准：

（1）绿色建筑材料的特点是轻质、高强、多功能、应用新材料及工业废料、复合型和工业化生产。

（2）绿色建材应符合以下几项标准：①资源效率。资源效率的标准主要有：可回收使用，天然、大量的可再生材料，生产过程消耗低，材料当地化，可重新制造，可再循环使用，耐久性好。②能源效率。能源效率指材料本身制造过程能耗低，且有助于降低建筑物和设备的能耗。③室内空气质量。室内空气质量标准指材料无毒、较低的 VOC（Volatile Organic Compound 挥发性有机物）排放、防潮、维护简单等。④节约用水。节约用水是指材料可以降低建筑物及设施的用水量。⑤经济合理。经济合理指材料在满足建筑系统要求的同时其整个生命周期成本较低。

2. 舒适光环境的要素：

（1）适当的照度和亮度水平

人眼对外界环境明亮差异的知觉，取决于外界景物的亮度。确定照度水平要综合考虑视觉功效，舒适感与经济、节能等因素。不同工作性质的场所对照度值的要求不同，适宜的照度应当是在某具体条件下，大多数人都感觉比较满意且保证工作效率和精度均较高的照度值。

（2）合理的照度分布

光环境控制中规定照度的平面称参考面，工作面往往就是参考面，通常假定工作面是由室内墙面限定的距地面高 0.7～0.8m 高的水平面。原则上，任何照明装置都不会在参考面上获得绝对均匀的照度值。考虑到人眼的明暗视觉适应过程，参考面上的照度应该尽可能均匀，否则很容易引起视觉疲劳。一般认为空间内照度最大值、最小值与平均值相差不超过 1/6 是可以接受的。

（3）舒适的亮度分布

人眼的视野很宽，在工作房间里，除了视看对象外，工作面、天棚、墙、窗户和灯具等都会进入视野，这些物体的亮度水平和亮度对比构成人眼周围视野的适应亮度。如果它们与中心视野内的工作对象亮度相差过大，就会加重眼睛瞬时适应的负担，或产生眩光，降低视觉功效。此外，房间主要表面的平均亮度，形成房间明亮程度的总印象，其亮度分布使人产生不同的心理感受。因此，舒适并且有利于提高工作效率的光环境还应该具有合理的亮度分布。

（4）宜人的光色

光源的颜色质量常用两个性质不同的术语来表征，即光源的表观颜色（色表）和显色性，后者是指灯光对其所照射的物体颜色的影响作用。光源色表和显色性都取决于光源的光谱组成，但不同光谱组成的光源可能具有相同的色表，而其显色性却大不相同。同样，色表完全不同的光源也可能具有相等的显色性。

（5）避免眩光干扰

眩光的存在使人感到不舒服，影响注意力的集中，时间长了会引起视觉上的不舒适、厌烦或视觉疲劳。

（6）光的方向性

在光的照射下，室内空间结构特征、人和物都能清晰而自然地显示出来，这样的光环境给人的感受就生动。一般来说，照明光线的方向性不能太强，否则会出现生硬的阴影，令人心情不愉快，但光线也不能过分漫射，以致被照物体没有立体感，平淡无奇。

【案例 2.5】某科技馆绿色建筑技术创新及综合效益分析

背景：

某科技馆占地面积 1348m²，总建筑面积 4679m²，其中地上 4218m²，地下 461m²，建筑高度 18.5m，地上 4 层，半地下室一层，主体结构形式为钢框架结构。本项目为科研和办公复合项目，其主要功能为科研办公、绿色建筑节能环保技术与产业宣传展示。其中 1 楼为开敞多媒体展厅、会议室，2~4 层主要为办公空间。绿色建筑评价标识等级为三星级。

本项目重点突出对本地区适宜的被动式节能环保技术探索和示范，并通过智能系统与高性能机电设备进行整合联动，以实用技术打造超低能耗绿色科技馆，实现节能环保设计理念目标。被动式技术应用方面，通过结合建筑形态运用被动式自然通风、形体自遮阳、生态中庭与屋顶自然采光实现尽可能多利用自然通风和采光，同时避免过多日晒，大大降低空调和室内照明能耗；在主动式机电设备技术方面，本项目结合建筑形式与功能，运用智能化技术整合集成了温湿独立空调系统（地埋管式地源热泵，辐射空调末端，溶液除湿全新风热回收空调系统），绿色智能照明系统，永磁同步无齿轮主机的节能电梯技术，绿色环保的钛锌板陶土板＋防水透气膜＋岩棉保温非透明幕墙屋面与断桥隔热多腔铝合金型材与双银 Low-E 玻璃幕墙与窗以及智能遮阳系统组成的高性能幕墙围护结构系统，太阳能光伏建筑一体化技术（BIPV），垂直风力发电，实现零排放的雨水中水处理利用系统，以及实现节能环保的绿色建筑、节水设备器具、透水地面、绿地以及植草砖结合的保水设计等技术。

（1）节地与室外环境

选址、用地指标、住区公共服务设施、室外环境（声、光、热）、出入口与公共交通、景观绿化、透水地面、旧建筑利用、地下空间利用等。

该项目占地面积 1348m²，总建筑面积 4679m²，容积率为 0.39，建筑密度为 12.6%，绿化率为 40%。项目周边以公路交通为主，建筑主出入口面西，靠近整个能源与环境产业园的主出入口，虽然场址周边区域为工业园区厂房，较少有公共服务设施，但靠近园区及建筑南侧，距离本项目 500m 以内开通有公交车。

本项目地处于平原地带，原用地为农居住宅和杂地等，无各类潜在地质灾害以及人为不良环境要素，不涉及文物、自然水系、实地、基本农田、森林和其他保护区。周边为工业厂房，不存在对周边居住建筑物带来光污染和产生日照影响等问题。

场地内无排放超标的污染源，项目废水主要为生活污水和少量的空调系统清洗废水，将由建设单位新建污水处理设施处理后进行中水回用，不外排，实现污水零排放。

本项目景观绿化采用大香樟、香樟、乐昌含笑、杜英、榉树、广玉兰、垂柳、山茶花、水杉、雪松、黄山栾树、红白玉兰等乡土植物，通过乔灌草搭配，形成复层绿化形式，同种或不同种苗木高低错落，植后同种苗木相差 30cm 左右。在人行道区域铺设了透水地砖等，室外透水地面面积比为 57.9%，大于 40%。

由于本项目为市政拆迁，项目立项时，原有建筑已经拆除，未能利用原有旧建筑及其材料。同时本项目开挖地下室，作为地源热泵机房、消防水水池与泵房、配电房等公建设施用房，合理布局，充分开发利用了地下空间。

（2）节能与能源利用

建筑节能设计、高效能设备和系统、节能高效照明、能量回收系统、可再生能源利用等。

本项目在围护结构的选用上，非承重的外围护墙体采用石英砂加气混凝土空心砌块砌筑体系，承重钢筋混凝土墙体、地下室外墙等为钢筋混凝土墙。墙体、屋面分布采用 75mm 厚、90mm 厚保温岩棉板，传热系数达到 0.564W/(m²·K)、0.49W/(m²·K)，外窗的材料选用 PA 断桥铝合金双银 Low-E 中空玻璃，平均传热系数达到了 2.1W/(m²·K)，东西向与南北向采用不同遮阳性能的玻璃（玻璃遮阳系数 0.29、0.57），最优调控采光与遮阳。南北立面架设智能电动穿孔机翼型，同时在南北立面一层开启窗，开启方式为全电动智能开启窗，二层以上开启窗开启受门禁系统控制；东西立面开启方式为手动开启有效控制结构。

空调系统采用温湿度独立控制空调系统，地源热泵机组仅承担室内显热负荷，空调末端用冷热源机组选用一台带部分热回收的地源热泵机组，制冷和制热 COP（Coefficient of Performance），即能量与热量之间的转换比率，简称制热能效比，分别为 6.42 和 6.89，都高于现行国家标准规定。本项目采用的热泵式溶液调湿新风机组，具有较高的性能系数，一般热泵式溶液调湿新风机组的 COP 在 5.5 以上，采用独特的溶液全热回收装置，高效回收排风的能量，机组内新、排风风道独立，不存在交叉污染。

办公、设备用房等场所选用 T5 系列三基色节能型荧光灯，楼梯、走道等公共部位选用内置优质电子镇流器节能灯，电子镇流器功率因数达到 0.9 以上，镇流器均满足国家能效标准。楼梯间、走道采用节能自熄开关，以达到节电的目的。

本项目中采用多晶硅太阳光伏发电系统、涡轮风力发电系统、土壤源热泵系统等可再生能源技术。全年可再生能源发电量3.30万度，达到建筑总用电需求量17.38万度的19%。另外本项目采用的节能电梯为奥的斯高科技永磁同步无齿轮主机的能源再生电梯，节能率达70%。

（3）节水与水资源利用

水系统规划设计、节水措施、非传统水源利用、绿化节水灌溉、雨水回渗与集蓄利用等情况。

本项目给水不分区，由室外市政给水管网直接供水，市政给水管网供水压力为0.30MPa，并单独设水表。消火栓给水系统：科技馆内同时火灾次数考虑一次。室内消火栓用水量为15L/s，室外消防水量为20L/s。

本工程污废水采用室内分流制室外合流制。室内污废水重力自流排入室外污水管，污水经中水处理站处理后，回至中水系统冲厕、绿化用水、道路冲洗和洗车等。

屋面雨水均采用外排水系统，屋面雨水经雨水斗和室内雨水管排至室外检查井。室外地面雨水经雨水口，由室外雨水管汇集，排至封闭内河，作为雨水调节池，做中水的补水。

建筑室内采用新型的节水器具，公共卫生间采用液压脚踏式蹲式大便器、壁挂式免冲型小便器、台式洗手盆等。所有器具满足《节水型生活用水器具》CJ 164及《节水型产品技术条件与管理通则》GB/T 18870的要求。

雨水收集处理后进入人工蓄水池，人工蓄水池具有调蓄功能，尽可能消解降雨的不平衡，以降雨补水为主，河道补水为辅，保证池水水位。

人工蓄水池作为园区景观水的基础，对湖水进行低成本处理，防止景观水污染。人工蓄水池的水作为补充水源，经处理后作为园区绿化用水、景观用水，进而深度处理消毒后作为生活用水。生活污水直接进入中水处理系统，处理后可用于室内冲厕、洗车等。

通过对本项目2012年6月~2012年8月份用水数据进行统计，该3个月总用水量为92m³，其中非传统水源的用量为37m³，非传统水源利用率比例为40.22%。

（4）节材与材料资源利用

建筑结构体系节材设计、预拌混凝土使用、高性能混凝土使用、建筑废弃物回收利用、可循环材料和可再生利用材料的使用、土建装修一体化设计施工、再生骨料建材使用等情况。

本项目主体结构采用钢框架结构体系，现浇混凝土全部采用预拌混凝土，不但能够控制工程施工质量、减少施工现场噪声和粉尘污染，并节约能源、资源，减少材料损耗，同时严格控制混凝土外加剂有害物质含量，避免建筑材料中有害物质对人体健康造成损害，以达到绿色环保的要求。

屋顶为非上人屋面，其上设计有18个拔风井烟囱用于过渡季节自然通风，南向东西两端的拔风烟囱顶部各自设置了1个直径300的垂直式风力发电机。因此，该建筑不存在没有功能作用的装饰构件。

进行二次装修设计轻钢、玻璃、装饰物等经确认后，向设计院单位提供预埋件的要求，做到不破坏和拆除已有的建筑构件及设施。

本项目实现土建与装修工程一体化设计与施工，通过各专业项目提资及早落实设计、做好预埋预处理，即使有所调整，及时的联系变更，提早修正，加上各单位依据绿色施工原则结合自身特点制定相应绿色施工技术方案，指导项目施工施行，有效避免拆除破坏、重复装修。

施工单位制定了建筑施工废弃物的管理计划，将金属废料、设备包装等折价处理，将密目网、模板等再循环利用，将建筑施工和场地清理时产生的木材、钢材、铝合金、门窗玻璃等固体废弃物分类处理并将其中可再利用材料、可再循环材料回收。施工废弃物回收利用比例为 84.5%。

此外，本项目 99% 采用了本地建材，以减少材料运输的能源消耗，并采用了钢材、石膏、铝合金型材、铝板、钛锌板、玻璃等可再循环材料，可再循环材料总用量为1061.43 吨，占总土建采用用量的 13.5%。

（5）室内环境质量

日照、采光、通风、围护结构保温隔热设计、室温控制、可调节外遮阳、通风换气装置等情况。

本项目主要功能空间的采光效果较好，全楼采光系数大于 2.2% 的区域面积为2334m²，占主要功能空间面积 84.73%。本项目采用无眩光高效灯具，并设置智能照明灯控系统。

采用被动式通风系统，提高了环境的舒适性，满足室内卫生和通风换气要求，通过竖直风井、中庭、拔风井促进了热压通风的实现。室外风通过室外与地下室相连的集风口进入地下室，经由竖直风井进入各个房间，汇集到中庭，从拔风井排出至室外。

本项目围护结构部分保温隔热设计为：坡屋面类型采用岩棉板（90.00mm），传热系统 $K=0.49$W/(m²·K)，外墙采用岩棉板（75.00mm），传热系统 $K=0.564$W/(m²·K)，东、西向外窗、天窗为隔热金属型材多腔密封窗框，低透光双银玻璃，传热系数 1.91W/(m²·K)，自身遮阳系数 0.29，气密性为 4 级，水密性为 3 级，可见光透射比 0.57，南、北向外窗类型为隔热金属型材多腔密封窗框，高透光双银玻璃，传热系数 2.27W/(m²·K)，自身遮阳系数 0.44，气密性为 4 级，水密性为 3 级。

本项目采用温湿独立控制的集中空调系统，空调冷热源为土壤源热泵＋热泵式溶液调湿机组，具体空调末端为毛细管、干式风机盘管、冷辐射吊顶等。

考虑到大楼的使用情况，一层展示厅和报告厅使用的几率不是很大，为节约能耗，一层展厅和报告厅的新风支管上设置了电动风阀。当一层展示厅和报告厅使用时，打开全部新风阀，新风机组工频运行；当一层展示厅和报告厅不用时，关闭全部新风阀，新风机组通过变频器使其在设定好的频率下运行。每台新风机组设变频器一台。

本工程空调采用温湿度独立控制空调系统，室内的湿负荷是通过新风来去除的，而每个房间送入的新风量是严格按照建筑规定的人员数来定的，因此在安排房间人员数时不允许超过设计人员数；另外，在空调季节，中庭和房间绿色植物的放置数量做到尽量少放，且选用散湿量少的品种。

外墙及屋顶屋面采用高效保温材料，外门窗采用铝木复合型材及双中空 Low-E 玻璃，屋顶天窗采用 XIR 夹胶玻璃，提高保温隔热性。南立面采用电动控制的外遮阳百叶，控制太阳辐射的进入，增加对光线照度的控制。东西立面采用干挂陶板与高性能门窗的组合，采用垂直遮阳，减少太阳热辐射得热，保证建筑的节能效果。

（6）运营管理

节约资源保护环境的物化管理系统、智能化系统应用、建筑设备、系统的高效运营、维护、保养、物业认证、垃圾分类回收等情况。

该项目物业管理由 ISO 14001 认证的物业公司进行有效管理，并结合建筑弱电调试，制定楼宇运行管理手册，明确针对节能、节水等资源节约与绿化管理制度。并对建筑运营和工作人员进行有效管理教育，实现楼宇高效运行。

空调、照明系统采用智能化控制结合可自主调解的末端，实现有效节能，空调电气管线走线采用集中管井，便于维修管理。

对空调通风系统进行定期检查和清洗。对用水量、用电量进行分项计量，掌握各项能耗水平，对能源利用进行合理管理。运营管理实施资源管理激励机制，管理业绩与节约资源、提高经济效益挂钩，采用绩效考核，使得物业的经济效益与建筑用能效率、耗水量等情况直接挂钩。

业主在物业合同制定了资源节约管理细则，具体内容为：物业公司管理无跑冒滴漏现象发生，业主年终将对物业给予表扬和奖励；物业对节能提出可行性合理化建议，经讨论可以付诸实施的，可以申报合理化建议奖励；物业节能技术改造项目经技术数据测试有一定节能效果的，按节能量对部门进行奖励；一年内项目的用电、用水设施均运行良好，未出现故障，则一次性奖励 5 万元；年终对电耗和水耗进行统计，与上年相比，节约或者增加产生费用的 50% 作为对物业管理的奖励或惩罚；经常出现长明灯或者长流水现象一次性罚款 1 万元。根据垃圾的来源、可否回收、处理难易度等对垃圾废弃物分为可回收垃圾和不可回收垃圾两类，且保证收集和处理过程中无二次污染。将其中可再利用或可再生的材料进行有效回收处理，重新用于生产。一楼展厅进行绿色生态宣传展示，倡导环保理念、行为节能。

问题：

（1）分析上述案例，你认为该项目在绿色建筑技术上的创新点是什么？

（2）你认为该项目绿色建筑领域的推广价值主要是什么？

（3）简述该项目的综合效益。

要点分析：

（1）该项目的创新点包括：①被动式通风系统。②高效的建筑外围护保温结构。③透水地面、绿地以及植草砖结合的保水设计。④选用永磁同步无齿轮主机的节能电梯。⑤中水处理系统。⑥冷热源采用地源热泵系统，充分利用再生能源。⑦空调采用温湿度分控系统，提高末端设备供回水温度，提高了冷机的 COP 值。⑧太阳能光伏、风力发电系统的应用。⑨新风设置热回收装置，降低了新风负荷。⑩采用智能照明控制系统。

（2）项目为科研办公性质建筑。在设计过程中，采用合理的绿色建筑设计方案，注重被动式建筑节能，并结合项目展示功能，采用了合理的新技术，在设计过程中，注意各个专业的融合，使绿色建筑的理念从方案之初就开始介入，特别是在被动式建筑节能上具有显著的效果，该项目被动优先的理念具有示范效应。

（3）本项目采用多项先进的绿色、生态以及节能技术，不仅使项目本身达到自然和谐，同时也带来了巨大的综合效益，具体表现在以下几个方面：

① 对地区区域经济的促进。本项目涉及大量的生态、环保、节能技术，同时运用了大量的相关材料。其建设必然给建材、能源、环保等产业的发展带来商业价值，并且作为公共参观建筑，其影响更加具有持续性。

② 本项目采用的太阳能、雨水回收利用和围护结构隔热保温等措施，充分地利用了可再生资源，降低了建筑能耗，使得该项目的资源、能源消耗量远低于普通公共建筑的消耗量，为社会节约了大量的资源，并减少了污染物的排放。

③ 本项目定位于绿色建筑三星级标准，其成功建设必然带来广泛的宣传效应，为绿色建筑、绿色施工的推广起到积极的示范作用。由于采用了绿色、生态技术，相较于普通公共建筑其运营成本较低，随着使用时间的增长，其经济效益会越来越明显。

④ 本项目由于采用了绿色、生态与节能技术，其具有明显的环境效益：

a. 本项目大量采用可再生能源，不仅有效地节约了能源，并且降低了污染物的排放。

b. 本项目新风系统选用四台热泵式溶液调湿新风机组为整个大楼提供新风，室外新风经机组处理后通过风管送至每个房间，排风通过机组热回收后排出室外，改善了公共区域的空气质量，提高了舒适性同时采用了废热的回收利用。

c. 建筑建造时大量使用可再生建筑材料，减少了自然不可再生资源的消耗量，降低了碳排放。

d. 被动式通风与采光设计为业主及参观者提供一个良好的绿色生态的办公、参观环境。

【案例 2.6】某项目围护结构节能技术的分析

背景：

某项目规划用地面积为 28.8hm²，总建筑面积为 62.1 万 m²。围护结构热工性能要求是居住建筑节能设计标准的最主要内容，包括外墙、屋顶、地面的传热系数，外窗的传热系数和遮阳系数，窗墙面积比以及建筑体形系数。该建筑热工设计达到 65% 节能标准要求。

本项目外墙采用 30mm 厚欧文斯科宁惠围外墙外保温系统，架空楼板及阳台、飘窗等容易产生冷热桥部位均采用挤塑板外保温系统。屋顶采用 40mm 厚挤塑聚苯板倒置式保温隔热系统，使屋面防水层免受温差、紫外线和外墙撞击的破坏，延长了防水层使用寿命。倒置式屋面保温隔热系统的构造体系，以挤塑板为保温材料，将挤塑板置于屋面防水层之上，采用粘贴或干铺的方式施工，表面浇筑细石混凝土。

外门窗是影响室内环境热环境质量和决定建筑能耗的主要原因，夏热冬冷地区以被动式建筑自然舒适度为门窗形式的选择取向，适当提高南向窗面积，窗户开启面积大于30%，满足户内过渡季组织自然通风、夏季形成穿堂风、冬季被动采暖的要求。本项目门窗组成采用断热铝合金型材、5＋12A＋5（5mm 玻璃加 12mm 铝条加 5mm 玻璃）中空玻璃窗。断热型材由 PA66 隔热条将内、外两部分金属材料通过特殊工艺连在一起，阻隔了门窗框料的热通道，具有良好的保温性能。根据门窗测试报告，其传热系数在 3.1 以下。门窗型材采用"双等压腔"密闭工艺技术、高强隔热条和优质密封胶条配合，以及 5+12A+5 中空玻璃组合成一体。外门窗抗风压性能好，其整窗气密性达到 4 级以上，水密性能达到 3 级以上，整窗空气隔声性能达到 4 级以上。应用在本项目的节能门窗实施面积为 6.5 万 m²。

遮阳设施是夏热冬冷地区满足建筑室内环境夏季要求的重要措施之一，在保证外立面效果与小区总体风格协调一致的基础上，能够将太阳辐射直接抵挡在室外，可以减少由阳光直接进入室内而产生的空调负荷，节能效果比较好。本项目采用铝合金活动卷帘外遮阳系统，具有可靠、耐久和美观的特点，活动卷帘帘片铝型材厚度为 0.3mm，内部填充聚氨酯，增强了型材的刚度，导轨将帘片固定于窗洞平面，避免了帘片在风荷载作用下产生位移导致的损坏，铝型材本身坚固耐久，其表面漆膜厚度达到 25～30μm，具有耐磨、抗敲打、抗紫外线、抗御化学物质腐蚀的优点。型材表面漆膜可处理成多种不同颜色和效果，与建筑外立面风格相协调。

问题：

（1）本项目采用外保温墙体有什么优越性？

（2）在建筑外围保护结构中门窗的保温隔热能力较差，门窗缝隙还是冷风渗透的主要渠道，改善门窗的绝热性能是节能工作的一个特点。请结合案例分析绿色建筑的门窗节能技术主要有哪些？

（3）什么是倒置式保温屋面？除了倒置式保温屋面，绿色建筑的屋面节能技术还有哪些？

要点分析：

（1）外保温墙体的优越性如下：①外保温墙体由于将保温材料设在了墙体主体结构的外侧，从而保护了主体结构，削弱了温度变化应力对其的不良影响；②外保温墙体较好地解决了构造柱、墙角、丁字墙等部位的热桥问题，在采用同样保温材料和厚度相同的条件下，外保温要比内保温的热损失减少约 24%，有效地提高了建筑节能率；③外保温墙体由于室内一侧一般为密实材料，它的蓄热系数大，能够保存更多的热量，使间歇供热造成的室内温度波动的幅度减少，室内温度比较稳定，从而给人们一个舒适的感觉。

（2）绿色建筑应从以下五点注意门窗的节能：①控制窗墙面积比；②提高窗户的保温性能；③提高窗户的隔热性能；④提高门窗的气密性；⑤选用适宜的窗型。

（3）倒置式保温屋面：①倒置式保温屋面是相对传统屋面而言的，所谓倒置式保温屋面就是将传统屋面构造中的保温层与防水层颠倒，把保温层放在防水层上面，对防水层起到一个屏蔽和保护的作用，使之不受阳光和气候变化的影响，不易受到来自外界的机械损伤，是一种值得推广的保温屋面。②除了倒置式保温屋面，绿色建筑的门窗节能技术还有种植屋面、蓄水屋面、浅色坡屋面等。

【案例 2.7】某大学教学楼节能改造的分析

背景：

　　某工程项目总建筑面积 5050m²，坐落于某大学。建筑结构形式为混凝土框架结构，平面布局自由、功能流线合理、立面简洁平整，是"现代主义建筑在中国的第一栋"，也是一座精神财富圣殿。本项目建成至今一直作为教学楼使用，由于受建造时的技术以及建筑标准所限，该项目未做室内空调设计，单层黏土砖填充外墙、较大面积的单层玻璃钢窗使得建筑的保温性能极低。从 20 世纪 90 年代初开始，学校陆续对该项目进行过装修——包括内部装修和外立面粉刷，个别教室改为办公室使用，并安装单体空调机，严重影响建筑的外观。2005 年底学校决定对其进行彻底修缮。基于保护建筑的改造与生态节能技术相结合在我国尚无先例，该项目的生态节能更新将开创此领域的先河。学校与德国生态节能建筑技术专家合作，组建了包括建筑、结构、机电、水暖、智控等强大的专业技术梯队，运用国际最先进的节能建筑设计方法。

　　本项目应用的生态节能技术具有如下的特点：首先，改善外围护结构的保温隔热性能。本项目只有单层墙体以及大面积的单层钢窗玻璃，热量极易流失，为了达到节能目的，必须在外立面、屋顶层以及地坪层都增加保温隔热层，但又不能破坏历史建筑的外立面样式和风格。设计团队在最大限度维持立面式样与风格的前提下进行建筑整体维护结构的保温隔热处理，墙身、屋面和地坪使用保温性能最好的 PUR 材料，更换双层隔热真空玻璃，断热型材外窗和可调节智能内遮阳系统使建筑综合节能可达到 75% 以上。其次，针对不同使用空间分组进行空调设计。太阳能的利用、土壤中热量的传输是本次该楼节能规划的重点。技术专家团队提出将不同的降温和供热系统应用于不同的功能区，设计将整栋楼分成了三个不同的部分，左右两翼为大型阶梯教室，中间部分为普通教室，三部分都由进厅和楼梯间以及走廊连接。中间展厅和教室部分采用地源热泵和辐射吊顶；三百人报告厅采用燃气驱动发动机热泵和余热除湿；四个一百六十人阶梯教室采用太阳能（燃气补能）吸引式热泵。第三，最新智能灯光控制和设计节约照明用电。本项目照明设计梯队将高光效荧光灯系统用于教室及办公空间，以紧凑型节能荧光灯替代卤钨灯及白炽灯，将直管型荧光灯升级换代（相同照度）；高强度气体放电灯应用于室内公共及交通空间，半导体照明（LED）应用于景观性照明、应急照明及辅助空间，并分别组成节能照明控制系统（光、红外、声传感器）。力图达到灯具使用寿命延长一倍、维护费用低廉、节省电力33%，虽然投入增加 1.5 倍，但通过智能感应控制使得建筑更加节电、视觉更加舒适。同时，通过数码控制技术利用光线模拟出不同时段自然界的光环境，设计不同区域的灯光效果。第四，最小覆土无须维护的屋顶绿化系统。采用无土种植草皮技术绿化以及中水设置屋顶喷淋系统，并考虑了雨水收集利用系统，这些对建筑可持续发展都非常重要。第五，实时智能化测试控制。根据实时气象、使用参数进行温度的建筑智能化控制系统，完善的测试系统为后续发展提供实验基础。

问题：

（1）分析上述案例中节能改造主要应用了哪些与绿色建筑有关的技术？

（2）屋顶绿化系统的选用是本项目改造的一大特色，请分析屋顶绿化系统具有哪些作用？

（3）通过上述案例请从节能效果和环境效益角度分析既有建筑节能改造的主要内容包括哪些？相应的改造措施有哪些？

要点分析：

（1）本项目的生态节能更新项目选用了地源热泵技术、太阳能及燃气补能系统、辐射吊顶技术、内遮阳节能系统、绿色材料及保温体系、屋顶花园、节能照明系统、智能控制即时展示系统、雨水收集系统、太阳能热水系统十大绿色节能技术。

（2）屋顶绿化的作用包括：①种植屋面具有保温隔热作用；②改善建筑物周围环境的小气候及优化环境；③储水和减少屋面泄水作用；④对建筑构造层的改造；⑤种植屋面具有隔音作用；⑥种植屋面具有心理和美学的作用。

（3）既有建筑的节能改造技术的内容主要包括外墙、屋面、门窗以及供热系统和可再生能源的充分利用。

① 外墙

外墙保温有外保温、内保温和夹芯墙保温等多种形式。其中，外墙外保温方案具有适用范围广、对主体结构起保护作用等特点，特别是改造过程施工干扰小，无须临时搬迁，不影响居民的正常生活。目前，在各种外墙外保温作法中，最普遍的是膨胀型聚苯乙烯（EPS）薄板抹面系统，此法是将EPS板用粘结材料固定在基层墙体上（或再用锚栓加以固定，以保证安全），在EPS板面上做抹面层，中间嵌埋玻纤网，其表面以涂料作饰面。

② 外窗

外窗的节能改造通常采取加装双层窗、采用中空玻璃、热反射玻璃、低辐射（Low-e）玻璃，安装遮阳设施等。

③ 屋面

屋面节能改造一般是在屋面加隔热保温层，其做法有聚氨酯保温防水一体喷涂，或铺设隔热板、铺设膨胀珍珠岩垫层和铺设聚苯乙烯板等或涂上高反射率的涂料，提高屋顶的日射反射率，减少太阳热量的吸收。除此之外，种植屋面、蓄水屋面和"平改坡"屋面也是较好的节能隔热措施。

④ 供热系统

供热系统的改造内容包括室内系统、室外热网和分户控制与计量。对于小型分散、效率不高的锅炉，进行连片改造，实行区域供热，以提高供热效率，减少对环境造成的污染。热电联产是世界各国极力推崇的一种发电供热方式。建筑室内采暖系统的节能改造可采用双管系统和带三通阀的单管系统，并进行水力平衡验算，采取措施解决室内采暖系统垂直及水平方向水力失调，应用高效保温管道、水力平衡设备、温度补偿器及在散热器上安装恒温控制阀等改善建筑的冷热不匀。推行温控与热计量技术是集中供热改革的技术保障，既可以根据需要调节温度，从而平衡温度解决失调，又可以鼓励住户自主节能。

⑤ 可再生能源的利用

建筑可再生能源包括太阳能、浅层地能、风能和生物质能。目前，常用的有太阳能光伏发电系统、太阳能热水系统、地源热泵系统。

【案例 2.8】某寒冷地区中低能耗居住建筑的分析

背景：

该项目属于住宅建筑，位于天津市某县中心城区，项目用地面积为 43098.4m²，建筑总面积为 102713.08m²，规划总户数为 600 户，居住区共包括 12 栋多层住宅和 6 栋高层住宅，共 7 种基本户型。容积率为 1.5，建筑密度为 25%，住宅区绿地率为 34.7%，套型建筑面积小于 90m² 户数为 400 户，建筑面积为 37600m²，占住宅总建筑面积的 60%。

属暖温带半湿润大陆性季风气候，季风显著，四季分明。降雨量为 544mm，属于资源型和水质性缺水地区。年内降水量分配极不均匀，雨水多集中在夏季，占全年总降水量的 75% 以上，冬季降水仅占 2%。地处中纬度，太阳辐射年总量平均为 4935 兆 J/m²，按照太阳能丰富程度，中国划分为五类区域，天津市属第三类地区，太阳辐射比较丰富。

该项目整体按绿色建筑设计，有效降低建筑能耗，减少建筑对环境的影响，符合我国节能减排政策。本项目分别从室外绿化系统、市政中水、太阳能热水系统、地板辐射采暖、自然通风设计、采光井和导光筒设计、活动遮阳篷、中空百叶玻璃、绿色照明、智能化系统等方面进行资源和能源节约，全面系统地运用人居科技，将绿色能源系统与生态技术融入居住建筑方案设计中，提高产品的舒适度，营造健康、安全、便利的居住空间，大大节约能源和资源，实现低成本可复制绿色建筑的主题，具有普遍的推广价值和意义。该项目运用的主要绿色建筑技术如下：

（1）室外环境

光：本项目包括多层住宅和高层住宅，根据日照模拟分析，项目日照满足《天津市城市规划管理技术规定》的要求，并取得规划部门的建设用地规划许可证。

风：项目区域周边的流场分布较为均匀，气流通畅，无涡流、滞风区域。住宅建筑周边人行区域 1.5m 高度处风速在过渡季、夏季和冬季的 10% 大风下最大风速为 3.25m/s，风速放大系数均不大于 1.11。

（2）出入口与公共交通

项目小区交通道路流线组织便捷，实行人车分流。项目出入口 500m 范围内有底庄、新世联华、复康里和鑫海苑四个公交站点和 532 和 533 两路公交线路。

（3）景观绿化

本住区景观植物配植以乡土植物为主，乔木及小乔木：银杏、绒毛白蜡、栾树、刺槐、马褂木、合欢、白玉兰、贴梗海棠、西府海棠；灌木：连翘、棣棠、迎春、紫丁香和榆叶梅等。木本植物种类为 20 种，乔木总株数为 635 株，平均每 100m² 绿地面积上的乔木数为 4.25 株。

（4）透水地面

住区用地 43098.4m²，绿地率为 34.7%，绿地面积为 14955.14m²；镂空率大于 40% 的植草砖铺设面积为 765m²；室外地面面积为 32681.4m²，室外透水地面面积比 48.10%。

（5）地下空间利用

合理开发利用地下空间，地下空间为车库和设备用房等功能。地下建筑面积为 38649.78m²，地下建筑面积与建筑占地面积之比为 3.65：1。

（6）建筑节能设计

本项目执行《天津市居住建筑节能设计标准》J 10409 标准，外墙外保温、门窗设计、屋顶保温、外遮阳等建筑围护结构均做了节能设计，经过热工性能权衡计算，项目满足并优于规定性节能要求，平均采暖能耗为天津市建筑节能标准规定值的 69.20%，小于 80%。

外墙与屋面做法见表 2-1。

外墙与屋面做法 表 2-1

部位	外墙		屋面	
	保温做法	综合传热系数	保温做法	综合传热系数
多层	60mm 厚挤塑聚苯板	0.53	80mm 厚挤塑聚苯板	0.41
高层	80mm 厚岩棉板	0.55	80mm 厚挤塑聚苯板	0.39
限值要求	0.60		0.50	

外窗与外遮阳：

多层住宅建筑南立面部分楼层设置封闭式阳台，并合理设置 288 套活动遮阳篷，传热系数 2.5W/m²·K，综合遮阳系数 0.45；高层住宅建筑南立面无建筑自遮阳部位外窗采用中空百叶玻璃窗（6+12A+6），共设置 1395.84m² 外窗面积，传热系数 2.5W/m²·K，综合遮阳系数 0.50。

（7）高效能设备和系统

地板辐射采暖系统：

住宅区冬季采暖热源为小区热交换站提供热水，采用低温热水地面辐射采暖系统，供回水温度为 50℃～60℃。住宅楼采用共用供、回水立管的水平分环系统。供、回水立管采用异程式下供下回方式。热力入口设置在地下车库的热计量间，热水采暖干管沿地下层梁下架空敷设至暖井，采暖主立管设在供热管井内。室内温度均匀，属于最舒适的采暖方式，有利于身体健康；要达到相同的舒适度，地暖的设定温度要低，平均节能幅度约为 20%～40%；另外楼板增设了保温层，具有非常好的隔声效果，减少楼层噪声；系统使用寿命长，免维护，安全性能好，节约维修费用。

空调通风系统：

项目为住宅建筑，设计阶段对空调系统提出要求，用户所采用分体空调需满足我国《能源效率标识管理办法》和《单元式空气调节机能源效率标识实施规则》2006 年第 65 号公告中规定的I级能效标识。地下车库排风机单位风量耗功率为 0.298W/（m³·h），小于《公共建筑节能设计标准》GB 50189—2015 中普通机械通风系统的限值 0.32W/（m³·h）。

（8）节能高效照明

设备用房等及一般照明采用细管径直管型荧光灯（T8 三基色荧光灯），紧凑型荧光节能灯。走道，楼梯间等公共场所均采用节能型灯具。本工程所选用的荧光灯均采用电子镇流器，且高次谐波含量不大于 20%，以提高功率因数，减少频闪和噪音。

（9）可再生能源利用

项目在多层住宅和部分高层住宅共 304 户南向阳台设置太阳能集热板，户内设置分体式太阳能系统，集热板和储热水箱均放置于阳台及露台上，太阳每户集热板面积为 2.1m^2，太阳能热水系统日产热水量为 33.07m^3/d，能够满足 304 户住户的热水需求，占总住户数的 50.67%，大于 50%。太阳能热水全年供应的生活热水量为 9922.05m^3，年节约用电 55.23 万度。

（10）水系统规划设计

给水水源引自市政给水管网，引入管引入泵房。本工程日均生活用水节水定额为 120L/人·d。高层住宅给水系统采用分区供水方式，低区由市政给水管网直接供给；中区和高区采用变频调速加压供。排水系统为污废合流、雨污分流。合理设置水表进行分类、分户计量。

（11）节水措施

高层住宅的 0～3 层、7～12 层给水、中水管道进户管在水表前设置减压阀。减压阀前设过滤器，保证水质水量的前提下，避免管网漏损。

本项目所有卫生洁具及水嘴均采用节水型洁具，使用 3/6L 节水型大便器。中水阀门采用铜质球阀，符合《节水型生活用水器具》CJ 164—2002 相关规定。

（12）非传统水源利用

天津市具有市政中水条件，中水水源引自市政中水管网。给水引入管的管径为 DN150。中水管道有明显的颜色区分标记；中水管道采用浅绿色的管道，并在其外壁模印或打印明显耐久的"中水非饮用"标志，中水表外壳颜色为浅绿色。当采用生活饮用水替代中水水源时，切换方式必须按照《天津市再生水设计规范》DB 29—167—2007 的规定执行。

（13）绿化节水灌溉

项目绿化灌溉水源为市政中水，出水口处加装 120 目叠片式过滤器，保证水质安全。对于草坪及地被植物采用地埋式喷头喷灌，为微喷灌，不适合微喷灌的植物进行取水阀人工浇灌。喷头采用 MPM1000 和 MPM2000 地埋式微喷旋转射线喷头。

（14）高强度钢的使用

钢筋混凝土主体结构 HRB400 级钢筋作为主筋的用量为 1442.102t；主筋用量 1823.527t；HRB400 级（或以上）钢筋作为主筋的比例为 79.08%，超过 70%。

（15）可循环材料的使用

本项目的可再循环材料包括钢材、木材、玻璃等，建筑材料总重量为 92345.69t，可再循环材料重量为 9666.19t，可再循环材料使用重量占所用建筑材料总重量的 10.47%。

（16）施工环境保护

为了有效减小施工对环境的影响，制定施工全过程的环境保护计划，包括水土流失、土壤污染、扬尘、噪音、污水排放、光污染等。明确施工中各相关方应承担的责任，将环境保护措施落实到具体责任人；实施过程中开展定期检查，保证环境保护计划的实现。

（17）施工资源节约

施工过程中的用能，是建筑全寿命期能耗的组成部分。由于建筑结构、高度、所在地区等的不同，建成每平方米建筑的用能量、用水量等有显著的差异。施工中制定节能和用能、节水和用水方案，提出建成每平方米建筑能耗和水耗目标值，预算各施工阶段用电负荷，合理配置临时用电设备，尽量避免多台大型设备同时使用。合理安排工序，提高各种机械的使用率和满载率，降低各种设备的单位耗能。做好建筑施工能耗管理，包括现场耗能与运输耗能。为此应该做好能耗监测、记录，用于指导施工过程中的能源节约。竣工时提供施工过程能耗记录和建成每平方米建筑实际能耗值，为施工过程的能耗统计提供基础数据。

（18）施工过程管理

施工是把绿色建筑由设计转化为实体的重要过程，在这一过程中除施工应采取相应措施降低施工生产能耗、保护环境外，设计文件会审也是关于能否实现绿色建筑的一个重要环节。各方责任主体的专业技术人员都应该认真理解设计文件，以保证绿色建筑的设计通过施工得以实现。

（19）自然采光

通过对外窗采光面积和户型地板面积比例计算，本项目的主要功能房间（卧室、起居室、书房）的窗地面积比满足采光等级 1/7 的要求，经采光软件模拟，住宅功能房间满足最小采光的房间面积比例为 93.27%。

本项目在建筑室外共设置 37 个 2.8m×1.4m 采光井，增加地下车库的光线，合理利用自然光；另外项目 13 号和 14 号楼之间共设置 8 套直径 570mm 的导光筒，增加地下车库的光线，合理利用自然光，减少车库白天的用电时间，减低建筑能耗。

（20）自然通风

各户型主要功能房间通风有效开口面积与地板面积比均大于 5%，通风有效开口面积较大，且各户型主要功能房间的通风换气次数均在 2 次/h 以上。

本项目各户型起居室均采用无动力窗式通风器，新风量能达到 40m³/（p·h）。在室外无风时，依靠室内外稳定的温差，则能形成稳定的热压自然通风换气。当室外自然风风速较大时，依靠风压就能保证有效换气，满足人员舒适度要求。

（21）保温隔热设计

冬季：屋面、楼板、外墙、外窗的内表面温度均大于室内露点温度 12.02℃，见表2-2。

冬季结露温度计算结果　　　　　　　　　　　　　　　　　表 2-2

房间	设计温度（℃）	相对湿度（%）	露点温度（℃）	关系	屋面	楼板	外墙	外窗
卧室、客厅	20	60	12.02	<	12.56	13.54	17.37	14.2

夏季：东、西外墙和屋面的内表面温度均小于夏季室外计算温度最高值 35.4℃，见表 2-3。

夏季内表面温度计算结果   表 2-3

房间	东外墙	西外墙	屋面	关系	夏季室外计算温度最高值
内表面最高温度	34.03	33.95	35.26	<	35.4

（22）室温控制

住宅区冬季采用低温热水地面辐射采暖系统，热源为小区热交换站提供热水。起居室和卧室设有高阻力两通恒温控制阀（有防冻控制功能），进行室温调节。

（23）智能化系统

本项目弱电系统设计包括电话系统、计算机网络系统、有线电视系统、安全防范系统、火灾自动报警及消防联动系统等，满足《居住区智能化系统配置与技术要求》基本配置要求。

（24）住宅水、电分户、分类计量与收费

（25）成本增量分析

成本增量的基准点是满足《天津市居住建筑节能设计标准》DB 29-1 要求的"标准建筑"。通过对本项目各种绿色技术进行统计，得到绿色建筑增量成本，见表2-4。

项目绿色建筑增量成本统计   表 2-4

产品名称	单价	应用量	增量成本（元）
中空百叶玻璃	1200 元/m²	1395.84m²（窗面积）	
活动遮阳篷	800 元/m²	1030.32m²（窗面积）	
太阳能热水系统	2000 元/m²	638.4m²（集热面积）	
导光筒	8000 元/套	8 套	
窗式通风器	800 元/m	355.2m	
围护结构保温	80 元/m²	102713.08m²	
节水灌溉	20 元/m²	19394.28m²	
透水地面	80 元/m²	765m²	
页岩空心砖	1312.804 元/千块	1592.175 千块	
页岩标砖	550.739 元/千块	442.05 千块	
合计			
单位建筑面积增量成本			

问题：

（1）试根据上述所列绿色建筑技术，按照 2014 版《绿色建筑评价标准》指标进行分类。

（2）试根据表2-4计算分析该项目绿色建筑增量成本。

分析要点：

（1）按照"四节一环保、施工管理、运营管理"7 个方面进行分类。

（2）绿色建筑增量成本计算如表 2-5 所示。

项目绿色建筑增量成本统计计算　　　　　　表 2-5

产品名称	单价	应用量	增量成本（元）
中空百叶玻璃	1200 元/m²	1395.84m²（窗面积）	1675008
活动遮阳篷	800 元/m²	1030.32m²（窗面积）	824256
太阳能热水系统	2000 元/m²	638.4m²（集热面积）	1276800
导光筒	8000 元/套	8 套	64000
窗式通风器	800 元/m	355.2m	284160
围护结构保温	80 元/m²	102713.08m²	8217046.4
节水灌溉	20 元/m²	19394.28m²	387885.6
透水地面	80 元/m²	765m²	61200
页岩空心砖	1312.804 元/千块	1592.175 千块	2090215.938
页岩标砖	550.739 元/千块	442.05 千块	243453.974
合计			1512.37 万元
单位建筑面积增量成本			147.21 元/m²

通过上表可以看出，本项目主要的增量成本为围护结构保温、中空百叶玻璃和太阳能热水系统，占总增量的 87% 以上。项目单位面积的增量成本为 124.5 元/m²，比较合理。

第 3 章 绿色建筑设计案例分析

本章提要

绿色建筑的设计依据就是按照绿色化与人性化的绿色建筑设计理念，在国家现行的建筑设计法律、法规、标准与规范等框架下，全面体现国家绿色建筑评价标准的各项要求，如节地、节能、节水、节材、环保与营运等，包括人体工程学和人性化设计、常用家具设施设备尺寸、环境因素和建筑智能化系统等几个方面。其中环境因素包括气候条件、地形地质条件和地震烈度的影响，其他影响因素，如建筑智能化系统等。所有这些都是绿色建筑设计不同于传统建筑设计的重要特征。

绿色建筑的设计要求包括绿色建筑的基本设计要求、建筑节能技术的应用、循环再生的建筑生涯三方面内容。绿色建筑的内涵首先是建筑物，它必须首先符合国家现行的对建筑产品的功能性与性能性等方面的设计要求，包括功能要求、技术要求、经济要求、美观要求和规划及环境要求等。建筑节能技术的应用则包含降低建筑能耗、建筑寿命延长和环境友好型材料等内容。循环再生的建筑生涯指建筑使用过程中的经济运行和智能化管理，以及建筑维护与改造的方便快捷，直至建筑物生命终结的处理。

绿色建筑的设计程序包括项目委托和设计前期的研究、方案设计阶段、初步设计阶段、施工图设计阶段、施工现场的服务和配合、竣工验收和工程回访、绿色建筑评价标识的申请七个主要阶段。其中，绿色建筑评价标识的申请是绿色建筑设计中最为关键的一个阶段，它体现了对建筑产品绿色化品质程度的权威认可。

绿色建筑的设计深度除了依据国家现行的《建筑工程设计文件编制深度规定》等相关规定外，还必须按照国家现行的绿色建筑评价标准等规范，满足绿色建筑的相应设计要求。根据方案设计阶段、初步设计阶段和施工图设计阶段的不同要求规定不同的绿色建筑设计深度。

本章所选 9 个案例，有新建建筑，也有厂房改造项目；有被动式设计技术，也有主动式设计技术；有南方建筑，也有北方建筑；有单体建筑，也有绿色建筑示范小区规划；有专题设计分析，更有综合集成设计分析，各个案例重点分析了绿色建筑规划设计的有效方法和采取的措施。

【案例 3.1】绿色建筑设计旧厂房改造的分析

背景：

本工程为北方某旧纺织厂改造项目，属于公共建筑；其中 2 号楼为原一布厂，大跨度单层锯齿型厂房，结构形式为单层排架结构；附属用房为二层内框架结构。其中锯齿型屋架顶标高为 8.95m，室内外高差 0.10m；附属用房：首层层高 5.20m，二层层高 5.50m，檐口高度 11.40m。该建筑建于 20 世纪 70 年代，按《建筑抗震鉴定标准》GB 50023—2009 第 1.0.4 条规定，该楼后续使用年限为 30 年，属于 A 类建筑。改造后使用功能为创意办公及附属设施等。

图 3-1　项目效果

《绿色建筑评价标准》第 11.2.9 条合理选用废弃场地进行建设，或充分利用尚可使用的旧建筑，评价分值为 1 分。本条为创新项直接加 1 分。本条所指的"尚可利用的旧建筑"系指建筑质量能保证使用安全的旧建筑，或通过少量改造加固后能保证使用安全的旧建筑。虽然目前多数项目为新建，且多为净地交付，项目方很难有权选择利用旧建筑。但仍需对利用"可利用的"旧建筑的行为予以鼓励，防止大拆大建。

本项目主要解决的技术问题：

1. 既有建筑的加固改造

（1）全面检查外露混凝土构件钢筋保护层，遇空鼓、开裂、脱落等情况需清除原保护层，并采用聚合物修补砂浆进行修补。

（2）对楼、屋面板底抹灰的空鼓、开裂、起皮、粉化等情况需清除并重新抹灰修复，遇屋面板局部渗水部位需重新做屋面防水。

（3）对原混凝土梁的裂缝进行注浆封缝处理。注浆采用改性环氧树脂类、改性丙烯酸酯类、改性聚氨酯类等的修补胶液和聚合物注浆料等的合成树脂类修补材料。

（4）对于承载力不足及钢筋外露、锈蚀严重的框架梁、柱，采用粘贴碳纤维方法或增大截面法进行加固，做法详见结构施工图；在采用增大截面法加固时，应将原混凝土构件表面凿毛后冲洗干净，涂刷混凝土界面处理剂。

（5）对钢筋外露、锈蚀严重的楼板拆除，并重新浇筑，板厚及配筋详见平面图纸。

（6）门窗口过梁更换：

破损预制混凝土过梁应更换，按照洞口宽度选取相应的过梁，过梁根数根据墙厚选取，预制混凝土过梁上皮应采用铁楔或捻缝与原墙背紧。

2. 围护结构节能优化

本项目位于寒冷地区，该建筑物外墙厚度：檐墙为 240mm，山墙及内纵墙和内横墙为 360mm，现室内外高差约为 0.10m。

（1）新建建筑外墙：墙体材料采用 300 厚蒸压砂加气混凝土砌块【强度等级为 A3.5，密度级别为 B05 级，平均干密度（＜525kg/m³），导热系数 $\lambda \leq 0.13$w/m²·k】。其外表面或抹外墙涂料，或贴装饰砖，或组砌现场旧砖块。经过整体计算，外墙平均传热系数为 0.59W/（m²·k）。

（2）改造建筑墙体：墙体材料为保留原 240 厚实心砖墙，对整体进行清洗，局部进行加固修复，加固后需要设内保温的，使用 FTC 相变蓄能建筑材料保温（干表观密度不大于 500kg/m，抗压强度≥0.20MPa；导热系数 $\lambda \leq 0.03$w/m²·k，不燃型）。经过整体计算外墙平均传热系数为 0.54W/（m²·k）

（3）屋面：非上人屋面：SBS 卷材防水层；20 厚水泥砂浆找平层；最薄处 30 厚水泥膨胀珍珠岩找坡层，50 厚挤塑聚苯板（500 宽同厚岩棉板防火隔离带），20 厚 1：3 水泥砂浆找平，砂浆中掺聚丙烯纤维 0.75～0.90Kg/m³，钢筋混凝土顶板。经过整体计算，传热系数为 0.53W/（m²·k）。钢结构屋面：80 厚岩棉板保温层；经过整体计算，传热系数为 0.55W/（m²·k）

3. 太阳能光伏发电系统应用

2 号楼为锯齿形厂房，屋顶为混凝土斜屋面，朝南角度约 26°，适合光伏电站安装在混凝土屋面上的要求。综合考虑组件效率、技术成熟性以及项目建设工期、土地情况、厂家供货能力等多种因素，本工程推荐选用国产多晶硅太阳能电池组件。该项目安装容量为 500KWP，共安装 250W 多晶硅组件 2000 块。

问题：

分析这些绿色建筑设计方案在节地、节能、节材等方面的具体效果。

要点分析：

（1）节地

在建筑设计、建造和建筑材料的选择中，均考虑资源的合理使用和处置。要减少资源的使用，力求使资源可再生利用，特别是旧厂房的利用，有效避免了对土地资源的侵占，因而具有得天独厚的节地优势。

（2）节材

该项目充分利用原有厂区，保留原有历史风貌，并对建筑周围环境进行保留利用，既达到节地、节材、节约资源，有利于物尽其用，又可以防止大拆乱建。通过对原有厂房进行清理恢复、加固修缮、改造、翻修等，合理延长既有建筑的使用寿命，使其具备现代创意产业二次利用的价值，对本市乃至全国具有一定的示范效应。

（3）节能

天津多年平均年日照时数为 2810h 左右，多年平均太阳辐射量在 $5156MJ/m^2 \cdot a$ 左右，属我国太阳能资源较丰富区域，比较适合建设太阳能光伏发电项目。

根据我国《可再生能源中长期发展规划》，提出了未来 15 年可再生能源发展的目标：到 2020 年可再生能源在能源结构中的比例争取达到 16%。可再生能源中，除水电外，相对于其他能源，光伏发电技术已日趋成熟，从资源量以及光伏产品的发展趋势来看，是对当地能源消耗的有益补充，有助于改善能源结构，也符合我国能源可持续发展战略的要求。

本项目采用 500KVA 光伏并网逆变器，输出电压为交流 400V。太阳电池组件连接采用每 20 块为一串。项目建成后，预计首年发电量为 58.32 万 KW·h，25 年总共可发电 1310.96 万 KW·h，平均每年可发电 52.43 万 KW·h。本工程总安装容量 4000KVA，经计算光伏发电容量占建筑总安装容量的 12.5%。

（4）总结

本项目运用绿色建筑的设计理念对旧厂房进行改建，延长了建筑的寿命周期，最大限度地节约了土地资源、建筑材料，既保护环境又减少污染，为创意办公提供高效的使用空间，与自然和谐共生；特别是利用旧厂房斜屋面建光伏发电站系统这一凸现绿色生态建筑改造的技术，贯彻了节能、环保的指导思想，满足社会的可持续发展，环境效益、社会效益显著，具有一定的示范效应。

【案例 3.2】某办公楼能耗模拟优化设计方案的分析

背景：

（1）模型基本数据

某 31 层的办公楼，首层为商业，地下一层、二层和 2~4 层为车库，标准层高 4.25m，总建筑高度 131.75m，总建筑面积 40054.94m²，总空调面积 29136m²。因屋顶水箱空间并不属于空调区域，为了简化建筑模型和加快计算速度，在建模过程中并没有把屋顶水箱加入模型中。

（2）室外气象数据

××市的地理坐标是北纬 29.35°，东经 106.28°，海拔 259.1m。本项目采用的空调和通风系统设计条件如下。如表 3-1 所示。

项目中的空调和通风系统模拟气象条件　　　　表 3-1

空调	夏季干球温度（℃）	冬季干球温度（℃）	夏季湿球温度（℃）	冬季相对湿度（%）	夏季大气压（hPa）	冬季大气压（hPa）	夏季空调室外计算日平均温度（℃）
	36.3	3.5	27.3	82	973.1	993.6	32.2
通风	夏季干球温度（℃）	冬季干球温度（℃）	夏季最多风向	冬季最多风向	夏季平均风速（m/s）	冬季平均风速（m/s）	
	32.4	5.2	NW	N	2.1	0.8	

（3）公用事业费率

模拟中使用的公用事业费率按照某市现行市场价格模拟，非居民用水为 4.55 元/吨，集体用气或商业用气为 2.29 元/m³。对于一般工商业及其他用电，有 4 种收费价格，若配电量小于 1kV，期费率按照 0.848 元/kW·h 收费，配电量在 1～10kV 的按 0.828 元/kW·h 收缴，配电量在 35～110kV 的费率为 0.808 元/kW·h，配电量达到 110kV 的按 0.793 元/kW·h 收取费用。本工程采用的是 10kV/0.4kV 变配电系统，因此应该以 0.828 元/kW·h 计取电力成本费（以上数据来源：当地电网公司公布的数据）。

（4）系统使用时间

系统使用时间一般是根据人员使用建筑的时间确定，办公区使用时间一般是一周五天制，从周一至周五的从 8：30 到 17：30，周末关闭。鉴于能效模拟软件（eQuest）中没有半小时设置，模拟时可设为从 8：00 到 17：00。以上所述的基础数据，在后续所有的模型中保持一致。

问题：

（1）请采用由美国劳伦斯伯克利国家实验室和 J. J. Hirsch 及其联盟（Associates）共同开发的 eQuest3.64 版本的软件对本项目建立模型并进行模拟能耗分析。

（2）对照美国绿色建筑 LEED 标准进行预认证评分。

要点分析：

1. 模型模拟

模拟建筑为该栋楼的办公区部分（地上 6～31 层），总建筑面积为 38990.9m²。为了简化模型，本模拟模型中去除了屋顶非耗能的水箱部分。模拟模型如图 3-2。

（1）模型围护结构

在建模的过程中要求输入相应的围护结构参数，主要包括设计建筑和基准建筑的墙体、窗户等的传热系数或导热系数。设计建筑的围护结构传热或导热系数按照设计方案确定，满足国家《公共建筑节能设计标准》GB 50189—2015。基准建筑的墙体导热系数按照 LEED 的要求，根据当地自然气象条件和 ASHRAE90.1—2007 标准确定。建筑的朝向和各个朝向的窗墙比，对于建筑能耗的影响也很大，故而在建造模型过程中，确定各模型的窗墙比，也很重要。按照 ASHRAE 标准，基准建筑的窗墙比不能超过 40%，因此基准建筑的窗墙比设定为 40%。

该栋楼采用的是核心筒框架结构，外围幕墙采用玻璃和石材材料，其与墙体为剪力墙和砌体填充墙，均设有保温层。玻璃幕墙采用低透、低辐射 Low-e 中空玻璃，规格为 6＋12A＋6mm。Low-e 中空玻璃就是在玻璃

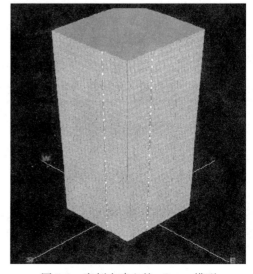

图 3-2　案例中建立的 eQuest 模型

表面上镀上多层金属或其他化合物而形成一种薄膜，该薄膜具有对可见光呈现高透过性而对中远红外线呈现高反射性的优良性能，极大地降低因辐射而造成的室内热量的耗损。室内热量损耗减少，能够降低采暖能源的使用，在节能的同时还减少 CO 等有害气体的排放，有助于环保和低碳发展。正是由于 Low-e 中空玻璃所特有的这种性能引起了一系列的节能环保效果，从而使得 Low-e 中空玻璃成为绿色建筑界的新宠。外围护结构相关热性能系数和窗墙比如表 3-2 所示。

外围护结构相关参数设置 表 3-2

热学性能	窗墙比（%）				传热系数（W/m²·k）		μ 值	遮阳系数（S.C.）
	东	南	西	北	外墙	屋顶	外窗	
基准建筑	40	40	40	40	0.71	0.36	3.24	0.45
设计建筑	65	50	65	52	0.59	0.55	2	0.3

（2）建筑内部负荷

建筑内部负荷包括人员密度，各层次的照明密度，以及室内设备负荷，办公建筑室内主要的负荷设备是电脑、打印机、扫描仪等办公耗电设备，大致分为两个区，办公区和电梯厅，负荷分别为 $30w/m^2$ 和 $5w/m^2$，因 ASHRAE 对此并无要求，故设计模型和基准模型的此项参数可保持一致。人员密度由设计文件提供，并用于设计建筑和基准建筑模型中。具体数值如表 3-3 所示。

室内相关参数设置 表 3-3

室内负荷	人员密度（m²/人）			照明密度（w/m²）				
	办公室	大堂	电梯厅	办公室	会议室	电梯厅	避难层	机房
设计建筑	10	5	5	15	9	9	5	5
基准建筑				12	12	7	5	5

（3）通风空调系统

在软件模型中，A 栋楼选用的是中央制冷系统，办公区选用的是全空气变风量空调系统，在末端设置了 VAV BOX（VariableAir Volume box）变风量空调箱，其中，外区设置带热盘管式变风量空调箱以实现外区冬季供热，内区全年供冷。各办公楼大堂采用全空气定风量空调系统，实现冬季供热，夏季供冷。冷源为 2 台 1200RT（一用一备）离心式水冷制冷机组，1 台 400RT 水冷螺杆式制冷机组，冷却塔置于裙楼的屋顶。冷冻水供回水温度为 7～12℃，冷却水供回水温度 32～37℃。设置 2 台冷冻初级泵（定流量），2 台定流量冷却水泵，2 台变频变流量冷冻次级水泵。A 栋和 B 栋、C 栋办公楼共用置于地库一层锅炉房内的热水锅炉采暖，锅炉房内设置两台 2800kW 燃气真空热水锅炉。空调水系统采用四管制系统，以满足不同区域的空调要求。办公室空调冷冻水供至每层办公区全空气空调处理机组及屋顶/避难层新风空调处理机组，作为夏季供冷、过度季节及冬季内区供冷，办公室空调热水送至办公室外区 VAVBOX 热盘管及屋顶或避难层新风空调处理机组，作为冬季供热。办公室回风与新风混合后经变风量空调机组冷却及处理后送至各空调区域的 VAVBOX 的空调末端供冷。

办公区新风经四层、避难层及屋顶新风空调处理机组加热/冷却、加湿、过滤等处理后送至各办公区每层空调处理机组，并与回风混合处理后一并送至各办公区，每层新风量约为 $3670m^3/h$。

基准模型的通风空调系统根据设计建筑的面积、用途和 ASHRAE90.1—2007 标准确定，所有空调区域都采用 VAV 变风量空调系统，室内温度控制方式为末端再热方式，由与设计模型数量和型号相同的制冷机组提供冷冻水制冷，冷冻水供回水温度为 $6.3\sim13℃$。采暖形式和设计模型相同，使用以天然气为燃料的真空热水锅炉供热，图 3-3 为空调系统模拟分区。

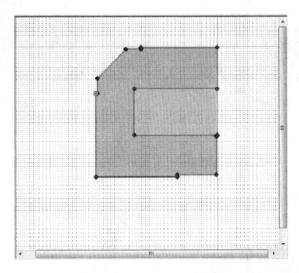

图 3-3　空调系统模拟分区图

2. 初模拟结果

（1）基准建筑模拟

根据 LEED 要求，基准建筑的能源消耗值为按照美国 ASHRAE 标准建造得模型在四个朝向的平均值，即设计方案现有朝向，再顺时针分别转 90°，180°和 270°三个方向。根据初步的模拟结果，所得能源消耗情况如表 3-4 所示。

基准建筑能耗情况　　　　　　　　　　　　　　表 3-4

建筑朝向	年总电费（元）	年总气费（元）	年总耗能成本（元）
设计朝向	6047086	116279	6163366
转 90°	6046356	122390	6168746
转 180°	6045423	116468	6161891
转 270°	6045045	116241	6161287
平均值	6045978	117845	6163822

下面以设计方案同朝向的基准建筑模拟来分析，模拟所得年总耗电量 7743.9MW·h，电费为 6047086 元人民币（若未另作说明则按人民币解释），年总耗气量 2500MBtu，

年总气费 116279 元，即年总耗能成本为 6163366 元。各终端年能耗使用占比、月终端设备峰值具体模拟结果如图 3-4，3-5 所示。各终端设备包括电脑、打印机、扫描仪等办公设备，也包括通风空调设备、电梯和灯光等的耗能设备。

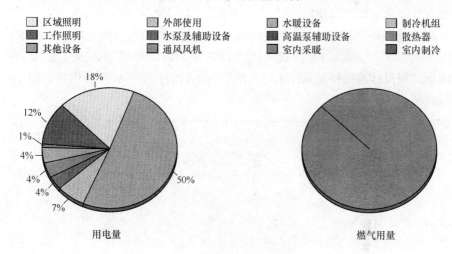

图 3-4 基准建筑模拟各终端能耗使用分配图（图片来源：eQuest 截图）

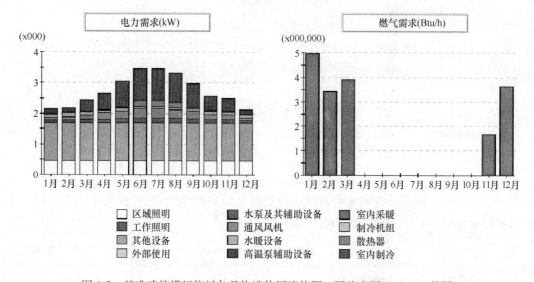

图 3-5 基准建筑模拟能耗各月终端使用峰值图（图片来源：eQuest 截图）

（2）A 栋办公楼初始设计模拟

根据上文所述建立初始设计模型，经 eQuest 软件模拟得出 A 栋办公楼初始设计年总能耗成本为 6101550 元，其中包括耗电能 7677.3MW·h，即 5994242 元，采暖用气消耗 1126.4MBtu，即 107308 元。其逐月各耗能终端能源消耗情况、各终端年耗能峰值如图 3-6、图 3-7 所示。

根据模拟结果，A 栋办公楼初始设计方案耗能成本与 LEED 条件确定的基准建筑相比节约 62727 元，节约 1.01％，如表 3-5 所示，尚不满足 LEED 中与基准建筑相比节能 14％的要求，因此需要对初始设计方案进行优化，以满足节能 14％的要求。

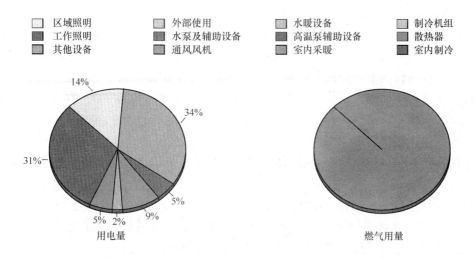

图 3-6　A 栋初始设计方案模拟各月各终端耗能图（图片来源：eQuest 截图）

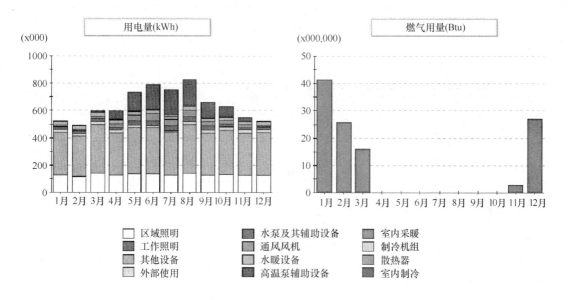

图 3-7　A 栋初始设计方案各终端年能耗峰值（图片来源：eQuest 截图）

设计建筑与基准建筑能耗对比表　　　　　　　　　　　　　　　　　表 3-5

建筑方案	年总电费（元）	年总燃气费（元）	年总耗能成本（元）	与基准建筑相比
设计建筑	5994242	107308	6101550	1.01%
基准建筑	6045978	117845	6163822	—

　　整个建筑能耗的主要影响因素有外围护结构的传热系数（或导热系数），包括隔空楼板的传热系数，室内人员密度、设备负荷、灯光照明，通风采暖空调系统的效率等，下文将具体分析采用高性能外围护结构材料，以降低其传热系数，优化照明密度、利用送风温度重置系统、采用风侧经济器以及以上四种优化方式综合使用 4 种节能优化设计方案的能耗情况。

（3）优化方案 1——优化外围护结构参数

窗户的热工性能对空调和采暖负荷都有显著的影响。据统计，窗户辐射得热和窗户的传热得热占到总空调负荷的 47%；在采暖状态下，窗户传热热损失占总采暖负荷的 56%。从以上统计数据可看出窗户的热工性能是影响建筑空调采暖能耗的重要因素，特别是大型公共建筑通常采用大面积玻璃幕墙。本项目的窗墙比平均超过了 60%，因此需要对玻璃幕墙的热工参数提出更严格的要求。本优化方案采取 50% 的自由屋面为绿化屋面，提高窗墙热工性能，建筑外墙传热系数为 0.58W/m² · K，屋面传热系数为 0.51W/m² · K，架空楼板传热系数为 0.86W/m² · K；玻璃幕墙传热系数为 2W/m² · K，遮阳系数为 0.3。窗墙比优化：东为 46%、南为 30%、西为 49%、北为 54%，见表 3-6。通过以上性能优化，所得模拟年消耗 7642MW · h 电量，消耗 457MBtu 采暖量，折合能源成本年总电费 5966005 元，年气费 102974 元，年总耗能成本 6068979 元，比基准建筑节能 1.54%；外围护结构相关参数优化与设计方案对比如表 3-6，图 3-8 所示。

外围护结构相关参数优化对比 表 3-6

热学性能	窗墙比 （%）				传热系数 （W/m² · K）		μ 值	遮阳系数 （S.C.）
	东	南	西	北	外墙	屋顶	外窗	
设计建筑	65	50	65	52	0.59	0.55	2	0.3
优化方案 1	46	30	49	54	0.58	0.51	2	0.3

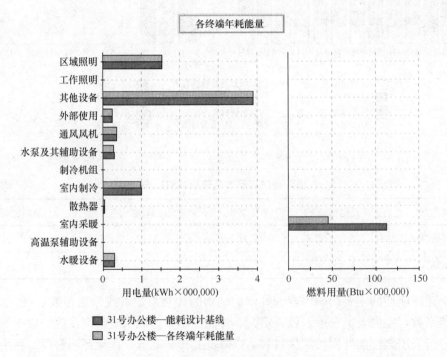

图 3-8　优化方案 1 与设计方案各终端 1 个全年能耗对比（图片来源：eQuest 截图）

优化方案 1 与设计方案年能耗对比表　　　　表 3-7

建筑方案	年总电费（元）	年总燃气费（元）	年总耗能成本（元）	与基准建筑相比
基准建筑	6045978	117845	6163822	/
设计建筑	5994242	107308	6101550	1.01％
优化方案 1	5966005	102974	6068979	1.54％

从表 3-7 可以看出，经过改进围护结构的热工性能，减少室内与外界环境的热传递，降低热损耗，空调能耗和采暖能耗都实现了显著的降低，使得采暖量大大减少，从而在整体层面上，降低能耗成本。

（4）优化方案 2——优化照明密度

优化照明密度，可使办公区域单位面积的照明密度从设计方案的 $15W/m^2$ 降到 $10W/m^2$。依据美国能源部研究，如果对照明设计跟通风采暖空调系统一样，也采用分区域分层次设计照明系统的话，就可降低照明区域单位面积照明密度，进一步可将照明密度降低到 $8W/m^2$，这样比 ASHRAE90.1－2007 的照明密度要求还低。照明系统划分三个环境层次设计——工作环境、一般区域环境及重点区域环境，通过合理配置 3 个层次的照明系统，在降低单位面积照明密度的情况下，不但充分满足区域对照明的需求，反而能够增强工作人员的视觉舒适感，提高视觉范围内物体的对比度，并且还可以根据实际需要对各层次照明系统进行灵活控制。比如，大堂和电梯厅灯光可设置照明密度低些，柔和些，不但能够降低能耗，还能缓解办公人员工作后的视觉疲劳。办公区域可以划分主次设置照明密度，除大环境办公密度外，还可在各办公座位上设置节能灯。若只有小部分人使用办公区域是可通过小区域照明来达到节能的效果。此项优化方案的模拟年能耗成本为 5650092 元，年消耗电量 7105MW·h、采暖消耗 1520MBtu，与基准建筑相比节能 8.33％。模拟结果与设计方案和基准建筑对比如表 3-8。

优化方案 2 与设计方案年能耗对比表　　　　表 3-8

建筑方案	年总电费（元）	年总燃气费（元）	年总耗能成本（元）	与基准建筑相比
基准建筑	6045978	117845	6163822	/
设计建筑	5994242	107308	6101550	1.01％
优化方案 2	5540220	109872	5650092	8.33％

表 3-8 显示出在降低照明负荷的同时，也降低了室内的照明得热量，因此除了照明能耗明显降低外，其他用电终端如制冷能耗、风机和水泵的能耗均相应减低；同时也降低了室内整体的热量，因此使得冬天采暖量增加，导致采暖费与设计方案相比有所增加。

（5）优化方案 3——送风温度重置控制

针对 VAV 系统（变风量系统），当室内负荷减小时，主要通过调节送风量来调控室内温度。当 VAV 系统达到最小风量时（即末端风阀开度达到最小时），如果供冷量依然大于室内空调负荷，就必须调整水阀开度来提升送风温度，以满足室内的温度控制要求。通过这种控制方式可以减少为了达到室内控制温度而必须采用末端再热从而导致同时制冷

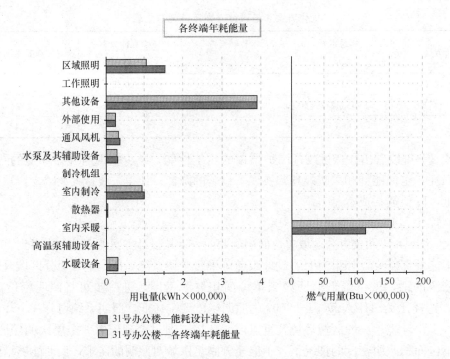

图 3-9 优化方案 2 与设计方案各终端 1 个全年能耗对比（图片来源：eQuest 截图）

和加热的现象出现，避免浪费能源。模拟结果显示，通过采用送风温度重置控制，建筑全年耗电 7653MW·h，消耗采暖能耗 320MBtu，全年耗能成本 6078996 元，比基准建筑节能 1.38％。本优化方案各月终端耗能如图 3-10 所示，与设计方案和基准建筑方案能耗对比如表 3-9 所示。

优化方案 3 与设计方案年能耗对比表

表 3-9

建筑方案	年总电费（元）	年总燃气费（元）	年总耗能成本（元）	与基准建筑相比
基准建筑	6045978	117845	6163822	/
设计建筑	5994242	107308	6101550	1.01％
优化方案 3	5976860	102136	6078996	1.38％

（6）优化方案 4——风侧经济器

选用风侧经济器，过渡季节采用新风制冷，新风经济器通过新风阀，回风阀和混风阀的联动控制，实现在过渡季节使用新风制冷。在过渡季节和冬季，由于内区室内热源的作用，仍需要制冷，这时可以通过关闭混风阀，增加新风阀的开度，使用室外的冷空气带走室内的剩余热量，无须开启制冷机，达到"免费"空调的效果。通过模拟结果显示，添加风侧经济器后，模拟建筑全年耗电 7578MW·h，采暖消耗 1120MBtu，全年能耗成本为 6022302 元，比基准建筑节能 2.30％，基准建筑方案与初始设计建筑方案的耗能量对比如表 3-10 所示，全年各终端耗能量对比如图 3-11 所示。

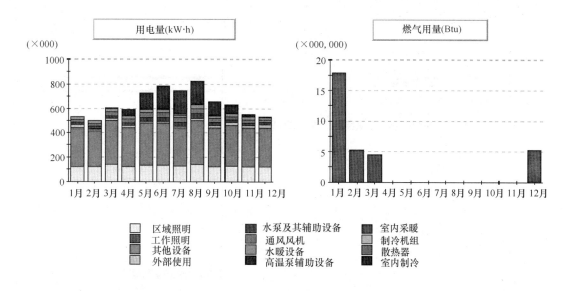

图 3-10　优化方案 3 各月各终端耗能（图片来源：eQuest 截图）

优化方案 4 与设计方案年能耗对比表　　　　　　　　　　　　　表 3-10

建筑方案	年总电费 （元）	年总燃气费 （元）	年总耗能成本 （元）	与基准建筑相比
基准建筑	6045978	117845	6163822	/
设计建筑	5994242	107308	6101550	1.01%
优化方案 4	5914994	107308	6022302	2.30%

在图 3-11 中，可以看出，优化方案 4 与设计方案相比，选用风侧经济器，大大降低了风机耗能量、冷热水泵耗能量及空调制冷量，使得整栋建筑耗电量与设计方案相比减少了 99MW·h，实现全能能耗成本节省 79248 元。

3. 各优化方案综合分析及评分

在原设计方案的基础上，通过设计层次照明系统并降低单位面积照明密度，采用低传热性能材料并添加送风温度重置控制系统和风侧经济器。综合方案的模拟效果并不是前面 4 个单项优化方案效果的叠加，因为各优化技术对建筑各耗能终端的影响是相互的，综合的，并不是单向的。比如降低照明密度会减少耗电量，但同时因为降低了照明密度，也降低了室内温度，在冬季可能会导致采暖能耗的增加。在综合了各种优化策略后，其模拟所得全年能耗成本为 5235936 元，其中耗电量 6592MW·h，采暖耗能 451MBtu。总能耗成本比初始设计减少 865614 元，比基准建筑减少 927886 元，与基准建筑相比节能率达到 15.05%，大于 14%，满足 LEED 节能条款的要求，具体耗能见图 3-12。综合优化方案与初始设计方案和各单项优化方案模拟结果如表 3-11 和图 3-12 所示。通过采用以上节能措施，本项目在预认证阶段此项内容获得 4 分。

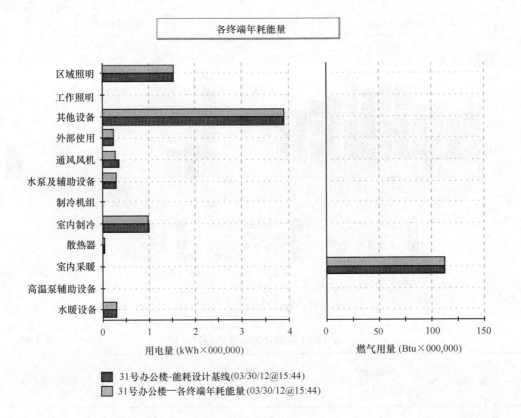

图 3-11　优化方案 4 与设计方案各终端 4 个全年能耗对比（图片来源：eQuest 截图）

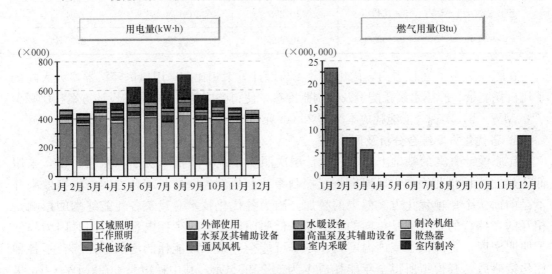

图 3-12　综合优化方案模拟全年各月各终端耗能量（图片来源：eQuest 截图）

基准建筑和设计建筑及各优化方案模拟能耗对比表　　　　　　　　表 3-11

建筑方案	年总电费（元）	年总燃气费（元）	年总耗能成本（元）	与基准建筑相比
基准建筑	6045978	117845	6163822	/
设计建筑	5994242	107308	6101550	1.01％

建筑方案	年总电费（元）	年总燃气费（元）	年总耗能成本（元）	与基准建筑相比
优化方案 1	5966005	102974	6068979	1.54%
优化方案 2	5540220	109872	5650092	8.33%
优化方案 3	5976860	102136	6078996	1.38%
优化方案 4	5914994	107308	6022302	2.30%
综合优化方案	5132975	102961	5235936	15.05%

通过以上各个优化方案的模拟，证明上文所述的节能设计措施是可行的，对降低建筑能耗以满足 LEED 标准是可行的，而且未来将这些技术广泛地应用到绿色建筑中，对解决当今社会能源危机将起到重大的作用。

【案例 3.3】某机关信息发展中心节水设计与技术的案例分析

背景：

某机关信息发展中心项目设计，建筑面积 33000m²，建筑高度 45.3m，地下两层，地下二层，地下一层地面标高分别为 -8.10、-4.50；功能为车库、空调机房、厨房、营业性公共浴室；地上 9 层，地上为办公区，一、二层设展览厅，地上一、二层层高 7.5m，屋面设置冷却塔，且有冷却水补水系统。给水水源为城市自来水，分别从该项目两侧引入 2 根，管径 200，市政供水压力 0.25MPa，地下一层设给水加压设备，给水系统图中，1～9 层全部由加压设备供给，给水泵工作压力 0.55MPa，给水系统图未建减压阀及减压装置；中水水源来自市政中水，用于卫生间冲厕，室外绿化浇灌，车库内设置地面冲洗且设置中水取水龙头。卫生间坐便器采用单档大于 9L/次；室外广场设置一处景观水，其水源为地下自备井。

问题：

（1）请指出上述案例中在绿建节水方面哪些做法不正确，并提出正确做法。

（2）此项目需要在哪些部位设置计量装置？

（3）公共浴室在节水方面需要采取哪些技术措施？

要点分析：

1. 绿建节水方面做法不正确的主要有以下内容

（1）给水系统，全楼采用加压设备供水，分区不合理。

按照《绿色建筑评价标准》6.1.2 条，"给排水系统应合理、完善，安全"。

给水系统稳定，可靠，保证水量，水压。供水系统应充分利用市政水压，加压系统选用节能高效的设备，给水系统分区合理，合理采取减压限流的节水措施。此项目低区应采用市政供水，高区采用加压供水。

（2）给水系统底部楼层给水用水点出现超压出流。

根据《绿色建筑评价标准》GB 50378—2014，6.2.3 条要求，"给水系统无超压出流现象"。用水点工作压力不大于 0.2MPa，且不小于用水器具最低用水压力，因此需合理分区，适当减压，有效控制用水点压力，防止超压出流现象，避免浪费水资源。

（3）车库中水管道上设置中水龙头，且无防护措施。

根据《建筑中水设计规范》GB 50336—2002，中水管道上不得设置取水龙头。当装有取水接口是，必须采取严格的防止误饮，误用措施。如带锁具，明显中水严禁饮用标识等措施。

（4）卫生间坐便器，采用冲水量大于 9 升/次。

根据《民用建筑节水设计标准》GB 50555—2010，卫生器具的选用均应符合《节水型生活用水器具》CJ 164 及《节水型产品技术条件与管理通则》GB 18870 的要求。采用节水型用水器具。另外《绿色建筑评价标准》GB 50378—2014，6.1.3，6.2.6 "使用高效率等级的卫生器具"，满足用水效率等级的最低级的要求。

（5）景观水补水采用地下井水。

《民用建筑节水设计标准》GB 50555—2010 及《绿色建筑评价标准》GB 50378—2014，6.1.1 条文解释，明确规定：景观水补水严禁采用市政供水和自备地下井供水，因为地下井水是水资源，不得浪费。

2. 此项目需要在以下部位设置计量装置

建筑引入管及厨房，卫生间，公共浴室，冷却塔补水，空调机房，绿化浇灌，景观用水设置计量水表。《民用建筑节水设计标准》GB 50555—2010 及《绿色建筑评价标准》GB 50378—2014，6.2.4 按照用途或管理单元设置计量装置。鼓励节水，同时可以统计各种用途的用水量和分析漏水量。

3. 营业性公共浴室在节水方面需要采取以下技术措施

（1）采用用水效率高的节水淋浴器，脚踏开关。

（2）采取带恒温控制和温度显示功能的冷热水混合淋浴器；

（3）设置用者付费设施，如刷卡付费。

《绿色建筑评价标准》GB 50378—2014，6.1.3，6.2.5，6.2.6 对在节水器具，卫生器具效率等级，公共浴室节水措施方面有具体要求。

【案例 3.4】南方某银行大楼绿色建筑设计的案例分析

背景：

某银行大楼位于南方某社区，其建筑高度为 36m，建筑层数为地上 9 层，地下 2 层，建筑面积为 39520.76m²，绿地率为 35.04%，建筑密度为 38.19%，容积率为 2.36，建筑主体结构为框架剪力墙结构。此建筑采用了以下设计：

（1）建筑地址规划上，建筑的周边八百米以内拥有计划中的轻轨或地铁车站，四百米内有两条或更多条公共汽车或班车路线。

（2）在建筑物地下空间利用上，地下停车场内设置了专门的自行车停车位（350 辆），对于本办公建筑中 5% 以上用户提供安全的自行车存放设施，同时为使用低排放和节油汽车的用户提供优先停车位，将场址中停车容量的 5% 优先提供给低排放和节油汽车，并且将停车容量的 5% 优先提供给合用／共用车辆；在地下室内设置了一个专门的垃圾回收分类间用来收集、存放和分类无害的可再生材料。

（3）在建筑物外环境上，采用量观绿化及高反射材料遮蔽构筑物表面及地面，保证建筑屋面的 50% 为种植屋面。

（4）在建筑内部采光上，利用光环境分析软件对建筑光环境进行监控和模拟分析，建筑间距控制在合理的范围内，设计玻璃幕墙增加采光。

（5）在内部热环境上，采用了内遮阳系统。

（6）在绿化上，选择铁树、仙人掌、爬山虎等植物，植物浇灌用再生水，采用公共机构提供的处理水，收集的雨水，专门替代自来水。

（7）水资源利用上，采用节水便器、小便器、感光自来水龙头，采用非自来水（收集的雨水、再生中水、和当地或市政处理废水），同时采用高效器具和干式器具降低废水产生量，采用就地废水处理回收。

（8）室内照明采用节能灯具，室外照明采用自动控制系统。

（9）设计可控窗、窗和机械系统的集成、单纯机械系统、单独温控器等来控制室内热环境。

（10）使用回收、翻新和再用材料的总量，占工程材料的总价值的 5%～10%；建筑及装修材料中，对含再生循环材料的用量，占建筑总费用的 10%～20%；采用来源、采集、再生和生产于工程距离 800 公里以内的建筑材料和产品，其费用占工程总材料的价值的 10%～20%（当地建筑密度要求为 40% 以下，建筑绿化率为 35% 以上）。

问题：

（1）请分析上述案例中建筑的设计应满足绿色建筑哪些设计原则？

（2）在绿色建筑设计中，除了要考虑上述因素的影响，还可以从哪几方面着手进行设计以达到绿色、环保、节能的目的？

解题思路：

（1）说明绿色建筑设计原则，并逐条对照本案例的设计手法，分析其符合哪些原则。

（2）谈谈绿色建筑设计的方向，包括规划设计、建筑设计、节能、节水、节材、节地和室内外环境设计的具体内容和具体措施。

要点分析：

1. 绿色建筑设计原则可以归纳到以下几点

（1）节约生态环境资源

① 在建筑全生命周期内，使其对地球资源和能源的消耗量减至最小；在规划设计中，适度开发土地，节约建设用地。

② 建筑在全生命周期内，应具有适应性和可维护性等。

③ 减少建筑密度，少占土地，城区适当提高建筑容积率。

④ 选用节水用具，节约水资源；收集生产和生活废水，加以净化利用；收集雨水加以有效利用。

⑤ 建筑材料选用可循环或有循环材料成分的产品。

⑥ 使用耐久性材料和产品。

⑦ 使用地方材料。

（2）使用可再生能源，提高能源利用效率

① 采用节约照明系统。

② 提高建筑围护结构热工性能。

③ 优化能源系统，提高系统能量转换效率。

④ 对设备系统能耗进行计量和控制。

⑤ 使用再生能源，尽量利用外窗、中庭、天窗进行自然采光。

⑥ 利用太阳能集热、供暖、供热水。

⑦ 利用太阳能发电。

⑧ 建筑开窗位置适当，充分利用自然通风。

⑨ 利用风力发电。

⑩ 采用地源热泵技术实现采暖空调，利用河水、湖水、浅层地下水进行采暖空调。

（3）减少环境污染，保护自然生态

① 在建筑全生命周期内，使建筑废弃物的排放和对环境的污染降到最低。

② 保护水体、土壤和空气，减少对它们的污染。

③ 扩大绿化面积，保护地区动植物种类的多样性。

④ 保护自然生态环境，注重建筑与自然生态环境的协调；尽可能保护原有的自然生态系统。

⑤ 减少交通废气排放。

⑥ 废弃物排放减量，废弃物处理不对环境产生再污染。

（4）保障建筑微环境质量

① 选用绿色建材，减少材料中的易挥发有机物。

② 减少微生物滋长机会。

③ 加强自然通风，提供足量新鲜空气。

④ 恰当的温湿度控制。

⑤ 防止噪声污染，创造优良的声环境。

⑥ 充足的自然采光，创造优良的光环境。

⑦ 充足的日照和适宜的外部景观环境。

⑧ 提高建筑的适应性、灵活性。

（5）构建和谐的社区环境

① 创造健康、舒适、安全的生活居住环境。

② 保护建筑的地方多样性。

③ 保护拥有历史风貌的城市景观环境。

④ 对传统街区、绿色空间的保存和再利用，注重社区文化和历史。

⑤ 重视旧建筑的更新、改造、利用，继承发展地方传统的施工技术。

⑥ 尊重公众参与设计等。

⑦ 提供城市公共交通，便利居住出行交通等。

本案例中的建筑设计紧扣便民、节能、合理利用室内空间、构建和谐的社区环境、节水、节材等绿色设计理念进行绿色设计，可以称之为绿色建筑设计。

在设计时，要考虑到建筑物周围的气候和土壤情况，选择合理的植物进行绿化，并且采用生态绿地、墙体绿化、屋顶绿化等多样化的绿化方式。首先在植物品种上优先选择需要维护少、浇灌少、适合当地环境气候、易于生长、耐候性强的植物种植，并且要合理配置乔木、灌木和攀援植物，构成多层次的复合生态结构，达到人工配置、自然和谐的植物群落，并起到遮阳、降低能耗的作用；其次所用的植物浇灌系统上应该采用节水浇灌系统，一体化浇灌管理植物；最后在浇灌水的选择上，可以用中水或者是收集的雨水或是再生水来浇灌植物。

要达到合理的选择植物，作为设计者应该翻看当地的节气、耕作相关书籍，了解什么样的植物适合在当地生长，也可以进行实地考察或是向当地人们请教，来确定应该种植的植物，以使后期植物的维护费用达到最低。

2. 其他绿色设计手段

除了上述的通过合理选择建筑地址、合理利用建筑内部空间、合理选择植物对建筑外环境进行绿化、合理选择照明系统、合理控制建筑物的采光、合理选择施工材料、合理控制室内温度、合理利用雨水中水外，我们还可以通过合理设计建筑造型和体形系数、合理选用建筑室内空调系统等耗能设备、合理选择建筑物的外围结构、合理设计建筑朝向和建筑间距、合理的布置门窗、合理设计门窗尺寸等手段来达到绿色设计的目的。

【案例 3.5】某建科大楼被动式绿色建筑设计的分析

背景：

某建科大楼位于深圳市，定位为本土化、低能耗、可推广的绿色办公大楼。工程总投资为 7055 万元，用地面积 3000m²，容积率为 4，覆盖率为 38.5%，总建筑面积 18170m²，建筑高度 57.9m。建筑主体层数为地上 12 层，建筑面积 13886.19m²，地下 2 层，建筑面积约 4283.57m²。

工程从设计、建造到运营均充分考虑工程所在地的气候特征、周围场地环境和社会经济发展水平，因地制宜地采用本土、低耗的绿色建筑技术，包括节能技术、节水技术、节材技术、室内空气品质控制技术和可再生能源规模化利用技术等。实际运行节能率 64%，非传统水源利用率 49%，年节约运行费用约 122 万元。

工程不仅是使用单位的办公实验场所，还是建筑新技术、新材料、新设备、新工艺的实验基地，是建筑技术与艺术有机结合的展示基地，全国绿色建筑科普教育基地。向社会各界开放展示绿色建筑技术，宣传绿色建筑理念。

首先，该工程基于气候和场地具体环境，通过建筑体型和布局设计，创造利用自然通风、自然采光、隔音降噪和生态共享的先决条件。其次，基于建筑体型和布局，通过集成选用与气候相宜的本土化、低成本技术，实现自然通风、自然采光、隔热遮阳和生态共享，提供适宜自然环境下的使用条件。最后，集成应用被动式和主动式技术，保障极端自然环境下的使用条件。

问题：

试从绿色建筑被动式设计的角度，分析本项目达到绿色建筑需满足哪些要求？

要点分析：

1. 基于气候和场地条件的建筑体型与布局设计

基于深圳夏热冬暖的海洋性季风气候和实测的场地地形、声光热环境和空气品质情况，以集成提供自然通风、自然采光、隔声降噪和生态补偿条件为目标，进行建筑体型和布局设计。

（1）"凹"字体型设计与自然通风和采光

通过风环境和光环境仿真对比分析，建筑体型采用"凹"字型。凹口面向夏季主导风向，背向冬季主导风向，同时合理控制开间和进深，为自然通风和采光创造基本条件。同时，前后两个空间稍微错开，进一步增强夏季通风能力，见图3-13。

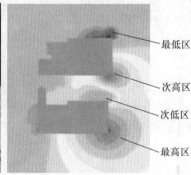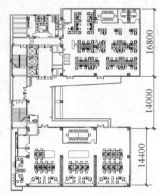

图 3-13　"凹"字体型与通风采光

（2）垂直布局设计与交通组织和环境品质

结合功能区使用性质及其对环境的互动需求进行垂直布局设计，以获得合理的交通组织和适宜的环境品质。中低层主要布置为交流互动空间以便于交通组织，中高层主要布置为办公空间，以获得良好的风、光、声、热环境和景观视野，充分利用和分享外部自然环境，增大人与自然接触面。

（3）平面布局设计与隔热、采光和空气品质

结合朝向和风向进行平面布局设计，以获得良好的采光、隔热效果及空气品质。大楼东侧及南侧日照好，同时处于上风向，布置为办公等主要使用空间；大楼西侧日晒影响室内热舒适性，因此尽量布置为电梯间、楼梯间、洗手间等辅助空间，其中洗手间及吸烟区布置于下风向的西北侧。西侧的辅助房间对主要使用空间构成天然的"功能遮阳"。

（4）架空绿化设计与城市自然通风和生态补偿

　　为使大楼与周围环境协调及与社区共享，首层、六层、屋顶均设计为架空绿化层，最大限度对场地进行生态补偿。首层开放式接待大厅和架空人工湿地花园，实现了与周边环境的融合和对社区人文的关怀。架空设计不仅可营造花园式的良好环境，还可为城市自然通风提供廊道。

　　（5）开放式空间设计与空间高效利用

　　结合"凹"字型布局和架空绿化层设计，设置开放式交流平台，灵活用作会议、娱乐、休闲等功能，以最大限度利用建筑空间，见图 3-14。

图 3-14　各层通风休闲（会议）平台

2. 基于建筑体型和布局的本土化、低成本被动技术应用集成

　　基于"凹"字体型和功能布局，集成选用与气候相宜的本土化、低成本技术，实现自然通风、自然采光、遮阳隔热和生态补偿。

　　（1）自然通风技术

　　突破传统开窗通风方式，建筑采用合理的开窗、开墙、格栅围护等开启方式，实现良好的自然通风效果。

　　适宜的开窗方式设计：根据室内外通风模拟分析，结合不同空间环境需求，选取合理的窗户形式、开窗面积和开启位置，见图 3-15。

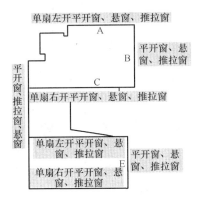

图 3-15　适宜的开窗方式设计

　　适宜的多开敞面设计：建筑大量采用多开敞面设计，如报告厅可开启外墙、消防楼梯间格栅围护和开放平台等。报告厅可开启外墙可全部打开，可与西面开敞楼梯间形成良好的穿堂通风，也可根据需要任意调整开启角度，获得所需的通风效果。当天气凉爽时可充分利用室外新风作自然冷源，当天气酷热或寒冷时可关小或关闭，见图 3-16、图 3-17。

图 3-16 适宜的多开敞面设计

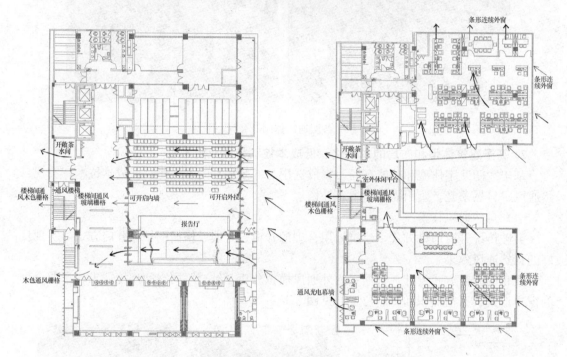

图 3-17 典型层通风流线示意图（报告厅、办公层）

（2）自然采光技术

"凹"字体型使建筑进深控制在合适的尺度，提高室内可利用自然采光区域比例之外，大楼还利用立面窗户形式设计、反光遮阳板、光导管和天井等措施增强自然采光效果。

适宜的窗洞设计：对于实验和展示区等一般需要人工控制室内环境的功能区，采用较小窗墙比的深凹窗洞设计，有利于屏蔽外界日照和温差变化对室内的影响，降低空调能耗。对于可充分利用自然条件的办公空间，采用较大窗墙比的带形连续窗户设计，以充分利用自然采光，见图 3-18、图 3-19。

遮阳反光板＋内遮阳设计：办公空间采用遮阳反光板＋内遮阳设计，在适度降低临窗过高照度的同时，将多余的日光通过反光板和浅色顶棚反射向纵深区域，见图 3-20。

光导管及采光井设计：利用适宜的被动技术将自然采光延伸到地下室，设置光导管和玻璃采光井（顶），见图 3-21。

图 3-18　展示及实验空间深凹窗设计（左：整体视角，右：局部放大）

图 3-19　办公空间连续条形窗设计（左：外立面视角，右：室内视角）

图 3-20　反光遮阳板实景（左：外立面视角，右：室内视角）

（3）立体遮阳隔热技术

建筑布局构成"功能遮阳"、自保温复合墙体"本体隔热"、节能玻璃"自遮阳"、遮阳反光板在自然采光之余具有遮阳作用……在此基础上，结合绿化景观设计和太阳能利用技术，进一步进行立体遮阳隔热，见图 3-22。

图 3-21　地下空间自然采光

屋顶绿化：屋面设置为免浇水屋顶花园，上方设有太阳能花架遮阳，光伏发电的同时具有遮阳隔热的作用。

架空层绿化：建筑首层、中部和屋顶所设计的架空层均采用绿化措施，在最大程度实现生态补偿的同时，尽量改善周边热环境。

垂直绿化：大楼每层均种植攀岩植物，包括：中部楼梯间采用垂直遮阳格栅，北侧楼梯间和平台组合种植垂吊的绿化。在改善大楼景观的同时，进一步强化了遮阳隔热的作用。

图 3-22　立体绿化遮阳隔热

【案例 3.6】某居住小区绿色建筑设计标识评价的分析

背景：

某工程属于住宅类项目。总用地面积 615253.93m²，规划计算容积率建筑面积 1032551.42m²，容积率为 1.8，建筑密度为 13.5%，绿地率为 36.1%，人均公共绿地面积 7.9m²/人，总户数 8106 户，居住人口 25940 人，建筑层数为 32 层、33 层。建筑设计内容包括：住宅、配套公建、地下车库及人防地下室。

该项目二期工程包括：2-1～2-8 栋高层住宅、地下室。总用地面积 51845m²，总建筑面积 181298m²，计算容积率建筑面积 141731m²；其中住宅 141309m²；公建配套 251m²；其他面积 171m²；不计算容积率建筑面积 39567m²；其中电梯机房等 638m²，首层绿化架空 3517m²。地下室 35410m²；其中地下车库 31584m²；地下设备用房 3826m²。

本项目因地制宜利用山体，本着绿色自然的理念，在节地、节能、节水、节材、室内环境这五个方面进行优化设计，力求打造一个有着全生命周期的活力宜居社区。

问题：

试结合《绿色建筑评价标准》GB/T 50378—2014 评价该项目设计标识达到的等级。

要点分析：

（1）节地与室外环境

本项目用地为城区闲置空地，地势平坦，地形起伏不大，选址安全且符合城市规划的要求，用地周围区域以居民住宅为主，无排放超标的污染源。为保证小区内良好的生活环境，避免拟建项目对当地环境产生大的影响，项目设计尽量保持了原有的地形地貌。本项目规划布局满足日照要求，且对周边建筑无不利遮挡。

该项目人均用地指标 11.13m²，得 15 分，场地绿地率 36.1%，人均公共绿地面积 7.9m²/人，得 5 分。合理利用地下空间，地下建筑面积与地上建筑面积比 24%，得 4 分。根据提交环境监测报告，场地内环境噪声符合现行国家标准《声环境质量标准》GB 3096—2008 的有关规定，得 4 分。

该项目场地毗邻省道 114，场地出入口距离最近公交车站东镜路口站小于 500m，途经路线 10 条（含夜班车），得 6 分。场地内人形通道结合园林采用无障碍设计，得 3 分。项目用地东面入口设置自行车停车场，方便出入且设有遮阳顶棚，设置地下停车结合路面停车，不占用步行空间及活动场所，得 6 分。本场地出入口到达幼儿园步行距离小于 300m，到达小学步行距离小于 500m，到达商业服务设施步行距离小于 500m，1000m 范围内设有居委会、卫生站、社区活动中心、中小学、商业网点等公共服务设施，得 6 分。

该项目所处小区结合现状地貌进行场地设计与建筑布局，利用山势设计建筑及绿地，种植大面积林地及植被，得 3 分。引导屋面雨水、道路雨水回用于室外绿化灌溉，室外活动空间采用透水铺装地面比例达 73.5%，得 6 分。本项目采用本土常见乔、灌、草皮相结合的复层绿化，每 100m² 的绿地，乔木有 4 株，要求乔木形态优美冠幅饱满，绿地总面积为 38417m²，绿地率 74.1%，得 6 分。

（2）节能与能源利用

本着"节约资源，保护环境"的理念，本项目节能设计符合国家现行节能标准各项规定，冷热源、输配系统和照明等各部分能耗进行独立分项计量，各房间的照明功率密度值不高于《建筑照明设计标准》GB 50034—2013 中规定的现行值。

该项目结合场地自然条件和平面形态，对建筑的体形、朝向、楼距、窗墙比都进行优化设计，最小南北向楼距达 56m，窗墙比南向 0.34，北向 0.2，东向 0.07，西向 0.07，得 6 分，见表 3-12 和表 3-13。

窗墙面积比　　　　　　　　　　　　　　　表 3-12

朝向	窗面积（m²）	墙面积（m²）	窗墙比
南向	3282.53	9673.90	0.34
北向	1853.18	9386.04	0.20

朝向	窗面积（m²）	墙面积（m²）	窗墙比
东向	405.85	6294.70	0.06
西向	405.85	6294.70	0.06
平均	5947.40	31649.35	0.19

外窗可开启面积比达 30%，得 4 分。围护结构热工性能指标优于国家标准。提高幅度达到 10%，得 10 分。

能耗计算结果　　　　　　　　　　表 3-13

	设计建筑	参照建筑
空调耗电指数	56.83	63.51
标准依据	《夏热冬暖地区居住建筑节能设计标准》JGJ 75—2012 第 5.0.1 条	
标准要求	设计建筑的能耗不得超过参照建筑的能耗	
结论	满足	

合理选择通风及空调系统，能耗降低幅度为 15%，得 10 分。采取措施降低通风及空调系统能耗，得 6 分。根据朝向区分空调区域，对系统进行分区控制，合理选择空调机组数量与容量，制定控制策略，采取水力平衡措施，得 9 分。

走廊、楼梯厅、门厅、大堂、地下停车场等场所的照明系统采取分区、定时、感应等节能控制措施，得 5 分。所有区域的照明功率密度值达到《建筑照明设计标准》GB 50034—2013 中的规定，得 8 分。根据功能合理选用电梯，并采用电梯群控等节能控制技术，得 3 分。合理选用节能型电气设备，三相配电变压器满足《三相配电变压器能效限定值及能效等级》GB 20052—2013 的要求，水泵、风机等设备，及其他电气装置满足相关国家节能要求，得 5 分。排风能量回收系统设计合理并运行可靠，得 3 分。

（3）节水与水资源利用

本项目的平均日节水量为 1247m³/d，建筑平均日用水量达到节水用水定额的上限值，得 4 分。地下室，水井给水管道均采用钢塑管，丝接；其余冷水管，热水管采用聚丙烯管（PPR）热熔连接。聚丙烯管采用 S5 系列。选用性能高的阀门、零泄漏阀门等阀门和选用的管材、管件符合现行产品标准的要求，得 1 分。给水系统竖向分区，避免供水压力持续高压或压力骤变，且室外给水管覆土厚度为 0.6m，避免管网漏损，得 1 分。根据水平衡测试的要求设有用水计量装置，运行阶段提供用水量计量情况和管网漏损检测、整改的报告，得 5 分。

本项目给水系统竖向分 3 个区：低区 2～12 层，中区 13～22 层，高区 23～32 层。用水点供水压力不大于 0.20MPa，且不小于用水器具要求的最低工作压力，得 8 分。生活用水采用市政给水供给，绿化用水采用一期的中水给水供给，分别设用水计量装置，统计用水量，得 2 分。且按付费或管理单元，分别设置用水计量装置，统计用水量，得 4 分。

本项目采用建设部指定节水产品，且选用的洗手盆、蹲便器、小便器等卫生器具均达到用水效率等级三级，得 5 分。

本项目绿化用水采用一期会所的雨水回收水，绿化灌溉采用喷灌、微灌的灌溉方式，得 7 分。本项目绿化用水采用一期雨水回收水，非传统水源利用率可达 8%，得 7 分。

（4）节材与材料资源利用

该项目造型简洁，无大量装饰性构件，建筑形体规则，得 9 分。对地基基础、结构体系、结构构件进行优化设计，达到节材的效果，得 5 分。个别户型采用土建与装修工程一体化设计，比例达到 30%，得 6 分。选用本省（500km 范围）生产的建筑材料比例为 88%，得 8 分。现浇混凝土采用预拌混凝土，得 10 分。建筑砂浆采用预拌砂浆，比例达到 70%，得 3 分。采用高强度钢筋，比例达到 67%，得 6 分。采用高耐久混凝土比例达到 70%，得 5 分。外立面采用耐久性好、易维护的面砖，室内装饰材料采用耐久性好、易维护装饰材料，得 3 分。

（5）室内环境质量

主要功能房间室内噪声及外墙、隔墙、楼板、门窗的隔声性能满足《民用建筑隔声设计规范》GB 50118—2010 的高要求值，得 9 分。建筑照明数量和质量符合《建筑照明设计标准》GB 50034—2013 的规定。屋顶和东、西外墙隔热性能满足《民用建筑热工设计规范》GB 50176—1993，室内空气中的氨、甲醛、苯、总挥发性有机物、氡等污染物浓度符合《室内空气质量标准》GB/T 18883—2002 的规定。

建筑平面、空间布局合理，没有噪声干扰，得 2 分，使用同层排水有效降低排水噪声，得 2 分。各栋均具有良好的户外视野，与相邻建筑间距超过 18m，得 3 分。主要功能房间的采光系数满足《建筑采光设计标准》GB/T 50033—2001 要求，卧室、起居室的窗地面积比达到 1/6，得 6 分。主要功能房间如起居室、卧室，利用阳台、飘窗板等控制眩光，且区内采光系数满足采光要求的面积比例达到 85%，得 10 分。东西向外窗采取可调节遮阳措施，比例达到全部外窗 30%，得 6 分。重要功能区域通风或空调供暖工况下的气流组织满足热环境参数设计要求，得 4 分。

（6）评价结论

根据《绿色建筑评价标准》GB/T 50378—2014 对该居住建筑项目二期进行了"绿色建筑设计标识"评价，其得分根据 $\Sigma Q = \omega_1 Q_1 + \omega_2 Q_2 + \omega_3 Q_3 + \omega_4 Q_4 + \omega_5 Q_5$，可算得总分 $\Sigma Q = 0.21 \times 64 + 0.24 \times 69 + 0.20 \times 44 + 0.17 \times 55 + 0.18 \times 42 = 55.71$，分值达到了绿色建筑等级一星级标准。

【案例 3.7】某绿色建筑示范工程集成设计的分析

背景：

该绿色建筑示范工程是环境保护部环境保护对外合作中心利用国际无偿援助资金开展的合作建设项目。大楼采用框架剪力墙混合结构体系，总建筑面积为 30191m²，其中地上为钢结构，建筑面积为 22153m²；地下为框架钢筋混凝土结构，建筑面积为 8038m²；地上 9 层，地下 2 层，檐口高 36m。大楼 1、2 层为公共区域，层高均为 4.8m，具有提供大楼内部职工及外来工作人员使用的接待室、咖啡厅、会议及展示厅等服务功能；3～8 层为综合办公区域，层高为3.67m，9层为综合办公、阅览及健身区域，层高为3.58m；每层分为东西两个办公组团，房间净高为2.7m，走道净高为2.4m；结合东西内庭以及中部生动的双层挑高空间，创造一个环境舒适、景观幽雅的办公环境。

该大楼紧紧围绕绿色建筑的设计理念，整合了建筑规划、结构施工、设备配置、室内装修、绿化景观、运营管理等多学科多专业，综合运用了建筑与设备节能技术、非传统水源利用与水处理技术、楼宇智能化运行管理技术等多项先进的综合性节能与智能技术，参照绿色建筑示范工程标准进行了设计与施工，致力于建成一栋有特色、可示范、可推广、可参观的绿色示范性工程建筑。

问题：

试结合《绿色建筑评价标准》GB/T 50378—2014，分析该项目体现了绿色建筑设计的哪些要素？

要点分析：

1. 规划及景观

大楼项目位于北京市西城区。建筑北侧规划有20m宽绿化区域，与城市绿化隔离带相连，视线开阔，绿化和环境空间条件优越，项目绿化率为27%，建筑城市空间形态良好，具备较好的城市景观缓冲空间。大楼建设项目平面布置图见图3-23。

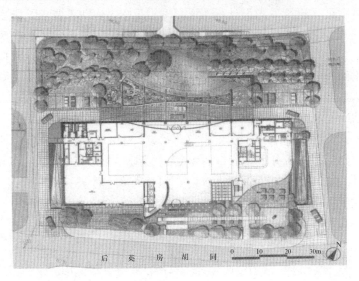

图3-23　大楼建设项目平面布置图

（1）建筑室内光环境

在大楼建设完工后，由清华大学建筑学院进行了大楼采光分析。据《大楼采光分析报告》，室内采光系数值（即功能区采光面积与功能区总面积的比值）为78.7%，满足《绿色建筑评价标准》GB/T 50378—2014的条文8.2.6条表8.2.6公共建筑主要功能房间室内采光评分规则，可得7分。采光系数满足现行国家标准《建筑采光设计标准》GB/T 50033—2001的要求。

（2）建筑室外风环境

该大楼的室外风环境优良，经过清华大学建筑学院模拟计算，其结果如下。

① 无论是冬季还是夏季，室外行人高度处（距地 1.5m 高度）最大风速均低于 5m/s，不影响人员行动及舒适感觉。

② 夏季建筑前后压差大于 1.5Pa，满足风压自然通风的要求，适合夏季及过渡季的自然通风；冬季 1.5m 处建筑前后压差最大在 10Pa 左右。随着高度的增加，建筑前后压差逐渐增大，建筑南北压差最大为 25Pa 左右，因此建筑南北向应增强窗体的密闭性。由于建筑北部冬季风速过大，因此在建筑北部建立了绿化带并与城市绿化隔离带相接，有效地降低了风速，使最大风速在 5m/s 以下，不影响人员行动及舒适感觉。满足《绿色建筑评价标准》GB/T 50378—2014 的条文 4.2.6 条，可得 6 分。

（3）建筑声环境影响

在进行光环境分析的同时，大楼还作了场地环境噪声测试分析，具体结果为：项目北侧距离德胜门西大街（北二环西路）最近距离约为 40m，现状监测噪声为昼间等效 A 声级为 71.5dB（A），夜间为 58.2dB（A），交通噪声将对大楼产生影响。根据设计，大楼走向与北二环西大街平行，距离路中心距离为 57m，噪声测试点距离路中心距离为 17m，则根据线声源衰减公式：

$$\Delta L = 10\lg(r_1/r_2)$$

可知噪声衰减量为 10dB（A）。到达项目建筑时噪声昼间最大为 61.5dB（A），夜间为 48.2dB（A）。项目窗户采用隔声窗，对噪声的衰减能力为 25dB（A）左右，则德胜门西大街交通噪声到达室内昼间最大为 36.5dB（A），夜间最大为 23.2dB（A），故噪声对楼内办公影响很小。

（4）交通组织

大楼交通组织车流为顺时针流向设计，机动车入口位于大楼西侧，机动车由此进入地下车库，地下车库流线与地面流线一致；机动车出口位于大楼东侧。办公人流主要由建筑物中部及南北两侧人流出入口出入，自行车出入口设置在大楼西南侧，直接连通大楼西南侧的自行车停车场地。大楼交通组织简捷明确，符合办公建筑的交通要求。

2. 建筑设计

（1）造型设计

大楼在造型设计上运用体块穿插、分割的设计手法处理建筑形体，平面上北侧方整，南侧自由流畅。由于建筑北立面靠近城市二环路，又处于西北方向，为了降低交通噪声与冬季"西北风"对建筑的影响，北侧立面采用了务实的"条窗"处理方法，有效地降低了室外交通噪声及冬季换热对室内环境的影响。

（2）结构设计

大楼按照甲级办公建筑设计，大楼主体结构全部由预拌混凝土浇筑而成，减少了对施工现场的污染。大楼地上部分主体结构采用可回收利用的钢框架结构，大大降低了楼体结构重量。大楼室外墙体选用了新型隔热保温墙体材料，如高效复合砌块、隔热反射 LOW-E 玻璃断桥复合幕墙等。在装饰材料的选用上尽可能采用绿色环保可再生的材料，室外幕墙采用蜂窝铝复合大理石板，该材料重量轻，节省结构钢材用量和节省石材，减少了自然资源使用量与材料生产过程的能源使用量，减少了 CO_2 的排放量。

（3）节能设计

① 根据《公共建筑节能设计标准》GB 50189—2015，此建筑属于甲类建筑，体型系数为 0.13。

② 本建筑窗墙比分别为南向为 0.36、东向为 0.32、西向为 0.34、北向为 0.29，平均总窗墙比为 0.33，均满足节能设计标准。

③ 屋顶大窗透明部分与西面总面积之比为 0.09，满足限值要求。

④ 根据甲类建筑热工性能判定表、《公共建筑节能设计标准》GB 50189—2015 的规定以及建筑各部位的热传导系数和遮阳系数等，本建筑判定为节能公共建筑设计。

（4）保温隔热设计

① 屋顶采用 70mm 厚挤塑板保温，屋顶传热系数 K_m 为 0.4W/(m² · K)。

② 石材外墙（包括非透明幕墙等部分）均在外围护墙外侧粘贴最薄为 200mm 厚防火岩棉保温板，外墙传热系数 K_m 为 0.41W/(m² · K)。

③ 地下一层非采暖空调房间顶板均采用 55mm 厚玻璃棉板保温吊顶，地下一层车库顶部采用棚 26W 施工方法，即纸面石膏板保温吊顶，吊顶内加 55mm 厚玻璃棉保温板。

④ 天窗、窗、幕墙部分。

a. 屋顶天窗玻璃采用 9.52+16Ar（氩气）+9.52 中空 LOW-E 玻璃，内外层均为 4+1.52+4 夹胶玻璃。

b. 外门窗、玻璃幕墙的落地玻璃均采用 10+16Ar（氩气）+9.52（4+1.52+4 夹胶玻璃）中空 LOW-E 玻璃。

c. 外门窗、玻璃幕墙的其他部分玻璃均采用 8+16Ar（氩气）+9.52（4+1.52+4 夹胶玻璃）中空 LOW-E 玻璃。

d. 层间不透明部分玻璃采用 6+16Ar（氩气）+6 中空玻璃。

e. 中空玻璃均为 LOW-E 玻璃，内外片双层镀膜；楼层间幕墙内片外层为烤釉玻璃，颜色最终以色卡定，中空内充氩气。

f. 装饰性玻璃幕墙以及幕墙的层间外墙外侧面粘贴最薄 200mm 厚防火岩棉保温板，按实墙保温设计，传热系数 K_m 为 0.41W/(m² · K)。

g. 所有天窗、窗、玻璃幕墙部分(考虑窗框折减系数)传热系数 K_m 为 1.7W/(m² · K)。

h. 中空 LOW-E 玻璃的可见光透射率不小于 58%，可见光反射率不大于 18%，阳光透射率小于 38%，阳光反射率不大于 28%；遮阳系数不大于 0.5；中空玻璃传热系数 K_m 不大于 1.2W/(m² · K)。

⑤ 室内中庭玻璃幕墙及中庭北侧落地门连窗部分。

a. 中庭玻璃幕墙透明部分的玻璃为 6+9A(空气)+10.76(5+0.76+5 夹胶玻璃)中空玻璃，中空玻璃传热系数 K_m 不大于 2.6W/(m² · K)，考虑窗框折减系数，幕墙传热系数 K_m 为 3.0W/(m² · K)。

b. 层间不透明部分玻璃采用 6+9A(空气)+6 中空玻璃，内墙外侧面粘贴 150mm 厚防火岩棉保温板，按实墙保温设计传热系数 K_m 为 3.0W/(m² · K)。

c. 中庭北侧落地门连窗透明部分的玻璃为内外双层 8mm 厚钢化玻璃，双层玻璃内设置电动遮挡百叶，考虑窗框折减系数，门连窗传热系数 K_m 为 3.0W/(m² · K)。

⑥ 针对热桥采取的保温或断桥措施。

a. 所有幕墙、天窗及外门窗均采用 PA 断桥铝合金框料。

b. 外墙出挑构件及附墙部件，如阳台、雨罩、靠外墙阳台栏板、附壁柱、装饰线等，粘贴 20mm 厚挤塑板保温。

c. 窗口外侧四周墙面应进行保温处理，粘贴 20mm 厚挤塑板保温。

d. 窗框与四周墙面应用发泡聚氨酯保温填实。

⑦ 遮阳设计。

a. 中空 LOW-E 玻璃的遮阳系数不大于 0.5。

b. 天窗外设置电动遮阳帘，根据阳光调节遮阳，并使天窗遮阳系数不大于 0.5。

c. 所有外窗上部设 500mm 宽水平铝合金遮阳板，内部采用内遮阳窗帘及室内遮阳板，东南弧墙外设铝合金遮阳可调百叶，遮阳系数不大于 0.6。

⑧ 南、北主入口设置旋转门，其他外门均采用断桥铝材料结合良好密封措施以减少冷风进入。

（5）功能设计

地下 2 层：结合人防工程设置了车库与消防水池，以及水泵房等设备用房与物业用房等。地下 1 层：设置了机动车库、员工餐厅及大型机电用房，其中员工餐厅能够容纳约 350 人同时就餐。

1 层：包括咖啡厅、展示厅、消防控制中心和部分小空间办公室。南侧的主入口大厅和北侧的办公入口大厅共享一个 3 层通高的弧形大堂，首层左右两侧各有大小两个阳光庭院。在建筑的东段和西段各设置了一部消防电梯和防烟楼梯。南立面为弧墙的咖啡厅位于首层的东南角，可以通过内部楼梯直接和地下 1 层的员工餐厅相连，同时在适当的位置设置小型食梯，与地下 1 层的厨房相通。消防控制中心和安保监控中心设置在首层的西北角。人防出口设置在建筑东北角，平时兼作地下 1 层厨房的货物出入口。

2 层：包括展示厅、会议室、多功能厅和部分小空间办公室。展示厅、会议室和多功能厅为国际交流提供展示和交流的空间；中心机房为整个大楼提供信息通讯服务。

3～8 层：设计了从 16～280m² 的各种空间形态自由组合办公空间，满足不同面积的办公需求。

9 层：包括办公室、图书阅览室及健身房。

屋面：包括光伏系统接入房、配电间、电梯机房、消防水箱间、有线电视机房等。

（6）无障碍设计

项目执行《城市道路和建筑物无障碍设计规范》JGJ 50 和地方主管部门的有关规定，总平面及建筑内部无障碍设计的部位及标准：本建筑物内外高差为 200mm，取消台阶，主入口坡度小于 4%，其他入口为 5%～10%；地上部分每层东侧设有无障碍专用卫生间；建筑内部设有客梯兼残疾人电梯可到达各楼层，1-1 号电梯按无障碍电梯设置，满足无障碍电梯及候梯厅规范的规定，并单独设置无障碍呼叫及轿厢内操作按钮；本建筑公共走道净宽均大于 2.0m，满足规范对轮椅通过时走道的净宽规定；同时在地下 2 层车库设有残疾人车位。

（7）室内环境设计

大楼办公空间及部分公共空间墙面选用了硅藻土墙体饰面材料。硅藻土的主要成分是硅酸质，用它生产的室内外涂料、壁材具有超纤维、多孔质等特性，其超微细孔是木炭的 5000～6000 倍。用硅藻土生产的室内外涂料、装修材料除了不会散发出对人体有害的化学物质外，还能吸收装修和家具散发出来的有害气体，起到了改善居住环境的作用。大楼启用前进行了室内环境质量检测，检测依据《民用建筑工程室内环境污染控制规范》GB 50325—2010、《北京市民用建筑工程室内环境污染控制规程》DBJ 01—91—2004 进行，结果显示：甲醛含量为 $0.05mg/m^3$，为国家标准允许值的 42%（国家标准允许值为 ≤ $0.12mg/m^3$）；苯含量为 $0.05mg/m^3$，为国家标准允许值的 56%（国家标准允许值为 ≤ $0.09mg/m^3$）；氨含量为 $0.1mg/m^3$，为国家标准允许值的 20%（国家标准允许值为 ≤ $0.5mg/m^3$）；总挥发性有机污染物含量为 $0.3mg/m^3$，为国家标准允许值的 50%（国家标准允许值为 ≤ $0.6mg/m^3$）；氡含量为 $10Bq/m^3$，为国家标准允许值的 2.5%（国家标准允许值为 ≤ $400Bq/m^3$）。检测实际数值总体大大低于国家标准规定的允许值，确保了大楼的室内环境质量。

3. 其他相关设计

(1) 水系统规划设计

项目上水由市政管网提供两根 $DN150$ 的上水管，自来水外线布置成环状。建筑内供水分两个区，地下 2～3 层为低区，由市政管网直接供给，4 层以上由智能化无负压给水设备供水。生活水泵房设于地下 2 层。变频水泵的出水管设置紫外线消毒器，以保障出水水质。该建筑的最高日用水量：冬季为 $120m^3/d$（不包括夏季冷却塔补水）；夏季为 $180m^3/d$（包括夏季冷却塔补水）；最大小时用水量为 $4.4m^3/h$；最大污水排放量为 $146m^3/d$。

① 中水系统。项目楼内设中水系统，中水由市政中水提供，在市政中水没落实前暂接市政给水。中水系统分区及系统形式同给水系统。中水泵房设在地下 2 层。中水系统用于本建筑的冲厕用水、冲洗车库地面、道路场地及绿化用水。中水量为 $77.24m^3/d$。

② 污水排水系统。大楼排水采取雨污分流。首层以上生活污水由室内排入检查井，经室外污水管线进入化粪池，再排入市政污水管网。地下部分的生活污水、消防电梯井的排水先排入地下生活污水集水池，再经过污水提升泵排入室外检查井。室内排水立管设置专用透气管。厨房排水采用明沟收集，含油污水经二次隔油池隔油后直接排入市政管网。

③ 雨水排水系统。屋面雨水设计流态为压力流（虹吸式）的雨水系统，重现期为 5 年。降雨历时 5min 的降雨强度 $q_5 = 5.85L/(s \cdot 100^2)$。超过重现期的雨水通过溢流口排除。场地内设置雨水收集处理系统，主要通过雨水入渗技术达到对雨水的收集利用。

④ 非传统水源利用率。项目再生水设计使用量为 $77.24m^3/d$，总用水量为 $180m^3/d$，非传统水源利用率为 42.9%。

⑤ 节水器具。卫生间内卫生洁具，如大便器、小便器采用远红外自动冲洗阀；水嘴采用非触模式。所有水嘴、冲便器系统、便器冲洗阀、淋浴器等卫生设备需符合《节水型生活用水器具》CJ 164 标准。

⑥ 用水分项计量。项目对绿化用水、道路清洗用水再生水在中水给水管线处加装中水水表进行分项计量，由物业公司的专业管理人员负责统计。

(2) 采光及通风设计

大楼建筑内部设计有两个大型中庭，用以增强室内自然采光与自然通风，同时辅以太阳光追踪导射系统，将太阳光导入中庭，并通过采光屋面下悬挂的散射镜片，将自然光散射到中庭周边空间。通过中庭采光顶＋追光镜系统，中庭的自然采光效果良好，采光系数随着楼层增高而增大，平均采光系数都大于 2.5%，各层平均为 7.2%，采光效果良好。中庭顶部还设有电动控制的通风百叶，可将夏季中庭顶部蓄积的热量及时导出，确保了中庭室温的有效控制。同时在过渡季节可以打开百叶，利用烟囱效应，在楼内形成自然对流，实现室内的自然通风换气，改善室内空气品质。大楼的员工餐厅位于地下 1 层，为改善地下餐厅的自然采光与自然通风、节约用电，在设计上引入了可开启电动"天窗"，在将自然光直接引入餐厅的同时，亦具备了"换气"的功能，实现地下餐厅的自然采光与自然通风。

【案例 3.8】 江苏某住宅小区绿色建筑规划案例分析

背景：

江苏具有典型的夏热冬冷气候特征。该住宅小区绿色建筑设计以"本土化、低能耗"为宗旨，采用被动式优先的建筑节能设计策略，利用当地的自然气候条件和地形地貌特点，在建筑文脉传承、小区微气候营造、单体建筑节能、太阳能和建筑一体化及雨水回收利用等方面做了有益的探讨。小区占地 177100m²，总建筑面积为 316300m²，其中地下建筑 64800m²，幼儿园、商业、娱乐健身等公共建筑 16600m²。小区规划设计预计未来发展和周边社区相融合，公共建筑为全社区共享，提高了建筑利用率，见图 3-24。

图 3-24　江苏某住宅小区鸟瞰图

问题：

什么叫小区总体规划设计中被动式节能技术？并分析该住宅小区绿色建筑规划设计原则？

要点分析：

（1）小区总体规划设计中，被动式节能技术是指基于气候特征和周边地形地貌条件下，通过建筑空间概念分析和计算机模拟技术，对小区风环境、热环境、光环境等进行优化，营造适宜的小气候环境，提高人们室外活动的舒适度，并有利于单体建筑减少能耗。

（2）江苏属北亚热带季风气候区，夏季受来自海洋的夏季季风控制，盛行东南风，天气炎热多雨；冬季受大陆盛行的冬季季风控制，大多吹偏北风；春秋是冬夏季风交替时期，春季天气多变，秋季则秋高气爽。对此，小区总图方案设计见图 3-25～图 3-27，比选遵循以下原则：

① 小区建筑空间在夏季导入东南主导风，以利降温、除湿和户内自然通风。

② 冬季结合惠山屏障阻挡北风、东北季风，防寒风侵入。

③ 建筑全部南北朝向或南偏东少于 15°布置，除满足规范标准日照间距外，通过计算机动态日照分析，以最大日照时数设计，使住户在冬季能更多地享受阳光，以利于被动式采暖。

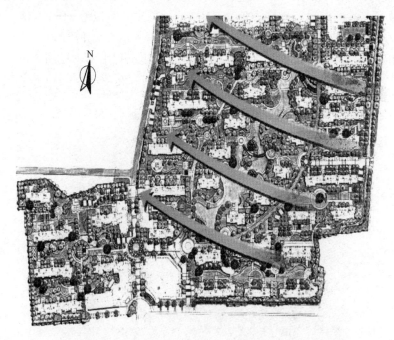

图 3-25 宅间通风示意

④ 园林景观、道路布置、选材及植被设计注重遮阳、防噪、防尘、保水，提高用地生态补偿，降低夏季热岛效应。

在整体空间布局方面，建筑和园林同步设计，小区采用大园林、小庭院、多层次的方法，把美化景观视线和优化室内外热环境结合起来。

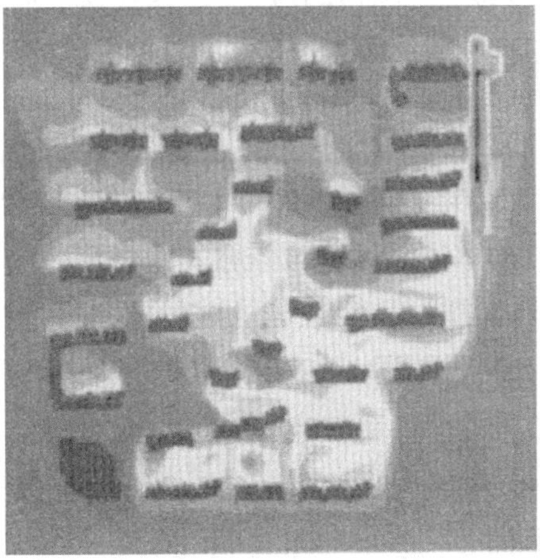

图 3-26　夏季热岛强度模拟分析结果

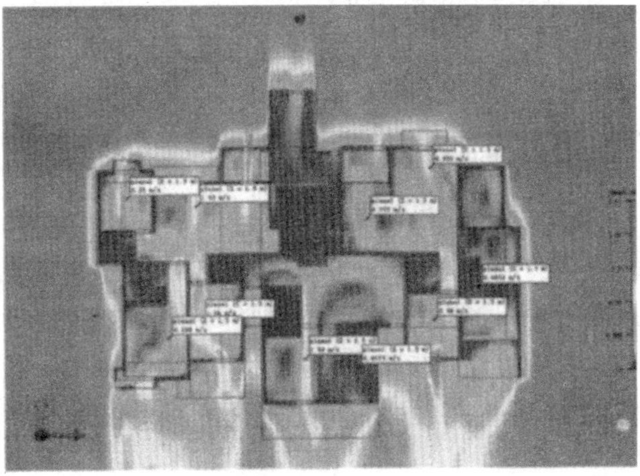

图 3-27　典型户通风模拟分析结果

如何利用好北面森林公园是小区总体规划和空间布局设计的重点。从鸟瞰图中可以看出，建筑布置沿 45°斜线让出一个宽约 50m、长约 400m 的空间走廊，走廊的两端布置文化会所和幼儿园两幢低层建筑，在视觉上把走廊空间和惠山连接起来，组团空间又和走廊空间相通，不但形成了推窗见山的视觉效果，同时起到了组织小区内风流的作用。空间走廊作为小区的中心景观，利用北高南低地形设计了 6 000m^2跌落水景，沿组团空间婉转伸缩流淌的水面和四季花木形成多变的环境景观。

【案例 3.9】江苏某项目结构体系优化设计案例分析

背景：

江苏省某项目由中心剧场、青少年宫、展览馆三大部分组成，具有演出、会议、影视放映、青少年艺术培训、行政办公等多项功能。中心剧场（A 区）和青少年宫（B 区）为一个建筑体量，最大建筑高度为 44.46m（室外地坪至主楼屋面面层），最大建筑层数为 9 层；展览馆（C 区）为一个独立的建筑体量，最大建筑高度为 30.8m，建筑层数为6 层。

问题：

（1）什么叫结构体系？为什么要进行结构体系优化设计？

（2）结合该项目说明采用了哪些结构体系优化设计？

要点分析：

（1）结构体系指结构中所有承重构件及其共同工作的方式。结构布置及构件截面设计不同，建筑的材料用量也会有较大的差异。在设计过程中对地基基础、结构体系、结构构件进行优化，能够有效地节约材料用量。

《绿色建筑评价标准》GB/T 50378—2014 第 7.2.2 条：对地基基础、结构体系、结构构件进行优化设计，达到节材效果，评价分值为 5 分。

（2）该项目结构体系的优化设计。

① A 区、B 区、C 区采用预应力管桩基础

A 区采用 PHC-500(120)、PCH-600(130) 预应力管桩以及钻孔灌注桩，B 区和 C 区采用 PHC-500(120) 预应力管桩，并集中柱下布置。共采用 654 根 PHC-500(120) 预应力管桩和 38 根 PHC-600(130) 预应力管桩。由于采用高强混凝土(C80)制作桩身，内配高强预应力钢筋，材料利用效率高。

② B 区中庭天桥连接体采用预应力薄壁箱体结构

采取预应力薄壁箱体结构，并成功将箱体高度控制在 650mm。实现了在不影响建筑功能的条件下降低结构总高 13950mm。

③ A 区门厅采用钢结构，舞台屋顶采用轻钢桁架

采用钢结构取代钢筋混凝土预应力梁方案，满足建筑净高的要求，减少屋顶和围护结构的钢筋混凝土用量，而且钢材的循环利用性好，回收处理后仍可再利用。

④ B 区北端采用型钢混凝土结构

考虑到结构的特殊性，B 区为钢骨框架结构。在满足建筑要求、实现结构功能的前提下，有效减小构件断面，减轻了结构自重，并实现了建筑材料的可再生利用。

第 4 章 绿色建筑施工案例分析

本章提要

建筑施工过程是对工程场地的一个改造过程，不但改变了场地的原始状态，而且对周边环境造成影响，包括水土流失、土壤污染、扬尘、噪声、污水排放、光污染等。绿色施工是指工程建设中，在保证质量、安全等基本要求的前提下，通过科学管理和技术进步，最大限度地节约资源与减少对环境负面影响的施工活动，实现四节一环保（节能、节地、节水、节材和环境保护）。

绿色施工管理总体框架由环境保护、资源节约（即节材与材料资源利用、节水与水资源利用、节能与能源利用、节地与施工用地保护）、过程管理三个方面组成。

本章共选编了 6 个绿色建筑施工应用案例及评价分析，有居住建筑，也有公共建筑，以《绿色建筑评价标准》第 9 章施工管理评价为依据，分控制项和评分项进行分析评价。

【案例 4.1】某商场实施全面绿色施工管理评价的分析

背景：

某商场，占地面积为 63671m²，地下建筑面积 147784m²，地上建筑面积 241751m²，总建筑面积是 389535m²。此工程由五个区组成，分为裙楼和主楼两大类。项目要求在工程的施工过程中，按照《奥运工程绿色施工指南》、《环境管理体系、要求及使用指南》GB/T 24001—2004 标准和《企业环境管理体系》程序文件要求，制定并实施了相应的环保制度和管理措施，最大限度地减少污染，降低自然资源消耗，营造环保、节能的绿色建筑。

1. 绿色施工总体规划

（1）工程进场阶段策划

按照《GBPT 24001—2004 环境管理体系标准》、《职业健康安全管理体系规范》和《GBPT 28001—2001 职业安全与卫生管理体系标准》，在进场阶段充分利用现场土地和已有临建设施，合理增加临建用房，布置施工作业区和办公生活区的配套设施、设备。

对照环境因素制定出防止粉尘排放、噪声排放、化学危险品泄露、有毒有害（如混凝土抗冻剂掺入氨）气味的排放，对固体废弃物堆放、火灾、爆炸、水电消耗、办公用纸消耗等提出具体的应对措施。

（2）主体结构施工阶段策划

① 钢筋现场加工，进货采用招投标方式，严把钢筋质量关和价格关。钢筋接头采用机械连接，减少接头浪费量。用塑料垫块或高强混凝土垫块替代短钢筋控制保护层厚度，避免污蚀混凝土表面。

② 模板工程配制不同材料的面板体系和支撑体系。前提是既要保证模板质量，又要保证在降低工程造价、节省材料、减少建筑垃圾产生的同时，便于施工人员操作和施工安全。

③ 采用预拌混凝土，由大型搅拌站供应。避免现场布置搅拌站污染环境、增加占地。

④ 钢结构吊装设备采用国内先进的低噪声塔吊，合理组织吊装顺序，提高塔吊利用率。

⑤ 各工艺流程要控制洁净水用量，降低水电消耗，利用再生资源，控制强噪声，减少扬尘，避免光污染对周围的影响。

⑥ 充分利用地下降水水源用于工程结构混凝土养护、现场清洁等水的使用，减少对市政净水的需求。

（3）装修阶段施工策划

装修材料全部采用绿色环保建材，材料进货采取公开招标方式。遵循的原则：国内不能生产的材料，选择综合性价比最优的进口材料，且材料必须经过国内环保机构认证；国产和进口都有的材料，选择质量和性价比相对较优的国产材料；本地和外地都生产的材料，选择质量和运输都有保证的本地材料。

2. 绿色施工技术支持

（1）自制主体结构外架脚手板

此工程目标是创"文明安全工地"，为了体现 A 区工程的整体形象，对现场安全防护进行了全面革新。工程建筑面积近 40 万 m²，主体结构外脚手架所用跳板全部采用现场废木方和废模板制作，拼装满铺，稳固牢靠，美观大方，既满足了规范要求，同时又节约了项目成本，方便施工。

图 4-1　工具式钢筋加工棚

（2）工具式钢筋加工棚

原始钢筋加工棚采用钢管及脚手板组装，搭设时对工人操作水平要求较高，安全系数较低，外观形象不够大方，长期使用钢管锈蚀严重，浪费材料严重。在本工程中创新的工具式钢筋加工棚方便搬运、搭设、拆除，还可以重复使用，大大减少材料浪费，且安全、美观。效果如图 4-1 所示。

工具式钢筋加工棚优点：①空间广阔，可容纳 2 组加工机械，方便工作人员作业和材料运送，尤其适合工期长的工地；②可调性强，可根据现场施工场地选择跨度和高度；③选用的材料主要为型钢，容易购买；④安装节点简单装、拆除便捷，便于移动，使用寿命长，可重复使用多次；⑤外观主色选用蓝色，与现场临时设施融为一体，与施工现场环境协调一致。

（3）组合式全钢大模板应用

组合式全钢大模板具有承载力强、模板面积大、装拆和搬运方便以及操作简单等特点。周转次数高，浇注的清水混凝土表面平整度好，接缝少，能够提高墙体混凝土的质量，减少了抹灰作业。本工程共租用配套大钢模 15561m²，共完成混凝土支模面积达 88081m²。

（4）预拌混凝土应用

预拌混凝土使用散装水泥，而使用袋装水泥的包装纸袋会耗费大量的木材，浪费袋内 3% 的残余水泥，同时还会产生粉尘排放，采用预拌混凝土还减少了施工现场的噪声污染。此工程共使用商品混凝土 269000m³，节约了大量建筑材料。

（5）新型墙体材料应用

外墙采用 400mm×200mm×200mm 轻骨料混凝土小型空心砌块，总量达 12000m³。内墙采用 400mm×100mm×200mm、400mm×150mm×200mm、400mm×100mm×300mm 轻骨料混凝土小型空心砌块，用量分别为 400mm×200mm×200mm、400mm×250mm×200mm、400mm×200mm×300mm 等轻骨料混凝土 815m³、7000m³、6900m³。轻骨料混凝土小型空心砌块是一种新型的墙体材料，具有保温、隔声、隔热性能好等优点，从而降低建筑能耗，达到节能节地效果。轻骨料混凝土小型空心砌块由钢制模具加工而成，尺寸基本定型、施工简便、工效高、效益好，墙面可不做抹灰面，直接进行板面涂刷树脂或直接在墙面做装饰面砖、防水层或其他装饰层，减少现场湿作业，改善劳动环境。

（6）节能型门窗应用

玻璃幕墙外窗采用隔热断桥铝合金窗 14900m²，规格多样，其是在老铝合金窗基础上，为提高窗保温性能而推出的改进型，通过增强尼龙隔条将铝合金型材分为内外两部分阻隔了铝的热传导，增强尼龙隔条的材质和质量，直接影响到隔热断桥铝合金窗的耐久性。

（7）防水卷材应用

地下室及屋面均采用双层 3+3 高聚物改性沥青 SBS（苯乙烯-丁二烯-苯乙烯嵌段共聚物）防水卷材防水，地下室底板防水面积约 39000m²，地下室外墙防水面积约 25000m²，面防水面积约 24500m²，性能要求各不相同，室采用 3mm 厚无碱玻纤胎 Ⅱ 型防水卷材，面采用 3mm 厚无碱玻纤胎 Ⅰ 型防水卷材。

3. 实施绿色施工管理的主要内容

（1）节能方面

① 现场安装总电表，施工区及生活区安装分电表，专人定期抄表；

② 对现场人员进行节电教育；

③ 在保证正常施工及安全的前提下，尽量减少夜间不必要的照明；

④ 办公区使用节能型照明器具，下班前，做到人走灯灭；

⑤ 合理安排现场耗能设备的使用时间，夏季（冬季）控制使用空调，在无人办公或气候适宜的情况下，不开空调；

⑥ 现场照明禁止使用碘钨，生活区严禁使用电炉；

⑦ 优先使用国家、行业推荐的节能、高效、环保的施工设备和机具；

⑧ 施工机械操作人员尽量控制机械操作，定期维护与保养施工机械和电器，合理安排工序，提高各种机械的使用率和满载率，降低各种设备的单位耗能，保证其正常运转，防止因不正常运转而浪费能源。

（2）节地方面

① 进行临时设施建设，减少固定设施的应用，减少占地面积；

② 采用空心砌块、空心隔板等多种低耗材料，减轻工程结构自重的同时，又增加了使用面积，相对于黏土砖可节省大量土地资源；

③ 合理布置平面土地，尽可能减少了废弃地和死角；

④ 施工现场搅拌站、仓库、加工厂、作业棚、材料堆场等布置靠近了环三路和七号路，缩短了运输距离，从而减少运输占地。

（3）节水方面

① 雨水管理。项目开工前，在做现场总平面规划时，已经设计现场雨水管网，并将其与市政雨水管网连接；

② 污水管理。在设计现场污水管网时，确保不得与雨水管网连接。由项目兼职环保管理员通知进入现场的单位和人员，不得将非雨水类污水排入雨水管网；

③ 充分利用地下降水水源用于工程结构混凝土养护、现场清洁等，减少对市政净水的需求；

④ 现场机具、设备、车辆冲洗、喷洒路面、绿化浇灌等用水，优先采用非传统水源，尽量不使用市政自来水；

⑤ 建立中水处理系统，循环利用水资源。

（4）节材方面

① 临时设施充分利用旧料和现场拆迁回收材料，使用装配方便、可循环利用的材料；

② 在施工过程中采用工业化的成品，减少现场作业与废料；

③ 充分利用废弃物，建筑垃圾分类收集、回收和资源化利用；

④ 合理堆放材料，保障适宜储存环境，降低材料的损坏率。

（5）环境保护

① 现场扬尘控制

在扬尘作业高峰时由环境管理员采用 L170208 便携式微电脑粉尘仪监测。现场主干道路和加工场地进行硬化，设专人负责每日洒水和清扫，保持道路清洁湿润，对于现场其他裸露土壤，实施绿化处理。

施工过程中，共进行了 23 次监测，监测结果显示：土方作业区目测扬尘高度小于1.5m；结构施工、安装装饰装修作业区目测扬尘高度小于 0.5m。

② 有害气体检测与管理

现场严禁加热、融化、焚烧有毒有害物质及其他易产生有毒气体的物质。施工过程中，共进行了 23 次监测，监测结果显示：场界四周隔挡高度位置测得的大气总悬浮颗粒物（TSP）月平均浓度与城市背景值的差值不大于 $0.08mg/m^3$，符合国家环境标准要求。

③ 水土污染控制

厕所污水。施工现场设冲水厕所，厕所污水进入化粪池沉淀后，再排入现场污水管网；项目环保管理员负责与当地环卫部门联络，定期对化粪池进行清理。

冲洗污水。在施工现场大门入口内侧处设置洗车池，用钢板焊制洗车池水沟盖板，可以周转使用，同时配备高压冲洗水枪。洗车池和沉淀池构成循环污水处理系统，冲洗车辆的水收集到沉淀池内沉淀，沉淀后的水进行现场洒水降尘等工作。

水质监测。施工期间，每月 15 日邀请当地环保部门来现场，在总排污口区取样进行化验，根据监测报告，确定是否需要采取更为严格的防控措施。

④ 固体废弃物控制

建筑垃圾。可分为可利用建筑垃圾和不可利用建筑垃圾。按现场平面布置图确定的建筑垃圾存放点分类集中封闭堆放，稀料类垃圾采用桶类容器存放，并及时清运出场，高空垃圾采用移动式密封垃圾桶存放，严禁将有毒有害物质用于回填。

生活垃圾。办公区、食堂的生活垃圾实行袋装，专人集中运送至垃圾房，并及时组织外运。

办公垃圾。按可回收、有毒有害等分类存放，严禁任意丢弃，并由安全环境部负责同环卫部门、焚烧处置单位等联系处理。

（6）管理措施

① 成立以项目经理为首的绿色施工领导小组，以生产经理、安全总监为副组长，成员包括各区段长及专职安全管理人员、各劳务公司项目经理。

② 管理过程中，加强对员工进行绿色施工意识教育和培训学习，使人人做到保护环境、节约用水、用电和用纸；同时，项目部采取聘用方式，将各主要班组长聘为兼职绿色施工监督员，并发放聘书和每月发放岗位津贴，增强了班组长的荣誉感和责任心，充分发挥他们在一线的监督和示范作用，绿色施工管理工作直接深入到班组、个人，从而强化了绿色施工管理。

③ 建立和完善绿色施工管理规章及奖罚制度，使项目文明绿色施工管理做到有章可循。

④ 实行分区包干、责任到人、明确管理责任。国美商都 A 区工程由于规模大（约 40 万 m²）、区段多、作业队伍多，管理难度相对较大，为了细化管理，明确责任，采取分区包干、分工到人的方式，自实行片区责任制以来，各区段负责安全和绿色施工的管理人员责任心加强了、责任制落实了、检查也很到位，更便于管理。

⑤ 加强执行力度，坚决纠正现场各种违章、违规行为。加强对现场安全和绿色施工巡检，对巡检中发现的违章行为、现象立即纠正、及时取证、责令改正，并做好记录或进行曝光。对整改不及时、违章不改正、屡教不改者，按规定采取严格的处罚措施。

⑥ 坚持绿色施工周检、月检制度，注重绿色施工的制度化、规范化。绿色施工领导小组每月召开一次绿色施工会议，总结上个月绿色施工的实施情况，研究部署下个月的绿色施工，同时由安全环境部牵头，每周组织一次各分包队伍项目经理和专职安全员进行绿色施工的检查评比，对前 3 名进行奖励，对存在严重问题的单位罚款，从机制上确保绿色施工的有效推行。

4. 人员安全和健康管理

（1）施工过程安全控制措施

① 建立健全以项目经理为安全生产第一责任人的各级安全生产责任制。并签订安全

生产协议书、安全生产责任状，健全安全保障保证体系，成立安全领导小组。做到责任明确，落实到人。

② 以"安全第一、预防为主"的安全方针，教育广大职工真正认识安全生产的重要性，自觉遵守各项安全生产法令和规章制度。

③ 施工前分别对施工机械的使用，对分部（子分部）、分项工程的施工进行安全技术交底，并严格履行签字手续。

④ 制定脚手架搭设方案，并按方案和规范要求进行搭设。施工过程中勤检查，确保安全施工。

⑤ 做好安全帽、安全带、安全网"三宝"的佩戴及楼梯口、电梯井口、通道口和预留洞口"四口"的防护。

⑥ 施工用电，采用三相五线制、电源、配电箱、分级分段保护，各种动力机具做到一机一闸、一箱一漏电保护，并做好接地保护，施工现场动力与照明分开，潮湿部位采用低压 36V，配电箱采用与外界隔离保护。

⑦ 塔吊施工安排专人指挥，起重指挥做到持证上岗，并配合密切，严格执行"十不吊"确保运转正常。

⑧ 针对不同的施工机具定制机械操作规程牌，挂在设备的明显位置，对钢筋机械、木工机械、电焊机等传动部位安装防护罩，做好接地接零，并做好防雨措施。施工电梯设置上限位器、下限位器、防坠限位器、防护门限位器及超载限位器，楼层每层设置防护门，采用钢丝网片制作。

（2）卫生防疫

① 将工地卫生状况纳入工地管理进行考核，建立卫生管理制度，设立卫生管理专职人员进行监督，办公区域空地种植花草绿化。

② 职工宿舍、门前张挂宿舍卫生值日制度，每人一床，每日安排人员进行内务整理及打扫卫生，禁止在宿舍内烧煮及乱拉乱接电源线。

③ 工地厨房的管理执行《食品卫生法》，生熟食品分开，炊事人员持健康证、卫生意识培训证上岗，夏季用窗纱搭建工人食堂区，确保卫生安全。

④ 工人生活区设置职工浴室，同时厕所设施按高峰期的人数设置，派专人每天清扫。

⑤ 生活垃圾采用容器盛装，严禁四处抛散。

⑥ 办公区和生产加工区临设分开搭设 管理人员及职工宿舍、办公室均用彩钢板房，地面铺设地板砖，天棚吊顶，办公室、职工宿舍装设空调。

⑦ 工地四周彩钢板围墙，并种有花草绿化，项目西侧布置九牌一图及宣传栏、曝光栏。

⑧ 施工场地、道路及办公区采用混凝土硬化地坪，并有良好的排水系统。

⑨ 材料分类、分规格堆放整齐，并做好标识。

问题：

（1）根据绿色施工管理的评价条文，对本项目施工管理进行评价。

（2）简要阐述该案例实施绿色施工管理的基本思路。

要点分析：

（1）以施工管理评价标准为基础，分控制项和评分项进行分析，具体从环境保护、资源节约（即节材与材料资源利用、节水与水资源利用、节能与能源利用、节地与施工用地保护）、过程管理三个方面进行，评价见表4-1。

施工管理评价表

表 4-1

名称	类别	标准条文	是否参评	满足（不满足）或评分（加分）分值
施工管理	控制项	9.1.1 应建立绿色建筑项目施工管理体系和组织机构，并落实各级责任人	是	满足
		9.1.2 施工项目部应制定施工全过程的环境保护计划，并组织实施	是	满足
	评分项	9.1.3 施工项目部应制定施工人员职业健康安全管理计划，并组织实施	是	满足
		9.1.4 施工前应进行设计文件中绿色建筑重点内容的专项会审	是	满足
		9.2.1 采取洒水、覆盖、遮挡等有效的降尘措施，评价分值为6分	是	6
		9.2.2 采取有效的降噪措施。在施工场界测量并记录噪声，满足现行国家标准《建筑施工场界环境噪声排放标准》GB12523的规定，评价分值6分	是	6
		9.2.3 制定并实施施工废弃物减量化、资源化计划，评价总分值为10分，并按下列规则分别评分并累计 1 制定施工废弃物减量化、资源化计划，得3分 2 可回收施工废弃物的回收率不小于80%，得3分 3 根据每1000m² 建筑面积的施工固体废弃物排放量，按下列规则评分，最高得4分：①不大于400t但大于350t，得1分；②不大于350t但大于300t，得3分；③不大于300t，得4分	是	6
		9.2.4 制定并实施施工节能和用能方案，监测并记录施工能耗，评价总分值8分，按下列规则分别评分并累计：①制定并实施施工节能和用能方案，得1分；②监测并记录施工区、生活区的能耗，得3分；③监测并记录主要建筑材料、设备从供货商提供的货源地到施工现场运输的能耗，得3分；④监测并记录建筑施工废弃物从施工现场到废弃物处理/回收中心运输的能耗，得1分	是	7
		9.2.5 制定并实施施工节水和用水方案，监测并记录施工水耗，评价总分值8分，按下列规则分别评分并累计：①制定并实施施工节水和用水方案，得2分；②监测并记录施工区、生活区的水耗数据，得4分；③监测并记录基坑降水的抽取量、排放量和利用量数据，得2分	是	8
		9.2.6 减少预拌混凝土的损耗，评价总分值为6分，规则如下 ① 损耗率不大于1.5%但大于1.0%，得3分 ② 损耗率不大于1.0%，得6分	是	3

名称	类别	标准条文	是否参评	满足（不满足）或评分（加分）分值
施工管理	评分项	9.2.7 采取措施降低钢筋损耗，评价总分值为 8 分，并按下列规则评分 ① 80%以上的钢筋采用专业化生产的成型钢筋，得 8 分 ② 根据现场加工钢筋损耗率，按下列规则评分，最高得 8 分：a. 不大于 4.0%但大于 3.0%，得 4 分；b. 不大于 3.0%但大于 1.5%，得 6 分；c. 不大于 1.5%，得 8 分	是	6
		9.2.8 使用工具式定型模板，增加模板周转次数，评价总分值为 10 分，根据工具式定型模板使用面积占模板工程总面积的比例评分，规则如下：①使用面积占模板工程总面积的比例不小于 50%但小于 70%，得 6 分；②不小于 70%但小于 85%，得 8 分；③不小于 85%，得 10 分	是	6
		9.2.9 实施设计文件中绿色建筑重点内容，评价总分值为 4 分，并按下列规则分别评分并累计：①进行绿色建筑重点内容的专项会审，得 2 分；②施工过程中以施工日志记录绿色建筑重点内容的实施情况，得 2 分	是	4
		9.2.10 严格控制设计文件变更，避免出现降低建筑绿色性能的重大变更，评价分值为 4 分	是	4
		9.2.11 施工过程中采取相关措施保证建筑的耐久性，评价总分值为 8 分，并按下列规则分别评分并累计 ①对保证建筑结构耐久性的技术措施进行相应检测并记录，得 3 分 ②对有节能、环保要求的设备进行相应检验并记录，得 3 分 ③对有节能、环保要求的装修装饰材料进行相应检测并记录，得 2 分	是	6
		9.2.12 实现土建装修一体化施工，评价总分值为 14 分，并按下列规则分别评分并累计 ① 工程竣工时主要功能空间的使用功能完备，装修到位，得 3 分 ② 提供装修材料检测报告、机电设备检测报告、性能复试报告，得 4 分 ③ 提供建筑竣工验收证明、建筑质量保修书、使用说明书，得 4 分 ④ 提供业主反馈意见书，得 3 分	是	11
		9.2.13 工程竣工验收前，由建设单位组织有关责任单位，进行机电系统的综合调试和联合试运转，结果符合设计要求，评价总分值为 8 分	是	8
	加分项	11.2.12 采取节约能源资源、保护生态环境、保障安全健康的其他创新，并有明显效益，评价总分值为 2 分。采取一项，得 1 分；采取两项及以上，得 2 分		

施工管理评价总得分也可按表 4-2 施工管理评价得分表记录汇总。

施工管理评价得分表 表 4-2

工程项目名称						
申请评价方						
评价阶段		□运行阶段		建筑类型	□居住建筑 □公共建筑	
控制项	评定项	9.1.1	9.1.2	9.1.3	9.1.4	
	评定结果	□ 满足	□ 满足	□ 满足	□ 满足	
评分项（评价指标及得分）	Ⅰ 环境保护	9.2.1	9.2.2	9.2.3		
	适用得分					
	Ⅱ 资源节约	9.2.4	9.2.5	9.2.6	9.2.7	9.2.8
	适用得分					
	Ⅲ 过程管理	9.2.9	9.2.10	9.2.11	9.2.12	9.2.13
	适用得分					
	小计得分		权重 ω_i		实际得分	
施工管理评价总得分 ΣQ_4						
评价结果说明						
评价机构				评价时间		

（2）实施管理需要从目标控制和施工现场管理两方面进行。

①目标控制。在施工准备阶段，应做好开工前的准备工作，为工程的顺利开工奠定基础。比如，搞好驻地建设，落实项目部施工班组的驻地及水电供应等措施。在施工阶段，必须按照设计要求、合同条款、施工规范及上级文件进行，确保工程的顺利进行。在竣工验收阶段，要组织有关人员对竣工工程进行复查，发现问题及时设专人解决，切实控制目标实现。

② 施工现场管理。首先，要制定工程的管理计划，明确各级管理人员的绿色施工管理责任，明确各级管理人员相互间、现场与外界（项目业主、设计、政府等）间的沟通交流渠道与方式。然后，制定针对 A 区的专项管理措施，加强一线管理人员和操作人员的培训。最后，保障制定的各项指标和措施能够实现和实施，对绿色施工控制要点要确保贯彻实施，对现场管理过程中发现的问题进行及时详细的记录，分析未能达标的原因，提出改正及预防措施并予以执行，逐步实现绿色施工管理目标。

【案例 4.2】某飞机场编制绿色施工方案的分析

背景：

1. 项目概况

某机场是国家"十一五"期间重点建设工程，省级特大型城市基础设施建设工程，项目定位为"大型枢纽机场和辐射东南亚、南亚，连接欧亚的门户机场"。新机场总体规划年旅客量为6500万人次，年货吞吐量230万 t，分两期建设。其中，一期工程年旅客规模3800万人次，年货吞吐量95万吨，预计在2011年底建成并投入使用，建成后将成为我国第四大门户枢纽机场。新机场航站楼总建筑面积73万 m^2，东西长1134m，南北宽855m。地下3层、地上3层，南侧屋脊顶点（最高点）标高为72.91m。

2. 绿色建筑技术的设计应用

（1）合理选址

新机场最初选址对环境生态将产生巨大的压力，有悖于对滇池保护的总体设想，最后确定将场址选在大板桥附近的浑水塘。该场地距离市区约30km，跑道两端净空条件好，能实现双跑道飞行。该场址以剥蚀丘陵地貌为主，高差约70m，很少有农田和树木，经济状况较差，虽比原方案增加投资约30亿元，但机场建成后会大大改善周边环境，带动周边的经济发展。

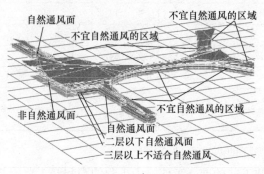

图4-2 新机场自然通风示意图

（2）节能设计

① 通风环境良好。航站楼自然通风部位主要考虑是否位于噪声的阴影区，对于陆侧部位，由于飞机滑行噪声及尾气对其影响较小，因此，选择了此面利用自然通风，如图4-2所示。部分区域可以在4～11月份关闭空调，完全采用自然通风即可满足室内舒适度要求，可节约大量的空调运行费用。对于不适合完全自然通风的空侧公共空间，采取半机械式有组织通风，降低日常运营耗能，达到节能降耗的目的，如图4-3所示。

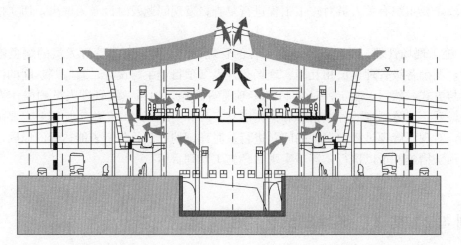

图4-3 半机械式有组织通风示意图

② 自然采光。航站楼公共空间采用大面积的玻璃幕墙和天窗，最大程度地利用了自然光线，减少人工照明开启时间。

③ 围护结构节能。立面幕墙系统选择Low-E镀膜中空玻璃。天窗系统采用透光率

50％的铀面玻璃。在航站楼外围护系统设计中，针对阳光入射角采取了建筑屋面挑檐遮阳和设置幕墙外遮阳板两项措施。

④ 设置绿色景观，减少热岛效应，美化周边环境。在交通中心的屋面设置景观绿化，在航站楼前设置大面积水面，并尽量减少所有建筑的占地面积。使用有植被的建筑表面提供遮阳，以减少热的吸收，避免热岛效应。绿色植被的存在也美化了周边环境，提高机场的舒适度。

⑤ 环保、节约、零排放。新机场的建设率先在全国实践"绿色机场"概念，围绕节约能源、节约资源、减少废弃物排放理念，启动"建设绿色新机场研究"等一批专题科研项目，力求实现垃圾无害化处理、污水零排放、草表土零排放、航空器节能减排等目标。新机场项目建成后，可节能 20％、节水 10％、污水完全回收利用，达到零排放，中水利用 30％，机场固体废弃物 100％处理。

3. 绿色建筑技术在新机场的应用

（1）混凝土配合比优化

该工程 A1 合同段采用 C40、C50 混凝土总用量达 45 万 m³，项目部与设计、搅拌站及各单位共同研究、协商，决定采用粉煤灰、矿渣粉复合双掺技术，并将粉煤灰、矿渣粉的掺量增至胶凝材料总量的 35％，粗骨料用量增至 1080kg/m³ 左右，并与搅拌站一起进行了效果验证。

① 优化前。考查搅拌站时发现，搅拌站使用的配合比水泥用量偏高，粉煤灰等掺合料用量仅为水泥用量的 15％，粗骨料用量偏少，不足 1010kg/m³。

② 优化后。与原配合比相比，平均降低水泥用量 60kg/m³，总计可节约水泥达 2.7 万吨。

（2）模板方案对比优化

该工程结构混凝土量巨大，清水混凝土多，异型构件多，高支模量大，工期紧，承重模板来不及周转，模板投入量非常大。经反复方案对比和经济性测算，最后确定圆柱模板采用定型钢模板，按两个施工段配置周转使用。

清水混凝土墙体模板原计划采用大钢模体系，考虑到施工周期短，难以有效周转，投入大，成本高，且大钢模一旦变形难以校正，优化后改为腹膜胶合板面板、方木槽钢龙骨体系的组合大模板。

梁板模板采用胶合板面板、次龙骨采用方木、主龙骨采用脚手架钢管。几项措施实施后，节约木材 3800m³ 多。

（3）HRB500 级钢筋应用攻关

该机场是国内大量采用 HRB500 级钢筋的第一个工程，但其钢筋直螺纹接头尚无成熟的产品和经验。项目部与某研究所合作，从套筒材料选用到加工制造和钢筋套丝工艺，都经过反复试验，各种规格 HRB500 钢筋的剥肋直螺纹连接接头，均通过了型式检验。

（4）其他绿色施工技术的应用和效果

① 本工程还应用了混凝土养护节水技术；短钢筋头再利用技术；每次浇筑剩余少量混凝土的利用等节材技术；土石方挖填平衡施工技术；后浇带浇筑技术；雨季施工措施；利用太阳能供应热水等节电措施；生活节水措施；就地取材的采购措施，经济和社会效益显著。据统计，该工程 500km 以内采购材料占已用材料的 92.2％，大大超过了《绿色施

工导则》中70%的要求；用水量1.93t/万元产值，用电量18kW·h/万元产值，远低于《绿色施工评价标准》中规定的用水量10t/万元产值，用电量100kW·h/万元产值的标准。

② 工程绿色施工措施。在人员健康方面，把生活区和施工作业区分开布置，生活区设有医务室，同时，制定疾病预防、治疗措施和消暑、保暖措施。在污水排放方面，由于昆明气候干燥，且现场周边无市政排水管道，因此建立积水坑，生活污水经过管道排放到积水坑中，自然蒸发，定期清理积水坑中残留物。

问题：

（1）在全面绿色施工管理中，你认为学习相关标准法规、建立施工管理体系、管理目标的考核和评价、编制绿色施工方案分别属于哪项管理？

（2）如果你任职该项目技术负责人，你将从哪几方面进行绿色施工方案的编制？

要点分析：

1. 关于施工管理制度

（1）学习相关标准法规是加强宣传教育的措施，为组织管理；

（2）建立施工管理体系是绿色施工的基础，为组织管理；

（3）管理目标的考核和评价属于评价管理；

（4）编制绿色施工方案是在实施管理前的工作，是规划管理。

2. 关于绿色施工方案编制

（1）建立绿色施工管理体系，进行组织管理。

按照发布的《绿色施工管理标准》，建立了以项目经理为第一责任人的绿色施工管理体系。

① 组织机构设置。在这里特别设置了绿色施工管理员，履行监督、检查、考核、评比的职责，并动员项目全员参与到绿色施工中去。

② 绿色施工实施标准。依据发布实施的3个绿色施工标准作为实施标准，包括《绿色施工评价标准》、《绿色施工管理标准》和《绿色施工管理标准实施手册》。

③ 明确管理目标。按照《绿色施工评价标准》中的118项指标，针对本工程的具体情况，筛选出98项作为本工程的控制指标，并逐项制订出明确的管理目标。

④ 绿色施工管理目标考核和评价。项目绿色施工管理目标的考核每月进行一次，由生产副经理、绿色施工管理员、资料员组成考核小组，按目标分解和职责分工进行考核，作好考核记录，偏离管理目标较大的指标，由责任人写出原因分析报告和改进措施，一并存档，作为下次考核的依据之一。

项目绿色施工管理评价，原则上一季度进行一次（项目经理根据每月考核情况，认为有必要时可随时进行）。由项目经理组织各管理人员参加，主要针对以往月份的考核结果进行分析讲评，同时做出相应的奖励或处罚。并就整个项目绿色施工管理目标实现情况，针对当时的施工状况，充分讨论、集思广益，制定出切实可行的改进措施，见表4-3。

（2）应以机场各方面的具体数值，明确项目所要达到的绿色施工具体目标，比如材料节约率及消耗量、资源节约量、施工现场环境保护控制水平等。

（3）根据机场施工的总体方案，提出建设各阶段绿色施工控制要点。

（4）编制绿色施工技术方案，进行规划管理。

在充分学习和理解图纸的基础上，在编制施工组织设计和专项施工方案的同时，编制绿色施工技术应用方案。

项目绿色施工方案汇总表　　　　　　　　　　　表 4-3

序号	名称	编制时间
1	沉淀池、隔油池、洗车台标准做法	2008-05
2	办公、生活区硬化、绿化方案	2008-05
3	生活垃圾处理方案	2008-05
4	临时设施采购、搭设、拆除标准化方案	2008-09
5	混凝土配合比优化方案	2008-10
6	混凝土养护节水措施	2008-10
7	HRB500 级钢筋应用攻关方案	2008-10
8	短钢筋头再应用方案	2008-10
9	剩余混凝土再应用方案	2008-10
10	模板方案优化及节材措施	2008-11
11	钢结构安装方案优化	2009-2

这些方案的编制和实施，为本工程"四节一环保"绿色施工管理目标的实现，提供了可靠的技术保证和支撑。同时，在这些方案的实施过程中，也大大提高了管理者和操作人员对绿色施工的认知和成就感。例如，有的农民工兄弟讲，"过去让我们节约用料，只以为是为总包省点钱，现在才知道我们也在为国家节能减排、保护地球环境做贡献"。

（5）根据绿色施工控制要点，列出机场施工各阶段绿色施工具体保证实施措施，如节能措施、节水措施、节材措施、节地与施工用地保护措施及环境保护措施等。

（6）列出能够反映绿色施工思想的现场各阶段的绿色施工专项管理手段。比如人员安全与健康的卫生免疫专项管理，地下文物、设施的应急保护等专项管理手段。

（7）绿色施工宣传教育

认真学习建设部发布的《绿色施工导则》和国家节能减排、保护环境等相关法律法规，学习有关绿色施工的标准和文件，并通过宣传栏、标语栏、农民工夜校进行广泛的宣传教育，在管理人员及操作工人中普及绿色施工基本知识。

【案例 4.3】某商业项目实施绿色施工管理环境保护的分析

背景：

1. 项目概况

××市某工程地下 4 层，地上 26 层，基底标高 20.9m，建筑檐高 99.9m，总建筑面

$111495m^2$，为现浇混凝土框架——筒体结构。标准层 4 层以上为预应力空心楼板结构，4 层以下为小跨度井字梁结构。

2. 现场环境保护措施

（1）扬尘污染控制

施工现场主要道路根据用途进行硬化处理，采用 C20 混凝土硬化 10cm 厚。非主要道路采取其他硬化措施（铺砖、铺焦渣、铺碎石等）。裸露的场地采用绿化、铺碎石或固化。

从事土方、渣土和施工垃圾的运输使用密闭式运输车辆，现场出入口处设置冲洗车辆设施，出场时将车辆清理干净，不得将泥沙带出现场。

施工现场易飞扬、细颗粒散体材料，如水泥，应密闭存放。

遇有四级以上大风天气，不得进行土方回填、转运以及其他可能产生扬尘污染的施工。

施工现场办公区和生活区的裸露场地进行绿化、美化。

施工现场材料存放区、加工区及大模板存放场地平整坚实（C20 混凝土地面）。

建筑拆除工程施工时应采取有效的降尘措施。

工程全部使用商品混凝土，对工程剩余的商品混凝土要进行妥善再利用，严禁随意丢弃。

施工现场进行机械剔凿作业时，作业面局部应遮挡、掩盖或采取水淋等降尘措施。

（2）施工现场应建立封闭式垃圾站

建筑物内施工垃圾的清运，必须采用相应容器或管道运输，严禁凌空抛掷。

① 垃圾站要求：施工现场必须设立封闭式垃圾站，分别存放不可回收的建筑垃圾、生活垃圾。若因场地狭小无法搭设封闭垃圾分拣站时，现场可设施工垃圾临时存放处，但垃圾必须袋装且苫盖并及时清运。

垃圾站尺寸：6m×3m×2.5m（长×宽×高）

垃圾站材料：墙采用陶粒空心砖；顶铺水泥瓦或瓦楞铁；门用推拉门、双扇门；地面硬化。

② 办公区、生活区垃圾箱

要求：施工现场可统一购买垃圾桶，也自制垃圾箱。垃圾箱每三个为一组。施工现场办公区设置一组，生活区 200 人以下设置一组，200 人至 500 人设置二组，500 人以上设置三组。在食堂、饮水区、洗碗处放置塑料桶存剩饭菜及液体垃圾。垃圾箱由专人负责管理每天清运。

材料：箱体用木板制作，上盖可活动，用钉有铁皮的三角面板制作，中间转轴用 φ10 钢筋。

颜色：箱体为灰色；箱盖分别为绿色、黄色、红色。绿色为可回收的废物箱；黄色为不可回收的废物箱；红色为有毒有害废物回收箱。

③ 洒水设施

依据现场场地情况适量配置（至少 2 辆）洒水车。

④ 扬尘控制目标

工地沙土 100% 覆盖；

工地路面 100% 硬化；

出工地车辆100％冲洗车轮；

拆迁100％洒水压尘；

暂不开发处100％绿化。

（3）各施工阶段要求

① 土方施工阶段

各单位要与承包土方运输的单位签订环保协议，要求其遵守法律法规及其他要求。

出入施工现场的车辆必须在现场门口处冲洗车轮以防车轮带泥土上路。

基础开挖时土方要及时清运并苦盖，四级风以上不得进行土方作业。现场需存土时，应采取苦盖、喷洒固化剂或种植植物等方法。

② 结构施工阶段

施工现场要制定清扫、洒水制度，配备设备，指定专人负责。

施工垃圾在分拣后要日产日清。

水泥、外加剂、白灰和其他易飞扬细颗粒材料必须入库存放。临时在库外存放时应进行牢固的苦盖。现场存放的松散材料必须加以严密苦盖。运输和装卸细颗粒材料时应轻拿轻放并苦盖严密，防止遗撒、扬尘。

木工加工房内的锯末随时装袋存放防止扬尘，钢筋加工的铁屑及时清理。

回填土施工时，掺拌白灰时禁止抛撒，避免产生扬尘。及时清扫散落在地面上的回填土。

清除建筑物内施工垃圾时必须采用袋装或容器吊运，严禁利用电梯井或从楼内向地面抛撒施工垃圾。

施工现场的材料存放区、大模板存放区等场地必须平整坚实。并作一定的排水坡。

使用商品混凝土、现场搅拌砂浆。

③ 装修阶段

装修工程每道工序完成后要及时清理现场，垃圾装袋清运。工程全部完工清理房间前应洒水后进行清扫。

脚手架在拆除前，必须先将水平网内、脚手板上的垃圾清理干净，避免扬尘。

对抹灰工程、涂料工程的基层处理、打磨工序等采取淋水降尘，饰面板（砖）、轻质隔墙等切割应采取封闭措施，避免造成扬尘。

根据施工面积的大小成立15～20人的洒水小组。

（4）扬尘监测方法

① 测点的确定 沿现场围挡，在围挡内侧每50m设一测点。

② 测量方法 采用目测的方法，测量的次数：每月两次。

③ 扬尘控制限值

土方作业阶段：作业区目测扬尘高度小于1.5m。

结构、安装、装修阶段：作业区目测扬尘高度小于0.5m。

（5）有害气体排放控制

① 施工现场严禁焚烧各类废弃物。

② 施工车辆、机械设备等应定期维护保养，使其保持良好的运行状态。采取有效措施减少车辆尾气中有害物质成分的含量（如：选用清洁燃油、代用燃料或安装尾气净化装

置和高效燃料添加剂）。施工车辆、机械设备的尾气排放应符合国家和市规定的排放标准。

项目要求均使用绿标车，尾气排放均达标。

③ 装饰装修材料应选择经过法定检测单位检测合格的建筑材料，并应按照《民用建筑工程室内环境污染控制规范》、《室内装饰装修材料有害物质限量》的要求，进行有害物质评定检验。

④ 根据民用建筑工程室内装修严禁采用沥青、煤焦油类防腐、防潮处理剂。

（6）水土污染控制

① 施工现场搅拌机前台、混凝土输送泵及运输车辆清洗处应当设置沉淀池。废水不得直接排入市政污水管网。可经三次沉淀后循环使用或用于洒水降尘。

② 施工现场存放的油料和化学溶剂等物品应设有专门的库房，地面应做防渗漏处理。废弃的油料和化学溶剂应集中处理，不得随意倾倒。

③ 食堂应设隔油池，池上设盖板。盖板要方便开启，便于隔油池的清掏。

④ 施工现场设置的临时厕所化粪池应做抗渗处理。

⑤ 食堂、盥洗室、淋浴间的下水管线应设置过滤网，并应与市政污水管线连接，保证排水畅通。

（7）噪声污染控制

一般噪声源：

土方阶段：挖掘机、装载机、推土机、运输车辆、破碎钻等。

结构阶段：地泵、汽车泵、振捣器、混凝土罐车、空压机、支拆模板与修理、支拆脚手架、钢筋加工、电刨、电锯、人为喊叫、哨工吹哨、搅拌机、钢结构工程安装、水电加工等。

装修阶段：拆除脚手架、石材切割机、砂浆搅拌机、空压机、电锯、电刨、电钻、磨光机等。

施工时间应安排在6：00～22：00进行，因生产工艺上要求必须连续施工或特殊需要夜间施工的，必须在施工前到工程所在地的区、县建设行政主管部门提出申请经批准后，并在环保部门备案后方可施工。项目部要协助建设单位做好周边居民工作。

施工场地的强噪声设备宜设置在远离居民区的一侧。尽量选用环保型低噪声振捣器，振捣器使用完毕后及时清理与保养。振捣混凝土时禁止接触模板与钢筋，并做到快插慢拔，应配备相应人员控制电源线的开关，防止振捣器空转。

人为噪声的控制措施：

① 提倡文明施工，加强人为噪声的管理，进行进场培训，减少人为的大声喧哗，增强全体施工生产人员防噪扰民的自觉意识。

② 合理安排施工生产时间，使产生噪声大的工序尽量在白天进行。

③ 清理维修模板时禁止猛烈敲打。

④ 脚手架支拆、搬运、修理等必须轻拿轻放，上下左右有人传递，减少人为噪声。

⑤ 夜间施工时尽量采用隔音布、低噪声振捣棒等方法最大限度减少施工噪声；材料运输车辆进入现场严禁鸣笛，装卸材料必须轻拿轻放。

⑥ 每年高考、中考期间，严格控制施工时间，不得夜间施工。

⑦ 减少施工噪声影响，应从噪声传播途径、噪声源入手，减轻噪声对施工现场地外

的影响。切断施工噪声的传播途径，可以对施工现场采取遮挡、封闭、绿化等吸声、隔声措施，从噪声源减少噪声。对机械设备采取必要的消声、隔振和减振措施，同时做好机械设备日常维护工作。施工现场场界噪声应符合下表 4-4 规定。

施工现场场界噪声限值　　　　　　　　　　表 4-4

施工阶段	主要噪声源	噪声限值（dB）	
		昼间	夜间
土石方	推土机、挖掘机、装载机等	75	55
打桩	各种打桩机等	85	禁止施工
结构	混凝土搅拌机、振捣棒、电锯等	70	55
装修	吊车、升降机等	65	55

注：6：00～22：00 为昼间、22：00～次日 6：00 为夜间。

⑧ 固定混凝土泵房做法。

要求：混凝土泵必须封闭，前台必须设置沉淀池。

尺寸：按使用机械型号大小确定（确定时应考虑机工操作及检修空间）。

材料：墙：采用陶粒空心砖、页岩砖等，禁止使用模板、瓦楞铁等；顶：铺脚手板、做防水、铺水泥瓦或瓦楞铁等；地面：硬化。

⑨ 流动混凝土泵必须用隔音布等材料进行临时封闭。

⑩ 强噪声机械设备用房

要求：施工现场凡产生强噪声的机械设备（电锯、大型空压机）必须封闭使用。电锯房门窗要做降噪封闭。

尺寸：按现场实际使用情况确定。

材料：墙：采用陶粒空心砖、页岩砖等，禁止使用模板、瓦楞铁等；顶：铺脚手板、做防水、铺水泥瓦或瓦楞铁；门：推拉门、双扇门；地面：硬化。

⑪ 噪声监测方法。

测点的确定

主要以离现场边界最近对其影响最大的敏感区域为主要测点方位，并应在测量记录表中画出测点示意图。当噪声敏感区离现场边界的距离在 50m 之内时，应沿现场边界每 50m 为一测点，当距离在 50～100m 时，应沿现场边界每 70m 为一测点，大于 100m 时将现场边界线离敏感区最近点设为测点。

测量条件

测量仪器：普通声级计或等效声级计。气象条件：应选在无风、无雨的气候时进行。当风力为 3 级，测量时要加防风罩，风力为 5 级时，停止测量。测量时间：8：00～12：00；14：00～18：00；夜间施工：22：00～6：00，以产生噪声大的生产工序为主。机械噪声、混凝土振捣、模板的支拆与清理等。

测量方法

测量时仪器应距地面 1.2m，距围墙 1m。设置在慢档。每一测点读 200 个数据，用《噪声计算》软件计算后得出等效声级数值。测量的次数：每月两次。声级计使用要求公司所属项目部应配备声级计，并由专人保管使用。声级计为强检器具，必须进行周期检测，检测报告由计量员留存。

（8）光污染的控制

夜间施工，要合理布置现场照明，应合理调整灯光照射方向，照明灯必须有定型灯罩，能有效控制灯光方向和范围，并尽量选用节能型灯具。在保证施工现场施工作业面有足够光照的条件下，减少对周围居民生活的干扰。在高处进行电焊作业时应采取遮挡措施，避免电弧光外泄。

（9）施工固体废弃物控制

① 危险固体废弃物

施工现场危险固体废弃物（包括废化工材料及其包装物、电焊条、废玻璃丝布、废铝箔纸、聚氨酯夹芯板废料、工业棉布、油手套、含油棉纱棉布、油漆刷、废沥青路面、废旧测温计等）；试验室用废液瓶、化学试件废料；清洗工具废渣、机械维修保养液废渣；办公区废复写纸、复印机废墨盒、打印机废墨盒、废硒鼓、废色带、废电池、废磁盘、废计算机、废日光灯管、废涂改液等，危险固体废弃物分类收集，封闭存放，积攒一定数量后由各单位委托当地有资质的环卫部门统一处理并留存委托书。

② 一般固体废弃物

可回收固体废物，如办公垃圾（废报纸、废纸张、废包装箱、木箱）和建筑垃圾（废金属、包装箱、空材料桶、碎玻璃、钢筋头、焊条头）。分类收集，并交给废品回收单位。如能重复使用的尽量重复使用（如双面使用废旧纸张、钢筋头再利用等）。对钻头、刀片、焊条头等一些五金工具应实现以旧换新，同时保留回收记录。

不可回收固体废物，如施工垃圾（瓦砾、混凝土、砼试块、废石膏制品、沉淀物）和生活垃圾（食物加工废料）。固体废弃物应分类堆放，并有明显的标识（如有毒有害、可回收、不可回收等）。加强建筑垃圾的回收利用，对于碎石、土方类建筑垃圾可采用地基填埋、铺路等方式提高再利用率。施工垃圾按指定地点堆放，不得露天存放。应及时收集、清理，采用袋装、灰斗或其他容器集中后进行运输，严禁从建筑物上向地面直接抛撒垃圾。生活垃圾应及时清理。垃圾清运过程中，易产生扬尘的垃圾，应先适量洒水后再清运。

对油漆、稀料、胶、脱模剂、油等包装物可由厂家回收的尽量由厂家收回。对打印机墨盒、复印机墨盒、硒鼓、色带、电池、涂改液等办公用品应实现以旧换新，以便于废弃物的回收，并尽可能由厂家回收处。应建立保持回收处置记录。

固体废弃物清运单位必须有准运证，并让其提供废弃物收购、接纳单位资质证明和经营许可证，与其签订《固体废弃物清运协议》。复印准运证、资质证明、经营许可证与《固体废弃物消纳登记表》一并存档。

（10）地下设施、文物和资源保护

① 施工前应调查清楚地下各种设施，做好保护计划，保证施工场地周边的各类管道、管线、建筑物、构筑物的安全运行。

② 施工过程中一旦发现文物，立即停止施工，保护现场并通报文物部门并协助做好工作。

③ 避让、保护施工场区及周边的古树名木。

问题：

试根据上述背景材料，分析该项目施工管理中环境保护得分。

分析要点：

项目绿色建筑施工管理中环境保护评分项如下：

（1）施工扬尘是最主要的大气污染源之一。施工中应采取降尘措施，降低大气总悬浮颗粒物浓度。施工中的降尘措施包括对易飞扬物质的洒水、覆盖、遮挡，对出入车辆的清洗、封闭，对易产生扬尘施工工艺的降尘措施等。在工地建筑结构脚手架外侧设置密目防尘网或防尘布，具有很好的扬尘控制效果。对照《绿色建筑评价标准》第 9.2.1 条：采取洒水、覆盖、遮挡等有效的降尘措施，评价得分值应为 6 分。

（2）施工产生的噪声是影响周边居民生活的主要因素之一，也是居民投诉的主要对象。国家标准《建筑施工场界环境噪声排放标准》GB 12523—2011 对噪声的测量、限值做出了具体的规定，是施工噪声排放管理的依据。为了减低施工噪声排放，应该采取降低噪声和噪声传播的有效措施，包括采用低噪声设备，运用吸声、消声、隔声、隔振等降噪措施，降低施工机械噪声。对照《绿色建筑评价标准》第 9.2.2 条：采取有效的降噪措施，在施工场界测量并记录噪声，满足现行国家标准《建筑施工场界环境噪声排放标准》GB12523 的规定，评价得分值应 6 分。

（3）建筑施工废弃物包括工程施工产生的各类施工废料，有的可回收，有的不可回收，不包括基坑开挖的渣土。对照《绿色建筑评价标准》第 9.2.3 条：制定并实施施工废弃物减量化、资源化计划，评价总分值可达到 10 分，并按下列规则分别评分并累计。

① 制定施工废弃物减量化、资源化计划，得 3 分；

② 可回收施工废弃物的回收率不小于 80%，得 3 分；

③ 根据每 1000m² 建筑面积的施工固体废弃物排放量，按下列规则评分，最高得 4 分：

a. 不大于 400t 但大于 350t，得 1 分；

b. 不大于 350t 但大于 300t，得 3 分；

c. 不大于 300t，得 4 分。

【案例 4.4】某商业广场项目实施绿色施工管理资源节约的分析

背景：

1. 项目概况

本工程商业广场由 6 幢建筑物和整体地下室组成，建筑物层数为 1～14 层，最大高度约 60m；地下室北侧为两层地下车库，南侧为一层地下超市。建筑物拟采用框剪结构 基础形式为筏形基础。用地面积 106 320.5m²，本基坑开挖面积为 27 223m²。该项目地上建筑 89 135m²，地下建筑 55 221m²，共计 144 356.03m²，工程投资约 24 500 万元。工程开工日期为 2013 年 5 月，计划竣工日期为 2015 年 2 月，合同工期为 640 天，工程建设周期历时约 2 年。质量目标为确保南京市优质结构工程"金陵杯"同时满足绿色施工的相关要求。环境及文明施工目标为确保达到南京市文明工地，无重大环境事故/事件，减少施工噪音与粉尘，施工场界噪音满足 GB12523－2011 标准，固体废弃物 100％合法处置，废水处理满足法律法规要求。

2. 绿色施工管理体系

项目经理为绿色施工第一责任人，负责绿色施工的组织实施及目标实现，并指定绿色施工管理人员和监督人员，在施工过程中实时监控，做好绿色施工。

绿色施工总体框架由施工管理、环境保护、节材与材料资源利用、节水与水资源利用、节能与能源利用、节地与施工用地保护六个方面组成，见图 4-4。这六个方面涵盖了绿色施工的基本指标，同时包含了施工策划、材料采购、现场施工、工程验收等各阶段的指标的子集。

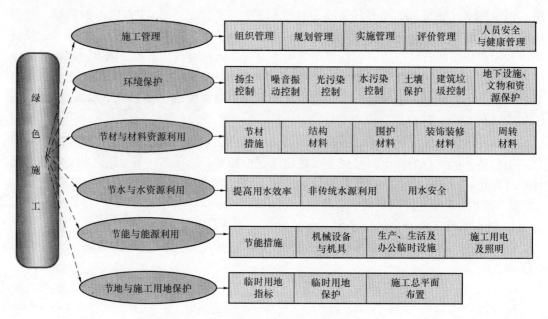

图 4-4　绿色施工总体框架

（1）绿色施工管理措施

① 建立绿色施工管理体系，并制定相应的管理制度及目标。

② 项目经理为绿色施工第一责任人，负责绿色施工的组织实施及目标实现。并指定绿色施工管理人员和监督人员。

③ 定期组织绿色施工教育培训，增强施工人员绿色施工意识；定期对施工现场绿色施工实施情况进行检查，做好检查记录。项目部由劳资部门组织对进入施工现场的所有自有员工、工程承包单位的领导及所有施工人员进行绿色施工知识及有关规定、标准、文件和其他要求的培训并进行考核，特别注重对环境影响大（如产生强噪声、产生扬尘、产生污水、固体废弃物等）的岗位操作人员的培训，以保证这些操作人员具有相应的环保意识和工作能力。

④ 在施工现场的办公区和生活区应设置明显的有节水、节能、节约材料等具体内容

的警示标识，并按规定设置安全警示标志。

⑤ 分包单位应服从总包单位的绿色施工管理，并对所承包工程的绿色施工负责。总包与进入施工现场的各工程承包方签订《环境、职业健康安全保护责任书》。

⑥ 管理人员及施工人员除按绿色规程组织和进行绿色施工外，还应遵守相应的法律、法规、规范、标准、市和集团的相关文件等。

（2）明确各职能部门系统的责任并落实执行

《绿色施工管理规程》对施工过程的"四节一环保"和"职业健康与安全"提出了新的要求，涉及技术、材料、能源、机械、行政、后勤、安全、环保以及劳务各个职能系统的工作。因此职能部门或岗位要明确各自在绿色施工工作中的职责，建立以项目经理为首的绿色施工管理小组，项目经理对施工现场的绿色施工全面负责，副组长牵头组织各职能部门落实规范中的各项具体要求，从组织体系上保证了施工现场能按照要求作为样板工地第一批达标。

（3）策划与实施阶段

项目部在项目开工前完成本单位创建绿色施工工程的工作策划工作，形成书面工作方案。将《绿色施工管理规程》逐条与施工现场对照，查找不足，落实整改，需要在施工现场全面落实《绿色施工管理规程》的要求，实现全面绿色施工的目标，详见表 4-5～表4-11。

"四节"目标 表 4-5

节材与材料资源利用	钢筋损耗控制在 2.0% 以内，模板、砖砌体等材料损耗控制在 5% 以内；钢筋废料、模板废料利用率达到 85%。工程材料运距在 500km 以内达到 90%
节水与水资源利用	现场用水进行全面合理规划，主要用水区域进行计量控制；对现场、生活办公区雨水进行回收利用。节水器具配置率达到 100%
节能与能源利用	现场、办公、生活区所有照明使用节能型冷光型灯具；现场机械设备定期进行维修保养，保持机械设备高效状态
节地与土地资源保护	现场办公区、生活用房采用双层活动板房，办公区布置绿化；工人宿舍栋与栋间设置绿化带，临时便道硬化宽度控制在 5m 以内

施工噪音污染 表 4-6

施工阶段	主要噪声源	管理目标	噪声限值（dB）	
			昼间	夜间
基坑支护阶段	围护施工、运输车辆、混凝土浇捣、钢筋加工、混凝土运输车	确保达标排放	≤70	≤55
土方开挖阶段	挖掘机、运土车辆	确保达标排放	≤70	≤55

水 污 染 表 4-7

污染源	管理目标	管理指标	
施工污水	不排放未经处理的污水；污水达标排放	沉淀池	污水排放前 100% 经沉淀池沉淀处理
生活污水		隔油池	食堂污水排放 100% 经隔油池
厕所污水		化粪池	现场水冲厕所 100% 设化粪池

固体废弃物 表4-8

污染源		目标	指标
有毒有害	废旧电池、打印机墨盒、复印机墨盒、日光灯管	统一回收	回收率100%
可回收无毒无害	纸类：办公用纸、复印纸、信封信纸、报刊广告纸、包装纸、纸箱盒 塑料类：塑料袋、包装泡沫、塑料布、塑料包装、塑料办公用品、保鲜膜 瓶罐类：酒瓶、易拉罐、玻璃瓶、塑料瓶	分类管理，统一处理	分类率100% 合法处置率100%
不可回收无毒害	生活垃圾，包括纸巾、厕纸、复写纸、蜡纸、食堂垃圾	分类管理，集中弃置	合法弃置率100%
有毒有害	化学稀料、废油漆、油漆桶、聚苯板、涂料、防水卷材边角余料	统一回收处理	
可回收无毒无害	木材、各种钢材及有色金属的边角余料、材料包装品（盒、纸、桶、箱、袋）、废旧密目网、废旧橡胶制品	分类管理，合理处置	合法弃置率100%

光污染 表4-9

污染源	目标	指标
夜间探照灯照明	不影响周边居民夜间休息 光污染投诉为零	措施到位率100%

施工扬尘污染 表4-10

目标	指标
减少现场粉尘排放，符合项目所在地各阶段控制大气污染措施中关于建筑工地扬尘达标的要求	施工现场道路硬化率100% 水泥等易飞扬松散材料入库率100%

道路遗撒 表4-11

污染源	目标	指标
土方运输		
松散物资运输	杜绝遗撒	运输覆盖率100%
垃圾运输		

3. 绿色施工技术措施

（1）节能与能源利用措施

① 能源节约教育：施工前对于所有的工人进行节能教育，树立节约能源的意识，养成良好的习惯。并在电源控制处，贴出"节约用电"、"人走灯灭"等标志，在厕所部位设置感应灯等达到节约用电的目的。

② 制订合理施工能耗指标，提高施工能源利用率。

③ 优先使用国家、行业推荐的节能、高效、环保的施工设备和机具，如选用变频技术的节能施工设备等。

④ 施工现场分别设定生产、生活、办公和施工设备的用电控制指标，定期进行计量、核算、对比分析，并有预防与纠正措施。

⑤ 在施工组织设计中，合理安排施工顺序、工作面，以减少作业区域的机具数量，相邻作业区充分利用共有的机具资源。安排施工工艺时，应优先考虑耗用电能的或其他能耗较少的施工工艺。避免设备额定功率远大于使用功率或超负荷使用设备的现象。

⑥ 设立耗能监督小组：项目工程部设立临时用水、临时用电管理小组，除日常的维护外，还负责监督过程中的使用，发现浪费水电人员、单位则予以处罚。

⑦ 选择利用效率高的能源：食堂使用液化天然气，其余均使用电能。不使用煤球等利用率低的能源，同时也减少了大气污染

（2）节地与施工用地保护措施

① 办公区、生活区、施工现场经详细策划，施工现场平面布置合理并实施了动态管理；场地、周边情况及基础设施管线分布情况清楚，保护措施齐全；施工总平面布置紧凑，并在经批准的用地范围内组织施工，施工现场临时道路充分利用甲方和基坑施工单位原有的硬化区域，施工现场硬化面积比例较小；

② 工程混凝土全部采用商品混凝土；施工现场大量种植绿化，保护土地，美化环境防止扬尘；

③ 临时办公和生活用房采用多层轻钢活动板房；地下水位有第三方监测报告，相邻地表和建筑正常。

（3）节水与水资源利用措施

① 实行用水计量管理，严格控制施工阶段的用水量。施工用水必须装设水表，生活区与施工区分别计量。及时收集施工现场的用水资料，建立用水节水统计台账，并进行分析、对比，提高节水率。

② 施工现场生产、生活用水使用节水型生活用水器具，在水源处应设置明显的节约用水标识。盥洗池、卫生间采用节水型水龙头、低水量冲洗便器或缓闭冲洗阀等。

③ 施工现场设置废水回收设施，对废水进行回收后循环利用。冲车池及洗车池设沉淀池及清水池，对洗车、冲车污水进行重复循环利用。

④ 施工工艺采取节水措施，如混凝土养护采用覆盖保水养护、独立柱混凝土采用包裹塑料布养护。

⑤ 墙体采用混凝土养护剂或喷水养护，节约施工用水。

（4）节材与材料资源利用措施

① 选用绿色材料，积极推广新材料、新工艺、促进材料的合理使用，节省实际施工材料消耗量。

② 施工现场实行限额领料，统计分析实际施工材料消耗量与预算材料的消耗量，有针对性地制定并实施关键点控制措施，提高节材率；钢筋损耗率不宜高于预算量的2.5％，混凝土实际使用量不宜高于图纸预算量，见图 4-5 和图 4-6。

③ 根据施工进度、材料周转时间、库存情况等制定采购计划，并合理确定采购数量，避免采购过多，造成积压或浪费。

④ 施工现场应建立可回收再利用物资清单，制定并实施可回收废料的回收管理办法。

⑤ 材料运输工具适宜，装卸方法得当，防止损坏和遗撒。根据现场平面布置情况就近卸载，避免和减少二次搬运。

图 4-5　利用短的废旧钢筋焊接马凳　　　图 4-6　废旧竹胶板作为后浇带盖板

⑥ 贴面类材料在施工前，应进行总体排版策划，减少非整块材的数量。

⑦ 防水卷材、壁纸、油漆及各类涂料基层必须符合要求，避免起皮、脱落。各类油漆及胶粘剂应随用随开启，不用时及时封闭。

⑧ 对周转材料进行保养维护，维护其质量状态，延长其使用寿命。按照材料存放要求进行材料装卸和临时保管，避免因现场存放条件不合理而导致浪费。

⑨ 选用耐用、维护与拆卸方便的周转材料和机具。

优先选用制作、安装、拆除一体化的专业队伍进行模板工程施工。模板应以节约自然资源为原则，推广使用定型钢模、钢框竹模、竹胶板。施工前应对模板工程的方案进行优化。多层、高层建筑使用可重复利用的模板体系，模板支撑宜采用工具式支撑。

外脚手架方案，采用整体提升、分段悬挑等方案。

⑩ 在非传统水源和现场循环再利用水的使用过程中，应制定有效的水质检测与卫生保障措施，确保避免对人体健康、工程质量以及周围环境产生不良影响。

（5）职业健康与安全

① 场地布置及临时设施建设

施工现场办公区、生活区与施工区分开设置，为确保安全，按照有关的安全规定，保持一定的安全距离。

施工现场设置了密闭式垃圾站、办公室、宿舍、食堂、厕所、淋浴室、开水房、文体活动室（农民工夜校培训室）、吸烟室等临时设施。

施工现场临时搭建的建筑物均符合安全使用要求，施工现场使用的装配式活动房屋具有产品合格证书。建设工程竣工一个月内，临建设施必须全部拆除。

② 作业条件及环境安全

施工现场采用封闭式硬质围挡，高度不低于 1.8m。

施工现场设置标志牌和企业标识，按规定应有现场平面布置图和安全生产、消防保卫、环境保护、文明施工制度板，公示突发事件应急处置流程图。

施工现场搭建的龙门吊等大型机械设备与架空输电导线保持一定的安全距离。

施工期间项目部在大门内两侧设置防撞墩安全防护措施，并在项目部门口设置夜间照明指示装置。

在施工现场出入口、施工起重机械、临时用电设施、脚手架、出入通道口、楼梯口、电梯井口、提升井口、隧道口、基坑边沿、盾构提升井口等危险部位设置明显的安全警示标志和符合规范的防护装置，安全警示标志符合国家标准。

本单位制定管线保护专项方案，确保周边的上水、燃气、通信等市政管线正常使用。制定专项方案和应急预案，确保盾构下穿黄村火车站和京山、京沪铁路等危险源时，保障地面建筑物构筑物安全。

③ 职业健康

项目部定期地对从事有毒有害作业人员进行职业健康培训和体检，指导操作人员正确使用职业病防护设备和个人劳动防护用品。

项目部为施工人员配备安全帽、安全带及与所从事工作相匹配的安全鞋、工作服等个人劳动防护用品。

④ 卫生防疫

施工现场员工膳食、饮水、休息场所完全符合卫生标准。

宿舍、食堂、浴室、厕所都有通风、照明设施，日常维护配有专人负责。

食堂有相关部门发放的有效卫生许可证，各类器具规范清洁，炊事员持有效健康证。

施工现场设立医务室，配备保健药箱、常用药品及绷带、止血带、颈托、担架等急救器材。

生活区厕所、卫生设施、排水沟及阴暗潮湿地带进行定期消毒。项目部依据发布的《绿色施工管理规程》和集团发布的《生产施工环境保护标准》，结合项目部现有情况，制定了全面的切实可行的执行措施，使本工程在"四节、职业健康与安全、环境保护"三个方面全面达到各相关部门关于绿色施工的要求。

（6）加强宣传培训教育工作

在实施之前由安全部和技术部两个部门牵头，组织项目部管理人员对规程开展深入、细致地学习，由项目部技术负责人主讲，对规程进行详细分解，目的就是掌握和了解规程各条规定的做法以及深层次的意义。我们在实施之前将规程中的各条规定分解到各个职能部门，各部门应该在第一时间将表中内容分解到部门中具体人员负责落实本部门所要落实的条款内容，各部门管理人员必须群策群力，确保在 5 月项目部绿色施工达标。

（7）开展绿色施工检查活动

项目部针对绿色施工制定月检、旬检、周检、日检等不同频率周期的检查制度，而且检查的侧重点有所不同，频率高的检查侧重于环境保护，频率低的检查侧重于职业健康。

问题：

试根据上述背景材料，分析该项目施工管理中的资源节约得分。

分析要点：

项目绿色建筑施工管理中资源节约评分项如下：

（1）施工过程中的用能，是建筑全寿命期能耗的组成部分。由于建筑结构、高度、所在地区等的不同，建成每平方米建筑的用能量有显著的差异。施工中应制定节能和用能方案，提出建成每平方米建筑能耗目标值，预算各施工阶段用电负荷，合理配置临时用电设备，尽量避免多台大型设备同时使用。合理安排工序，提高各种机械的使用率和满载率，降低各种设备的单位耗能。做好建筑施工能耗管理，包括现场耗能与运输耗能。做好能耗监测、记录，用于指导施工过程中的能源节约。竣工时提供施工过程能耗记录和建成每平方米建筑实际能耗值，为施工过程的能耗统计提供基础数据。《绿色建筑评价标准》第9.2.4条：制定并实施施工节能和用能方案，监测并记录施工能耗，评价总分值最高达到8分，按下列规则分别评分并累计：

① 制定并实施施工节能和用能方案，得1分；

② 监测并记录施工区、生活区的能耗，得3分；

③ 监测并记录主要建筑材料、设备从供货商提供的货源地到施工现场运输的能耗，得3分；

④ 监测并记录建筑施工废弃物从施工现场到废弃物处理/回收中心运输的能耗，得1分。

（2）施工过程中的用水，是建筑全寿命期水耗的组成部分。由于建筑结构、高度、所在地区等的不同，建成每平方米建筑的用水量有显著的差异。施工中应制定节水和用水方案，提出建成每平方米建筑水耗目标值。为此应该做好水耗监测记录，用于指导施工过程中的节水。竣工时提供施工过程水耗记录和建成每平方米建筑实际水耗值，为施工过程的水耗统计提供基础数据。

基坑降水抽取的地下水量大，要合理设计基坑开挖，减少基坑水排放。配备地下水存，合理利用抽取的基坑水。记录基坑降水的抽取量、排放量和利用量数据。对于洗刷、降尘、绿化、设备冷却等用水来源，应尽量采用非传统水源。具体包括工程项目中使用的中水、基坑降水、工程使用后收集的沉淀水以及雨水等。对照《绿色建筑评价标准》第9.2.5条：制定并实施施工节水和用水方案，监测并记录施工水耗，评价总分值最高可达到8分，按下列规则分别评分并累计：

① 制定并实施施工节水和用水方案，得2分；

② 监测并记录施工区、生活区的水耗数据，得4分；

③ 监测并记录基坑降水的抽取量、排放量和利用量数据，得2分。

（3）减少混凝土损耗、降低混凝土消耗量是施工中节材的重点内容之一。我国各地方的工程量预算定额，一般规定预拌混凝土的损耗率是1.5%，但在很多工程施工中超过了1.5%，甚至达到了2%~3%，因此有必要对预拌混凝土的损耗率提出要求。对照《绿色建筑评价标准》第9.2.6条：减少预拌混凝土的损耗，评价总分值最高可达到6分，规则如下：

① 损耗率不大于1.5%但大于1.0%，得3分；

② 损耗率不大于1.0%，得6分。

（4）钢筋是混凝土结构建筑的大宗消耗材料。钢筋浪费是建筑施工中普遍存在的问题，设计、施工不合理都会造成钢筋浪费。我国各地方的工程量预算定额，根据钢筋的规格不同，一般规定的损耗率为2.5%~4.5%。根据对国内施工项目的初步调查，施工中实际钢筋浪费率约为6%。因此有必要对钢筋的损耗率提出要求。

专业化生产是指将钢筋用自动化机械设备按设计图纸要求加工成钢筋半成品，并进行配送的生产方式。钢筋专业化生产不仅可以通过统筹套裁节约钢筋，还可减少现场作业、降低加工成本、提高生产效率、改善施工环境和保证工程质量。对照《绿色建筑评价标准》第 9.2.7 条：采取措施降低钢筋损耗，评价总分值可达到 8 分，并按下列规则评分：

① 80%以上的钢筋采用专业化生产的成型钢筋，得 8 分；

② 根据现场加工钢筋损耗率，按下列规则评分，最高得 8 分：

a. 不大于 4.0%但大于 3.0%，得 4 分；

b. 不大于 3.0%但大于 1.5%，得 6 分；

c. 不大于 1.5%，得 8 分。

（5）建筑模板是混凝土结构工程施工的重要工具。我国的木胶合板模板和竹胶合板模板发展迅速，目前与钢模板已成三足鼎立之势。散装、散拆的木（竹）胶合板模板施工技术落后，模板周转次数少，费工费料，造成资源的大量浪费。同时废模板形成大量的废弃物，对环境造成负面影响。

工具式定型模板，采用模数制设计，可以通过定型单元，包括平面模板、内角、外角模板以及连接件等，在施工现场拼装成多种形式的混凝土模板。它既可以一次拼装，多次重复使用；又可以灵活拼装，随时变化拼装模板的尺寸。定型模板的使用，提高了周转次数，减少了废弃物的产出，是模板工程绿色技术的发展方向。对照《绿色建筑评价标准》第 9.2.8 条：使用工具式定型模板，增加模板周转次数，评价总分值可达到 10 分，根据工具式定型模板使用面积占模板工程总面积的比例评分，规则如下：

① 使用面积占模板工程总面积的比例不小于 50%但小于 70%，得 6 分；

② 不小于 70%但小于 85%，得 8 分；

③ 不小于 85%，得 10 分。

【案例 4.5】某住宅楼建筑与装修一体化体现绿色施工管理的分析

背景：

1. 项目概况

某工程为 5 栋 42 层住宅楼，1～3 层层高为 3.15m，4～42 层层高为 2.95m，总高为 133.00m。主楼标准层为方形，每层建筑面积为 2650m²。该工程为高层住宅楼建设工程，施工工期短，工程量大，施工场地紧张。但是，该建筑结构平面较为平整，垂直面线条造型少，标准层多，结构成方形对称，有利于流水施工以及管理模式的不断总结改进。

2. 建筑信息模型 BIM 应用技术

将建筑信息模型 BIM 技术应用到项目设计建造和管理中，通过参数模型整合各种项目的相关信息，在项目策划、运行和维护的全生命周期过程中进行共享和传递，由建筑产业链各个环节共同参与来对建筑物数据进行不断地插入、完整、丰富，并为各相关方来提取使用，达到绿色低碳化设计、绿色施工、成本管控、方便运营维护等目的。在整个系统的运行过程中，业主、设计方、监理方、总包方、分包方、供应方多渠道和多方位的协调，并通过网上文件管理协同平台进行日常维护和管理。BIM 系统管理贯穿建筑物的设计、施工、运营，包含设计方、施工方、建设方等多单位的工作。其主要应用于图纸会审、深化设计、技术交底、测量等技术环节。

3. 无功功率补偿装置应用

现行承建项目多以"高、大、特、难"等为主的综合体项目，现场临时用电设备大量使用塔吊、施工电梯、钢筋加工机械、电焊机及照明镝灯等，然此部分设备功率因数多在 0.5 以下，由于功率因数偏低，造成输电线路电流增加，使得线路容易产生故障，且造成无功电量增加，施工电量增加，大大增加电能的损耗，功率因数达不到当地供电部门的要求，还会产生力调电费造成追加罚款。

根据现场用电容量总配电箱侧并联无功功率补偿柜，无功补偿的核心在于补偿设备功率因数同时减少无功倒送及控制谐波分量。

4. 花篮拉杆式型钢悬挑脚手架的应用

该工程中 1~4 层搭设双排落地管道脚手架，外脚手架 4 层顶（标高 12.25m）开始采用工字钢悬挑脚手架每六层悬挑一次，共六次悬挑脚手架，每次悬挑高度 17.70m。

花篮拉杆式型钢悬挑脚手架，如图 4-7、图 4-8 是在常规落地式双排外脚架基础上增加了型钢支架，其主要构件由工字钢支架、型钢支架卸荷拉杆、外脚手架卸荷拉杆及预埋锚固筋吊环组成。与常规落地式脚手架相比有许多优点。比如大量节约钢材，可反复周转使用，成本低，搭设方便，装拆灵活，稳定可靠，并且能够提高功效、缩短工期，在建设裙楼、土方回填等地面施工时即可拆除 1~4 层脚手架。

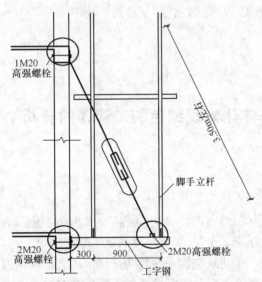

图 4-7　花篮拉杆式型钢悬挑脚手架示意图　　　　图 4-8　花篮拉杆式脚手架剖面图

5. 可周转的施工场地硬化预制混凝土块

本建筑工程场地使用预制好的钢筋混凝土单元板块进行铺设，该预制混凝土块是由混凝土预制板块、辅助沙层、嵌缝水泥砂浆组成，单元板块内部配置钢筋网架，钢筋网架的边框由上边钢筋和下边钢筋绑扎而成，板体短边的上边钢筋与下边钢筋之间设置封闭箍筋，板体两个短边侧面各预埋有两个对称的 80mm×80mm 吊孔，吊孔内埋设吊钩，吊孔填充块的材料可采用废旧聚苯乙烯泡沫块，四个吊孔填充块均位于四角 300mm 位置；或填充在板的侧面四角 300mm 预制混凝土块可选择场地一次制作成型，或者制作完成后吊装至指定位置。可分为轻型路面与重型路面，同时可制作多种规格，小型路沿石内进行配筋，今后可在二次结构施工中作为小型洞口过梁使用，增加实用性、环保性，工程结束后，可将预制混凝块拆除并周转使用至下一个工程。

6. 外墙结构保温一体化施工技术

指将传统的先浇筑混凝土，后施工外墙保温。

传统项目的外墙保温都是先浇筑混凝土，后施工外墙保温，该项目中采用外墙结构保温一体化施工技术，即在建筑物外墙部位，将这两道工序简化为保温板材和模板固定就位后浇筑混凝土，形成保温板材既作为保温材料又作为模板的一种新型体系，该体系主要包括保温板材、紧固件、固定模板等。在混凝土达到龄期后拆掉模板和紧固件，在保温板材表面再进行饰面施工。

7. 建筑与装修一体化设计与施工

通常建筑设计与装修设计是分开进行的，当时开发企业为考虑成本控制和加快房屋销售，一般项目只进行土建设计及土建施工，交工标准为毛坯房，居住建筑内部装修一般都是由业主单独委托装修单位或个人进行装修设计及施工，这样有许多弊端比如装修工程普遍存在浪费现象。房屋后期进行二次装修设计，几乎所有的房屋都要对原来土建设计的水、暖、电线路进行改造，原土建施工提供的开关、面板、照明灯具、暖气片等都要更换，更换前的相关材料只能当废品处理掉，装修的一些剩余材料一般也被当作垃圾处理，浪费现象十分严重。而该工程住宅建筑则是精装修公寓式管理住宅，在设计时已将需要装饰的面进行了考虑，避免了先贴瓷砖又打洞安装镜子等等费时费工且存在双层装饰甚至多层装饰的浪费。开发企业采用组织土建施工与装修施工同时进行，精装修住房一步到位的这种模式，材料采购都由开发企业统一进行招标。这样房屋质量有保证，材料更环保，而且价格也会比业主单独采购低，避免了材料浪费，消费者买到全装修的房子后，只要把家具、家电配齐就可以入住了，节省了大量时间、人力、物力和财力。

问题：

（1）应用建筑信息模型 BIM 技术有什么优点？

（2）建筑与装修一体化设计与施工从哪些方面体现了绿色建筑理念？

（3）试分析一下可周转的施工场地硬化预制混凝土块的经济效果和环保效果？

分析要点：

（1）建筑信息模型（BIM）是建筑业信息化的重要支撑技术。BIM 是在 CAD 技术基础上发展起来的多维模型信息集成技术。BIM 是集成了建筑工程项目各种相关信息的工程数据模型，能使设计人员和工程人员能够对各种建筑信息做出正确的应对，实现数据共享并协同工作。

BIM 技术支持建筑工程全寿命期的信息管理和利用。在建筑工程建设的各阶段支持基于 BIM 的数据交换和共享，可以极大地提升建筑工程信息化整体水平，工程建设各阶段、各专业之间的协作配合可以在更高层次上充分利用各自资源，有效地避免由于数据不通畅带来的重复性劳动，大大提高整个工程的质量和效率，并显著降低成本。在施工建造阶段，应用 BIM 技术可以提供详细的模型实体，最终确定模型尺寸，施工单位能够根据该模型进行构件的加工制造，构件除包括几何尺寸、材质、产品信息外，还可以附加模型的施工信息，包括生产、运输、安装等方面。与传统工作模式相比，BIM 通过建立三维模型和动态模拟，将经验、标准及 4D 施工模拟有效地结合起来，通过计算机的应用，减小了施工难度，提高了准确度。且 BIM 技术可以根据现场模拟出的情况有针对性地制定方案。对项目的预先规划，采用 BIM 管理，能保证现场有序。

（2）从设计角度来看，建筑与装修一体化使得装修材料能够很好地符合建筑模数，能够尽量减少材料切割等废弃材料的产生；从原料采集过程来看，通过开发商的组织统一的采购，不但能从价格上得到优惠，还能够保证材料的各项环保指标达到要求，同时在一定程度上避免了盲目装修给结构带来的损坏；从使用过程来看，一体化作业避免了业主的二次装修，减少了二次装修产生的建筑垃圾。

（3）施工场地硬化预制混凝土块的经济效果和环保效果。

① 装配式混凝土基本技术参数

外形尺寸：2000mm×1500mm×200mm（以此为例，具体规格可根据现场需要灵活制作）；

混凝土强度等级：C30；

单块重量：$2×1.5×0.2×2450＝1470kg$；

钢筋用量：约 80kg；

混凝土方量 $0.6m^3$；

单块造价：约 1000 元。

单块预制板造价约 1000 元，其每块每次运输、吊装、安装费用约为 150 元，块状预制板最多能周转使用 5 次，因此周转五次后总费用约为 1750 元。

而传统现场浇筑单块面积（$3m^2$）材料、人工、机械总费用为 300 元，工地完工后破碎、渣土运输消纳等总费用约为 200 元。按施工五次计算，现浇道路总费用现浇单块面积约为 2500 元。

因此预制板技术每单块面积可节约费用 750 元。折合单位面积可节约 200 元/m^2。

② 环境效果分析

本技术与传统现浇式施工场地硬化、临时道路施工方法相比较，减少混凝土路面的二次破除，一次投入可多次周转使用，工程进度快，干扰因素少，有利于文明施工，不影响交叉作业，减少施工噪音、建筑垃圾的污染，经济效益、环境效果明显。

【案例 4.6】某绿色建筑环境保护施工案例的分析

背景：

建筑施工环境保护包括对施工过程中产生的"三废"（废水、废气、废渣）治理，扬尘、噪声、振动、光等污染控制及土壤保护、建筑废料利用等。

问题：

试举例说明绿色施工环境保护方面的具体应用。

要点分析：

对生产、生活区的主要道路进行硬化，见图4-9。摆放花盆，对裸露的场地种植绿化，见图4-10，既防止水土流失，又美化了环境。

自制洒水车，专人负责路面和场地的喷洒；现场出入口处设置冲洗车辆设施，见图4-11确保环境的干净和整洁。

在楼内设防尘垃圾通道，见图4-12，在施工现场防护通道设置喷淋系统，见图4-13防治扬尘并保证路面清洁。

食堂污水使用三级隔油池隔除油脂；厕所设置化粪池，由环卫部门定期处理。现场及周边道路统一规划排水沟，沉淀后排入市政污水管线。

实行封闭式施工，作业层由密目网围挡，见图4-14，对噪声大的施工机械实施封闭使用，以减少噪声污染。

图4-9 道路、场地硬化

图4-10 场地种植绿化

图4-11 大门口设置冲洗台

图4-12 楼层内防尘垃圾通道

图4-13 防护通道设喷淋带

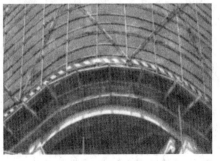

图4-14 作业层密目网全封闭

现场及生活区设置封闭式垃圾站，施工与生活垃圾分类存放，由环卫部门定期清运。

对机械设备，施工时采用隔声布、低噪声振捣棒等方法减少施工噪声；对施工现场，采取遮挡、封闭等隔声措施。

夜间，室外照明灯加设灯罩，透光方向集中在施工范围，并选用日光型灯具。电焊作业时，采取遮挡措施，搭设遮光棚，避免电弧光外泄。

第 5 章　绿色建筑运营管理案例分析

本章提要

　　建筑运营管理是对建筑运营过程的计划、组织、实施和控制，通过物业的运营过程和运营系统来提高绿色建筑的质量，降低运营成本、管理成本以及节省建筑运行中的各项消耗。因此，建筑运营中绿色的实现是一个循环周期，从测量数据、数据可视化、效果评估、数据分析、改善设计方案到实施方案各个环节，需要进行优化改善，提升建筑物与设备系统的性能，实现"四节一环保"。

　　本章所选典型 8 个案例反映我国北部、中部和东部地区，充分考虑当地气候特点和城市自然环境，因地制宜地采用本土化的技术，结合建筑物所处经济、社会和环境等因素，形成实用绿色建筑技术体系，合理进行绿色运营的研究与实践。

【案例 5.1】江苏省苏中地区某绿色建筑住宅小区运营管理的分析

项目概况

　　某住宅项目占地 7.09 万 m²，总建筑面积 29.95 万 m²，共有 20 幢以 19 层为主的高层建筑，最高为 30 层，可容纳住户 1472 户，商户 200 多家。小区三面临街、一面临水。小区周围沿街配套商业，区内为住宅，通过合理的空间分割，在喧闹的城市中心营造出一个闹中取静的、适宜居住的"生态之城、科技之城"。该项目是当地县政府重点工程，于 2006 年 9 月立项，2007 年 1 月开工，2009 年 1 月竣工并交付使用。

　　该项目高层建筑充分利用土地，不仅可节约土地资源 40%～50%，更重要的是拉大了楼宇间间距。高密度屋顶绿化，以各种乔木为主，局部种植草皮、常青灌木和四季花卉，形成冬有青、夏有荫，四季有花开的优美环境。整个小区绿化面积达到了 3.5 万 m²，绿地覆盖率达到 36.2%。地下车库自然通风、采光，充分利用地下空间，建成了 6.5 万 m² 的地下停车库。智能化科技之城，采用一卡通出入系统。采用 BA 设备控制系统，根据环境的和预定的时序实现照明的智能化控制，有区别地设定光控、声控、触摸、人体感应等节能控制技术，合理调节公共照明，节省电耗。菜单式精装修，以多种风格及多种标准来满足不同住户的个性化需求，并可大大减少装修对住宅环境的破坏。规范化人性化物业管理，具有国家物业管理一级资质。

　　该项目从设计到施工，始终贯彻绿色、节能、环保、生态的理念。通过各项新技术、新工艺、新材料的应用，各项综合节能措施的使用，使得住宅单位面积能耗较传统建筑下降50％，整个小区每年在节能、节水等方面降低运营费用近200万元。节水措施的使用，使得中洋现代城小区景观水系、绿化灌溉和游泳池的综合节水率达多30％；小区日常机具、设备、车辆用水、喷洒路面、绿化浇灌、景观等用水全部采用非传统水源，每年可节约水费40万元；小区内共1500余盏各类路灯、景观灯、草坪灯、室内公共照明灯等，采用了300余个LED光源、1000余盏节能灯和部分太阳能灯具，极大地降低了小区运营时电能的消耗，与传统光源相比，每年可节约电费近40万元；地下车库通过采光通风井，实现自然通风和采光，在节约机械通风和照明方面，每年可节约电费开支约122万元。

该小区物业管理公司制定了完善的物业管理制度和规范的物业管理服务标准，对建筑设备、系统的运营、维护、保养制定了完善的管理制度。小区智能化系统按建设部《全国住宅小区智能化系统示范工程建设要点与技术导则》三星级标准要求设计、建设。智能化系统主要由小区安全防范系统、建筑设备控制与管理系统和通信网络系统三部分组成。利用强大的智能化控制系统，对其运营状况进行有效的监控，及时掌握设备系统工作状态，对故障报警信息集中管理，确保设备、系统安全运行，出现故障及时处理。项目还对给水排水系统进行监测，当给水排水系统出现故障时，管理中心计算机系统给出信息显示，为维修人员及时检修提供了方便。

该项目于2009年竣工交付使用，由某国家一级资质物管企业管理。物业管理公司借鉴大城市先进的物业管经验，并结合本土文化，提出"三年置业，百年物管"的物管理念，创新思路，高标准管理。小区物业管理公司制度定了完善的物业管理制度和规范的物业管理服务标准，如每天清扫两次道路绿化带；每天早晚对公共区域保洁两次；垃圾桶、果皮箱每天清运两次，每日上门收集生活垃圾两次，做到垃圾日产日清；水系每天由专人清理一次，每年请环境监测站对景观水水质进行检测；其他绿化、保洁管理等。

小区运营以来，区内道路景观一尘不染，道路两侧无车辆乱停乱放现象，小区汽车全部进入地下车库停放，访客车辆停放在访客停车场，自行车、摩托车在地面上集中停放。瓷砖的清洁，每月对小区建筑幕墙进行冲刷，每年对小区防盗门进行除锈保养。这使得小区建筑犹如新建般外观如新，整齐如一。从住宅外墙下往上看，看不到一个防盗窗、一个晾衣架，墙面非常整洁，使每一个参观者都赞不绝口。小区没有安装防盗栅栏，根据现代城小区的建筑特点，特定区域设置双光束红外报警探测器。当有人翻越或闯入时，探测器即刻报警，将报警地点通过软件显示到大屏幕上，同时配有声光提示，屏幕电子地图实时显示报警区域和报警时间，以便保安人员准确、及时地处理。中心接到报警信号后，视频监视系统打开摄像机开始录像，同时自动开启现场警号以声音来吓阻入侵者，晚上可与灯光联动自动打开探照灯进行录像，监控中心记录入侵的全过程。另外物业公司配置了定时巡逻保安，时刻保护着小区。小区安保技防和人防的有机结合使得小区运营近4年来无任何盗窃事件发生。该项目对建筑设备、系统的运营、维护、保养制定了完善的管理制度。利用强大的智能化控制系统，对其运营状况进行有效的监控，及时掌握设备系统工作状态，对故障报警信息集中管理，确保设备、系统安全运行，出现故障及时处理。项目还对给水排水系统进行监测，当给水排水系统出现故障时，管理中心计算机系统给出信息显示，为维修人员及时检修提供了方便。物业管理公司给业主发放了住户满意度调查表格，主动要求业主对物业管理服务工作进行评判。《业主满意度调查表》包括"接待咨询、工程维修、环境整洁、服务规范"等多部门的服务，共设有"满意、较满意、不满意"三个等级供业主选择，并预留充分的表格空间让业主填写不满意原因与建议。根据回收的表格统计，业主满意度高达 99.65%。

由于该项目综合运用了各项节能措施，小区住户可以最大限度地减少电费、水费和其他能源费的开支；设备智能控制技术极大地节约了小区公共用电、公共用水；小区生态绿化、生态水系为居民营造了自然健康的室内外人居环境。

问题：

用《绿色建筑评价标准》GB/T 50378—2014 中运营管理部分的内容来描述，本项目哪些运营管理符合绿色建筑评价标准相关条款要求的。

分析要点：

（1）根据标准，该项目下列运营管理的 5 个控制项均满足：

① 制定并实施节能、节水、节材、绿化管理制度；

② 制定垃圾管理制度，有效控制垃圾物流，对生活废弃物进行分类收集，垃圾容器设置规范；

③ 运行过程中产生的废气、污水等污染物达标排放；

④ 节能、节水设施工作正常，符合设计要求；

⑤ 供暖、通风、空调、照明等设备的自动监控系统工作正常，运行记录完整。

（2）经试运营期运行检测，得出该项目评分项主要得分点如下：

① 本项目制定并实施节能、节水、节材与绿化管理制度，应急预案完善并有效实施。

② 住宅水、电、燃气分类计量与收费，分户分类计量收费。

③ 制定垃圾管理的制度，对垃圾物流进行有效控制，对废品进行分类收集，防止垃圾无序倾倒和二次污染。

④ 设置密闭的垃圾容器，生活垃圾采用袋装化存放，保持垃圾容器清洁、无异味。

⑤ 智能化系统定位正确、采用的技术先进实用、系统可扩充性强，能较长时间的满足应用需求；达到安全防范子系统、管理与设备监控子系统与信息网络子系统的基本配置。

⑥ 采用无公害病虫害防治技术，规范杀虫剂、除草剂、化肥、农药等化学药品的使用，有效避免对土壤和地下水环境的损害。栽种和移植的树木成活率＞90%，植物生长状态良好。

⑦ 设置物业信息管理系统，且系统功能完备，记录数据完整。

⑧ 垃圾分类回收率（实行垃圾分类收集的住户占总住户数的比例）达 93%。

⑨ 设计改造和更换设备、管道提供便利。

【案例 5.2】北京某绿色示范办公建筑运行效果的分析

背景：

该大楼项目是中意合作的一个示范性绿色办公建筑。项目建筑设计采用了体块穿插、分割的设计手法处理建筑形体，以不同朝向的不同的节能、采光及噪声控制为约束条件进行立面设计，展示了一种新的建筑美学导向，符合绿色建筑发展的新理念。其次，在节能方面，采用了许多被动式的技术理念和先进的设备，例如，上下贯通的双中庭以及太阳光追踪反射采光技术；先进的主动式系统，包括温湿度独立控制理念的暖通空调系统，欧洲先进的冷梁空调末端，高效的冷机及水泵、风机输配系统，自然采光与人工照明自动调光系统及 T5 节能灯具系统的应用等。此外，在新材料应用方面也颇有特色，包括轻质高强度的铝蜂窝复合大理石幕墙，可有效减少石材用量，以超级纤维棉制作的防火卷帘具有可降解性。另外在雨水入渗收集和处理方式方面也达到了国际先进水平。项目获得绿色建筑运行阶段三星级认证。从实际运行情况看，这个项目的节能环保效果也比较显著，详细的能耗分项计量结果显示建筑的年运行能耗（包括冬季采暖）约为 $95kW \cdot h/(m^2 \cdot a)$，比目前北京的某些办公建筑能耗节约 33%，室内自然通风、自然采光和空气品质效果良好，大大提高了工作效率。

（1）物业管理

优质的工程需要优秀的管理，该办公大楼的建设者充分认识到物业管理的重要性，从大楼设计开始就邀请某物业酒店管理有限公司参与其中，其重要性体现在大楼运行管理的方方面面。该物业酒店管理有限公司是国家一级资质管理企业，该公司通过 ISO 9001：2000、ISO 14001、OHSAS 18001 综合管理体系认证。在大楼管理方面，物业公司在业主的领导下对该大楼实施科学的管理 提供了优质的服务，并在现有管理经验及管理资源的基础上，不断调整、更新，导入先进的管理理念，结合该大楼设备运行与管理特点，创建出一套与业主层次及办公需求相符的管理模式，使大楼内办公人员能真切地感受高品位的物业管理和高品质的管理所带来的超值享受。大楼管理工作参照北京市和全国物业管理优秀示范大厦评定标准，确保办公人员综合满意率达到 93%～95%。在工程运行管理上做到预防性维修保养为主，改进性维修为辅，同时还包括应急性维修。通过对设备的检查、检测，发现故障征兆，为防止故障发生，使其保持在规定状态所进行的各种维修活动。利用在完成设备维修任务的同时，对设备进行改进或改装，以提高设备的固有可靠性、维修性和安全性水平的维修；对设备设施突发事件的应急抢修，通过应急性维修确保业主正常使用大楼内的设备设施；维护保养工作流程如图 5-1 所示。

为了能够掌握大楼的运行情况，总结大楼运行规律，物业公司定时给大楼管理部门提供能源分析报告，每月对大楼能源使用进行分项统计，及时将大楼能源消耗情况汇总，使大楼管理部门翔实地了解能源消耗所涉及的重点设备。同时要求物业工程部门每日根据能源消耗的数量，随时调控设备的运行，合理优化设备运行参数，在满足正常使用的前提下，较好地控制了能源的消耗。在节能工作方面，通过分析能源使用情况，找到节能途

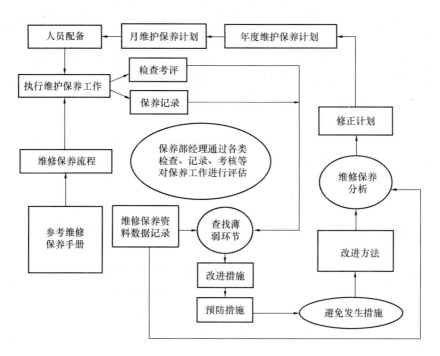

图 5-1　物业维护保养工作流程

径。通过日常巡视检查、设备运行、环境温度测量、节能宣传等手段，随时调整设备设施的运行，对运行参数进行优化，实现节能降耗的目的。

大楼自 2009 年 5 月启用，通过当年 5～12 月的大楼运行能耗观察，结合大楼使用的实际，制定了 2010～2011 年度大楼能耗管理目标，取得了一定效果。大楼 2010 年和 2011 年度用电量对比如图 5-2 所示。

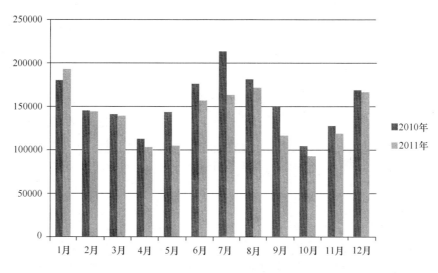

图 5-2　环境国际公约履约大楼 2010 与 2011 年度用电量对比

（2）建筑智能化运行控制

按照大楼建设理念，在弱电系统中的智能控制系统采用具有世界水平的 KNX/EIB 的智能控制系统，统筹考虑生态建设、资源节约，体现了人与人的和谐、人与自然的和谐、人与经济活动的和谐，提供了一套完善的绿色智能控制的解决方案。在该方案中选用KNX/EIB 系列产品，控制了照明、风机盘管空调、冷梁、电动窗帘、智能电表等楼内设备，把以上设备总体融入 EIB 系统中，实现统一的智能控制。采用了系统中的照度控制、感应控制、定时控制、集中控制等 4 种控制方式以及通过 EIB 电表进行用电量自动管理与控制，设计中充分挖掘 KNX/EIB 产品在节能减排方面的功能和性能优势，充分满足控制需求且最大化节能减排的效果，力求尽善尽美。大楼内的办公室灯具采用 DALI 数字调光方式。设计中，在办公室照明引入了恒照度控制概念，恒照度是指人工照明和自然照明互补，使工作面保持在工作所需的照明程度上。恒照度概念的出现是由于室内空间的纵深不同，自然采光强度出现变化，近窗的区域采光条件好，于是不需要人工照明，而远窗的区域采光条件差，就需要一定的人工照明来补光。在普通办公区内，按照 8m 柱距的区域设置 KNX/EIB 的多功能探测器，KNX/EIB 的多功能探测器具备人体红外探测功能，对覆盖区域内人员的存在情况进行探测。所以 KNX/EIB 的多功能探测器具备人员存在探测功能，保证实现系统的节能和先进性。系统设计在具备高智能自动化的同时，还考虑设有就地手动控制面板，方便工作人员对灯光照明进行本地的调节和控制，房间内照明设计采用了多功能探测器联同荧光灯调光控制器，实现人体存在探测、亮度传感、恒照度控制相结合的办公区域照明解决方案。

大楼内的办公室均设计有冷梁系统电磁阀控制器，可以根据 KNX/EIB 的多功能探测器的人员存在探测功能来自动开关冷梁或风机盘管的阀门。在多功能探测器对区域人员存在情况探测的同时，设计还采用了干接点输入模块连接可开启的窗户，通过窗磁的开闭判断室内是否有开窗通风的情况，并且可以根据当窗户打开时，关闭冷梁及风机盘管的阀门。通过 KNX/EIB 的多功能探测器和干接点输入模块相结合控制冷梁系统电磁阀控制器，实现在有人员在的区域内及窗户关闭的情况 F 开启冷梁水路电磁控制阀；如果人员离开该区域或者窗户被打开，自动关闭开启状态的冷梁系统。大楼的大堂、走廊、楼梯间、停车场、幕墙、室外泛光区、室外道路等公共区域的照明由设备监控中心统一控制。控制方式包括：日常定时开关控制、特殊节假日时钟控制、分楼层控制、分区域控制、间隔开关控制，以及各种组合方式，以达到业主的使用要求和先进智能控制系统高集成性和优化性。照明监控软件采用进口的 WINSWITCH 控制平台，该软件由欧洲 ASTON 公司专为 EIR 系统开发研制，具有良好的操作界面，支持全中文汉字输入显示等功能。在大楼的照明配电箱、动力配电柜内安装 KNX/EIB 智能电表，该设备的使用使整个电力计量系统系通过 EIB 总线系统集成监控，电量使用情况被传至楼控中心进行监控。在起到智能远程抄表控制的同时，更具备远程用电管理功能，对整个建筑的用电进行监视，通过总线系统为业主管理和计量能源的消耗。KNX/EIB 在控制能源和节约能源上体现出极强的优势，真正在大楼起到"管家"的作用。在大楼的智能照明监控系统中，配置了 OPC-Server 开放式协议，不需要对软件进行二次开发，就能使整个 KNX/EIB 控制系统通过 OPC 服务与 BMS 系统进行通信，方便 EIB 系统集成到更高层的楼宇管理系统中去，使得 EIB 系统能够被更高层的控制平台集成监控。楼宇自控系统可直接监控 EIB 系统，也可通过以太网监控 EIB 系统。

问题：

（1）试结合背景材料和《绿色建筑评价标准》分析物业管理制度的基本内容；
（2）试述本项目智能化系统的组成及在运营管理中作用。

分析要点：

1. 关于物业管理制度

（1）在《绿色建筑评价标准》中运营管理控制项第 10.1.1 条和 10.1.2 条，都讲了物业管理制度问题。

物业管理单位应提交节能、节水、节材与绿化管理制度，并说明实施效果。节能管理制度主要包括节能方案、节能管理模式和机制、分户分项计量收费等。节水管理制度主要包括节水方案、分户分类计量收费、节水管理机制等。耗材管理制度主要包括维护和物业耗材管理。绿化管理制度主要包括苗木养护、用水计量和化学药品的使用制度等。

建筑运行过程中产生的生活垃圾有家具、电器等大件垃圾，有纸张、塑料、玻璃、金属、布料等可回收利用垃圾；有剩菜剩饭、骨头、菜根菜叶、果皮等厨余垃圾；有含有重金属的电池、废弃灯管、过期药品等有害垃圾；还有装修或维护过程中产生的渣土、砖石和混凝土碎块、金属、竹木材等废料。首先，根据垃圾处理要求等确立分类管理制度和必要的收集设施，并对垃圾的收集、运输等进行整体的合理规划，合理设置小型有机厨余垃圾处理设施。其次，制定包括垃圾管理运行操作手册、管理设施、管理经费、人员配备及机构分工、监督机制、定期的岗位业务培训和突发事件的应急处理系统等内容的垃圾管理制度。最后，垃圾容器应具有密闭性能，其规格和位置应符合国家有关标准的规定，其数量、外观色彩及标志应符合垃圾分类收集的要求，并置于隐蔽、避风处，与周围景观相协调，坚固耐用，不易倾倒，防止垃圾无序倾倒和二次污染。

（2）在《绿色建筑评价标准》中运营管理评分项第 10.2.1、10.2.2、10.2.3 和 10.2.4 条，也专门讲了管理制度问题。

物业管理单位通过 ISO 14001 环境管理体系认证，是提高环境管理水平的需要，可达到节约能源，降低消耗，减少环保支出，降低成本的目的，减少由于污染事故或违反法律、法规所造成的环境风险。

物业管理具有完善的管理措施，定期进行物业管理人员的培训。ISO 9001 质量管理体系认证可以促进物业管理单位质量管理体系的改进和完善，提高其管理水平和工作质量。

《能源管理体系要求》GB/T 23331—2012 是在组织内建立起完整有效的、形成文件的能源管理体系，注重过程的控制，优化组织的活动、过程及其要素，通过管理措施，不断提高能源管理体系持续改进的有效性，实现能源管理方针和预期的能源消耗或使用目标。

节能、节水、节材、绿化的操作管理制度是指导操作管理人员工作的指南，应挂在各个操作现场的墙上，促使操作人员严格遵守，以有效保证工作的质量。

可再生能源系统、雨废水回用系统等节能、节水设施的运行维护技术要求高，维护的工作量大，无论是自行运维还是购买专业服务，都需要建立完善的管理制度及应急预案。

日常运行中应做好记录。

　　管理是运行节约能源、资源的重要手段，必须在管理业绩上与节能、节约资源情况挂钩。因此要求物业管理单位在保证建筑的使用性能要求、投诉率低于规定值的前提下，实现其经济效益与建筑用能系统的耗能状况、水资源和各类耗材等的使用情况直接挂钩。采用合同能源管理模式更是节能的有效方式。

　　在建筑物长期的运行过程中，用户和物业管理人员的意识与行为，直接影响绿色建筑的目标实现，因此需要坚持倡导绿色理念与绿色生活方式的教育宣传制度，培训各类人员正确使用绿色设施，形成良好的绿色行为与风气。

2. 关于智能化系统

　　在《绿色建筑评价标准》中运营管理评分项第 10.2.8 条规定：公共建筑的智能化系统应满足《智能建筑设计标准》GB/T 50314—2015 的基础配置要求，主要评价内容为安全技术防范系统、信息通信系统、建筑设备监控管理系统、安（消）防监控中心等。国家标准《智能建筑设计标准》GB/T 50314—2015 以系统合成配置的综合技术功效对智能化系统工程标准等级予以了界定绿色建筑，应达到其中的应选配置（即符合建筑基本功能的基础配置）的要求。

　　一个健全的建筑需要有一个智能化的大脑，大楼内安装了先进的楼宇控制管理系统，其中包括智能电表，具有自动抄表功能，可实现能源管理，及时掌握各主要部位的能源消耗情况，以便综合分析，提高能源的使用效率；大楼还建有先进的智能楼宇控制系统，包括智能照明系统、电梯运行管理系统、空调智能运行系统、给排水自动控制系统和安防系统等。可随时掌握大楼的运行情况，使各种设备处于节能高效的运行状态。

【案例 5.3】华南地区某公共建筑低运营成本的分析

背景：

1. 项目概况

　　项目位于华南地区的中部，珠江三角洲腹地的佛山市，在热工分区上属于夏热冬暖地区。项目总投资为 3574 万元，总用地面积为 4497m^2，总建筑面积为 21511m^2，是一座宽为 156m、进深为 29m、高 6 层的多层公共建筑。2007 年 8 月立项，2009 年 6 月建成并投入使用。该地区建筑的能耗主要是夏季用于降温制冷的能耗，建筑节能设计以夏季隔热为主，冬季基本不考虑采暖。

2. 主要绿色建筑技术

　　（1）多空间组合式自然通风技术。它主要利用风压、热压以及风压与热压相结合来达到自然通风的效果。通过计算机模拟软件，对空间形态及组合对室内通风的影响进行量化分析，结果表明：单纯的直通式空间、错位的直通式空间、大堂式空间和内庭院式空间这 4 种不同的建筑空间形态与组合，在华南地区对夏季室内自然通风都起到很好的强化作用。在具体设计和应用时结合了可开闭的外窗设置（开向夏季主导风向的平开窗、走道旁房间的高低窗等），不仅在夏季和过渡季节使室内空间能充分利用自然通风从而减少建筑能耗，而且还很好地解决了冬季防风的问题。

（2）综合遮阳与结构造型完美相结合的技术。项目通过对华南地区不同季节太阳高度角、方位角的分析研究，在东、南、西、北向及屋面上采取了富有岭南建筑特色的垂直百叶遮阳、水平百叶遮阳、水平垂直综合遮阳、混凝土花格窗结合铝穿孔板遮阳、屋面绿化及架空屋面遮阳、玻璃遮阳 6 种遮阳技术，并与建筑造型完美地结合在一起，既达到了节约建筑能耗、改善室内光环境和提高夏季室内热舒适度的目的，又丰富了建筑物的立面艺术效果。

通过计算可以得到不同透光率下的百叶特征尺寸 D/L，见表 5-1。

不同透光率下的垂直百叶特征尺寸 D/L　　　　表 5-1

N	5%	10%	15%	20%	25%	30%
D/L	0.80	0.84	0.89	0.95	1.01	1.08

从表中可以看出，为保证 12：00 以前的透光率小于 0.25，D/L 应小于等于 1.0。如图 5-3 所示为 $D-L$ 关系图。东向固定垂直百叶的外遮阳系数分析。根据 D/L 值的分析结果，设计取百叶宽度 $A=1000\text{mm}$，百叶间距 $B=1000\text{mm}$，外遮阳特征值 $x=A/B=1$；根据《〈公共建筑节能设计标准〉广东省实施细则》DBJ 15—51—2007 附录 A 外遮阳系数的简化计算方法表 A.0.1，东向固定垂直百叶的拟合系数 $a=0.02$，$b=-0.70$，则有：

图 5-3　$D-L$ 关系图

$$SD = ax \times x = bx + 1$$
$$x = A/B$$

计算得到外遮阳系数 $SD=0.32$。

（3）建筑采光与功能布局相辅相成技术。

结合华南地区的气候特点和玻璃外窗经济性的特点进行分析，选用了普通铝合金＋单片 SUN-E 玻璃窗和普通铝合金＋普通单片玻璃进行对比，分析结果如表 5-2 所示。

外窗遮阳系数对比　　　　表 5-2

外窗做法	传热系数（W/m²·K）	遮阳系数	可见光透过率
普通铝合金＋单片 SUN-E 玻璃	4.7	0.47	0.61
普通铝合金＋普通个单品玻璃	6.3	0.80	0.77

可见，玻璃自身的遮阳性能对节能的影响很大，在综合考虑建筑围护结构节能性的前提下，采用单片的节能型玻璃比中空玻璃的经济性要好，灵活性更强。

（4）多空间、多层次景观绿化技术。

该项目绿化系统分为建筑室外场地的绿化系统和建筑自身的绿化系统两部分。一是室外绿化系统，指建筑室外广场和周边的绿化，要求在城市规划和生态规划的指导下，对室外场地进行植物功能分析，选择适宜的植物系统配置，来满足室外场地的不同功能要求。二是自身的绿化系统：由平台庭院绿化、屋顶绿化、垂直绿化、室内绿化等多个系统组成多空间、多层次的绿化系统。与建筑室外绿化相结合的这种多空间、多层次的绿化体系是城市化进程的必然趋势，也是本项目绿色植物生态系统的重要组成部分。

（5）可再生能源建筑一体化技术。

广东省佛山地区年日照时间为 1500～2100h，年辐射总量为 4200～5000MJ/（m²·a），标准年水平面太阳辐射总量约为 1255kW·h/m²。南海区的太阳能资源在我国属中等地区，有一定的利用条件，宜优先利用太阳能资源。

项目在可再生能源应用上作了大胆尝试，分别建立了如下系统：

系统一：额定输出功率为 61.5kW 的太阳能光伏并网系统。

系统二：在拔风塔顶部安装 2 台各 600W 的小型风力发电装置。

系统三：在室外公共区域安装 16 盏 30W 的太阳能路灯，通过智能控制系统进行节能控制，为室外停车场夜间照明供电。

系统四：太阳能＋空气源热泵集中供热水系统，日供热水量 10t。

为了充分利用可再生能源新技术，本项目根据气候条件，采用太阳能光伏电技术，将太阳能电池组件与建筑整体有机结合，通过合理布置太阳能光电板的位置，做到美观、协调，与建筑一体化，同时又能充分发挥并最大化提高光伏发电技术在建筑上的能源贡献率。系统设计如下：

总安装容量为 61.5kW。

系统效率为大于 12%。

并网形式为用户端并网。

图 5-4　太阳能光伏路灯

为了满足夜间停车的照明需要及景观照明的整体效果，在停车场安装了太阳能路灯，白天蓄电，晚上放电来实现停车广场照明，路灯每天工作 8h，蓄电池可保证连续 4 个阴雨天气路灯的正常使用。太阳能光伏路灯实景如图 5-4 所示。具体说明如下：

数量：16 支。

功率：每支 30W，总装机容量 0.48kW。

灯具：LED 直流高效节能灯具。

控制系统：开/关采用智能光感定时控制。

本项目还采用了太阳能＋空气源热泵集中供热水技术应用。在建筑设计阶段已将太阳能热水系统的布置，以及对建筑增加的负荷充分进行了考虑。因此对于项目范围内太阳能系统要求的最大化利用太阳能日照辐射量，以及系统设备要求的结构负荷能力均能满足，包括系统管网布置都得到很好的规划。

设计供热水量：55℃生活热水，10t/d。

太阳能集热器：120m²，平板型太阳能集热板。

太阳能保证率：大于 40%。

安装形式：建筑一体化安装。

辅助热源泵：1 台，额定制热量为 36.1kW，COP 大于 3.5。

供水形式：全天候恒温供水。

控制形式：全自动控制。

太阳能＋空气源热泵集中供热水系统可满足大楼生活热水消耗量的 100％。

（6）屋面雨水收集与利用技术。

本项目在方案、规划阶段就制定了合理的水系统规划方案，统筹、综合利用各种水资源，采取了诸多有效的技术措施，其中包括屋面雨水集蓄利用；给排水管道采用防渗漏的优质管材、管件；卫生间采用节水效果良好的节水器具；屋顶绿化及室外园林采用自动喷灌等节水型喷灌溉方式。通过这些建筑节水措施从技术上保证节水工作收到实效，从而使本工程获得较大的节水效益。

屋面雨水收集与回用技术应用。项目结合自身实际情况合理规划设计了雨水收集再利用系统，为 2500m² 的景观绿化提供浇灌用水，见图 5-5。目前，本项目的雨水收集利用系统运行正常，运行费用低，使用效果令人满意。雨水收集系统实景如图 5-6 所示。

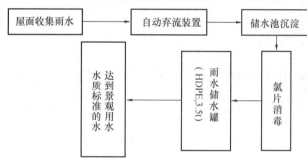

图 5-5　雨水处理工艺流程图　　　　　　图 5-6　雨水收集系统实景

（7）绿色建筑运行监测与演示系统。

项目在广东地区首创，采用了一套全面的绿色建筑运行监测系统，绿色建筑运行监测系统可实时采集绿色建筑的关键指标，主要包括如下功能模块：

建筑能耗运行监测模块。

太阳能光伏发电系统运行监测模块。

太阳能光热系统运行模块。

室内外环境数据监测模块。

数据统计和分析模块。

节能减排和宣传模块。

可实时、动态、远程、全面地监测与项目绿色建筑相关的系统运行状态、实时数据，对高效地收集、掌握、全面地分析和研究绿色建筑的运行数据具有十分现实的意义，是实现运行节能和推广绿色建筑的重要手段和宣传窗口。

项目针对华南地区所特有的气候与建筑形式，以传统设计手法与高科技分析手段相结合、中国优秀传统建筑文化理念与现代科技文明理念相结合为原则，通过技术系统的集成分析、比选优化，采用了多个领域、多种学科、多种手段的分析和研究方法，将定性分析与定量研究相结合，仿真模拟与工程设计相结合，理论研究与实践应用相结合，总结出一套符合华南地区自然与气候特点的绿色建筑技术体系及其低成本应用模式，使一系列与建筑空间、造型相辅相成且经济可行的绿色建筑技术得到应用。主要采用的技术包括结合建筑空间布局的自然通风技术，与建筑造型一体化的外遮阳技术，建筑采光与功能布局相辅相成技术，多空间、多层次绿化技术，太阳能光热、光电与建筑一体化应用技术，屋面雨水收集与回用技术，建筑能耗监测技术，双排孔内插聚苯板混凝土空心砌块外墙和SUN—E玻璃节能门窗技术，空调与照明节能技术，节水技术，透水地面技术，优化结构体系设计，采用可再循环利用的材料，舒适的空调末端，无障碍设施以及智能化信息网络系统等。这些技术先进合理、经济适用、可操作性强。

3. 主要技术指标

（1）建筑综合节能率为 62.4%。

（2）太阳能光伏并网系统转换效率为 12.51%，2011 年年实际发电量为 70798.6kW·h，约占建筑总用电量的 10%。

（3）太阳能＋空气源集中供热水系统日供热水量为 10t，太阳能保证率为 45.769；所供热水量占建筑热水消耗量的 100%。

（4）2011 年实际非传统水利用率为 10.7%。

（5）可再循环材料使用率为 10.1%。

（6）以废弃物为原料生产的建筑材料用量占同类材料总用量的 94%。

（7）室外透水地面面积比为 48.48%。

4. 实际运行数据分析

（1）建筑电耗指标

①2010 年建筑总能耗指标。

a. 建筑能耗总量指标。2010 年建筑总耗电量为 482420.9kW·h，单位面积电耗为 30.15kW·h/m²·年（按实际使用面积计算）。

b. 太阳能发电量使用比例。2010 年太阳能光伏发电量为 56027.6kW·h，占建筑总耗电量的百分比为 56027.6÷482420.9＝11.6%。

②2011 年建筑总能耗指标。2010 年末西区办公楼大部分入住后，入住率超过 90%，随着办公人数的增加，其能耗相对增加，此后将趋于正常水平。

a. 建筑能耗总量指标。2011 年建筑总耗电量为 690533.9kW·h，楼单位面积电耗量为 32.15kW·h/(m²·年)。

b. 本年度太阳能发电量使用比例。2011 年太阳能光伏发电量为 70798.6kW·h，占建筑总耗电量的百分比为 70798.6÷690533.9＝10.25%。

（2）建筑水耗指标

①2010 年建筑年耗水总量指标。2010 年建筑总用水量为 8555m³，耗水总量指标为 0.40t/(m³年)。其中，全年绿化用水量为 1652.9m³，雨水收集量为 1245.6m³。

②2011 年建筑年耗水总量指标。2011 年建筑年耗水总量为 14938.8m³，水耗指标为 0.69t/(m³年)。其中，全年绿化用水量为 1865m³，雨水收集量为 1320m³。

（3）建筑能耗指标结论

2011 年，随着办公大楼大部分入驻后，各项指标趋于稳定，根据前面各项数据分析结果，可以得出如下能耗指标结论：

①年单位面积能耗量。总耗电量为 30～33kW·h/(m²·年)。

②年单位面积水耗指标。建筑年耗水总量指标为 0.40～0.69t/(m²·年)。

③太阳能发电量。年发电量为 60000～70000kW·h，占建筑总用电量的 8% 以上。

（4）第三方测评

①2010 年 3 月，受国家住房和城乡建设部委托，深圳市建筑科学研究院对国家可再生能源建筑应用示范项目——城市动力联盟大楼项目的可再生能源系统进行了测评，结论如下：

全年太阳能保证率 45.76%。

光电系统转换效率 12.51%。

②2010 年 11 月，广东省建筑科学研究院对城市动力联盟大楼项目进行了建筑能源审计，审计结论如下：

建筑年耗电总量指标为 19.34kW·h/m²。

年单位运行时间能耗总量为 47.49kW·h/h。

水耗指标为 0.57t/(m²·年)。

5. 增量成本分析

项目通过精心的科学研究、工程设计和成本控制，采用了符合本地区自然与气候条件的绿色建筑适宜技术，绿色建筑增量成本约为 492.36 万元，即 228.9 元/m²。建筑单位面积的工程造价仅为 1660 元/m²，可谓低成本的绿色建筑。绿色建筑增量成本见表 5-3。

绿色建筑增量成本表 表 5-3

增量发生项目	分项增量成本（万元）	建筑面积（m²）
围护结构节能措施	26	
照明及空调	92	
雨水收集利用	8.16	
太阳能光电风电系统	267.3	21511
太阳能热水系统	25.6	
绿色建筑知识培训和技术服务等	73.3	
小计	492.36	

绿色建筑技术折合单位建筑面积增量成本为 228.9 元/m²

问题：

（1）试根据上述背景材料，参照建筑总能耗 1803821kW·h，计算该项目年节电量。

（2）试结合本项目简述采用哪些绿色建筑技术。

分析要点：

（1）项目通过采用建筑围护结构节能措施、自然通风、自然采光、遮阳、空调和照明节能以及可再生能源应用等措施，使建筑的综合能耗达到了较低的水平。根据能耗分析计算数据和实测值推断，本项目的年节电量如下：

参照建筑总能耗：1803821kW·h。

根据实测数据，从 2010～2011 年实际用电量推测，项目满负荷运行后的建筑年总用电量约为 690000kW·h，比参照建筑每年节约电量为：

$$1803821-690000kW·h=1113821kW·h/年$$

项目采用的 61.5kW 太阳能光伏发电系统及 0.48kW 的太阳能路灯系统，年发电量 2010 年和 2011 年实际用电量实测约为 69000kW·h。可再生能源发电量约占建筑总用电量的 10%。

在考虑可再生能源对节能贡献的情况下，该项目每年总节电量为：

$$1113821kW·h+69000kW·h=1182821kW·h/年$$

按每度电 1 元计算，每年可节约 118 万元。

项目针对华南地区所特有的气候与建筑形式，通过对绿色建筑系统技术的研究与实际应用，经过两年多的运营和各种测试评价，各项指标均处于良好水平并获得了预期效果。

（2）立足于华南地区所特有的气候条件与建筑形式，充分分析周边的环境和微气候特点，将绿化景观、外立面设计有机地结合在一起，做到从宏观到微观的精心考虑，最大限度地采用低成本的被动式适宜技术。

通过对围护结构、自然通风、自然采光、建筑遮阳等技术与建筑的功能布局、外部造型的完美结合，以及围护结构节能、空调节能、照明节能、雨水利用、景观绿化、噪声、节材与可再生能源建筑一体化等符合华南地区自然与气候特点的各项绿色建筑适宜技术进行了系统的研究与实践应用，从技术效益、经济效益、环境效益、社会效益、市场需求和应用前景等方面看，具有很强的本土性、地域性和经济性特点，使该项目成为岭南传统文化和绿色低碳技术完美结合的国家绿色建筑示范工程。

【案例 5.4】某商业大厦设备运行技术管理的分析

背景：

MZ 商业大厦是一座高档、豪华的旅游涉外商务酒店，地处 MZ 市金融中心位于大楼群一楼的米其林三星餐厅，裙二、三楼量贩式 KTV，四楼是餐厅。

MZ 商业冷站冷源为 4 台 400 冷吨（1400kW）的离心机组。测试发现该系统在某些时段运行效率偏低（1 冷吨：1 吨 0℃的饱和水在 24 小时冷冻到 0℃的冰所需要的制冷量）。

通过对冷机机组进行实时监控检测，可以得出系统在建筑运营期间的工作效率，以便于对系统进行优化及改进，见表 5-4。

某日大厦冷机一天运行情况　　　　　　　　　　　　　　表 5-4

时刻	大厦负荷	冷机开启情况	各冷机的 COP	
8：30	1230	2 号	4.5	—
9：30	1609	2 号，4 号	4.5	5.8

续表

时刻	大厦负荷	冷机开启情况	各冷机的 COP	
10：30	1729	3 号，4 号	4	5.8
11：30	1729	3 号，4 号	4	5.8
12：30	1640	1 号，3 号	3.75	3.75
13：30	1640	1 号，3 号	3.75	3.75
15：30	1230	1 号，2 号	3.1	3.1
16：30	1230	2 号	4.5	—
17：30	1230	2 号	4	—
18：30	1230	2 号	4.5	—

问题：

从该项目的检测数据中，我们能分析出什么结论，在日常运营中，我们能采取哪些措施应对。

分析要点：

《绿色建筑评价标准》第 10.2.5 条要求，保持建筑物与居住区的公共设施设备系统运行正常，是绿色建筑实现各项目标的基础。机电设备系统的调试不仅限于新建建筑的试运行和竣工验收，而应是一项持续性、长期性的工作。因此，物业管理单位有责任定期检查、调试设备系统，标定各类检测器的准确度，根据运行数据，或第三方检测的数据，不断提升设备系统的性能，提高建筑物的能效管理水平。

由表 5-4 可以看出，冷机 COP 值（COP，即能量与热量之间的转换比率，简称能效比）随冷量的变化十分明显，在部分负荷下的效率相对低下。因此有的时候要提供总冷量超过一台冷机所能提供的冷量，虽然超过不多，但系统依然双机运行会导致每台冷机制冷量下降。

以上检测数据结果给冷机优化改造提供了详细的数据支持。

同时，在日常运营中，针对实际情况，尽量使用自然风，保持室内外温差，适当降低双机运行的频率，减少无用能源消耗，提高制冷率及冷机的运行效率。

【案例 5.5】某办公楼节能改造技术的分析

背景：

锦绣大观办公楼的建筑面积为 22000m²，地上 16 层。经过多年使用，发现建筑主体节能保温效果不好，围护结构传热系数较大，运行能耗较大。为保证该办公楼的正常运营，彻底解决能耗高的问题，对该建筑进行了节能改造。

由于办公楼建造时间较早，所以建筑围护结构、空调设备和照明设备大都不符合现行国家标准的要求，表5-5所示反映了该办公楼节能改造前的关键参数。

节能改造前办公楼的关键参数

表 5-5

检测项	参数	达标情况
外墙传热系数	$K=0.6W/(m^2 \cdot K)$	达标
接地楼板热阻	$R=1.2m^2K/W$	达标
热泵机组	COP=3.0	达标
风机单位风量功率	$0.185W/(m^3 \cdot h)$	达标
照明功率密度	$20W/m^2$	不达标
冷水系统输送效率	ER=0.021	不达标
热水系统输送效率	ER=0.021	不达标
1～3层幕墙	遮阳系数 0.69	不达标
4～26层幕墙	遮阳系数 0.58	不达标

该项目采取以下节能改造措施：

1. 围护结构改造措施

本次改造中对1～3层楼的双层中空 Low-E 玻璃采用了 R50 玻璃贴膜，贴膜后遮阳系数降低为 0.35，符合绿建评价标准规定，并将整个办公楼的手动内遮阳改造成自动内遮阳，根据太阳光的照射情况自动调节遮阳方式，提高了遮阳效果。同时减轻了空调系统的负担。

2. 空调设备改造措施

（1）输送设备能耗的控制与调节：每层的供回干管将手动阀门改造成电动阀门，便于周末多数楼层不使用时，关闭该面的水平干管阀门，不参与冷冻水循环，减少冷量损失；用每层增加动态流量平衡阀来确保各层冷冻水流量按照设计流量分配；对于大开间办公区域的风机盘管电动二通阀则采用分区域现场集中通断控制方式，由楼宇自动控制系统统一设置两通阀门开关动作的极限温度，切换不同状态下的运行风速；建筑1～3层全空气空调系统在过渡季节通过焓控制器（温度控制器＋手动控制）来调节新风系统的运行。

（2）冷热源设备能耗的计量与控制调节：实时计量冷冻机输出冷量，同时结合室内的温湿度情况，来对主机施行启停控制、台数控制、水温控制等，以确保满足室内舒适度的需求。

（3）办公区域室内温度控制：办公区域的空调为风机盘管系统，大开间区域温度允许变化范围由中央控制室集中控制，现场风盘控制器可以对应调整温度，但若现场温度超过允许范围，温度以集中设置值为准；集中控制室将根据季节变化，维持室内冬季最高温度在 20℃，夏季最高温度为 26℃。

3. 照明设备改造措施

在办公区域灯光控制采用以每个办公室平行外墙的两组灯具作为一个控制单元，由外向内设置 3 个控制单元，每个单元根据照度传感器控制每组灯具的开启，以节约照明系统能耗；公共区域的照度控制在合适范围内，同时采用独立控制回路，由集中控制室控制开关时间；电梯厅、走廊等公共区域的照明由楼宇自动控制系统按照设定的时间点表统一开关；办公区域的照明由员工自行开关，楼宇自动控制系统监测其状态，超出办公时间仍有开灯，物业管理人员到现场检查，确保消除长明灯；将电感镇流器改为电子镇流器。

　　该项目节能改造后，对两组热泵和冷冻水泵的能耗进行了监测，如图 5-7～图 5-9 所示。从图中可以看出，节能改造后，热泵机组和冷冻水泵的能耗均有所下降，尤其是夏季和冬季的下降趋势更加显著。

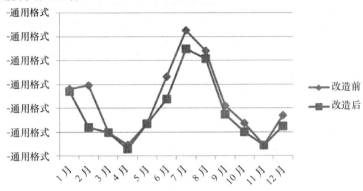

图 5-7　热泵 1 能耗对比图

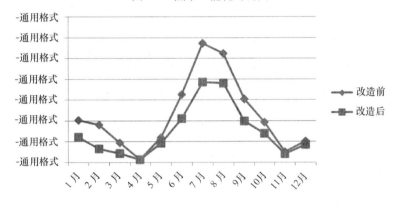

图 5-8　热泵 2 能耗对比图

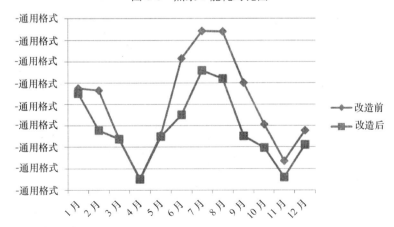

图 5-9　冷泵能耗对比图

　　节能改造前，使用 DOE-2.1E 软件对改造前建筑和改造后建筑的热过程进行全年 8760h 的动态模拟。节能改造后，对办公楼的实际监测能耗进行了统计，结果如表 5-6 所示。从表中可以看出，通过节能措施改造，理论上可以节能 18.6%，改造后实际节能率达到了 18.0%，节能效果显著，其中照明部分和风机部分的节能效果尤其明显，节能率分别达到了 26.2% 和 27.4%。

改造前后全年能耗统计表　　　　　　　　　　　　　　　　　　　　表 5-6

项目	改造前模拟值 /kW·h	改造后模拟值 /kW·h	节能率模拟值 /%	改造后实测值 /kW·h	节能率实测值 /%
设备	1052801	1052801	0	1017360	3.4
风机	471737	335898	28.8	342610	27.4
照明	1559711	1120985	28.1	1151745	26.2
泵	248871	216463	13.0	217650	12.5
供热	467215	380782	18.5	418127	10.5
供冷	837890	667976	20.3	657765	21.5
合计	4638225	3774866	18.6	3805257	18.0

DOE-2.1E 是一个在美国能源部的财政支持下由劳伦斯伯克利国家实验室的模拟研究小组开发的，提供建筑设计者，和研究人员使用的计算机软件。DOE-2 功能非常强大，在美国已得到成功的运用并且成功地应用于若干个国家的建筑节能标准编制工作。DOE-2.1E 适用范围：逐时能耗分析，HVAC 系统运行的寿命周期成本（LCC）。适用各类住宅建筑和商业建筑。有 20 种输入校核报告，50 种月度或年度综合报告，700 种建筑能耗逐时分析参数，用户可根据具体需要选择输出其中一部分。当前最强大的模拟软件，其BDL 内核为类似多种软件使用。有非常详细的建筑能耗逐时分析报告，可处理结构和功能较为复杂的建筑。

软件模拟结果与实测结果大致吻合，节能改造的前提是能够有实时、全面、准确的检测诊断数据参与辅助决策。

问题：

试简述建筑节能诊断的方法及步骤。

分析要点：

信息化管理是实现绿色建筑物业管理定量化、精细化的重要手段，对保障建筑的安全、舒适、高效及节能环保的运行效果，提高物业管理水平和效率，具有重要作用。采用信息化手段建立完善的建筑工程及设备、能耗监管、配件档案及维修记录是极为重要的。物业管理单位有责任定期检查、调试设备系统，标定各类检测器的准确度，根据运行数据，或第三方检测的数据，不断提升设备系统的性能，提高建筑物的能效管理水平。

一般在建筑中进行节能诊断的基本方法和步骤为：

（1）建筑基本信息及各项能耗情况调查

其内容主要包括对建筑的基本信息如建筑面积、建筑层数、使用功能、结构形式等的调查统计，以及历史年度能耗情况摸底调查。建筑节能诊断及进一步的改造工作最重要的基础就是建筑能耗数据。

（2）统计所有耗能设备的详细信息和特征参数

对各个耗能设备进行监测分析，首先要统计设备信息，如用能方式、数量、额定参数、运行时间及规律等。

（3）识别出各系统中的关键能耗变量

根据不同系统的特点，识别出与能耗相关的系统关键性变量，并将变量在系统管路中找到具体的测试点位置作标记，为下一步测试工作做好准备。

（4）对耗能区域内的系统变量进行有针对性的检测分析

对需直接检测的系统变量进行实时检测，获取系统参数的初级数据。根据数据计算出系统各部件能效比和各设备效率。

（5）根据检测结果和其他相关资料综合分析建筑节能潜力

针对系统节能诊断结果采用数学解析估算或计算机仿真模拟等方法，对建筑的节能潜力进行预测分析，评估建筑的节能价值。

（6）提交节能运行管理方案和节能改造方案

根据节能诊断和节能潜力分析结果，提出系统运行管理的存在的问题和相关建议，以及技术上可行同时经济上合理的节能改造方案，并进行详细的费效比和投资回收分析。

【案例 5.6】某生态住宅区建筑节能常规检测方法的分析

背景：

JX 园是 MZ 市锦绣投资发展集团有限公司开发建设的高档生态住宅区，项目地点位于 HP 江南地区，总面积 33 万平方米，以低层、低密度洋房及高档别墅为主要建筑形式。该项目建筑外墙为挤塑型聚苯板外保温系统，外墙传热系数设计值均小于 $0.60W/(m^2 \cdot K)$；外窗为中空玻璃塑钢窗，传热系数设计值为 $2.7W/(m^2 \cdot K)$，气密性为 4 级。该小区为深井地下热水热源集中供热，换热站配备变频调速循环泵、自动温度控制以及热计量表。住宅户内为低温热水地板辐射采暖。集中供热系统不提供民用热水。该工程不设集中空调系统。

问题：

简述一般建筑运营中常规的节能检测及分析方法。

分析要点：

（1）围护结构热工性能检测与评价

通过对 JX 园中某两间具有典型特征的房间进行建筑围护结构热工性能、最冷期和全采暖期的能耗水平检测。在检测期间该项目尚未给每户安装热计量表，为了记录被测单元检测期间的耗热量，在被测单元安装了热量表。室内温度采用温度自记仪，温度采集记录器。检测结果如表 5-7 所示。

围护结构传热系数检测 表 5-7

围护结构名称	测试值 K_0（W/(m² · K)）	理论计算值 K_0（W/(m² · K)）
坡屋顶	0.489	—
平屋顶（屋顶无地砖）	0.475	0.463
外墙（炉渣空心砌块）	0.570	0.539
铝合金窗（中空玻璃）	2.956	2.7

（2）室内外参数检测

2008 年 1 月 29 日开始安装室内温度自记仪和热工参数巡回检测仪进行记录，如表 5-8 所示。

JX 园某两间房间室内温度检测结果 表 5-8

房屋编号	房间 1	房间 2
采暖期平均温度（℃）	25.00	23.20
采暖期最高温度（℃）	28.44	27.63
采暖期最低温度（℃）	20.44	17.56
全部房间平均温度（℃）	24.10	
采暖期室内外温差（℃）	19.81	

（3）采暖期两个房间耗热量指标，如表 5-9 及表 5-10 所示。

房间 1 热量表读数 表 5-9

日期	时间	热量	供水温度	回水温度	温差	流量	累计时间	累积流量
2008.01.30	9：00	92.65	39.15	33.62	5.53	0.69	20	13.85
2008.02.06	9：00	781.89	40.04	32.28	7.14	0.50	189	111.83
2008.03.15	9：00	3109.951	22.81	25.73	−3.16	0.60	1077	356.96

房间 2 热量表读数 表 5-10

日期	时间	热量	供水温度	回水温度	温差	流量	累计时间	累积流量
2008.01.30	9：00	97.33	39.39	31.91	7.80	0.48	27	10.37
2008.02.06	9：00	760.65	41.25	32.28	8.98	0.382	195	82.19
2008.03.15	9：00	3552.559	26.07	25.73	0.33	0.410	1091	436.78

（4）热桥部位内表面温度检测

采用红外热像仪对该建筑进行普测，并对房间 1 和房间 2 内外墙进行检测，该建筑保温较好未见明显热桥现象。同时在房 1 起居厅北向外窗过梁内表面进行热桥部位内表面温度检测验证，其内表面温度为 16.9℃，大于 18℃、60％RH 条件下的露点温度（10.1℃）。

（5）建筑物热工缺陷检测

采用红外热像仪在室外对锦绣园某楼进行普测，并对北向外墙进行重点检测。除空调孔和燃气管孔外，未见明显热工缺陷。

（6）建筑物外部红外热图像分析

由于采用热流计法已经得出被检测建筑物为符合节能标准的节能建筑，所以，从热图像上获得的具有规律性的结果可以作为今后快速检测建筑物节能效果的辅助依据。

从建筑热工理论可以得出：在相同条件下，围护结构的保温性能越好，其外表面的温度越低并越接近于室外空气温度。这个理论是寻找建筑物热图像与建筑物节能关系的基本依据。

设定夜间室内计算温度为 18℃、室外计算温度为 −9℃、外墙传热系数 K 为 0.6W/$(m^2 \cdot K)$。经过计算可以得出：外墙外表面温度为 −7.2℃，外墙表面温度与空气温差为 1.8℃。

设定昼间室内计算温度为 20℃、室外计算温度为 −5℃、外墙传热系数 K 为 0.6W/$(m^2 \cdot K)$。经过计算可以得出：外墙外表面温度为 −3.3℃，外墙表面温度与空气温差 1.7℃。

上述理论计算是在稳态传热下，不考虑外表面材质热辐射差异和室外风速大小而得到的，实际的外墙表面温度与空气温差应略高于计算值。

【案例 5.7】 某医院门诊综合楼节能检测的分析

背景：

某医院总建筑面积约为 74037m²。医院有职工约 1000 人，其中门诊最大就诊人数 5000 人次/日，拥有 720 个床位，手术室 10 间，门诊手术室 2 间，医院于 2005 年建成并投入使用，建筑物概况见表 5-11。医院总体布局主要由两个部分组成：①门诊综合楼：南面为 6 层主楼；主楼地下一层内有药库、中心供应室、机房等；局部有三层裙房组成医技科、病理科、手术室等科室。②特需楼：为一四层建筑。

建筑物概况 表 5-11

建筑物名称	建筑面积（m²）	空调面积（m²）	建筑高度（m）
特需楼	63909	61000	26
门诊综合楼	10128	10200	30

问题：

全面了解在建筑运营中检测常用的方法及分析要点。针对上述案例进行一次相对全面的节能诊断。

分析要点：

（1）建筑结构分析要点见表 5-12。

外围护结构概况   表 5-12

建筑结构		门诊综合楼	特需楼
外墙	外饰面	1. 涂料墙面 2. 干挂花岗岩	涂料墙面
	结构层	200 厚混凝土小型空心砌块	200 厚混凝土小型空心砌块
	内饰面	20 厚 JX 保温粉刷材料	20 厚 JX 保温粉刷材料
外窗	玻璃	一般门窗玻璃为 5mm 厚浮法玻璃,落地玻璃门采用安全玻璃,卫生间均采用 6mm 厚的磨砂玻璃	
	窗框	铝合金	
幕墙	玻璃	双层中空镀银膜玻璃(阳光控制膜)	
	框架	铝合金	
屋面	上人屋面	(1)10 厚地砖面层,干水泥擦缝,20 厚 1:2 水泥砂浆加 5% 建筑胶结合层;(2)40 厚 C20 细石混凝土,下加 20 厚 1:2.5 水泥砂浆保护层;(3)25 厚挤塑板保温层;(4)二道设防 3mm 厚三元乙丙防水卷材;(5)20 厚 1:2 水泥砂浆找平层;(6)1.5 厚合成高分子防水涂膜一层;(7)钢筋混凝土楼板	
	不上人屋面	(1)40 厚 C20 细石混凝土,下加 20 厚 1:2.5 水泥砂浆保护层;(2)25 厚挤塑板保温层;(3)二道设防 3mm 厚三元乙丙防水卷材;(4)20 厚 1:2 水泥砂浆找平层;(5)1.5 厚合成高分子防水涂膜一层;(6)钢筋混凝土	

(2)墙体和窗面检测见表 5-13 和表 5-14。

建筑体形系数及窗墙面积比   表 5-13

建筑		门诊综合楼	特需楼
体形系数		0.21	0.20
窗墙面积比	东	0.27	0.24
	南	0.42	0.33
	西	0.33	0.55
	北	0.53	0.33

房间窗地面积比统计表   表 5-14

采光等级	房间名称	窗地面积比规定值	窗地面积比实际值
Ⅲ	综合楼会议室	2/9	1/2
	综合楼诊室		1/2
	特需楼诊室		1/4
	特需楼办公室		1/4
Ⅳ	病房(南向)	1/5	1/7
	病房(北向)		2/5
	特需楼病房 1		3/5
	特需楼病房 2		2/5

在保持建筑设计不变的前提下,能耗模拟过程中以建筑围护结构改造为例。结合传热系数实测值与规范值得对比,如表 5-15 所示。

围护结构传热系数统计对比表 表 5-15

检测部位	实测值	规范值
外墙	1.86	1.0
屋顶	1.05	0.7
外窗	7.9	3.0
幕墙	4.2	3.2
架空板	—	1.0
透明屋面	—	3.0
地面	—	1.2

（3）建筑整体节能诊断分析如表 5-16 所示。

建筑内系统节能诊断分析 表 5-16

建筑系统	特点	检测及分析
空调系统	冷源系统：总冷负荷为 7830kW。冷源选用三台离心式冷水机组，进/出水温度为 6～12℃；冷却塔设置于主楼西侧屋顶，进/出水温度为 32～38℃，湿球温度为 29℃ 热源系统：总热负荷为 5480kW。热源由三台容量为 4t/h 全自动油气锅炉提供，介质为蒸汽，并且是不间断供应。冬季采用二台 2300kW，一台 1150kW 汽水热交换器，冬季进/出水温度为 50～60℃。锅炉选择油气两用路，根据热负荷变化幅度进行调节 空调水系统：空调水系统运行采用复式泵形式，机房侧为定流量泵，水泵与冷冻机、板式热交换器一一对应；用户侧为变流量泵（二台），每台流量为承担空调全负荷时的 70%。空调供给水系统采用 4 管制、2 管制相结合方式	检测项目： 冷热源系统检测；水泵效率和输送能效比检测；组合空调机组检测；新风机组检测；室内效果检测；问卷调查结果；手术室运行状况检测 节能诊断分析 1. 冷水机组运行模式 2. 冷水机组出水温度设定 3. 冷却塔供冷模式 4. 水泵的变流量控制 5. 锅炉房的凝结水利用 6. 手术室：手术室的冷热源并未单独设置，而是同整个建筑的冷热源共用，无论是从系统的实际运行，还是从负荷的分配上都存在较大问题
手术室空调系统	百级、万级手术部各设一空调系统，空调的冷热负荷由中央空调水系统提供。房间的压力梯度依次为：手术室—准备室—清洁走廊。不管手术室是否使用，新风机组必须 24 小时运行	
围护结构系统	如表 5-11～表 5-15 所示	检测项目： 热工性能检测：检测采用热流计法，以建筑物的外墙、屋面及外窗、幕墙等建筑构件为检测对象，选择有代表性的典型部位作为检测点 节能诊断分析 1. 医院中过大的公共空间面积和体积是能耗不合理的重要原因 2. 医院位处开发区，地势开阔、周边建筑稀少，利于建筑日照和自然通风，但对建筑的夏季防晒不利 3. 特需楼主入口的主朝向都是西向，且都有大面积的玻璃幕墙，窗墙面积比非常大，这对于夏季防晒不利，直接导致了制冷能耗的增加 4. 医院的屋顶都采用了大面积的透明屋面，对于建筑夏季防晒和冬季保温都非常不利，这些都将增加建筑的采暖和制冷能耗 5. 缺陷部位的传热系数高达主体部位的 2.2 倍

建筑系统	特点	检测及分析
配电及照明系统	变配电系统为 10/0.4kV 系统，园区设有 10kV 高压开关站一个，10/0.4kV 变电所四个。由于医院中有大量一级负荷，因此采用两路独立 10kV 电源进线，每路负荷约 3030kVA，高压电缆埋地引至园区高压开关站，并设有一台柴油发电机作为备用电源 根据医院提供的资料和现场调查表明，医院的照明光源以 T8 直管荧光灯和紧凑型荧光灯为主，兼有少量白炽灯、环形荧光灯、金卤灯及射灯，采用的镇流器均为电子型镇流器。经调查，除 VIP 病房走廊部分采用了间接照明，其余区域均采用直接照明的方式	检测项目： 系统损耗检测；电能质量检测；照明系统检测； 节能诊断分析 1. 在电容补偿回路串联电抗器，如有条件的话可考虑在 2 号、4 号变电站设置有源滤波器柜 2. 改善电能质量可以消除谐波、降低无功损耗，使得线路和设备上损耗降低。另一方面供电质量得到提高，可以令用电设备（如电机、灯具、水泵等）工作效率提高，达到节能效果 3. 各功能性房间的照度分配不均 4. 局部区域光源和灯具的选择不合理 5. 部分房间照明功率密度超标 6. 没有针对照明负荷设置节电器 7. 当前公共区域照明控制多为人工控制，存在"长明灯"现象
楼宇自控系统	医院设有楼宇自控系统，总控制点数约 2200 点，设有中央控制室	医院的楼宇自控系统没有发挥其应有的先进管理功能，应对系统重新进行完整的调试和试运行，使楼宇自控系统发挥其应有的作用。楼宇自控系统节能监控功能不完善，尤其是冷、热源系统没有充分发挥出应有的控制功能，虽然水泵都加装了变频器，但仍全部运行在工频下，基本没有制定有效的节能运行策略，应该重点对其进行改造。空调机组和新风机组应增加节能控制程序。温度传感器和压力传感器数据明显不合理，应对控制系统的所有传感器选型、安装位置、参数校准等进行检查，发现问题并进行整改，确保测量数值的准确性，然后运行自动控制程序，从而保证系统节能的可靠性和可行性

【案例 5.8】某科技产业楼 1、2 号楼运营管理评价的分析

背景：

上海市某区某地块上 1 号和 2 号科技产业楼定位于绿色建筑示范工程，均为地上 6 层，地下 1 层，用地面积共 17880.8m²，总建筑面积约 2.7 万 m²，地下室相互连通，面

积达 9020m²，1 号产业楼地上建筑面积为 10499m²，2 号产业楼地上建筑面积为 7712m²。该工程 2008 年 8 月开工，2010 年 4 月通过竣工验收。

工程自立项开始，业主单位即协调建筑设计、技术顾问、专项厂家、建筑施工、监理、物业管理等单位，在建筑综合节能、可再生能源利用、建筑节水、建筑智能化控制、绿色施工、绿色运营等方面开展了大量的基础性工作，有针对性地在 1 号、2 号科技产业楼中集成应用了一系列的绿色建筑技术，达到了绿色建筑示范目标。该项目运营效果总结如下：

项目的物业管理公司与开发单位同属一个集团，对项目的运营实施非常重视，根据绿色建筑的需求，编制了绿色建筑物业管理方案，其中涵盖了管理架构、人员职责，从 8 个方面制定了详尽的管理维护制度规定，包括太阳能光伏发电系统的管理维护、地源热泵系统的管理维护、热泵溶液调湿新风机组的管理维护、雨水收集利用系统的管理维护、能效管理系统的运行管理、机房管理制度、绿化外围养护管理制度、垃圾管理制度等。

例如，物业管理单位制定了光伏幕墙的专项运行管理方案，根据太阳能光伏发电系统的数据记录对运行状况进行判断，对光伏幕墙系统进行持续跟踪维护；制定了雨水系统的专项运行管理方案，对雨水回收利用系统进行持续跟踪维护。另外项目编制了《太阳能日发电量记录表》、《新风机组日常巡检记录表》、《雨水泵房运行记录表》、《绿化养护工作日记录表》、《绿化养护月检查表》，由专人负责定时收集各子系统的数据。

（1）节地与室外环境

1 号、2 号楼的屋顶设置了屋顶花园，种植了小叶黄杨球、红叶石楠、阔叶麦冬等植物。1 号楼的南立面上设置了模块式挂壁绿化，选用了适合上海地区的金银花、常春藤、凌霄花、迎春花等植物。同时室外基地内大量种植了乔木和灌木，整体绿化效果显著。项目采用了多种形式相结合的绿化方式，整体绿化率达到了 59.8%。室外停车位采用植草砖铺装，以利于地面的透水，透水地面面积比超过 45%。出于节地和提高土地利用效率的考虑，项目对于地下空间进行了充分合理的利用，整个园区设置了地下空间作为车库、员工餐厅和设备机房，地下面积总计达到 9020m²。

（2）节能与能源利用

依据《公共建筑节能设计标准》GB 50189—2005 以及《民用建筑能效测评标识评定细则》IN/ZD 02.08—2009，项目开展了能效理论值测评工作。经测评，1 号楼基础项节能率为 67.1%，2 号楼基础项节能率为 65.8%，两栋楼均达到建筑能效理论值测评标识三星要求。项目对围护结构进行了优化，选用了中空夹芯节能墙体，提高了围护结构的保温隔热性能。2 号楼采用了太阳能光伏幕墙，集外倾式幕墙形体、太阳能光伏板、局部呼吸幕墙以及可动遮阳板于一体。2010 年 9 月～2011 年 8 月，累计发电约 1.6 万 kW·h。项目采用了高效设备和系统，其中包括湿分离的空调系统与地源热泵冷热源的集成技术，并采用了地源热泵生活热水系统，以便能充分利用地源热泵空调系统余热。采用的一体式热泵型溶液调湿新风机组本身设有两级高效全热回收单元，通过溶液的循环流动，从而实现能量从室内排风到新风的传递（回收）过程。项目采用多种途径降低照明能耗。地下车库采用光导管照明技术，16 套光导管提供了全光谱自然光照明生态环境，改善了地下空间的照明品质。1 号、2 号楼的办公区域均采用高效照明器具，照明功率密度值均达到了《建筑照明设计标准》GB 50034—2004 的目标值的要求，同时公共区域照明和办公区域照明实现了分区域计量。

（3）节水与水资源利用

项目考虑了雨水的回收再利用，设计了雨水系统，储水池容积达到 90m³，同时采取足够的消毒杀菌措施，以保障水质安全。雨水收集后的回用主要用于绿化灌溉和地下车库地面冲洗，有效减小了自来水用量。建筑内所有的用水器具均采用节水器具，实现末端节水。优质管材、管道连接及高效阀门等的使用也有效地避免了管网漏损。绿化灌溉采用高效的喷灌灌溉方式，节约了用水。

（4）节材与材料资源利用

项目所用的混凝土全部为预拌混凝土，500km 以内厂家生产的建筑材料的使用比例达到 99％以上，项目实现了土建与装修一体化设计施工，由同一家设计单位负责土建及装修的一体化设计，施工单位按图纸进行一体化施工。基于项目性质为出租办公楼，办公区间均采用大开间设计，方便租户进行灵活隔断，减少了二次装修带来的材料浪费和环境污染。

（5）室内环境质量

建筑中部设置中庭，引入天然阳光及新鲜空气，创造宜人的休憩环境。通过模拟优化开窗设计，达到优化自然通风的目的。项目在建筑设计时合理规划布置了办公等各功能区，避免相互间的噪声干扰，同时采用了经济合理的隔声、减震措施。1 号、2 号楼均设置了无障碍出入口、无障碍厕所等无障碍措施。项目使用了多种可调节遮阳形式，在 1 号楼东面的双层幕墙通道内设置了遮阳百叶，在 2 号楼西立面设置了可调梭形外遮阳百叶，在充分利用自然光采光提升室内环境质量的同时降低了空调能耗。

（6）运营管理

项目设置了完善的智能化管理系统，由通信自动化系统（CA）、安防自动化系统（SA）、办公自动化系统（OA）、楼宇自动控制系统（BA）、能耗分项计量系统组成，并设置智能化机房。同时运用了智能化设备运行控制技术，对建筑幕墙电动百叶、靠窗区域电气照明、空调系统之间进行协同控制。另外还设置了室内空气质量监控系统，监控室内的温湿度、CO_2 浊度等参数，并通过空调新风系统联动调节。

项目运营单位制定了详细的绿色建筑管理方案，对太阳能光伏发电系统管理维护、地源热泵系统管理维护、热泵溶液调湿新风机组管理维护、雨水收集利用系统管理维护、能效管理系统运行管理并明确规定了机房管理制度、绿化外委养护管理制度、垃圾管理制度等，同时设计了一系列绿色建筑示范技术数据记录表，并由专人负责记录。

问题：

试从以上背景材料，结合《绿色建筑评价标准》有关条款，分析评价该项目的运营管理状况。

分析要点：

根据《绿色建筑评价标准》第 10 章运营管理控制项（5 项）、评分项（13 项，其中管理制度 4 项，技术管理 5 项，环境管理 4 项）及有关加分项进行评价。具体可按表 5-17 逐项进行评价。

运营管理评价表

表 5-17

名称	类别	标准条文	是否参评	满足(不满足)或评分(加分)分值
运营管理	控制项	10.1.1 应制定并实施节能、节水、节材、绿化管理制度	是	满足
		10.1.2 应制定垃圾管理制度,合理规划垃圾物流,对生活废弃物进行分类收集,垃圾容器设置规范	是	满足
		10.1.3 运行过程中产生的废气、污水等污染物应达标排放	是	满足
		10.1.4 节能、节水设施应工作正常,且符合设计要求	是	满足
		10.1.5 供暖、通风、空调、照明等设备的自动监控系统应工作正常,且运行记录完整	是	满足
	评分项	10.2.1 物业管理机构获得有关管理体系认证,评价总分值为 10 分,并按下列规则分别评分并累计:(1)具有 ISO 14001 环境管理体系认证,得 4 分;(2)具有 ISO 90001 质量管理体系认证,得 4 分;(3)具有现行国家标准《能源管理体系 要求》GB/T 23331—2012 的能源管理体系认证,得 2 分	是	8
		10.2.2 节能、节水、节材与绿化的操作规程、应急预案完善,且有效实施,评价总分值为 8 分,并按下列规则分别评分并累计:(1)相关设施的操作规程在现场明示,操作人员严格遵守规定,得 6 分;(2)节能、节水设施运行具有完善的应急预案,得 2 分	是	8
		10.2.3 实施能源资源管理激励机制,管理业绩与节约能源资源、提高经济效益挂钩,评价总分值为 6 分,并按下列规则分别评分并累计:(1)物业管理机构的工作考核体系中包含能源资源管理激励机制,得 3 分;(2)与租用者的合同中包含节能条款,得 1 分;(3)采用能源合同管理模式,得 2 分	是	5
		10.2.4 建立绿色教育宣传机制,编制绿色设施使用手册,形成良好的绿色氛围,评价总分值为 6 分,并按下列规则分别评分并累计:(1)有绿色教育宣传工作记录,得 2 分;(2)向使用者提供绿色设施使用手册,得 2 分;(3)相关绿色行为与成效获得媒体报道,得 2 分	是	6
		10.2.5 定期检查、调试公共设施设备,并根据运行检测数据进行设备系统的运行优化,评价总分值为 10 分,并按下列规则分别评分并累计:(1)具有设施设备的检查、调试、运行、标定记录,且记录完整,得 7 分;(2)制定并实施设备能效改进方案,得 3 分	是	7
		10.2.6 对空调通风系统进行定期检查和清洗,评价总分值为 6 分,并按下列规则分别评分并累计:(1)制定空调通风设备和风管的检查和清洗计划,得 2 分;(2)实施第一款中的清洗计划,且记录保存完整,得 4 分	是	6
		10.2.7 非传统水源的水质和用水量记录完整、准确,评价总分值为 4 分,并按下列规则分别评分并累计:(1)定期进行水质检测,记录完整、准确,得 2 分;(2)用水量记录完整、准确,得 2 分	是	4
		10.2.8 智能化系统的运行效果满足建筑运行与管理的需要,评价总分值为 12 分,并按下列规则分别评分并累计:(1)居住建筑的智能化系统满足现行行业标准《居住区智能化系统配置与技术要求》CJ/T 174—2003 的基本配置要求,公共建筑的智能化系统满足现行国家标准《智能建筑设计标准》GB/T 50314—2015 的基本配置要求,得 6 分;(2)智能化系统工作正常,符合设计要求,得 6 分	是	6

名称	类别	标准条文	是否参评	满足(不满足)或评分(加分)分值
运营管理	评分项	10.2.9 应用信息化手段进行物业管理,建筑工程、设施、设备、部品、能耗等档案及记录齐全,评价总分值为10分,并按下列规则分别评分并累计:(1)设置物业信息管理系统,得5分;(2)物业管理信息系统功能完备,得2分;(3)记录数据完整,得3分	是	7
		10.2.10 采用无公害病虫害防治技术,规范杀虫剂、除草剂、化肥、农药等化学药品的使用,有效避免对土壤和地下水环境的损害,评价总分值为6分,并按下列规则分别评分并累计:(1)建立和实施化学药品管理责任制,得2分;(2)病虫害防治用品使用记录完整,得2分;(3)采用生物制剂、仿生制剂等无公害防治技术,得2分	是	4
		10.2.11 栽种和移植的树木一次成活率大于90%,植物生长状态良好,评价总分值为6分,并按下列规则分别评分并累计:(1)工作记录完整,得4分;(2)现场观感良好,得2分	是	6
		10.2.12 垃圾收集站(点)及垃圾间不污染环境,不散发臭味,评价总分值为6分,并按下列规则分别评分并累计:(1)垃圾站(间)定期冲洗,得2分;(2)垃圾及时清运、处置,得2分;(3)周边无臭味,用户反映良好,得2分	是	6
		10.2.13 实行垃圾分类收集和处理,评价总分值为10分,并按下列规则分别评分并累计:(1)垃圾分类收集率达到90%,得4分;(2)可回收垃圾的回收比例达到90%,得2分;(3)对可生物降解垃圾进行单独收集和合理处理.得2分;(4)对有害垃圾进行单独收集和合理处理,得2分	是	8
	加分项	11.2.11 进行建筑碳排放计算分析,采取措施降低单位建筑面积碳排放强度,评价分值为1分	否	
		11.2.12 采取节约能源资源、保护生态环境、保障安全健康的其他创新,并有明显效益,评价总分值为2分。采取一项,得1分;采取两项及以上,得2分		1

第6章 绿色建筑专题评价案例分析

本章提要

《绿色建筑评价标准》GB/T 50378—2014 将绿色建筑评价明确划分为"设计评价"和"运行评价"。设计评价的重点在评价绿色建筑方面采取的"绿色措施"和预期效果上，而运行评价则不仅要评价"绿色措施"，而且要评价这些"绿色措施"所产生的实际效果。除此之外，运行评价还关注绿色建筑在施工过程中留下的"绿色足迹"，关注绿色建筑正常运行后的科学管理。简言之，"设计评价"所评的是建筑的设计，"运行评价"所评的是已投入运行的建筑。

不论建筑功能是否综合，也不论是设计评价还是运行评价，均以绿色建筑评价的各个条/款为基本评价单元。对于某一条文，只要建筑中有相关区域涉及，则该建筑就参评并确定得分。

本章所列举 24 个案例只是涉及绿色建筑所采取的"绿色措施"、预期效果（设计评价）或实际效果（运行评价）局部（专题）评价，而不是总体综合评价。绿色建筑整体的综合评价案例详见第十章。

【案例 6.1】 某南方住宅楼绿色建筑节能与能源利用的分析

背景：

某南方住宅区，9 幢高层住宅楼，共 868 户，均采用了户式太阳能热水系统，集热器部分呈 90°安装于阳台外侧，热水系统的闭式承压水箱，水泵及控制器安装于阳台内侧，每日供应 45℃热水 150L，能够满足三口之家全年 24h 热水供应。并且根据房间朝向和使用特点，进行了合理的空调分区：一层、二层各展厅，报告厅及多功能厅，分别设立独立的全空气系统，旋流风口顶送或喷口侧送；其他办公、贵宾休息、展厅用房，采用风机盘管加新风系统，便于独立控制。所采用的部分符合运行调节策略包括：水系统采用二级泵变流量系统，根据最不利环路的压差控制泵的转速实现节能运行；空调调相采用变频调速风机，排风量可通过台数调节；冷热源为高效江水源机组，IPLV（制冷综合性能系数）符合标准要求，性能系数得到有效提高。其物业管理公司提供包括节能、节水、节材与绿化等方面的能源管理制度，并有相应的管理文档、日常管理记录。如公共建筑部分的冷热源、输配系统和照明等各部分能耗都进行独立分项计量。运营管理要求制定并实施节能、节水等资源节约与绿化管理制度。

问题：

对照《绿色建筑评价标准》GB/T 50378—2014，评价分析该项目中节能与能源利用情况。

分析要点：

（1）符合《绿色建筑评价标准》GB/T 50378—2014 第5.1.2和5.1.3条控制项要求。

①未采用电直接加热设备作为空调和供暖系统的供暖热源和空气加湿热源。

②公共建筑的冷热源、输配系统和照明等各部分能耗进行独立分项计量。

（2）符合《绿色建筑评价标准》GB/T 50378—2014 加分项第5.2.16条根据当地气候和自然资源条件，合理利用（太阳能、高效江水源）等可再生能源。并且可再生能源提供的生活用热水比例大于等于80%，可得10分；由高效江水源提供的空调用冷量和热量，也是加分项。

（3）符合《绿色建筑评价标准》GB/T 50378—2014 加分项第5.2.8条减低建筑物在部分冷热负荷和部分空间使用下的暖通空调系统能耗。评分规则如下：

①区分房间的朝向，细分空调区域，对空调系统进行分区控制，得3分。

②合理选配空调冷、热源机组台数与容量，制定实施根据负荷变化调节制冷（热）量的控制策略，且空调冷源机组的部分负荷性能系数（IPLV）符合现行国家标准《公共建筑节能设计标准》GB 50189—2015的规定，得3分。

③水系统采用水泵变频技术，或全空气系统采用变风量控制，且采取相应的水力平衡措施，得3分。

（4）供暖空调系统的冷、热源机组能效均高于现行国家标准《公共建筑节能设计标准》GB 50189—2015的规定。冷、热源机组的能源效率等级高1级，得6分。

（5）运营管理部分：符合《绿色建筑评价标准》GB/T 50378—2014 第10.1.1条控制项要求，即制定并实施节能、节水、节材等资源节约与绿化管理制度。

【案例6.2】缺水城市某项目的场地设计与场地生态及节水与水资源利用的案例分析

背景：

某城市为缺水城市，有丘陵台地、盆地峡谷，属于亚热带海洋性气候。该城市某项目的水景面积约10000m²，补水量为17950m³/a。采用达标的中水及雨水补充水体，水质保障通过循环及人工湿地水质处理，可达地表四类水。

景观水质保障方面，由水生植物净化循环水系统保持水质，经过几年的实际运行，景观水体水质常年保持在《地表水环境质量标准》GB 3838—2002 Ⅳ类水质标准以上。系统运行能耗和成本：每年动力费约2268元（水体循环），每年消耗药剂费180元（除藻系统）。

其水系统规划方案内容比较全面，包含了当地水资源情况、用水分配计划、水质水量保障方案、用水量估算、水量平衡计算及非传统水资源利用等方面，基本涵盖了水系统规划方案所应有的内容。特别是其中包含了水景需要补水量与雨水收集回用量的水量平衡计算。

并且室外停车位采用空隙大于40%的植草砖，部分人行道采用渗水砖路面。该项目结合自然冲沟设计生态水渠及旱溪，并收集两侧多层坡屋面的干净雨水进入生态水渠及旱溪进行自然渗透。

问题：

对照《绿色建筑评价标准》GB/T 50378—2014，评价分析该项目中场地设计与场地生态、节水与水资源利用情况。

分析要点：

（1）场地设计与场地生态

①符合《绿色建筑评价标准》GB/T 50378—2014，第4.2.12条：结合现状地形地貌进行场地设计与建筑布局，保护场地内原有的自然水域、湿地和植被，采取表层土利用等生态补偿措施。评价分值：3分。

②符合《绿色建筑评价标准》GB/T 50378—2014，第4.2.13条：充分利用场地空间合理设置绿色雨水基础设施，对场地进行雨水专项规划设计。采用硬质铺装地面中透水铺装及部分人行道渗水砖路面等面积的比例不小于50%，可得3分。

③"该项目结合自然冲沟设计生态水渠及旱溪，并收集两侧多层坡屋面的干净雨水进入生态水渠及旱溪进行自然渗透"。符合《绿色建筑评价标准》GB/T 50378—2014，第4.2.14条：合理规划地表与屋面雨水径流，对场地雨水实施外排总量控制。评分规则如下：

如果场地年径流总量控制率不低于55%但低于70%，可得3分；

如果场地年径流总量控制率不低于70%但低于85%，可得6分。

（2）节水与水资源利用

①符合《绿色建筑评价标准》GB/T 50378—2014，第6.2.10条：合理使用非传统水源。"采用达标的中水及雨水补充水体，水质保障通过循环及人工湿地水质处理，可达地表四类水"。

②符合《绿色建筑评价标准》GB/T 50378—2014，第6.2.12条：结合雨水利用设施进行景观水体设计，景观水体利用雨水的补水量大于其水体蒸发量的60%，且采用生态水处理技术保障水体水质。

【案例6.3】某展览馆非传统水源利用及通风与空调系统的分析

背景：

某城市多年平均降雨量为1154.1mm，属于降雨丰富地区。某项目为展览馆，自建中水处理站设计时，对三种处理工艺（生化处理＋沉淀过滤＋消毒工艺、混凝沉淀＋膜分离＋消毒工艺、膜生物反应器工艺）进行了分析比较。该项目中水水源为展馆内盥洗、冲厕水以及区域内初期雨水，出水主要用于厕所冲洗、道路浇灌、绿地浇洒、其他（如地板清洁、建筑物清洗等）及少量景观水体置换补充用水，故必须经过生化处理。在综合考虑各种因素的基础上，因 MBR 工艺具有出水水质良好、运行稳定、操作管理简单、占地面积小等优点，被选用作为该项目适用的中水回用技术。

经过经济分析，对屋面雨水进行收集、处理、消毒后回用于绿化、道路冲洗等用水点，且降雨进入天沟经过不锈钢格栅初滤后再由雨水斗周边的鹅卵石过滤层过滤后进入虹吸管道，经过初期雨水弃流后的雨水进入原水池，后经加药、过滤、消毒后回用。景观水体利用雨水的补水量大于其水体蒸发量的 60%。每回用 1t 雨水可节约水费 3.3 元，一年可节约用水 10776m³，可节约水费 33360.8 元。

该项目展厅、门厅休息厅、一层展厅、二层南北侧展厅、报告厅及多功能厅采用全空气一次回风系统，其中空调箱送风采用变频调速电机，排风机采用双速电机，送风方式为旋流风口顶送风，回风则采用集中回风的方式。空调箱使用变频风机并采用可调节新风比的调节措施，调节范围：组合式空调箱：5%～100%；柜式空调箱：15%～50%，过渡季节可调节新回风阀，并减少送风量，从而实现全新风运行。

问题：

（1）结合《绿色建筑评价标准》GB/T 50378—2014，对该项目进行非传统水源利用分析。

（2）结合《绿色建筑评价标准》GB/T 50378—2014，对该项目进行通风与空调系统分析。

分析要点：

（1）非传统水源利用

①符合《绿色建筑评价标准》GB/T 50378—2014，第 6.2.10 条"合理使用非传统水源"要求。本项目自建中水处理站设计时，对三种处理工艺（生化处理＋沉淀过滤＋消毒工艺、混凝沉淀＋膜分离＋消毒工艺、膜生物反应器工艺）进行了分析比较。该项目中水水源为展馆内盥洗、冲厕水，以及区域内初期雨水，出水主要用于厕所冲洗、道路浇灌、绿地浇洒、其他（如地板清洁、建筑物清洗等）及少量景观水体置换补充用水，故必须经过生化处理。在综合考虑各种因素的基础上，因 MBR 工艺具有出水水质良好、运行稳定、操作管理简单、占地面积小等优点，被选用作为该项目适用的中水回用技术。

②符合《绿色建筑评价标准》GB/T 50378—2014，（第 6.2.12 条"结合雨水利用设施进行景观水体设计，景观水体利用雨水的补水量大于其水体蒸发量的 60%，且采用生态水处理技术保障水体水质"。）本项目经过经济分析，对屋面雨水进行收集、处理、消毒后回用于绿化、道路冲洗等用水点，且降雨进入天沟经过不锈钢格栅初滤后再由雨水斗周边的鹅卵石过滤层过滤后进入虹吸管道，经过初期雨水弃流后的雨水进入原水池，后经加药、过滤、消毒后回用。每回用 1t 雨水可节约水费 3.3 元，一年可节约用水 10776m³，可节约水费 33360.8 元。

（2）通风与空调系统

采用全新风运行和可调新风比的措施。该项目空调箱送风采用变频调速电机，排风机采用双速电机，送风方式为旋流风口顶送风，回风则采用集中回风的方式。空调箱使用变频风机并采用可调节新风比的调节措施，调节范围：组合式空调箱：5%～100%；柜式空调箱：15%～50%，过渡季节可调节新回风阀，并减少送风量，从而实现全新风运行。符合《绿色建筑评价标准》GB/T 50378—2014，第 5.2.4、5.2.8 条有关要求。

【案例 6.4】 某公共建筑材料选用、雨水利用、日照和自然通风的绿色评价分析

背景：

某地区公共建筑常年降雨量约 1924.7mm，蒸发量为 1759.8mm，降雨集中在 5～9 月且无规律，采用钢筋混凝土蓄水池建造代价较高、收益低，且水质不易维护。

该项目在建筑施工图中，选用石膏砌块作为内隔墙材料，共需用石膏砌块 1000m³。而在实际施工中，使用率以工业副产品石膏（脱硫石膏）为原料制作的石膏砌块共 300m³，并且结合地形的自然冲沟设计生态水渠及旱溪，收集两侧多层坡屋面及绿地的干净雨水进入生态水渠及旱溪，生态水区面积约 3000m²，通过人工湿地（面积约 500m²）收集部分雨水进入清水池，提高绿地率达到 38.1%，绿地规划有浅草沟。此外，室外停车位采用空隙大于 40% 的植草砖，部分人行道采用渗水砖路面，对雨水进行渗透，道路雨水通过暗渠直接排入市政管网。

在概念设计中对天然采光进行了模拟分析，冬季太阳光也能直射到北面的办公室，夏季采用里面和屋面遮阳措施反射太阳光。

问题：

结合《绿色建筑评价标准》GB/T 50378—2014，对该项目进行材料选用、雨水利用、日照和自然通风等方面分析。

分析要点：

（1）材料选用

符合《绿色建筑评价标准》GB/T 50378—2014 第 7.2.13 条 "使用以废弃物为原料生产的建筑材料，废弃物掺量不低于 30%。采用一种废弃物为原料生产的建筑材料，其占同类建材的用量比例不小于 30% 但小于 50%，得 3 分"。

该项目在建筑设计施工图中，选用石膏砌块作为内隔墙材料，共需用石膏砌块 1000m³。而在实际施工中，使用率以工业副产品石膏（脱硫石膏）为原料制作的石膏砌块共 300m³。

（2）雨水利用

符合《绿色建筑评价标准》GB/T 50378—2014 第 6.2.10 条有关要求。本项目采用

钢筋混凝土蓄水池建造代价较高、收益低，且水质不易维护。结合地形的自然冲沟设计生态水渠及旱溪，并收集两侧多层坡屋面及绿地的干净雨水进入生态水渠及旱溪，生态水区面积约 3000m²，通过人工湿地（面积约 500m²）收集部分雨水进入清水池，提高绿地率达到 38.1%，绿地规划有浅草沟。

此外，室外停车位采用空隙大于 40% 的植草砖，部分人行道采用渗水砖路面，对于水进行渗透，道路雨水通过暗渠直接排入市政管网。符合《绿色建筑评价标准》GB/T 50378—2014 第 4.2.13（3）条有关规定。

（3）日照与自然通风

冬季太阳光能直射到北面的办公室，夏季采用里面和屋面遮阳措施反射太阳光。符合《绿色建筑评价标准》GB/T 50378—2014 第 4.1.4 条日照控制项要求及第 8.2.8 条遮阳措施要求。

【案例 6.5】某项目建筑规划对日照影响及建筑造型的分析

背景：

由于建筑布局可能会产生相互遮挡，建筑本身有背阴朝向，而为了立面丰富或结构需要，某项目设计的本体形成一些凹槽遮挡，在申报时提供了详细的针对其中的典型户型的日照模拟结果，审核单位根据所提供信息核查建筑平面户型设计，没有发现日照不足户型。

该 4 层钢筋混凝土框架结构建筑，第 3 层局部为上人屋面，设有 1.1m 高的女儿墙，屋顶设有 1.5m 高的女儿墙。此外，为了遮挡屋顶的冷却塔，建筑局部设置了 2.5m 高的女儿墙，该项目的女儿墙最大高度超过了规范要求的 2 倍，但将其并入"不具备遮阳、导光、导风、载物、辅助绿化等作用的所有的飘板、格栅和构架等"计算时，该类装饰性构件造价之和仍小于工程总造价的 2%。

问题：

结合《绿色建筑评价标准》GB/T 50378—2014，分析规划布局对日照的影响和建筑造型的要求。

分析要点：

（1）规划布局对日照的影响

本项目由于建筑布局可能会产生相互遮挡，建筑本身有背阴朝向，而为了立面丰富或结构需要，项目设计的本体形成一些凹槽遮挡，在申报时提供了详细的针对其中的典型户型的日照模拟结果，审核单位根据所提供信息核查建筑平面户型设计，没有发现日照不足户型。

根据《绿色建筑评价标准》GB/T 50378—2014，第 4.1.4 条"建筑规划布局满足日照标准，且不降低周边建筑的日照标准。"符合该控制项要求。

建筑室内的空气质量与日照环境密切相关，日照环境直接影响居住者的身心健康和居住生活质量。我国对居住建筑以及幼儿园、医院、疗养院等公共建筑都制定有相应的国家标准或行业标准，对其日照、消防、防灾、视觉卫生等提出了相应的技术要求，直接影响着建筑布局、间距和设计。

如《城市居住区规划设计规范》GB 50180—1993（2002年版）中第5.0.2.1规定了住宅的日照标准，同时明确：老年人居住建筑不应低于冬至日日照2h的标准；在原设计建筑外增加任何设施不应使相邻住宅原有日照标准降低；旧区改建的项目内新建住宅日照标准可酌情降低，但不应低于大寒日日照1h的标准。

如《托儿所、幼儿园建筑设计规范》JGJ 39—1987中规定：托儿所、幼儿园的生活用房应布置在当地最好日照方位，并满足冬至日底层满窗日照不少于3h的要求，温暖地区、炎热地区的生活用房应避免朝西，否则应设遮阳设施；《中小学校设计规范》GB 50099—2011中对建筑物间距的规定是：南向的普通教室冬至日底层满窗日照不应小于2h。因此，建筑的布局与设计应充分考虑上述技术要求，最大限度地为建筑提供良好的日照条件，满足相应标准对日照的控制要求；若没有相应标准要求，符合城乡规划的要求即为达标。

建筑布局不仅要求本项目所有建筑都满足有关日照标准，还应兼顾周边，减少对相邻的住宅、幼儿园生活用房等有日照标准要求的建筑产生不利的日照遮挡。条文中的"不降低周边建筑的日照标准"是指：①对于新建项目的建设，应满足周边建筑有关日照标准的要求。②对于改造项目分两种情况：周边建筑改造前满足日照标准的，应保证其改造后仍符合相关日照标准的要求；周边建筑改造前未满足日照标准的，改造后不可再降低其原有的日照水平。

本条的评价方法为：设计评价查阅相关设计文件和日照模拟分析报告；运行评价查阅相关竣工图和日照模拟分析报告，并现场核实。

（2）建筑造型的要求

本项目的女儿墙最大高度超过了规范要求的2倍。但将其并入"不具备遮阳、导光、导风、载物、辅助绿化等作用的所有的飘板、格栅和构架等"计算时，该类装饰性构件造价之和仍小于工程总造价的2%。

根据《绿色建筑评价标准》GB/T 50378—2014，第7.1.3条"建筑造型要素简约，无大量装饰性构件。"符合该控制项要求。

设置大量的没有功能的纯装饰性构件，不符合绿色建筑节约资源的要求。而通过使用装饰和功能一体化构件，利用功能构件作为建筑造型的语言，可以在满足建筑功能的前提下表达美学效果，并节约资源。对于不具备遮阳、导光、导风、载物、辅助绿化等作用的飘板、格栅、构架和塔、球、曲面等装饰性构件，应对其造价进行控制。

本条的评价方法为：设计评价查阅设计文件，有装饰性构件的应提供其功能说明书和造价计算书；运行评价查阅竣工图和造价计算书，并进行现场核实。

【案例6.6】某小区内环境噪声和围护结构内表面无结露的要求分析

背景：

某小区声环境模拟分析结果表明，部分区域噪声在55～60dB，严重超标，部分区域噪声在 45～50dB，一般超标，仅有部分区域不超标。因此，该小区在外窗和外墙的隔声性能根据上述模拟结果进行了相应的选择、优化，使小区所有区域噪声白天均在 45dB 以下，夜间均在 35dB 以下。

其外墙采用 EPS、XPS 外墙外保温体系，屋面采用种植屋面、倒置屋面技术和复合保温隔热技术，窗户采用中空玻璃、低辐射中空玻璃，通过校核计算，确保围护结构内表面及其内部在典型工况时无结露。

问题：

结合《绿色建筑评价标准》GB/T 50378—2014，分析场地内环境噪声和围护结构内表面无结露的措施要求。

分析要点：

（1）有效的隔声、减噪措施

该小区在外窗和外墙的隔声性能根据上述模拟结果进行了相应的选择、优化，使小区所有区域噪声白天均在 45dB 以下，夜间均在 35dB 以下。

根据《绿色建筑评价标准》GB/T 50378—2014，第 4.2.5 条"场地内环境噪声符合现行国家标准《声环境质量标准》GB 3096—2008 的规定"。评价分值：4 分。

绿色建筑设计应对场地周边的噪声现状进行检测，并对规划实施后的环境噪声进行预测，必要时采取有效措施改善环境噪声状况，使之符合现行国家标准《声环境质量标准》GB 3096—2008 中对于不同声环境功能区噪声标准的规定。当拟建噪声敏感建筑不能避免临近交通干线，或不能远离固定的设备噪声源时，需要采取措施降低噪声干扰。

需要说明的是，噪声监测的现状值仅作为参考，需结合场地环境条件的变化（如道路车流量的增长）进行对应的噪声改变情况预测。

本条的评价方法为：设计评价查阅环境噪声影响测试评估报告、噪声预测分析报告；运行评价查阅环境噪声影响测试评估报告、现场测试报告。

关于室内声环境质量，涉及控制项 8.1.1 和 8.1.2 两项，评分项 8.2.1～8.2.4 四项。

8.1.1　主要功能房间的室内噪声级满足现行国家标准《民用建筑隔声设计规范》GB 50118—2010 中的低限要求。

8.1.2　主要功能房间的外墙、隔墙、楼板和门窗的隔声性能或相邻两房间之间的空气声隔声性能楼板撞击声限声性能满足现行国家标准《民用建筑隔声设计规范》GB 50118—2010 中的低限要求。

8.2.1　主要功能房间的室内噪声级优于现行国家标准《民用建筑隔声设计规范》GB 50118—2010 中的低限标准的数值。评分规则如下：

1）噪声级低于低限要求和高要求标准的平均数值，但高于高要求标准的数值，得 3 分。

2）噪声级达到或低于高要求标准的数值，得 6 分。

评价分值：6 分。

8.2.2　主要功能房间的外墙、隔墙、楼板和门窗的隔声性能，或相邻两房间之间的空气声隔声性能、楼板撞击声隔声性能优于现行国家标准《民用建筑隔声设计规范》GB

50118—2010 中的低限要求标准的数值。评分规则如下：

1）围护结构或同层相邻两房间之间的空气声隔声性能。

高于低限要求和高要求标准的平均数值，但低于高要求标准的数值，得 3 分；达到或高于高要求标准的数值，得 5 分。

2）楼板或楼上楼下相邻两房间之间的撞击声隔声性能：

低于低限要求和高要求标准的平均数值，但高于高要求标准的数值，得 2 分；低于高要求标准的数值，得 4 分。

评价分值：9 分。

8.2.3 建筑平面布局和空间功能安排合理，减少排水噪声，减少相邻空间的噪声干扰以及外界噪声对室内的影响。评分规则如下：

1）建筑平面、空间布局合理，没有明显的噪声干扰问题，得 2 分。

2）采用同层排水，或其他降低排水噪声的有效措施，使用率在 50% 以上，得 2 分。

评价分值：4 分。

8.2.4 公共建筑中的多功能厅、接待大厅和其他有声学要求的重要房间应进行专项声学设计，满足相应功能要求。

评价分值：3 分。

（2）屋面、地面、外墙和外窗无结露

《绿色建筑评价标准》GB/T 50378—2014，控制项第 8.1.5 条"在室内设计温、湿度条件下，建筑围护结构内表面不结露"。房间内表面长期或经常结露会引起霉变，污染室内的空气，应加以控制。在南方的梅雨季节，空气的湿度接近饱和，要彻底避免发生结露现象非常困难，不属于本条控制范畴。另外，短时间的结露并不至于引起霉变，所以本条控制"在室内设计温、湿度"这一前提条件不结露。

本条的评价方法为：设计评价查阅相关设计文件；运行评价查阅相关竣工图，并现场核实。

本项目外墙采用 EPS、XPS 外墙外保温体系；屋面采用种植屋面、倒置屋面技术和复合保温隔热技术；窗户采用中空玻璃、低辐射中空玻璃；通过校核计算，确保围护结构内表面及其内部在典型工况时无结露。

【案例 6.7】 某绿色建筑要素评价（采光、装修、噪声、遮阳）分析

背景：

南方某公共建筑利用自然采光模拟的手段进行了优化设计，确保了 75% 以上的空间室内采光系数满足现行国家标准《建筑采光设计标准》GB 50033—2013 的要求，且其南向及屋顶均采用了可调节外遮阳。该建筑项目采用了玻璃灵活隔断办公空间，节约了材料，并且在设计时考虑了下述问题：①合理布置可能引起振动和噪声的设备，并采取有效的减振和隔声措施；②噪声敏感的房间远离内外噪声源（如空调机房布置在一角，减少与其他房间的接触）。

问题：

根据上述材料评价该建筑的绿色要素（从采光、装修、噪声、遮阳4个方面）。

要点及解析：

（1）采光要求

《绿色建筑评价标准》GB/T 50378—2014，评分项第8.2.6条主要功能房间的采光系数满足现行国家标准《建筑采光设计标准》GB 50033—2013的要求。评价分值：8分。

充足的天然采光有利于居住者的生理和心理健康，同时也有利于降低人工照明能耗。各种光源的视觉试验结果表明，在同样照度的条件下，天然光的辨认能力优于人工光，从而有利于人们工作、生活、保护视力和提高劳动生产率。

本条的评价方法为：设计评价查阅相关设计文件、计算分析报告；运行评价查阅相关竣工图、计算分析报告、检测报告，并现场核实。

本项目"办公、宾馆类建筑75%以上的主要功能空间室内采光系数满足现行国家标准《建筑采光设计标准》GB/T 50033的要求"达标。

（2）装修要求

《绿色建筑评价标准》GB/T 50378—2014，评分项第7.2.4条"公共建筑中可变换功能的室内空间采用可重复使用的隔断（墙）"。评分规则如下：

①可重复使用隔断（墙）比例不小于30%但小于50%，得3分；

②可重复使用隔断（墙）比例不小于50%但小于80%，得4分；

③可重复使用隔断（墙）比例不小于80%，得5分。

在保证室内工作环境不受影响的前提下，在办公、商场等公共建筑室内空间尽量多地采用可重复使用的灵活隔墙，或采用无隔墙只有矮隔断的大开间敞开式空间，可减少室内空间重新布置时对建筑构件的破坏，节约材料，同时为使用期间构配件的替换和将来建筑拆除后构配件的再利用创造条件。

除走廊、楼梯、电梯井、卫生间、设备机房、公共管井以外的地上室内空间均应视为"可变换功能的室内空间"，有特殊隔声、防护及特殊工艺需求的空间不计入。此外，作为商业、办公用途的地下空间也应视为"可变换功能的室内空间"，其他用途的地下空间可不计入。

"可重复使用的隔断（墙）"在拆除过程中应基本不影响与之相接的其他隔墙，拆卸后可进行再次利用，如大开间敞开式办公空间内的玻璃隔断（墙）、预制隔断（墙）、特殊节点设计的可分段拆除的轻钢龙骨水泥板或石膏板隔断（墙）和木隔断（墙）等。是否具有可拆卸节点，也是认定某隔断（墙）是否属于"可重复使用的隔断（墙）"的一个关键点，例如用砂浆砌筑的砌体隔墙不算可重复使用的隔墙。

本条中"可重复使用隔断（墙）比例"为：实际采用的可重复使用隔断（墙）围合的建筑面积与建筑中可变换功能的室内空间面积的比值。

本条的评价方法为：设计评价查阅建筑、结构施工图及可重复使用隔断（墙）的设计使用比例计算书；运行评价查阅建筑、结构竣工图及可重复使用隔断（墙）的实际使用比例计算书。

本项目采用玻璃灵活隔断办公空间，节约了材料，玻璃制品避免了垃圾的产生。

（3）噪声干扰

《绿色建筑评价标准》GB/T 50378—2014，评分项第8.2.3条"建筑平面布局和空间功能安排合理，减少排水噪声，减少相邻空间的噪声干扰以及外界噪声对室内的影响"。

评分规则如下：

①建筑平面、空间布局合理，没有明显的噪声干扰问题，得2分。

②采用同层排水，或其他降低排水噪声的有效措施，使用率在50%以上，得2分。评价分值：4分。

本项目采取有效的减振和隔声措施。如空调机房布置在一角，减少与其他房间的接触等。

（4）遮阳改善室内热环境

《绿色建筑评价标准》GB/T 50378—2014，评分项第8.2.8条"采取可调节遮阳措施，防止夏季太阳辐射透过窗户玻璃直接进入室内"。评分规则如下：

①太阳直射辐射可直接进入室内的外窗或幕墙，其透明部分面积的25%有可控遮阳调节措施，得6分。

②透明部分面积的50%以上有可控遮阳调节措施，得12分。

可调遮阳措施包括活动外遮阳设施、永久设施（中空玻璃夹层智能内遮阳）、固定外遮阳加内部高反射率可调节遮阳等措施。对没有阳光直射的透明围护结构，不计入面积计算。

本条的评价方法为：设计评价查阅相关设计文件、产品说明书；运行评价查阅相关竣工图、产品说明书，并现场核实。

本建筑南向及屋顶均采用了可调节外遮阳，改善了室内热环境。

【案例6.8】对某项目采光、绿化管理及运营管理制度的评价

背景：

某项目主要功能房间有合理的控制眩光、改善天然采光均匀性的措施，通过天然采光模拟技术优化中庭天窗、外墙门窗等采光及遮阳设计，冬季北面房间可投射太阳光，夏季通过有效遮阳避免太阳直射。白天室内纯自然采光区域面积可达室内面积的85%，临界照度为120lx，在营造舒适的视觉环境的同时降低了照明能耗。

在运行阶段评价时，审核人员根据小区物业管理公司提交的绿化管理制度和绿化养护记录，记录了该小区老树成活率达98.2%，新栽树木成活率达87%，现场核实记录数据均为真实数据。

其小区物业管理部门通过了ISO 14001环境管理体系认证，并与ISO 90001质量管理体系认证不断协调，在服务中不断改进，并针对重要环境因素制定环境目标和管理方案，定期对环境运行情况进行监控，确保建筑对环境的影响降到最低点。

问题:

根据上述材料评价该建筑的采光、绿化管理、运营管理制度等绿色要素。

分析要点:

(1) 自然采光效果分析

采用天然采光模拟技术优化中庭天窗、外墙门窗等采光及遮阳设计,冬季北面房间可投射太阳光,夏季通过有效遮阳避免太阳直射。白天室内纯自然采光区域面积可达室内面积的85%,临界照度为120lx,在营造舒适的视觉环境的同时降低了照明能耗。

天然采光不仅有利于照明节能,而且有利于增加室内外的自然信息交流,改善空间卫生环境,调节空间使用者的心情。建筑的地下空间和大进深的地上室内空间,容易出现天然采光不足的情况。通过反光板、棱镜玻璃窗、天窗、下沉庭院等设计手法或采用导光管技术,可以有效改善这些空间的天然采光效果。

《绿色建筑评价标准》GB/T 50378—2014,评分项第 8.2.7 条"采用合理措施改善建筑内区或地下空间的天然采光效果"。

①主要功能房间有合理的控制眩光措施,得 6 分;

②内区采光系数满足采光要求的面积比例不低于 60%,得 4 分;

评价分值:10 分。

本条的评价方法为:设计评价查阅相关设计文件、天然采光模拟分析报告;运行评价查阅相关竣工图、天然采光模拟分析报告、天然采光检测报告,并现场核实。

(2) 绿化管理

在运行阶段评价时,审核人员根据小区物业管理公司提交的绿化管理制度和绿化养护记录,记录了该小区老树成活率达98.2%,新栽树木成活率达87%,现场核实记录数据均为真实数据。

《绿色建筑评价标准》GB/T 50378—2014,评分项第 10.2.11 条"栽种和移植的树木一次成活率大于 90%,植物生长状态良好"。工作记录完整,得 4 分;现场观感良好,得 2 分;评价分值:6 分。

对绿化区做好日常养护,保证新栽种和移植的树木有较高的一次成活率。发现危树、枯死树木应及时处理。

本条的评价方法为查阅绿化管理报告,并现场核实和用户调查。

(3) 运营管理制度

小区物业管理部门通过了 ISO14001 环境管理体系认证。在服务中不断改进,并针对重要环境因素制定环境目标和管理方案,定期对环境运行情况进行监控,确保建筑对环境的影响降到最低点。

《绿色建筑评价标准》GB/T 50378—2014,评分项第 10.2.1 条"物业管理部门获得有关管理体系认证"。具有 ISO14001 环境管理体系认证,得 4 分;具有 ISO90001 质量管理体系认证,得 4 分;物业管理单位通过 ISO14001 环境管理体系认证,是提高环境管理水平的需要,可达到节约能源,降低消耗,减少环保支出,降低成本的目的,减少由于污染事故或违反法律、法规所造成的环境风险。

物业管理具有完善的管理措施，定期进行物业管理人员的培训。ISO9001质量管理体系认证可以促进物业管理单位质量管理体系的改进和完善，提高其管理水平和工作质量。

【案例6.9】 某住宅区采取措施降低热岛强度的分析

背景：

我国在借鉴了国外的评价体系后，结合自身国情及背景文化于2006年颁布了国家标准《绿色建筑评价标准》。2014年又颁布新的修订版《绿色建筑评价标准》GB/T 50378—2014。

关于节地与室外环境控制中要求采取措施降低热岛强度。某住宅区项目通过红线范围内户外活动场地的乔木、构筑物等遮阴面积达到16%；超过75%的道路路面、建筑屋面的太阳辐射反射系数不小于0.4。该项目还充分利用尚可使用的旧建筑1000m²，进行建筑碳排放计算分析。

问题：

(1) 试结合《绿色建筑评价标准》GB/T 50378—2014评价该项目能够得多少分？

(2) 住宅区室外是否可能出现热岛效应？什么是热岛效应？

(3) 热岛强度主要受规划设计中哪些因素的影响？

分析要点：

(1) 根据《绿色建筑评价标准》GB/T 50378—2014，评分项第4.2.7条"采取措施降低热岛强度"；创新加分项第11.2.9和11.2.11条，某住区项目得分如下：通过红线范围内户外活动场地的乔木、构筑物等遮阴面积达到16%，得1分；超过75%的道路路面、建筑屋面的太阳辐射反射系数不小于0.4，得2分。创新加分项：充分利用尚可使用的旧建筑1000m²，得1分；进行建筑碳排放计算分析，得1分。

(2) 可能出现热岛效应。热岛效应是指一个地区（主要指城市内）的气温高于周边郊区的现象。

(3) 热岛强度主要受规划设计中建筑密度、建筑材料、建筑布局、绿地率和水景设施，空调排热，交通排热及炊事排热等因素的影响。

【案例6.10】 寒冷城市某住宅小区控制用地指标的分析

背景：

《绿色建筑评价标准》将建筑分为一星级、二星级和三星级，其中有利用场地自然条件，合理设计建筑体型、朝向、楼距和窗墙面积比，使住宅获得良好的日照、通风和采光,并根据需要设遮阳设施等。某寒冷城市的小区为在冬天小孩卧室能够得到充分阳光照射,根据当地的日照数据等,对采光方面进行了优化设计,并且建筑朝向接近于东西向,小区建成后小区开发商与其授权的监理公司一起整理材料并向当地房管部门提交材料申请运营评价国家二星级绿色住宅建筑。

同时,为节约建筑用地,避免居住用地人均用地指标突破国家相关标准的情况发生,特提出控制人均用地的上限指标,人均用地指标是控制建筑节地的关键性指标。其中人均居住用地指标:3层级以下不高于$41m^2$、4~6层不高于$26m^2$、7~12层不高于$24m^2$,13~18层不高于$22m^2$、13~18层不高于$22m^2$、19层及以上不高于$13m^2$;均可以得到15分。

问题:

(1) 为了达到国家规定的控制人均用地指标的方法有哪些?

(2) 用什么方法来评价该建筑达到了国家规定的控制用地指标呢?

(3) 该项目是否能够获得二星级绿色住宅建筑,为什么?根据案例材料,指出节能与能源利用中不合理之处,并简要说明原因。

分析要点:

(1) 可采取以下两种方法控制人均用地指标:一是控制户均住宅面积;二是通过增加中高层住宅和高层住宅的比例。在增加户均住宅面积的同时,满足国家控制指标的要求。

(2) 评价方法有两种:审核相关设计文件或者进行现场抽检。

(3) 不能,首先运营评价标识的申请应由业主单位、房地产开发单位提出,鼓励设计单位、施工单位和物业管理单位等相关单位共同参与申请。同时,要求申请运营评价标识的住宅建筑和公共建筑应当通过工程质量验收并投入使用一年以上,未发生重大质量安全事故,无拖欠工资和工程款。

【案例 6.11】 关于建筑室内外环境噪声控制的案例

背景:

绿色建筑设计应对场地周边的噪声现状进行检测,并对规划实施后的环境噪声进行预测,必要时采取有效措施改善环境噪声状况,使之符合现行国家标准《声环境质量标准》GB 309 中对于不同声环境功能区噪声标准的规定。当拟建噪声敏感建筑不能避免临近交通干线,或不能远离固定的设备噪声源时,需要采取措施降低噪声干扰。需要说明的是,噪声监测的现状值仅作为参考,需结合场地环境条件的变化(如道路车流量的增长)进行对应的噪声改变情况预测。

住宅应该给居住者提供一个安静的环境,但是在现代城市中绝大部分住宅处于比较嘈杂的外部环境中,尤其是临主要街道的住宅,交通噪声的影响比较严重,因此需要设计者在住宅的建筑围护构造上采取有效的隔声、降噪措施。

　　施工产生的噪声是影响周边居民生活的主要因素之一，也是居民投诉的主要对象。国家标准《建筑施工场界环境噪声排放标准》GB 12523—2011 对噪声的测量、限值做出了具体的规定，是施工噪声排放管理的依据。为了减低施工噪声排放，应该采取降低噪声和噪声传播的有效措施，包括采用低噪声设备，运用吸声、消声、隔声、隔振等降噪措施，降低施工机械噪声。

　　施工现场是典型的污染源，施工常会引起大气污染、土壤污染、噪声污染、水污染、光污染等影响。因此，施工现场对污染的控制是过程控制中的重要环节，标准要求施工单位提交环境保护计划书，实施记录文件，自评报告及当地环保局或建委等部门对环境影响因子如扬尘、噪声、污水排放的评价达标证明，虽偏重于理念，但列入控制项，突显其重要性。

　　国家标准《民用建筑隔声设计规范》GB 50118—2010 将住宅、办公、商业、旅馆、医院等类型建筑的墙体、门窗、楼板的空气声隔声性能以及楼板的撞击声隔声性能分"低限标准"和"高要求标准"两档列出。居住建筑、办公、旅馆、商业、医院等建筑宜满足《民用建筑隔声设计规范》GB 50118—2010 中围护结构隔声标准的低限标准要求，但不包括开放式办公空间。对于《民用建筑隔声设计规范》GB 50118—2010 只规定了构件的单一空气隔声性能的建筑，本条认定该构件对应的空气隔声性能数值为低限标准限值，而高要求标准限值则在此基础上提高 5dB。同样地，本条采取同样的方式定义只有单一楼板撞击声隔声性能的建筑类型，并规定高要求标准限值则为低限标准限值降低 5dB。

　　本条的评价方法为：设计评价查阅相关设计文件、构件隔声性能的实验室检验报告；运行评价查阅相关竣工图、构件隔声性能的实验室检验报告，并现场核实。

问题：

　　（1）试分别说明室外环境噪声、室内环境噪声和施工产生的噪声评价方法；

　　（2）空气声隔声标准和室内允许噪声级的低限标准见表 6-1 和表 6-2。

空气声隔声标准　　　　　　　　　　　　　　　　　　　　　　　　　　　表 6-1

围护结构部位	空气声隔声标准		
	计权隔声量（dB）		
	一级	二级	三级
分户墙及楼板	≥50	≥45	≥40

室内允许噪声级的低限标准　　　　　　　　　　　　　　　　　　　　　　表 6-2

房间名称	允许噪声级（A 声级，dB）	
	昼间	夜间
卧室	≤45	≤37
起居室（厅）	≤45	

　　（3）对于卧室和起居室在观察状态下允许噪声级，楼板和分户墙、户门的空气声计权隔声量，外窗以及外窗沿街时的空气声计权隔声量分别有什么要求。

分析要点：

（1）室外环境噪声的评价方法为：设计评价查阅环境噪声影响测试评估报告、噪声预测分析报告；运行评价查阅环境噪声影响测试评估报告、现场测试报告。

施工产生的噪声的评价方法为查阅降噪计划书、场界噪声测量记录。

室内声环境的评价方法为：设计评价查阅相关设计文件、构件隔声性能的实验室检验报告；运行评价查阅相关竣工图、构件隔声性能的实验室检验报告，并现场核实。

（2）①≥50；②≥45；③昼间；④夜间；⑤≤45。参照《绿色建筑评价标准》规定。

（3）卧室和起居室的允许噪声级在关窗状态下白天不大于 45dB（A），夜间不大于 35dB（A）。楼板和分户墙的空气声计权隔声量不小于 45dB，户门的空气声计权隔声量不小于 30dB，外窗的空气声计权隔声量不小于 25dB，沿街时不小于 30dB。

【案例 6.12】对某住宅区绿地率的案例分析

背景：

"绿地率"是衡量住宅区环境质量的重要标志之一。根据我国居住区规划的实践，当绿地率为 30% 时可达到较好的空间环境效果。我们要求绿色建筑的绿地率必须要达到国家所规定的绿地率要求，要满足人均公共绿地指标。"人均公共绿地指标"是居住区内构建适应不同居住对象游憩活动空间的前提条件，也是适应居民日常不同层次的游憩活动需要、优化住区空间环境、提升环境质量的基本条件。

问题：

（1）请谈谈绿地率的指标是如何确定的？并简述"人均公共绿地指标"有哪些硬性要求？

（2）采用哪些评价方法来确定居住区绿地率和人均公共用地面积是否达标？

分析要点：

（1）绿地率指标的确定

是经过综合分析住宅区建筑层数、密度、房屋间距等相关指标及可行性研究后确定的。对于"人均公共绿地指标"的硬性要求是：人均公共用地指标不得低于 1m²。

住区包括不同规模居住用地构成的居住地区。绿地率指建设项目用地范围内各类绿地面积的总和占该项目总用地面积的比率（%）。绿地包括建设项目用地中各类用作绿化的用地。

合理设置绿地可起到改善和美化环境、调节小气候、缓解城市热岛效应等作用。绿地率以及公共绿地的数量则是衡量住区环境质量的重要指标之一。根据《城市居住区规划设计规范》GB 50180—1993 的规定，绿地应包括公共绿地、宅旁绿地、公共服务设施所属绿地和道路绿地（道路红线内的绿地），包括满足当地植树绿化覆土要求的地下或半地下建筑的屋顶绿化，不包括其他屋顶、晒台的人工绿地。

住区的公共绿地是指满足规定的日照要求、适合于安排游憩活动设施的、供居民共享的集中绿地，包括居住区公园、小游园和组团绿地及其他块状、带状绿地。集中绿地应满足的基本要求：宽度不小于 8m，面积不小于 400m²，并应有不少于 1/3 的绿地面积在标准的建筑日照阴影线范围之外。

为保障城市公共空间的品质、提高服务质量，每个城市对城市中不同地段或不同性质的公共设施建设项目，都制定有相应的绿地管理控制要求。《标准》鼓励公共建筑项目优化建筑布局，提供更多的绿化用地或绿化广场，创造更加宜人的公共空间；鼓励绿地或绿化广场设置休憩、娱乐等设施并定时向社会公众免费开放，以提供更多的公共活动空间。

《绿色建筑评价标准》GB/T 50378—2014，评分项第 4.2.2 条场地内合理设置绿化用地。评分规则如下：

1）住区绿地率：新区建设不低于 30%，旧区改建项目不低于 25%，得 2 分；

2）住区人均公共绿地面积：

①新区建设不低于 1.0m² 但低于 1.3m²，旧区改建项目不低于 0.7m² 但低于 0.9m² 得 3 分；

②新区建设不低于 1.3m² 但低于 1.5m²，旧区改建项目不低于 0.9m² 但低于 1.0m²，得 5 分；

③新区建设不低于 1.5m²，旧区改建项目不低于 1.0m²，得 7 分。

（2）评价方法

设计评价查阅相关设计文件、居住建筑平面日照等时线模拟图、计算书；运行评价查阅相关竣工图、居住建筑平面日照等时线模拟图、计算书，并现场核实。

【案例 6.13】居住区风环境的分析与评价

背景：

研究结果表明，建筑物周围人行区距地 1.5m 高处风速 $V<5m/s$ 是不影响人们正常室外活动的基本要求的。以冬季作为主要评价季节，是由于对多数城市而言，冬季风速约为 5m/s 的情况较多。高层建筑的出现使得再生风和二次风环境问题凸现出来，在鳞次栉比的建筑群中，由于建筑单体设计和群体布局不当，有可能导致局部风速过大，行人举步维艰或者强风卷刮物体伤人等事故，也有可能导致通风不畅。另外，夏季和过渡季自然通风对于建筑节能十分重要。

问题：

（1）为了保证居住区的风环境，请你简要说明在规划设计时如何实现？

（2）评价住宅区风环境的方法是什么？

分析要点：

（1）为了保证住宅区的风环境，在规划设计时：应进行风环境模拟预测分析和优化，并在模拟分析的基础上采取措施改善室外风环境。冬季建筑物周围人行区距地 1.5m 高处风速 $V<5m/s$ 是不影响人们正常室外活动的基本要求。建筑的迎风面与背风面风压差不超过 5Pa，可以减少冷风向室内渗透。

夏季、过渡季通风不畅在某些区域形成无风区和涡旋区，将影响室外散热和污染物消散。外窗室内外表面的风压差达到 0.5Pa 有利于建筑的自然通风。

利用计算流体动力学（CFD）手段通过不同季节典型风向、风速可对建筑外风环境进行模拟，其中来流风速、风向为对应季节内出现频率最高的风向和平均风速，可通过查阅建筑设计或暖通空调设计手册中所在城市的相关资料得到。

（2）评价住宅区风环境的方法是：设计评价查阅相关设计文件、风环境模拟计算报告；运行评价查阅相关竣工图、风环境模拟计算报告、现场测试报告。

【案例 6.14】关于绿色建筑运营管理制度的评价分析

背景：

所谓绿色建筑，是指在建筑的全寿命周期内，最大限度地节约资源（节能、节地、节水、节材）、保护环境和减少污染，为人们提供健康、适用和高效的使用空间，与自然和谐共生的建筑。在建筑使用过程中，制定节能、节水、节材与绿化管理制度是运营管理的基础工作。

问题：

简述在建筑使用过程中：（1）节能、节水、节材与绿化这四种管理制度主要包括哪些内容？（2）如何有效实施及评价？

分析要点：

（1）《绿色建筑评价标准》GB/T 50378—2014，控制项第 10.1.1 条"制定并实施节能、节水、节材等资源节约与绿化管理制度"。

物业管理单位应提交节能、节水、节材与绿化管理制度，并说明实施效果。节能管理制度主要包括节能方案、节能管理模式和机制、分户分项计量收费等。节水管理制度主要包括节水方案、分户分类计量收费、节水管理机制等。节材管理制度主要包括维护和物业耗材管理。绿化管理制度主要包括苗木养护、用水计量和化学药品的使用制度等。

评价方法为查阅物业管理单位节能、节水、节材与绿化管理制度文件、日常管理记录，并现场核查。

（2）《绿色建筑评价标准》GB/T 50378—2014，评分项第 10.2.2 条"节能、节水、节材与绿化的操作规程、应急预案完善，且有效实施"。评分规则如下：

①相关设施的操作规程在现场明示，操作人员严格遵守规定，得 6 分；

②节能、节水设施运行具有完善的管理制度和应急预案，得 2 分。

节能、节水、节材、绿化的操作管理制度是指导操作管理人员工作的指南，应挂在各个操作现场的墙上，促使操作人员严格遵守，以有效保证工作的质量。

可再生能源系统、雨废水回用系统等节能、节水设施的运行维护技术要求高，维护的工作量大，无论是自行运维还是购买专业服务，都需要建立完善的管理制度及应急预案。日常运行中应做好记录。

评价方法为查阅相关管理制度、操作规程、应急预案、操作人员的专业证书、节能节水设施的运行记录，并现场核查。

【案例 6.15】关于绿色建筑结构体系及固体废弃物利用的分析

背景：

目前，我国住宅建筑结构体系主要是砖混预制板混合结构、现浇混凝土框架剪力墙结构和混凝土框架结构，轻钢结构近年来也有一定发展。就全国范围而言，砖混预制板混合结构仍占主要地位，约占整个建筑体系结构的 70% 左右，钢结构建筑所占的比重还不到 5%。绿色建筑应从节约资源和环境保护的要求出发，在保证安全、耐久的前提下，尽量选用资源消耗和环境影响小的建筑结构体系。

某申报绿标的项目对建筑施工、旧建筑拆除和场地清理产生的固体废弃物分类处理，且提供废弃物管理规划或施工过程中废弃物回收利用记录。

问题：

(1) 建筑结构体系主要包括哪些？请分别阐述选用这些建筑结构体系的优势。

(2) 按照固体废弃物回收利用率对评分标准进行分档，请结合案例分析如何分档？

分析要点：

(1) 建筑结构体系主要包括：钢结构体系、砌体结构体系、木结构、预制装配式混凝土结构体系。

选用以上的建筑结构体系的优势：钢铁、铝材的循环利用性好，而且回收处理后仍可再利用。含工业废弃物制作的建筑砌体自重轻，不可再生资源消耗小，同时可形成工业废弃物的资源化循环利用体系。木材是一种可持续的建材，但是需要以森林的良性循环为支撑。砖混结构、现浇钢筋混凝土结构体系所用材料在生产过程中大量使用黏土、石灰石等不可再生资源，对资源的消耗很大，同时会排放大量二氧化碳等污染物。

《绿色建筑评价标准》GB/T 50378—2014，评分项第 7.2.2 条"对地基基础、结构体系、结构构件进行优化设计，达到节材效果"。评分规则如下：评价分值：5 分。

在设计过程中对地基基础、结构体系、结构构件进行优化，能够有效地节约材料用量。结构体系指结构中所有承重构件及其共同工作的方式。结构布置及构件截面设计不同，建筑的材料用量也会有较大的差异。

本条的评价方法为：设计评价查阅建筑图、结构施工图和地基基础方案比选论证报告、结构体系节材优化设计书和结构构件节材优化设计书；运行评价查阅竣工图并现场核实。

（2）总共分为三类：①建筑施工、旧建筑拆除和场地清理产生的固体废弃物回收利用率（含可再利用材料、可再循环材料）不低于20%。②建筑施工、旧建筑拆除和场地清理产生的固体废弃物回收利用率（含可再利用材料、可再循环材料）不低于30%。③建筑施工、旧建筑拆除和场地清理产生的固体废弃物回收利用率（含可再利用材料、可再循环材料）不低于40%。

《绿色建筑评价标准》GB/T 50378—2014，评分项第9.2.3条"制定并实施施工废弃物减量化资源化计划"。评分规则如下：1）制定施工废弃物减量化资源化计划，得3分；2）可回收施工废弃物的回收率不小于80%，得3分；3）每10000m² 建筑面积施工固体废弃物排放量：①不大于400t但大于350t，得1分；②不大于350t但大于300t，得3分；③不大于300t，得4分；

目前建筑施工废弃物的数量很大，堆放或填埋均占用大量的土地；对环境产生很大的影响，包括建筑垃圾的淋滤液渗入土层和含水层，破坏土壤环境，污染地下水，有机物质发生分解产生有害气体，污染空气；同时建筑施工废弃物的产出，也意味着资源的浪费。因此减少建筑施工废弃物产出，涉及节地、节能、节材和保护环境这样一个可持续发展的综合性问题。施工废弃物减量化应在材料采购、材料管理、施工管理的全过程实施。施工废弃物应分类收集、集中堆放，尽量回收和再利用。

建筑施工废弃物包括工程施工产生的各类施工废料，有的可回收，有的不可回收，不包括基坑开挖的渣土。

本条的评价方法为查阅建筑施工废弃物减量化资源化计划，回收站出具的建筑施工废弃物回收单据，各类建筑材料进货单，各类工程量结算清单，施工单位统计计算的每10000m² 建筑施工固体废弃物排放量。

【案例6.16】关于可再利用材料和可再循环材料使用的分析

背景：

为片面追求美观而以较大的资源消耗为代价，不符合绿色建筑的基本理念。充分使用可再循环材料可以减少生产加工新材料带来的资源、能源消耗和环境污染，对于建筑的可持续性具有非常重要的意义，绿色建筑中在建筑选材时也要求考虑使用材料的可再利用和可再循环使用性能。

问题：

（1）在保证安全和不污染环境的情况下，请说明可再利用和再循环材料使用重量达到什么要求？

（2）可再循环材料包含哪两大部分内容？并请例举分析哪些材料是可再生循环材料。

（3）哪些情况下可以判定某建筑不具备绿色建筑评价资格？

分析要点：

可再利用材料（reusable material）是指不改变物质形态直接再利用的，或经过再组合、修复后直接再利用的回收材料。

可再循环材料（recyclable material）是指回收后，通过改变物质形态可实现循环利用的材料。

（1）《绿色建筑评价标准》GB/T 50378—2014，评分项第 7.2.12 条 "采用可再利用材料和可再循环材料"。评分规则如下：

1）住宅建筑：①用量比例不小于 6%，但小于 10%，得 8 分；②用量比例不小于 10%，得 10 分；

2）公共建筑：①用量比例不小于 10%，但小于 15%，得 8 分；②用量比例不小于 15%，得 10 分；

评价分值：最高得 10 分。

《绿色建筑评价标准》GB/T 50378—2014，评分项第 7.2.13 条 "使用以废弃物为原料生产的建筑材料，废弃物掺量不低于 30%"。评分规则如下：

1）采用一种废弃物为原料生产的建筑材料，其占同类建材的用量比例不小于 30% 但小于 50%，得 3 分；

2）采用一种废弃物为原料生产的建筑材料，其占同类建材的用量比例不小于 30% 但大于 50%，得 5 分；

3）采用两种及以上废弃物为原料生产的建筑材料，每一种用量比例均不小于 30%，得 5 分；

评价分值：最高得 5 分。

（2）可再循环材料包含的两大部分是：一是使用的材料本身是可再循环材料；二是建筑拆除时能够被再循环利用的材料；

可再循环材料主要包括：金属材料（钢材、铜）、玻璃、铝合金型材、石膏制品、木材等。

（3）不具备遮阳、导光、导风、载物、辅助绿化等作用的飘板、格栅和构架等作为构成要素在建筑中大量使用（相应工程造价超过工程总造价的 2%），则判该建筑不具备绿色建筑评价资格；

如果单纯为追求标志性效果在屋顶等处设立塔、球、曲面等异型构件，其相应工程造价超过工程总造价的 2%，则判该建筑不具备绿色建筑评价资格；

女儿墙高度超过规范要求 2 倍以上，则判该建筑不具备绿色建筑评价资格；

如果采用了不符合当地气候条件的、并非有利于节能的双层外墙（含幕墙）的面积超过外墙总面积的 20%，则判该建筑不具备绿色建筑评价资格。

【案例 6.17】关于采用节水器具选用的分析

背景：

全球都在呼吁人们节约用水，绿色建筑所提倡的 "四节一环保" 中的节水正是响应了这样的号召。本着 "节流为先" 的原则，用水器具应选用中华人民共和国国家经济贸易委员会 2001 年第 5 号公告和 2003 年第 12 号公告《当前国家鼓励发展的节水设备（产品）》目录中公布的设备、器材和器具。根据用水场合的不同，合理选用节水水龙头、节水便器、节水淋浴装置等。所有用水器具应满足现行标准《节水型生活用水器具》CJ 164—2014 及《节水型产品技术条件与管理通则》GB/T 18870—2011 的要求。

除特殊功能需求外，均应采用节水型用水器具。对土建工程与装修工程一体化设计项目，在施工图中应对节水器具的选用提出要求；对非一体化设计项目，申报方应提供确保业主采用节水器具的措施、方案或约定。

某宾馆打算在改建后向有关部门申请二星级公共绿色建筑，就建筑内卫生器具合理选用节水器具而言，可选择使用相应的节水器具。

问题：

（1）请举例说明可选用哪些节水器具？

（2）结合该宾馆改建项目，请列举相应的节水器具 1～2 个。

分析要点：

（1）《绿色建筑评价标准》GB/T 50378—2014，评分项第 6.1.3 条"应采用节水器具"。

节水龙头：加气节水龙头，陶瓷阀芯水龙头，停水自动关闭龙头等。

坐便器：压力流防臭、压力流冲击式 6L 直排便器、3L/6L 两档节水型虹吸式排水坐便器及 6L 以下直排式节水型坐便器或感应式节水型坐便器，缺水地区可选用带洗手水龙头的水箱坐便器，极度缺水地区可试用无水真空抽吸坐便器；

节水淋浴器：水温调节器，节水型淋浴喷嘴等；

节水型电器：节水洗衣机，洗碗机等。

（2）该宾馆可选择在客房，公用洗手间，厨房，洗衣房及冷却塔选用节水产品。如：客房可选用陶瓷、停水自动关闭水龙头；两档式节水型坐便器；水温调节器、节水型淋浴头等节水淋浴装置。公用洗手间可选用延时自动关闭、停水自动关闭水龙头；感应式或脚踏式高效节水型小便器和蹲便器。厨房可选用加气式节水龙头、节水型洗碗机等节水器具。洗衣房可选用高效节水洗衣机。冷却塔选择满足《节水型产品技术条件与管理通则》要求的产品。

【案例 6.18】关于土建工程与装修工程一体化设计和施工的分析

背景：

我国颁布的《绿色建筑评价标准》就节材与材料资源利用中有规定：土建与装修工程一体化设计施工，不破坏和拆除已有的建筑构件及设施。某申报项目为三边工程，其设计和施工进度如下：

2007 年 11 月～2008 年 1 月，初步设计；

2007 年 11 月～2007 年 12 月，桩基施工图设计；

2008 年 1 月～2008 年 5 月，基础施工；

2008 年 2 月～2008 年 5 月，地下工程施工图设计；

2008 年 6 月～2008 年 8 月，地下工程施工；

2008 年 3 月～2008 年 9 月，地上工程施工图设计；

2008 年 9 月～2009 年 5 月，地上工程施工；

2009 年 6 月～2009 年 12 月，装饰工程施工；

2009 年 12 月 30 日竣工。

问题：

（1）由上述施工进度判断能否达到"土建与装修工程一体化设计和施工"的要求，并简要说明原因？

（2）简述土建工程与装修工程一体化的设计要求、评价方法和评分规则。

（3）简述土建工程与装修工程一体化的施工要求、评价方法和评分规则。

分析要点：

（1）不能达到

由上述施工进度可见，在该工程的设计时，不可能做好预留、预埋，也不可能认真核对图纸，无法避免因错漏碰缺而造成的返工。因此，为了工程安全，该工程设计时必须适当加大结构构件的截面和配筋，不可能避免浪费。总而言之，该工程土建各专业内部和各专业之间没有达到"一体化设计施工"的要求，尚谈不上"土建与装修工程一体化设计施工"。

（2）土建工程与装修工程一体化的设计评价方法和评分规则

《绿色建筑评价标准》GB/T 50378—2014，评分项第 7.2.3 条"土建工程与装修工程一体化设计"。土建和装修一体化设计，要求对土建设计和装修设计统一协调，在土建设计时考虑装修设计需求，事先进行孔洞预留和装修面层固定件的预埋，避免在装修时对已有建筑构件打凿、穿孔。这样既可减少设计的反复，又可保证结构的安全，减少材料消耗，并降低装修成本。

评价方法为：设计评价查阅土建、装修各专业施工图及其他证明材料；运行评价查阅土建、装修各专业竣工图及其他证明材料。

评分规则如下：

1）住宅建筑：①30%以上户数土建与装修一体化设计，得 6 分；②全部户数土建与装修一体化设计，得 10 分；

2）公共建筑：①公共部位土建与装修一体化设计，得 6 分；②所有部位土建与装修一体化设计，得 10 分。

（3）土建工程与装修工程一体化的施工评价方法和评分规则

《绿色建筑评价标准》GB/T 50378—2014，评分项第 9.2.12 条"实现土建装修一体化施工"。土建装修一体化设计、施工，对节约能源资源有重要作用。实践中，可由建设单位统一组织建筑主体工程和装修施工，也可由建设单位提供菜单式的装修做法由业主选择，统一进行图纸设计、材料购买和施工。在选材和施工方面尽可能采取工业化制造，具备稳定性、耐久性、环保性和通用性的设备和装修装饰材料，从而在工程竣工验收时室内装修一步到位，避免破坏建筑构件和设施。

1）评价方法为查阅主要功能空间竣工验收时的实景照片及说明、装修材料、机电设备检测报告、性能复试报告；建筑竣工验收证明、建筑质量保修书、使用说明书，业主反馈意见书。设计评价预审时，查阅土建装修一体化设计图纸、效果图。

2）评分规则如下：

①工程竣工时主要功能空间的使用功能完备，装修到位，得 3 分；

②提供装修材料检测报告、机电设备检测报告、性能复试报告，得 4 分；

③提供建筑竣工验收证明、建筑质量保证书、使用说明书，得 4 分；

④提供业主反馈意见书，得 3 分。

【案例 6.19】 关于降低供暖、通风与空调系统能耗的分析

背景：

某项目根据房间朝向和使用特点，进行了合理的空调分区：一层、二层各展厅、报告厅及多功能厅，分别设立独立的全空气系统，旋流风口顶送或喷口侧送；其他办公、贵宾休息、展厅用房，采用风机盘管加新风系统，便于独立控制。所采用的部分负荷运行调节策略包括：水系统采用二级泵变流量系统，根据最不利环路的压差控制泵的转速实现节能运行；空调采用变频调速风机，排风量可通过台数调节；冷热源为高效江水源机组，IPLV 符合标准要求，具有较好的部分性能系数。在申请绿色建筑时判定该建筑物处于部分冷热负荷时和仅部分空间使用时，采取有效措施节约通风空调系统能耗达标，该项目是在运行阶段评价的。

问题：

（1）为什么要采取措施降低部分负荷和部分空间使用下的供暖、通风与空调系统能耗？

（2）简述该项评分规则和评价方法。

分析要点：

（1）多数空调系统都是按照最不利情况（满负荷）进行系统设计和设备选型的，而建筑在绝大部分时间内是处于部分负荷状况的，或者同一时间仅有一部分空间处于使用状态。针对部分负荷、部分空间使用条件的情况，如何采取有效的措施以节约能源，显得至关重要。系统设计中应考虑合理的系统分区、水泵变频、变风量、变水量等节能措施，保证在建筑物处于部分冷热负荷时和仅部分建筑空间使用时，能根据实际需要提供恰当的能源供给，同时不降低能源转换效率，并能够指导系统在实际运行中实现节能高效运行。

（2）《绿色建筑评价标准》GB/T 50378—2014，评分项第 5.2.8 条"采取措施降低部

分负荷和部分空间使用下的供暖、通风与空调系统能耗"。评价总分值为 9 分。评分规则如下：

①区分房间的朝向，细分空调区域，对空调系统进行分区控制，得 3 分；

②合理选配空调冷、热源机组台数与容量，制定实施根据负荷变化调节制冷（热）量的控制策略，且空调冷源机组的部分负荷性能系数（IPLV）负荷现行国家标准《公共建筑节能设计标准》GB 50189—2015 的规定，得 3 分；

③水系统采用水泵变频技术，或全空气系统采用变风量控制，且采取相应的水力平衡措施，得 3 分。

本条第 1 款主要针对系统划分及其末端控制，空调方式采用分体空调以及多联机的，可认定为满足（但前提是其供暖系统也满足本款要求，或没有供暖系统）。本条第 2 款主要针对系统冷热源，如热源为市政热源可不予考察（但小区锅炉房等仍应考察）；本条第 3 款主要针对系统输配系统，包括供暖、空调、通风等系统，如冷热源和末端一体化而不存在输配系统的，可认定为满足，例如住宅中仅设分体空调以及多联机。

评价方法为：设计评价查阅相关设计文件；运行评价查阅相关竣工图、运行记录，并现场核实。

【案例 6.20】关于采用可重复使用隔断（墙）改变室内空间的分析

背景：

办公、商场类建筑应在保证室内工作、商业环境不受影响的前提下，较多采用灵活隔断，以减少空间重新布置时重复装修对建筑构件的破坏，节约材料。该项的评价内容是以可变换功能的室内空间采用可重复使用隔断（墙）进行判断，若可变换功能的室内空间 80％以上采用灵活隔断则获得该项满分 5 分。

问题：

（1）哪些室内空间可视为"可变换功能的室内空间"？

（2）根据可重复使用隔断（墙）比例的定义，可重复使用隔断（墙）在拆除过程中应达到什么要求，请举例说明。

（3）如何评价公共建筑中可变换功能的室内空间采用可重复使用的隔断（墙）？

分析要点：

（1）除走廊、楼梯、电梯井、卫生间、设备机房、公共管井以外的地上室内空间均应视为"可变换功能的室内空间"，有特殊隔声、防护及特殊工艺需求的空间不计入。此外，作为商业、办公用途的地下空间也应视为"可变换功能的室内空间"，其他用途的地下空间可不计入。

（2）"可重复使用隔断（墙）比例"为：实际采用的可重复使用隔断（墙）围合的建筑面积与建筑中可变换功能的室内空间面积的比值。

"可重复使用的隔断（墙）"在拆除过程中应基本不影响与之相接的其他隔墙，拆卸后可进行再次利用，如大开间敞开式办公空间内的玻璃隔断（墙）、预制隔断（墙）、特殊节点设计的可分段拆除的轻钢龙骨水泥板或石膏板隔断（墙）和木隔断（墙）等。是否具有可拆卸节点，也是认定某隔断（墙）是否属于"可重复使用的隔断（墙）"的一个关键点，例如用砂浆砌筑的砌体隔墙不算可重复使用的隔墙。

（3）《绿色建筑评价标准》GB/T 50378—2014，评分项第 7.2.4 条"公共建筑中可变换功能的室内空间采用可重复使用的隔断（墙）"。评分规则如下：

①可重复使用隔断（墙）比例不小于 30% 但小于 50%，得 3 分；

②可重复使用隔断（墙）比例不小于 50% 但小于 80%，得 4 分；

③可重复使用隔断（墙）比例不小于 80%，得 5 分；

评价分值：5 分。

【案例 6.21】 关于利用余热、废热的分析

背景：

生活用能系统的能耗在整个建筑总能耗中占有不容忽视的比例，尤其是对于有稳定热需求的公共建筑而言更是如此。用自备锅炉房满足建筑蒸汽或生活热水，不仅可能对环境造成较大污染，而且其能源转换和利用也不符合"高质高用"的原则，不宜采用。而对于有稳定热需求并达到一定规模的公共建筑应充分利用废热、余热。利用热泵或空调的废、余热以及其他废热供应生活热水。

问题：

（1）余热、废热主要包括哪几项？一般情况下的具体指标要求是什么？

（2）评价方法有哪些？

分析要点：

（1）《绿色建筑评价标准》GB/T 50378—2014，评分项第 5.2.15 条"合理利用余热废热提供建筑所需的蒸汽、供暖或生活热水需求"。评价分值为 4 分。

鼓励采用热泵、空调余热、其他废热等供应生活热水。在靠近热电厂、高能耗工厂等余热、废热丰富的地域，如果设计方案中很好地实现了回收排水中的热量，以及利用如空调凝结水或其他余热废热作为预热，可降低能源的消耗，同样也能够提高生活热水系统的用能效率。一般情况下的具体指标可取为：余热或废热提供的能量分别不少于建筑所需蒸汽设计日总量的 40%、供暖设计日总量的 30%、生活热水设计日总量的 60%。

（2）评价方法为：设计评价查阅相关设计文件（包括给排水和暖通专业施工图设计说明和系统设计图纸等）、计算分析报告；运行评价查阅相关竣工图、计算分析报告，并现场核实。

【案例 6.22】关于室内空气质量控制的分析

背景：

随着社会的不断发展，空气问题和服务质量越来越受到人们的重视，设置室内空气质量监控系统，保证健康舒适的室内环境也成为《绿色建筑评价标准》的要求。《绿色建筑评价标准》GB/T 50378—2014，控制项第 8.1.7 条规定"室内空气中的氨、甲醛、苯、总挥发性有机物、氡等污染物浓度符合现行国家标准《室内空气质量标准》GB/T 18883 的有关规定"。提高与创新项第 11.2.7 条规定"室内空气中的氨、甲醛、苯、总挥发性有机物、氡、可吸入颗粒物等空气污染物浓度不高于现行国家标准《室内空气质量标准》GB/T 18883—2002 规定值的 70%，评分值为 1 分"。

问题：

(1) 请简要说明设置室内空气质量健康系统的目的是什么？

(2) 如何实现室内空气质量的控制项要求和评价？

(3) 为什么规定了提高与创新项要求？如何评价？

(4) 关于设置室内空气质量健康系统的评价方法是什么？空气质量监控系统有哪些要求？

分析要点：

(1) 为了预防和控制室内空气污染，保护人体健康，应在建筑室内设置室内空气污染物浓度监测、报警和控制系统。

(2) 国家标准《民用建筑工程室内环境污染控制规范》GB 50325—2010（2013 年版）第 6.0.4 条规定，民用建筑工程验收时必须进行室内环境污染物浓度检测；并对其中氡、甲醛、苯、氨、总挥发性有机物等五类物质污染物的浓度限量进行了规定。本条在此基础上进一步要求建筑运行满一年后，氨、甲醛、苯、总挥发性有机物、氡五类空气污染物浓度应符合现行国家标准《室内空气质量标准》GB/T 18883—2002 中的有关规定，详见表6-3。

室内空气质量标准　　　　　　　　　　　　　　　　表 6-3

污染物	标准值	备注
氨 NH_3	$\leqslant 0.20mg/m^3$	1h 均值
甲醛 HCHO	$\leqslant 0.10mg/m^3$	1h 均值
苯 C_6H_6	$\leqslant 0.11mg/m^3$	1h 均值
总挥发性有机物 TVOC	$\leqslant 0.60mg/m^3$	8h 均值
氡 ^{222}Rn	$\leqslant 400Bq/m^3$	年平均值

本条的评价方法为：运行评价查阅室内污染物检测报告，并现场核实。

（3）以 TVOC 为例，英国 BREEAM 新版文件的要求已提高至 $300\mu g/m^3$，比我国现行国家标准还要低不少。甲醛更是如此，多个国家的绿色建筑标准要求均在 $50\sim60\mu g/m^3$ 的水平，相比之下，我国的 $0.08mg/m^3$ 的要求也高出了不少。在进一步提高对于室内环境质量指标要求的同时，也适当考虑了我国当前的大气环境条件和装修材料工艺水平，因此，将现行国家标准规定值的 70% 作为室内空气品质的更高要求。

（4）本条的评价方法为：运行评价查阅室内污染物检测报告（应依据相关国家标准进行检测），并现场检查。

审核设计资料并现场核实。要求：①数据采集、分析；②浓度超标报警；③自动通风调节。

【案例 6.23】关于室内空气质量监控系统的分析

背景：

人员密度较高且随时间变化大的区域，指设计人员密度超过 0.25 人$/m^2$，设计总人数超过 8 人，且人员随时间变化大的区域。《绿色建筑评价标准》GB/T 50378—2014 要求，主要功能房间中人员密度较高且随时间变化大的区域设置室内空气质量监控系统，保证健康舒适的室内环境；地下车库设置与排风设备联动的一氧化碳浓度检测装置，保证地下车库污染物浓度符合有关标准的规定。

问题：

《绿色建筑评价标准》GB/T 50378—2014 中，如何规定相关室内空气质量监控系统的？

分析要点：

（1）《标准》第 8.2.12 条"主要功能房间中人员密度较高且随时间变化大的区域设置室内空气质量监控系统，保证健康舒适的室内环境"。评分规则如下：

①对室内的二氧化碳浓度进行数据采集、分析，得 7 分；

②实现对室内污染物浓度超标实时报警，得 3 分。

二氧化碳检测技术比较成熟、使用方便，但甲醛、氨、苯、VOC 等空气污染物的浓度监测比较复杂，使用不方便，有些简便方法不成熟，受环境条件变化影响大。对二氧化碳，要求检测进、排风设备的工作状态，并与室内空气污染监测系统关联，实现自动通风调节。

对甲醛、颗粒物等其他污染物，要求可以超标实时报警。包括对室内的要求二氧化碳浓度监控，即应设置与排风联动的二氧化碳检测装置，当传感器监测到室内 CO_2 浓度超过一定量值时，进行报警，同时自动启动排风系统。室内 CO_2 浓度的设定量值可参考国家标准《室内空气中二氧化碳卫生标准》GB/T 17904—1997 $2000mg/m^3$ 等相关标准的规定。本条的评价方法为：设计评价查阅相关设计文件；运行评价查阅相关竣工图，并现场核实。

（2）《标准》第 8.2.13 条"地下车库设置与排风设备联动的一氧化碳浓度检测装置，保证地下车库污染物浓度符合有关标准的规定"。适用于设地下车库的各类民用建筑的设计、运行评价。评价分值：5 分。

地下车库空气流通不好，容易导致有害气体浓度过大，对人体造成伤害。有地下车库的建筑，车库设置与排风设备联动的一氧化碳检测装置，超过一定的量值时需报警，并立刻启动排风系统。所设定的量值可参考国家标准《工作场所有害因素职业接触限值化学有害因素》GBZ 2.1—2007（一氧化碳的短时间接触容许浓度上限为 30mg/m³）等相关标准的规定。评价方法为：设计评价查阅相关设计文件；运行评价查阅相关竣工图，并现场核实。

【案例 6.24】关于实行垃圾分类收集和处理的分析

背景：

分类处理和二次污染逐渐受到人们的重视，因此《绿色建筑评价标准》控制项第 10.1.2 条规定"制定垃圾管理制度，有效控制垃圾物流，对生活废弃物进行分类收集，垃圾容器设置规范"。

《绿色建筑评价标准》评分项第 10.2.13 条规定"实行垃圾分类收集和处理"。

问题：

（1）如何对垃圾进行分类？需建立哪些管理制度？如何评价？

（2）如何实行垃圾分类收集和处理？在设计阶段和运营阶段是否参评？怎么评价本条？

（3）通过实施资源管理激励机制，从而达到什么目标？通过哪些方式实现目标？

要点及解析：

（1）建筑运行过程中产生的生活垃圾有家具、电器等大件垃圾，有纸张、塑料、玻璃、金属、布料等可回收利用垃圾；有剩菜剩饭、骨头、菜根菜叶、果皮等厨余垃圾；有含有重金属的电池、废弃灯管、过期药品等有害垃圾；还有装修或维护过程中产生的渣土、砖石和混凝土碎块、金属、竹木材等废料。首先，根据垃圾处理要求等确立分类管理制度和必要的收集设施，并对垃圾的收集、运输等进行整体的合理规划，合理设置小型有机厨余垃圾处理设施。其次，制定包括垃圾管理运行操作手册、管理设施、管理经费、人员配备及机构分工、监督机制、定期的岗位业务培训和突发事件的应急处理系统等内容的垃圾管理制度。最后，垃圾容器应具有密闭性能，其规格和位置应符合国家有关标准的规定，其数量、外观色彩及标志应符合垃圾分类收集的要求，并置于隐蔽、避风处，与周围景观相协调，坚固耐用，不易倾倒，防止垃圾无序倾倒和二次污染。

评价方法为查阅建筑、环卫等专业的垃圾收集、处理设施的竣工文件，垃圾管理制度文件，垃圾收集、运输等的整体规划，并现场核查。设计评价预审时，查阅垃圾物流规划、垃圾容器设置等文件。

（2）垃圾分类收集就是在源头将垃圾分类投放，并通过分类的清运和回收使之分类处理或重新变成资源，减少垃圾的处理量，减少运输和处理过程中的成本。除要求垃圾分类收集率外，还分别对可回收垃圾、可生物降解垃圾（有机厨余垃圾）提出了明确要求。对有害垃圾必须单独收集、单独运输、单独处理，这是《城镇环境卫生设施设置标准》CJJ 27—2005 的强制性要求。

在设计阶段不参评。《绿色建筑评价标准》评分项第 10.2.13 条规定"实行垃圾分类收集和处理"。评分规则如下：

①垃圾分类收集率不低于 90%，得 4 分；

②可回收垃圾的回收比例不低于 90%，得 2 分；

③对可生物降解垃圾进行单独收集和合理处理．得 2 分；

④对有害垃圾进行单独收集和合理处理，得 2 分。

评价分值：10 分。

评价方法为查阅垃圾管理制度文件、各类垃圾收集和处理的工作记录，并进行现场核查和用户抽样调查。

（3）通过实施资源管理激励机制，从而实现绿色建筑节能减排、绿色运营的目标。采用合同能源管理、绩效考核等方式，使得物业的经济效益与建筑用能效率、耗水量等情况直接挂钩。

第 7 章 合同能源管理案例分析

本章提要

合同能源管理（EPC——Energy Performance Contracting）是一种新型的市场化节能机制，其实质就是以减少的能源费用来支付节能项目全部成本的节能业务方式。这种节能投资方式允许客户用未来的节能收益为工厂和设备升级，以降低目前的运行成本；或者节能服务公司以承诺节能项目的节能效益或承包整体能源费用的方式为客户提供节能服务。能源管理合同在实施节能项目的企业（用户）与节能服务公司之间签订，它有助于推动节能项目的实施。在传统节能投资方式下，节能项目的所有风险和所有盈利都由实施节能投资的企业承担；在合同能源管理方式中，一般不要求企业自身对节能项目进行大笔投资。依照具体的业务方式，可以分为分享型合同能源管理业务、承诺型合同能源管理业务、能源费用托管型合同能源管理业务。

（1）合同能源管理操作模式

由合同能源管理运营商对该项目进行合同托管式服务，包括：项目立项、项目融资、项目增递、项目设计、项目施工、项目运行管理等内容。并通过能源合作协议与政府、开发商达成能源托管协议，并在此协议基础上与住户及能源使用单位签订运行管理协议，取得能源服务专营权、收费权，从而回收投资的运作模式，如图 7-1 所示。

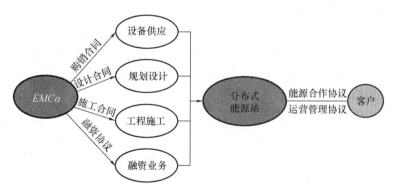

图 7-1 合同能源管理操作模式流程图

（2）合同能源管理操作流程

①项目立项；②项目商洽并签订能源合作协议；③项目的规划设计；④施工图设计；⑤工程实施；⑥与小业主签订《运行管理公约》，如图 7-2 所示。

（3）合同能源管理融资模式

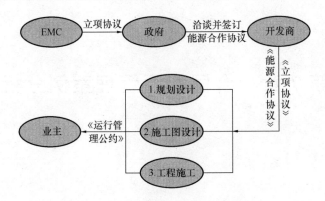

图 7-2 合同能源管理 EMC 操作流程

合同能源管理项目一般由合同能源管理公司负责，以自筹资金为主，协同各方资源，多渠道融资。主要有以下几个途径，见图 7-3。

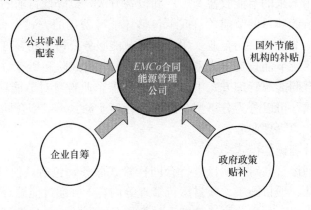

图 7-3 合同能源管理融资模型

（4）合同能源管理盈利模型

合同能源管理的赢利模式主要由收取能源服务费、出卖节能减排指标以及收取业主的使用费用。其中：能源服务费包括清洗空调管道、空调系统的维护等；出售节能减排指标是出售由空调运行过程中，相对于常规空调而言减少的 CO_2 排放量而获得利润；收取业主使用费用是通过计量表上使用的能源量来实现盈利的。

管理是运行节约能源、资源的重要手段，必须在管理业绩上与节能、节约资源情况挂钩。因此要求物业管理单位在保证建筑的使用性能要求、投诉率低于规定值的前提下，实现其经济效益与建筑用能系统的耗能状况、水资源和各类耗材等的使用情况直接挂钩。采用合同能源管理模式更是节能的有效方式。我国《绿色建筑评价标准》第 10.2.3 条：实施能源资源管理激励机制，管理业绩与节约能源资源、提高经济效益挂钩，评价总分值为 6 分。其中采用能源合同能源管理模式，得 2 分。

本章共介绍了 11 个工程案例，重点分析了各工程项目合同能源管理模式及能效分析。限于书本篇幅，有关工程案例的资料介绍还不全面，但通过本章学习，读者能初步了解我国合同能源管理的主要模式及能耗效益分析的基本方法。

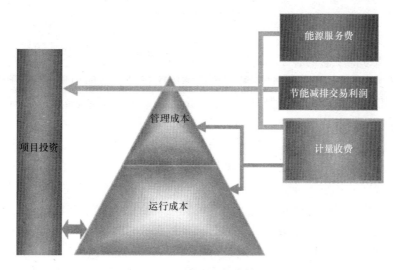

图 7-4　合同能源管理盈利模型

【案例 7.1】某综合型酒店能源服务要点和投资回收期的分析

背景：

××酒店是一所具有国际四星级水准的综合型酒店。该酒店共 16 层，其中负 1 层为车库，1 层为商场和酒吧，2 层为商场和中西餐厅，3 层为宴会厅、健康中心和游泳池，5 层为写字楼，6～16 层为客房。××酒店建筑面积 60000m²，空调面积 45600m²，平均入住率 60%。

××酒店的用电情况如下：由两台 1250kVA 的变压器一用一备供电，全年电费为 380 万元，照明设备主要为节能灯、日光灯、白炽灯、景观灯等，平均负荷容量 500kVA，每天平均工作 12h 不等。主要动力部分为中央空调系统，冷却泵 75kW 五台，三用两备，全年 6 个月开启，每天 12h 运行，冷冻泵 90kW 三台，两用一备，全年开启，每天 16h 运行。

问题：

（1）假设你现在是某节能服务公司首席绿色建筑工程师，要对该酒店运用合同能源管理施行用电系统节能改造，你要向客户提供哪些服务？流程是什么？订立节能服务合同应该注意哪些问题？

（2）计算项目投资回收期（动态增量法计），在投资回收期内（整年计）通过费效分析该改造项目是否经济可行。合同约定在项目回收期内所有节能收益归你公司所有，现有的工程相关数据如下。银行利率：8%；改造工程款：164 万元；改造前电费：380 万元/年；年综合节电率：22%。

分析要点:

(1) 节能服务的主要内容

能源审计、节能改造方案设计、节能项目施工图设计、节能项目融资、原材料和设备采购、施工安装和调试、运行、保养和维护、节能量监测分析及效益保证、ESCO 收回节能项目投资和获取利润。

节能服务公司的业务程序:与客户接洽、实地调查、项目建议、签订节能服务合同、工程施工、工程验收、项目维护运行、项目移交。

节能服务合同的注意事项:成本分担问题,处理可能存在项目内容、权益、责任、风险划分不清的情形。节能量确定问题,明确节能量确认的方法、谁负责进行节能量确认、节能量确认时项目设备及其他关联设备运行状况和运行时间等。试运行验收问题,明确设备安装完毕后有关各方共同对安装质量进行检查,合格后进行设备调试。效益归属问题,超出或低于预计节能效益的部分归属约定不清,可能导致双方对这部分效益的归属产生争议。所有权归属问题,约定项目实施前后项目及设备的归属问题;涉及第三方问题,明确约定涉及第三方的义务和责任。

(2) 投资回收期

$$\sum_{t=0}^{P_b} (CI - CO)_t (P/F, i, t) = 0 \tag{7-1}$$

增量效益费用比:

$$R = \frac{\sum_{t=0}^{n} CI_t / (1 + i_c)^t}{\sum_{t=0}^{n} CO_t / (1 + i_c)^t} \tag{7-2}$$

【案例 7.2】某电子厂能源改造项目节能量的分析

背景:

JX 电子厂成立于 1999 年,是一家专业从事主流游戏主机配件产品生产各销售的现代化科技型生产厂家,其中以电子产品开发生产为主,以丝印喷油、塑胶注塑及来料加工为辅。占地面积 3600 余平方米。目前已有产品 2000 余种,质量过硬,信誉极佳。产品已远销欧美,香港,日本,韩国,澳大利亚等国。JX 厂拥有强大的技术力量和精明能干的员工 300 余人,其中管理人员 50 名,技术人员 30 名,平均每月开发三款新产品,年出口额 4000 万以上。在艰苦创业和不断成长的过程中,该厂始终坚持恪守诚信互利的原则,同众多供货商、客户保持良好的合作关系,使该厂业绩不断攀升,向着良好的方向发展。

为追求更好的效益,降低成本,提高生产的资源利用效率,JX 董事会决议对工厂进行能源改造。改造前后电子厂能耗优化方案如表 7-1 所示;改造前后产量对比如表 7-2 所示。

电子产品加工厂能耗优化方案　表 7-1

	时间		2009 年 1 月～2009 年 12 月		
节能改造服务实施前	全厂总能耗	原煤（t）	301771	折标系数	0.714
		外购蒸汽（t）	78304.41		0.129
		电（万 kW·h）	38335		1.229
		柴油（t）	37		1.457
	时间		2010 年 7 月～2011 年 6 月		
节能改造服务实施后	全厂总能耗	原煤（t）	375712	折标系数	0.714
		外购蒸汽（t）	24448.8		0.129
		电（万 kW·h）	46436		1.229
		柴油（t）	58		1.457

改造前后产量对比　表 7-2

改造前	时间	2009 年 1 月～2009 年 12 月
	产量	320978tce
改造后	时间	2010 年 7 月～2011 年 6 月
	产量	380582tce

问题：

请用"国标法"计算该节能改造项目的节能量大小。

分析要点：

总能耗量计算：

$$E = \sum_{i=1}^{n} E_i a_i \tag{7-3}$$

式中　E——总能耗量

　　E_i——第 i 种资源在生产过程中的消耗量

　　a_i——第 i 种资源的折标系数

总能耗量 E 是将多种资源消耗量乘以各资源对应的折标系数，即将不同单位的资源消耗量换算成以"吨标准煤"为单位的统一资源能耗进行加和求出工厂的总能耗量。

项目基期综合能耗量：

$E_j = 301771 \times 0.714 + 78304.41 \times 0.129 + 38335 \times 1.229 + 37 \times 1.457 = 272733.387\text{tce}$

项目统计报告期综合能耗：

$E_b = 375712 \times 0.714 + 24448.8 \times 0.129 + 46436 \times 1.229 + 58 \times 1.457 = 328566.613\text{tce}$

基期产品产量 $N_j = 320978\text{tce}$

统计报告期产品产量 $N_b = 380582\text{tce}$

基期、报告期单位产品综合能耗分别为：

$$e_j = \frac{E_j}{N_j} = \frac{272733.387}{320978} = 0.850 \tag{7-4}$$

$$e_b = \frac{E_b}{N_b} = \frac{328566.613}{380582} = 0.863 \tag{7-5}$$

求出的是改造前后，生产单件产品所消耗的能耗量。

国标法计算节能量：

$$\Delta E_c = (e_b - e_j) \times N_b = (0.863 - 0.850) \times 380582 = 4947.566tce \tag{7-6}$$

【案例 7.3】某商场节能改造项目能源管理合同的分析

背景：

某商场为纯商业百货物业。建筑共 6 层，2000 年竣工投入使用。项目建筑面积为 24658m²，营业面积 19866m²，商场常年运营时间为 7：00～23：00。商场空调系统为一次泵定流量水冷式中央空调系统。中央空调系统的制冷站系统有两台 850 冷吨离心机，在冷冻水侧，有三台冷冻水泵（两用一备）并联后与冷机连接，冷机并联运行，冷冻水供回水温度设计值为 7～14℃。在冷却水侧，三台冷却水泵（两用一备）并联与冷机连接，冷却塔位于 7 层屋面，分两组，每组 4 台，单台冷机分别与单组冷却塔采用串联方式连接，冷却水供回水温度设计值为 32～37℃。制冷站系统没有安装控制系统，其运行采用人工手动模式，运行随意度大。空调末端采用全空气系统，每层设四个空调风柜机房，分别控制四个区域，新风通过外墙新风口百叶窗引入，无组织排风系统。空调箱设有自动控制水阀，在控制设定点控制回风温度。商场照明系统的最近更新时间为 2004 年，室内照明公共区域的大部分灯具为节能型筒灯，功率为 13W/盏，镇流器为电子式镇流器。部分区域（如珠宝、化妆品、超市等区域）采用射灯、大罩灯等。冷链的照明采用 T8 灯管，每支 36W。

商场 2005～2008 年平均耗电量为 611 万度，其中中央空调系统全年耗电量约为 260 万度，单位建筑面积空调系统用电量约为 111kW·h/(m²·yr)，而夏热冬暖地区商场空调能耗为 100kW·h/(m²·yr)，高于平均能耗指标约 11%。

现商场高层决定于 2011 年进行节能改造。商场与节能服务公司（ESCO）签订节能服务合同的部分条款如下：

甲方：商场

乙方：节能服务公司

（1）乙方负责项目融资，并以书面形式告知甲方。

（2）该项目由乙方投入设备，但签订本合同后甲方需向乙方交项目总额的 30% 作为押金，合同正常履行两年后，此押金由乙方无条件返还甲方。

（3）节能量确定基值为 2010 年春季商场空调系统能耗量，统计报告值为 2011 年春季商场空调系统能耗量。

（4）如因甲方提供的测量数据不正确而导致用以计算节能量的基值未能反映真实情况

时，乙方有权对计算节能量的基值作出调整；节能量的测量应在设备级（而非商场级）层面上进行。

（5）项目中设备系统能耗量是指在检测期内，设备系统消耗的能源总量，并等量换算以标准煤量计量。

（6）系统能耗测定工作由甲方（或甲方授权单位）完成。

（7）根据国家相关施工管理条例和与项目相对应的技术操作规程，乙方认真完成设备的安装和调试。

（8）除本合同另有规定外，乙方承担项目移交甲方运行前的一切风险损失，但不包括甲方造成的或甲方未尽到本合同规定的义务引起的损失。

（9）在合同期内，本项目的节能收益按"90％，80％，70％，60％，50％"的比例逐年支付给乙方。

（10）在本合同有效期满和甲方付清全部款项之前，项目的所有权属于乙方。

（11）甲方在本合同有效期满后一个月内，按规定付清乙方应得的全部款项后，才有权取得项目的所有权。

（12）在乙方收到全款后，项目所有权才归甲方所有。

（13）如甲方违约，乙方仍享有项目所有权，直到此种违约状况消除七天后，项目所有权才归甲方。

问题：

（1）请简述节能服务合同签订的依据是什么？订立时需要注意哪些事项？

（2）上述合同中存在一些不合理之处，请找出、改正并说明。

分析要点：

（1）节能服务合同的订立也应当遵循《中华人民共和国合同法》及相关法律法规的要求。无论签订何种节能服务合同，都应该坚持自愿公平、诚实信用、协商一致、合作共赢四个原则。

订立合同时，可参照国家质量监督检验检疫总局、国家标准化委员会于 2010 年 8 月联合发布的《合同能源管理技术通则》GB/T 24915—2010，并注意以下事项：

成本分担问题、节能量确定问题、试运行验收问题、效益归属问题、所有权归属问题和涉及第三方问题。

（2）上述合同中存在下列不合理之处：

1）成本分担问题

对于节能服务公司承担部分项目建设成本的合同，可能存在项目内容、权益、责任、风险划分不清的情形。各方应该在合同中明确各自投资的数额、资金的用途等，确定各方应享有的权益和应承担的责任，避免项目出现问题时，产生纠纷，影响各方利益，在上例第 1、2 条中反映。

2）节能量确定问题

如果节能量确认方法不规范，或者与项目相关联的其他设备存在问题，可能导致节能量难以确定。合同中应明确节能量确认的方法、谁负责进行节能量确认、节能量确认时项目设备及其他关联设备运行状况和运行时间等，还应该明确节能服务公司和用能单位无法就节能量达成一致时的解决办法等。在上例第 3、4、5、6 条中反映，但一般取一年作为检测周期，取单一季度或某一时间段做测量期缺乏普遍性。

3）试运行验收问题

试运行验收约定不清，可能导致节能服务公司违约，遭受损失。在约定试运行和验收条款时，应该明确设备安装完毕后有关各方共同对安装质量进行检查，合格后进行设备调试。如果各项调试合格，一般由用能单位负责进行试运行。在试运行期间可对设备进行调试，无任何异常现象后，有关各方签署试运行证明书，在上例第 7、8 条中反映。

4）效益归属问题

项目实际运行中，实际节能量与预计的节能量相比总会有差异。节能服务公司在签订合同时，就应该事先考虑到这个问题，明确约定超出预计节能量的部分应该如何分配、低于预计节能量的部分应该如何确定责任、谁来承担相应的损失等。超出或低于预计节能效益的部分归属约定不清，可能导致双方对这部分效益的归属产生争议，在上例第 9 条中反映。

5）所有权归属问题

如果对附属设备的所有权或因项目改造升级形成的所有权约定不清，可能导致产权争议，在上例第 10、11、12、13 中反映。

6）涉及第三方问题

如果合同对涉及第三方等相关方的问题规定不清，可能影响项目的顺利实施。一般情况下，除了用能单位和节能服务公司以外，完成一个合同能源管理项目还要有设备供应商、施工安装商等第三方的参与。因此，在节能服务合同及其关联合同（设备购销合同、施工安装合同、节能量确认合同等）中，要明确约定涉及第三方的义务和责任。在本例中没有涉及第三方权益。

【案例 7.4】某综合性医院合同能源管理模式的分析

背景：

某医院一家三级甲等综合性医院，占地面积 8.8hm²，总建筑面积 14 万 m² 多。医院开设科室齐全，现有临床、医技科室 46 个，护理单元 57 个；医院技术力量雄厚，拥有中高级职称专业技术人员 700 余名，其中博士生导师 31 人。2009 年，病床数 1783 张，住院病人 4.65 万人次，年门诊、急诊人数近 60 万人次，手术台数 2.24 万台，体检人数 9.64 万人次。

2009 年某医院消耗的能源分别为：天然气 304.4 万 Nm³、电力 1524.3 万 kW·h、自来水 106.436 万吨，其中医疗区年用气量为 230.36 万 Nm³、用电量为 1220.505 万 kW·h、用水量为 86.036 万吨。2009 年医院消耗能源总量按等价折标煤为 9304.8 吨标准煤，按当量折标准煤 5843.1 吨标准煤。

从能源消费结构来看，按当量折标，医院 2009 年的能耗以天然气为主，占能耗总量的 63.26%，电能次之，占能耗总量的 32.06%；按等价折标，医院 2009 年的能耗以电为主，占能耗总量的 57.34%，天然气次之，占能耗总量的 39.72%。从综合能耗指标来看，除家属区外，医院 2009 年单位面积综合能耗为 33.5kg 标准煤/m²，单位面积综合电耗为 89.6kW·h/m²；医院主要建筑单位面积综合能耗指标（按当量计算）为 246.5kW·h/(m²·a)。

从分项能耗统计来看，2009 年建筑面积为 38000m² 多的家属区，其能耗占医院当量总能耗的 22.3%；医院空调系统的能耗约占医院总能耗的 63%；医院卫生热水年消耗天然气量按当量折标占医院总能耗的 15.2%；医院照明系统的电耗占医院综合能耗总量的 5.8%，占医院总电耗的 15%；电梯耗电量约占医院综合能耗总量的 3% 左右，占医院主要建筑物电耗的 9% 左右。

通过对医院 2009 年能源利用状况的综合分析，总体上医院能源利用状况较好，达到了三级甲等综合医院单位综合能耗、综合电耗定额要求。尽管如此，医院仍存在较大的节能潜力。

于是医院委托××大学能源科学与工程学院有关专家对医院 2008 年和 2009 年的能源利用状况进行了全面细致的能源审计，并通过有关考察和严格的招标程序，决定将占医院天然气总耗约 90%、占医院当量总能耗约 67.8% 的动力中心用能托管给专业的节能服务公司——A 能源管理有限公司进行合同能源管理。

合同能源管理类型多且各有特点，通过分析比较，决定采用节能效益分享型合同能源管理方式。该方式非常适合于将医院动力中心用能整体打包，运用能源系统综合诊断方法，通过综合节能改造，提升整个用能系统的综合能源利用效率。

2010 年 1 月 19 日，某医院和 A 能源管理有限公司正式签订了合同能源管理项目合同。项目启动后，A 能源管理有限公司根据节能诊断结果，在加强管理节能的基础上，先后已投入节能技改资金超过 200 万元取得了预期的节能效果。已实施的主要节能改造项目基本情况汇总如表 7-3 所示。

节能改造项目基本情况汇总表　　表 7-3

序号	项目名称	项目内容	节能量（率）	投入资金
1	动力中心烟气余热回收	采用凝汽式热管换热器，回收蒸汽锅炉和直燃机组烟气余热，将排烟温度由 120～140℃降低到 60℃左右，回收烟气显热的同时回收了较多的烟气潜热	节能率 9.3%，年节能量折标准煤约 360 吨	112 万
2	外科楼蒸汽冷凝水回收改造	增设蒸汽冷凝水回收系统，改造冷凝水回收管道，解决蒸汽冷凝水铁锈污染问题，自动回收外科楼蒸汽板换凝结水和部分二次闪蒸蒸汽，生产医院用卫生热水	每天产 50℃ 左右热水 40～50t，年平均节能量折标煤约 94t	28 万
3	中心制氧站空气源热泵余热利用	采用 3 台 15kW 的空气源热泵热水机组，回收中心制氧站空压机及冷干机排放的热量及空气中的热量，降低夏季制氧中心室内环境温度，保证制气设备的正常运行	年产 55℃ 热水 1.3 万吨左右，年节能量折标煤约 148t	48 万
4	动力中心空调冷冻水泵节电改造	冷冻水泵 3 台，额定功率 75kW，冷冻水泵 3 台，额定功率 110kW，水泵选型不合理，扬程偏高，流量偏大。根据测量数据对水泵叶轮进行改造，使水泵运行回到最佳工作状态	水泵节电率为 32.6%，年节电约 13.8 万 kW·h	15 万

　　统计结果表明，在不考虑天气、空调面积变化等外在影响因素的前提下，2010年1～10月合同能源管理后项目界定范围内的电与天然气消耗量比基准年度2009年同期节约天然气42.5万Nm³和36.6万kW·h，节约率分别为18.9％和13.4％。图7-5和图7-6给出了2010年1～10月实施合同能源管理后项目界定范围内的天然气与电消耗量与去年同期的对比结果。根据气象温度统计，2010年1～10月的天气温度情况与2009年同期相比基本相似，2010年6月天气比较凉爽，没有出现最高气温超过35℃的极端天气情况，但2010年8月比2009年要热许多，最高气温超过35℃的天数比去年8月份多8天，因此可以说天气因素对2010年1～10月的能耗下降影响不大。而2010年的中央空调使用面积比基准年度2009年增加了约4000m²，增长4％左右；2010年1～10月医院的经营状况与2009年同期基本相同，略有增长。由此可以说明，医院通过实施合同能源管理，取得了实实在在的节能效果。

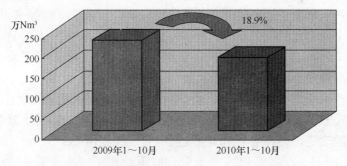

图7-5　合同能源管理实施前后天然气耗量变化

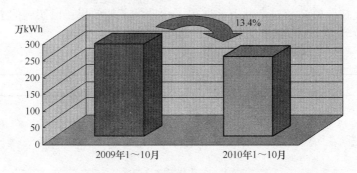

图7-6　合同能源管理实施前后电耗量变化

问题：

　　（1）请指出该合同能源管理模式在本项目中实施的优点有哪些？

　　（2）为了使项目顺利完成，简述项目实施方案。

分析要点：

　　（1）本合同能源管理项目的实施具有以下优点：

　　①医院不用承担风险。采用合同能源管理模式，节能改造项目由合同能源管理公司全额投资、全权运作，并对节能改造的效果负责，医院无须承担任何风险。

②医院对项目零投入，且可长期获得回报。医院在无须任何投入的情况下，从项目启动起即可节省节能改造、能源消耗等费用支出，并且在合同期满后还可得到合同能源管理公司所投入的节能设备，继续享受项目所带来的源源不断的节能收益。

③医院可省却对界定范围内能耗设备的节能管理。相对于自主聘请节能专家、设计节能方案、采购节能设备、督导施工、聘用工程师操作维护、自行运营，合同能源托管不但避免了医院自主进行节能改造和管理带来的繁冗工作，还降低了医院的运营成本，且更便于医院管理。

④医院可快速提高能源利用整体水平。合同能源管理公司通过其专家团队，综合采用成熟的节能技术、稳定高效的节能设备进行项目整体运作，相对于医院自行寻找节能设备，分期分散进行单一节能技术改造，托管之后不但可避免重复投资造成的浪费，而且使医院能源利用整体水平提高，节能收益更有保障。

（2）为了确保本次合同能源管理项目成功实施并获得预期的节能效果，医院在合同签订前与 A 能源管理有限公司方开展了详细的项目方案研讨工作，制订了全面、合理、可操作性强的项目实施方案，具体包括：

①界定合同能源管理项目的范围，即项目边界条件，并对项目界定范围内的主要耗能设备，包括医院中央空调机组、蒸汽锅炉和热水锅炉及其附属设备等，进行登记造册。

②确定项目基准年度和基准年度的能耗基数。项目约定 2009 年度作为基准年度，2009 年项目界定范围内各月所消耗的电和天然气数量作为项目能耗月度基数，2009 年月度基数的总和作为项目年度能耗基数。

③确定项目能耗基准条件。为简化操作，忽视一些对项目能耗影响较小的因素，确定将基准年度的医院中央空调使用面积与供应时间、设备老化和自然天气条件的基准条件。发生较大的改变时进行必要的修正，并约定了相应的修正方法。

④约定项目合同期限。合同双方约定项目合同期为 6 年，自 2010 年 1 月 1 日起实施。

⑤论证项目主要节能技改方案，评估项目节能潜力。合同签订前，医院要求 A 能源管理有限公司做出了合同期内将实施的主要节能技改方案，并委托相关的能源专家对这些方案的可行性和节能潜力进行了评估，确保实施合同能源管理项目的节能量。

⑥确定实施合同能源管理的节能效益分享原则。为了避免合同期内每实施一单项节能技改项目，合同双方需进行繁琐的节能量测算与确认工作，同时确保医院方不承担任何风险，确定按项目合同年度核算能耗总金额的一定百分比作为医院实施合同能源管理的节能收益。

⑦明确项目结算方法。合同年度内对项目界定范围内消耗的天然气和电分别装表计量，由 A 能源管理有限公司按表付费。医院则按照合同基准年度的能耗基数和合同年度的能源价格支付 A 能源管理有限公司能源费用。每合同年度年末，合同双方根据约定的修正原则对该年度的能耗进行修正，并根据修正的结果进行年度总核算。

⑧明确项目管理方法。项目界定范围内的各主要耗能设备、能量输运系统以及用能末端设备的日常运行、维护、保养与维修等仍由医院方负责，A 能源管理有限公司具有建议和监督权；合同期内实施的所有节能技术改造，必须在改造前出具详尽的改造方案和可行性报告，并报医院审核、批准和备案；A 能源管理有限公司有权对医院方的工作人员进行合理用能和节能的相关培训；合同期满后，A 能源管理有限公司所投资的节能设备

和节能收益将全部归属医院。

【案例 7.5】某大厦节能改造服务模式的分析

背景：

某大厦位于 MZ 市南侧。大厦由四个相对独立的办公楼和两个弧形连接接体组成，北侧为 11 层，南侧 14 层，四幢办公楼首层为银行营业厅，北侧 2~11 层，南侧 2~13 层为办公楼，南侧 14 层为餐厅和设备机房。大厦地下两层，一层为金库、账库、保管库、车库、自行车库及快餐厅，二层为机房和车库。

大厦占地约 1.8 万 m^2，建筑面积约 10 万 m^2，采用了长 134m，宽 68m，高 45m 构图完整的大体型。

大厦供冷系统节能改造。本案例是用制冷能力为 2950 冷吨的电压缩制冷机组加蓄冷能力 9000 冷吨的蓄冰装置实现低温大温差供风，替代燃油溴化锂空调机组为 11 万 m^2 商务楼供冷。该节能服务合同总价为 1405 万元（1 冷吨：1 吨 0℃的饱和水在 24h 冷冻到 0℃的冰所需要的制冷量）。

业主的大厦是一栋 11 万 m^2 的高档商务楼，原设计冷负荷 100，由 3 台燃油溴化锂冷水机组供冷，原系统能耗情况如表 7-4 所示。

原系统年能耗情况　　　　　　　　　　　　　　　　　　　　表 7-4

年供冷时间	年耗轻柴油	年用电量	年耗水量	年能耗量
150h	2830t	134.65kW·h	75600t	4582tce

经过改造，新系统能耗情况如下表 7-5。

新系统能耗情况　　　　　　　　　　　　　　　　　　　　表 7-5

装机容量	年低谷用电量	年谷外用电量	年耗水量	年能耗量
2396kW	235.92kW·h	324.73kW·h	16700t	2237tce

注：柴油价为 2700 元/t，平电价 0.5 元/kW·h，谷电价 0.2 元/kW·h，水价为 5 元/t。

在合同中，节能服务公司与大厦业主方约定，在合同期内业主方与节能服务公司按比例 1：3 分享项目节能改造后产生的节能收益。

项目现金流量表见表 7-6。

项目现金流量表　　　　　　　　　　　　　　　　　　　　表 7-6

年度	0	1	2	3	4
项目现金流	−1405	623.73	623.73	623.73	623.73
业主现金流	0	155.43	155.43	155.43	623.73

问题：

此项目中业主方选择的是什么模式的节能改造服务？它的特点是什么？

分析要点：

该项目的合同双方选择的是节能效益分享型合同能源管理模式，合同期内业主方与节能服务公司按比例分享节能收益，节能服务公司在 3 年内从分享节能收益中收回投资。

在节能效益分享型模式中，节能改造项目工程期投入由节能公司承担，但业主方须通过合同约定与节能公司分享项目改造后带来的节能效益。在合同期内，自项目产生节能效益之时起，业主方须按合同约定比例与节能公司分享由项目产生的节能效益。节能效益分配比例由节能项目实施合同年度和具体节能项目的投资额决定，三者存在相互制约关系。

节能服务公司与用能单位签订节能服务合同，同时提供项目节能改造资金并负责执行改造。在合同期内，项目产生的节能收益由合同双方按合同约定比例分享。合同期后，项目节能收益归项目业主方所有。如图 7-7 所示。

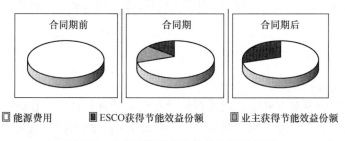

图 7-7　三个时期费用及效益比例示意图

【案例 7.6】某发电厂节能改造项目合同能源管理模式和节能量检验分析

背景：

某发电厂是红水河流域规划建设的第五级水电站。电厂由 HX 集团公司、GT 集团有限公司共同建设，GT 集团占股 30％。发电厂于 1985 年 3 月开工建设，1995 年 6 月全部投入运行。

发电厂水泵电机调速。本案例在 13 台总共 2300kW 的水泵电机上，安装变频调速装置，用电机的变频调速替代调节阀门开度控制水量。投资 254.61 万元，年节电 326.42 万 kW·h，年节电收益 127.30 万元，项目简单投资回收期（即静态回收期）2.00 年。

原系统能耗情况：业主用的 13 台共 2300kW 的水泵常年定速运转，通过调节阀门开度去控制出水量，这种调节方式既浪费电能，又增加维修工作量。原系统能耗情况见表 7-7 所示。

原系统能耗情况　　　　　　　　　　　　　　　　　　表 7-7

台数	水泵电机总容量	年工作时间	年耗电量	年能耗量
13	2300kW	7096h	1387.27 万 kW·h	5535tce

经节能改造之后，新系统能耗情况如表 7-8 所示。

		新系统能耗情况		表 7-8
台数	水泵电机总容量	年工作时间	年耗电量	年能耗量
13	2300kW	7096h	1060.85 万 kW·h	4233tce

案例实施后，年节能量及节能收益如表 7-9。

		年节能量及节能收益			表 7-9
（改造前） 年耗电量	（改造后） 年耗电量	年节电量	电价	年节 能量	年节能 效益
1387.27 万 kW·h	1060.85 万 kW·h	326.42 万 kW·h	0.39 元/kW·h	1302tce	127.30 万元

问题：

通过项目的现金流量表，分析例子中的合同能源管理属于什么模式？如何确定和检验节能量？

分析要点：

节能量确定及检验：

（1）业主和实施者双方确定，以改造前 1 年的年能耗量和年工作时间作为基准值；

（2）案例实施后，双方组成检测小组，选择正常的运行时段，对变频运行下水泵的耗电量进行测量；

项目寿命期按 10 年计。

业主方支付：在项目节电率达到合同指标后的第 2、3 年，业主均按 50% 的合同总价额度向案例实施者支付合同款。

寿命期业主资金流如表 7-10 所示。

寿命期业主资金流　　　　　　　　　　　　　　表 7-10
（单位：万元）

年度	0	1	2	3	4	……	9	10
项目现金流	−254.61	127.30	127.30	127.30	127.30	……	127.30	127.30
业主现金流	0	127.30	0	0	127.30		127.30	127.30

从现金流量表中能看出，该节能改造项目用的是节能保证型（效益验证型）合同能源管理模式，改造完成后一年为项目检测、验收期，用以验证节能改造后项目节能量能否达到节能服务合同双方约定的节能量。验收后，节能服务公司将项目管理权转交给业主方，同时业主方须向节能服务公司支付服务费用。节能服务公司收回投资并获取部分收益之后，完成节能服务合同。

【案例 7.7】某公司节能改造合同能源管理模式及现金流量的分析

背景：

某钢铁公司 1978 年 12 月 23 日起建。经过 30 多年发展，某钢铁公司已成为中国现代化程度最高、最具竞争力的钢铁联合企业。2012 年，某钢铁公司连续九年进入美国《财富》杂志评选的世界 500 强榜单，位列第 197 位，并当选为"全球最受尊敬的公司"。标普、穆迪、惠誉三大评级机构给予某钢铁公司全球钢铁企业中最高的信用评级。截至 2011 年末，某钢铁公司员工总数为 116702 人，分布在全球各地。

钢铁公司走料机电机调速项目：

钢铁公司走料机电机的节能改造中要在 8 台 1800kW 的走料机上，安装变频调速装置，用以控制走料量。项目投资 274.71 万元，年节电 226.1 万 kW·h，年节电效益 122.09 万元，项目简单投资回收期 2.25 年。年二氧化碳减排 513t，年二氧化硫减排 16t，年总悬浮颗粒物减排 13t。

该项目节能服务合同中定义：

甲方：钢铁公司（业主）

乙方：AAA 节能服务公司

原系统 8 台走料机常年定速运转，通过调节阀门开度控制走料量。原系统能耗情况为：装机总量 1800kW；年工作时间 6280h；年耗电量 960.8×10^4 kW·h/a；年能耗量 3834tce。

现 AAA 节能服务公司承接该项目，对 8 台走料机加装变频调速装置。项目实施后，消除了阀门上电能的消耗。新系统能耗情况为：装机总量 1800kW；年工作时间 6280h；年耗电量 734.7×10^4 kW·h/a；年能耗量 2932tce。

合同总价：274.71 万。

资金来源：AAA 节能服务公司出资，资金自筹。

运营管理：在合同期内，由 AAA 节能服务公司负责项目的运营管理工作。

投资回收期、项目合同期：2.25 年。

业主的收益现金流量表如表 7-11 所示。（单位：万元）

项目相关收益现金流表　　　　　　　　　　　　　　表 7-11

年度	0	1	2	3	4	5
项目现金流	−274.71	122.09	122.09	122.09	122.09	122.09
业主现金流	0	12.21	−42.74	122.09	122.09	122.09

问题：

（1）该项目的合同能源管理模式的类型是什么？有什么特点。

（2）从现金流量表中，分析为什么第二年业主现金流会出现负值？

分析要点：

（1）该项目为节能保证型合同能源管理模式。该模式中，合同期内乙方，即节能改造项目的实施方，负责实施节能改造工作。项目实施前甲方，即业主方，预支部分投资及服务费用。改造工作完成后，通过科学检测，检测项目改造的节能量是否达到合同约定的节能要求，若实现节能承诺，则在运营期内业主方向乙方支付服务费用；若不能实现，则乙方须将项目恢复原状并偿还服务费用。在该项目中，双方采用混合模式，甲方为预支投资费用及服务费用，而是通过后期节能收益支付乙方的投资及服务费用。甲方的支付比例为第 1 年：第 2 年初：第 2 年中＝4：4：2。

（2）第二年业主现金流出现负值的原因是业主在第二年计算期内将支付节能服务公司的所有款项，而项目的现金流不足以支付，所以出现负值，表示业主需从别的方面挪用资金支付节能服务公司的项款。从第三年后，项目所产生的所有现金流全部归业主方所有。

【案例 7.8】某市区 3000 盏路灯进行节能改造的效益分析

背景：

遵照国务院节能减排精神，保护环境降低能耗，倡导低碳生活，是人类努力朝着生态文明迈进的及时反映，低碳生活号召人们在生活作息时所耗用的能量要尽量减少，从而降低二氧化碳的排放量。A 市在响应国家节能环保的前提下决定对本市区的 3000 盏路灯进行节能改造，采用高效低能耗的 LED 作为我们城市的主要照明灯具，是完全符合国家倡导的用半导体取代传统照明灯具的要求，从而也体现了我们政府节能减排之决心。

（1）项目机制

本项目采用 EMC 机制（合同能源管理项目机制）

甲方：A 市路灯管理所（用户）

乙方：SS 节能服务科技有限公司

（2）项目内容

合同编号：0704114-2524-××××-×××

改造线路：A 市星光大道、公园南路等 14 条路灯供电线路

节电设备：LL－KT 系列城市路灯智能节电柜

安装数量：共 14 台

装机容量：共 2000

基础底座：共 14 座

能源管理合同额：8622853.20 元

能源管理期限：10 年

（3）合同双方责任分工

甲方责任：

①在能源管理合同执行期间，向乙方提供必要的方便、支持与帮助。

②按照技术要求或规范，合理操作和使用节电设备。

③对能源管理期内的节电设备承担保全责任。

④按照能源管理合同约定的额度，向乙方提供担保或抵押。

⑤按期向乙方支付能源管理合同约定的款项。

乙方责任：

①在项目建设期内，完成节电设备的生产、运输、到货、安装及投运。

②负责施工期内作业现场的安全管理，并承担安全事故责任。

③负责节电设备的保养及维护。

④向乙方提供技术支持与人员培训。

⑤对设备质量、施工质量及节电率作出承诺，并承担相应的责任。

（4）节电设备的权属

所有权：

1）节电设备的所有权，在能源管理期内属于乙方，能源管理期满后属于甲方。甲方在依据能源管理合同合法取得节电设备的所有权之前，不得发生下列行为：

①变卖、转让、转租或分租节电设备。

②利用节电设备进行抵押或投资。

③以任何方式明示或暗示对节电设备具备所有权或财产处置权。

④其他任何侵犯节电设备所有权的行为。

2）能源管理合同执行期间，对已达到能源管理期限的节电设备，按照乙方赠予甲方的方式处理，从而使其所有权无偿由乙方自动转移至甲方。届时，甲乙双方无须为此再办理任何移交手续。

使用权和管理权：

①在能源管理期内，甲方将节电设备的使用权和管理权授予乙方。在此期间，当且仅当乙方有重大违约行为时，甲方有权收回授权。

②能源管理期满后，节电设备的使用权随所有权自然转移至甲方。

问题：

联系背景与相关数据（下表中给出），判定该项目的可行性和项目的资产状况是否乐观。

分析要点：

节能效益的核算及分配。

本项目的节能效益核算采用静态计算法，静态参数包括年度电费和节电率 2 项，参数的静态值由甲乙双方根据实际情况共同协商并核定。由于静态值与实际动态的变化无关，是固定不变的常数，因此，依据静态值计算的节能效益亦为固定值。

各改造线路的年度电费静态值，按照下式核定：

$$K_i = Y_i C \quad i = 1,2,3\cdots\cdots14 \tag{7-7}$$

式中　K_i——第 i 条线路的年度电费静态值；

　　　Y_i——第 i 条线路 2009 年的实际电费；

　　　C——调整系数（用于弥补预期电价上涨或预期线路扩容对节能效益的影响）；

本项目中，甲乙双方商定，$C=1.1$。

节电率静态值 λ，按照 2009 年 11 月 12 日甲方在乙方投运的 LL-KT150 型样机的实测平均节电率 30% 核定，即：$\lambda=30\%$。

单台设备的节能效益核算，按照下列公式计算。

（1）单台设备的年度节能效益

$$B_i = K_i \lambda \quad i=1, 2, 3\cdots\cdots14 \tag{7-8}$$

（2）单台设备的日节能效益

$$b_i = B_i/365 = K\lambda/365 \qquad i = 1,2,3\cdots\cdots14 \qquad (7\text{-}9)$$

项目节能效益的核算，按照下列公式计算。

（1）每年度的项目节能效益

$$B_y = \sum_{i=1}^{14} B_i = \sum_{i=1}^{14} K_i\lambda \qquad (7\text{-}10)$$

（2）项目总节能效益 B

$$B = \sum_{i=1}^{14} B_i n = \sum_{i=1}^{14} K_i\lambda n \qquad (7\text{-}11)$$

式中　n——能源管理期限的年数

基于上述办法核算的本项目的节能效益为：

（1）每年度的项目节能效益：862285.32 元。

（2）实施能源管理 10 年后的项目总节能效益：8622853.20 元。

按照甲乙双方签订的能源管理合同中的约定，甲方北京国电康能科技有限公司在本项目中共可分得 7691212.35 元，乙方分 10 年共 40 期向甲方付讫全部款项，平均每期支付 192280.31 元。

甲方的经济效益分析如表 7-12 所示。

投　资　参　数　　　　　　　　　　表 7-12

单位：元

设备投资	1576780.00（按建设期期末投入）
流动资金投资	100000.00（按建设期期末投入）
建设期限	3 个月
建设期资本化利息	—
原始投资	1676780.00
投资总额	1676780.00

项目现金流量表见表 7-13。

项目现金流量表　　　　　　　　　表 7-13

单位：元

期项	营业收入	利息	维护费	营业税	累计利润	净现金流量
建设	—	—	—	—	−1676780.00	−1676780.00
1	215571.33	21382.46	2000.00	11856.42	−1496477.56	180332.45
2	215571.33	18459.13	2100.00	11856.42	−1313291.78	183155.78
3	215571.33	15535.81	2205.00	11856.42	−1127317.68	185974.10
4	215571.33	12612.48	2315.25	11856.42	−938530.50	188787.18
5	215571.33	9689.15	2431.01	11856.42	−746935.76	191594.75
6	215571.33	6765.82	2551.56	11856.42	−552539.23	194397.53
7	215571.33	3842.49	2680.19	11856.42	−355347.01	197192.23

期项	营业收入	利息	维护费	营业税	累计利润	净现金流量
8	215571.33	919.16	2814.20	11856.42	−155365.47	199981.55
9	215571.33	—	2954.91	11856.42	45394.53	200760.00
10	215571.33	—	3102.66	11856.42	246006.78	200612.25
11	215571.33	—	3257.79	11856.42	446463.90	200457.12
12	215571.33	—	3420.68	11856.42	646785.12	200294.23
13	215571.33	—	3591.71	11856.42	846881.32	200123.20
14	215571.33	—	3771.30	11856.42	1046824.93	199943.61
15	215571.33	—	3959.86	11856.42	1246579.97	199755.05
16	215571.33	—	4157.86	11856.42	1446137.02	199557.05
17	215571.33	—	4365.75	11856.42	1645486.18	199349.16
18	215571.33	—	4584.04	11856.42	1844617.05	199130.87
19	215571.33	—	4813.24	11856.42	2043518.04	198901.67
20	215571.33	—	5053.90	11856.42	2242179.72	198661.01
21	215571.33	—	5306.60	11856.42	2440588.04	198408.31
22	215571.33	—	5571.93	11856.42	2638731.02	198142.98
23	215571.33	—	5850.52	11856.42	2836595.40	197864.39
24	215571.33	—	6143.05	11856.42	3034167.26	197571.86
25	215571.33	—	6450.20	11856.42	3231431.97	197264.71
26	189330.08	—	6772.71	10413.15	3403576.18	172144.22
27	150899.93	—	7111.35	8299.50	3539065.27	135489.08
28	150899.93	—	7466.91	8299.50	3674198.79	135133.52
29	150899.93	—	7840.26	8299.50	3808958.97	134760.17
30	150899.93	—	8232.27	8299.50	3943327.13	134368.16
31	150899.93	—	8643.88	8299.50	4077283.68	133956.55
32	150899.93	—	9076.08	8299.50	4210808.04	133524.35
33	150899.93	—	9529.88	8299.50	4343878.59	133070.55
34	150899.93	—	10006.38	8299.50	4476472.64	132594.05
35	150899.93	—	10506.70	8299.50	4608566.38	132093.73
36	150899.93	—	11032.03	8299.50	4740134.78	131568.40
37	150899.93	—	11583.63	8299.50	4871151.59	131016.80
38	150899.93	—	12162.81	8299.50	5001589.21	130437.62
39	150899.93	—	12770.95	8299.50	5131418.69	129829.48
40	150899.93	—	13409.50	8299.50	5260609.62	129190.93
合计	7691212.35	89206.50	241598.55	423016.65	5260609.62	5260609.62

项目投资分析根据项目的现金流量表，可以得出如下结论。如表 7-14 所示。

项 目 财 务 数 据 表 7-14

现金净流量	5260609.62 元
静态投资回收期 PP	2.58 年（含建设期 3 个月）
投资利润率 ROI	31.37%（按项目经营期 10 年平均）
净现值 NPV	2766412.44 元（行业基准收益率取 10%）
净现值率 NPVR	165%
获利指数 PI	2.65
财务内部收益率 IRR	44.61%

由此可见，本项目投资回收期较短，投资利润率良好，净现值远大于零，净现值率及获利指数较高，财务内部收益率远高于行业基准收益率，是一个优良的投资项目。

【案例 7.9】某照明灯具节能改造项目效益及合同能源管理模式的分析

背景：

JX 石化股份有限公司位于 MZ 市，创建于 1989 年。公司拥有一条涉及石化、聚酯、纺丝、加弹的完整产业链。目前，公司已形成 PTA250 万吨、聚酯 100 万吨、纺丝 55 万吨、加弹 40 万吨的年产能。2008 年公司产值逾 170 亿元，公司位列全国化纤行业第 4 位，名列中国企业 500 强第 237 位。在多年的经营过程中，公司已逐渐树立起自己的品牌形象。JX 石化股份有限公司一直注重人才的引进和开发。近年来，先后通过各种渠道引进了 200 多名具有大专以上学历的管理技术人才，并从韩国、我国台湾地区吸纳化纤涤纶长丝生产的技术专家 12 名，目前公司在职员工有 4800 多人。JX 石化股份有限公司建有省级企业技术中心，拥有一支优秀的研发队伍，并与相关科研机构建立了合作关系，具备较强的技术创新和产品开发能力。近年来，每年都有一批新产品和新技术问世，并有多项技术填补国内空白。

该公司为连续性生产企业，车间原有 36W 普通日光灯管约有 6000 支，其中 4000 支为一年四季常亮，另有 2000 支在晚上或阴雨天气开启，其他时间关闭，平均每天开启时间约为 10h。每年照明费用支出约 120 余万元，普通日光灯管含有重金属汞、铅等，回收不规范会对环境造成严重污染，并且这种灯管寿命相对较短。每年公司损坏更换数量约有 1000 支，电工维修量较大。综上原因，我们要求采用一种新型节能环保照明灯具取代普通日光灯管照明。

问题：

作为一名绿色建筑工程师，从哪些方面做出这项节能改造的决策？同时选择一种合适的合同能源管理模式。

分析要点：

（1）所采用技术及项目简述

LED，即发光二极管灯，是一种固态的半导体器件，它可以直接把电能转化为光能相对于普通荧光日光灯，LDE 具有如下优点：

①节电效率高，LED 光源具有使用低压电源、耗能少（单管 0.03～1 瓦），从实际发光效果来看，相同照明效果比传统光源节能 50％以上。

②灯具使用寿命长，LED 可以进行频繁的开关而不用担心其损坏；LED 日光灯的使用寿命达 5 万小时左右，光衰小，一年的光衰不到 3％。

③LED 是低压直流器件，驱动功率低，电光转换效率高，特别适合与太阳能、风电等可再生能源进行结合。

本项目节能灯替换情况见表 7-15。

本项目节能灯替换情况　　　　　　　　　　　表 7-15

	改造前	改造后
灯源品种	荧光日光灯	LED 日光灯
灯源数量	500	
光源耗功	36W	18W
整流耗功	14W	2W
每天总耗电量	600kW·h	240kW·h
每年中耗电量	219000kW·h	87600kW·h
每年节约电量	13140kW·h	

（2）经济效益

以商业用电价格 0.75 元/kW·h 计，500 只 LED 灯泡年节电收益 9.86 万元。18W 的 LED 等平均价格 130 元/盏，平均使用寿命 5 年；36W 的普通荧光日光灯平均价格 30 元/盏，平均使用寿命 1 年。以 5 年为一个周期，总投资 6.5 万元，投资回收期 8 个月。采用合同能源管理模式，节能服务公司分享 50％收益，投资回收期 16 个月。

本项目投资额度较小，回收期短，若选用节能效益分享型，那么会较大幅度增长投资回收期，利息额度较高，但是支付给节能服务公司的项目款占收入的份额较小，能有较多可利用资金盈余；若选用节能保证型或能源托管型，公司要在较短时间内支付给节能服务公司全部项目款，回收期缩短，利息额度较低，但是支付给节能服务公司的项目款占收入的份额较大，可利用的资金较少。视市场和公司运营情况选择适当的模式。

（3）项目分析及推广意义

绿色照明项目技术含量不高，而且灯具属于易耗品，需要定期更换，仅能解决一段时间内的资金问题，更适合采用长期能源费用托管方式进行。本项目经济效益主要取决于照明时间和电价，车间需要 24h 照明，投资回收期最短。

【案例 7.10】某大学综合楼空调系统节能检测和诊断的分析

背景：

NF 大学主教学楼位于校园 A 区，是集教学、办公、科研、会议为一体的综合性建筑。总建筑面积达 71290m²，空调面积 40520m²，建筑高度 100.6m，地下共三层，地上共二十五层。地下三层为空调系统冷热源机房及储物库房，地下二层为地下车库，地下一层至地上四层为教室、展厅及会议厅等，五至二十五层为主教学楼塔楼部分，主要使用功能为办公室和实验室。

该教学楼空调面积约为 40520m²，夏季设计冷负荷为 9000kW，冬季设计热负荷为1300kW。为保证在部分负荷下冷水机组的高效运行，选择 3 台离心机＋1 台螺杆机"三大一小"的组合作为夏季冷源，在过渡季节或建筑负荷较低时开启螺杆机，冷水机组蒸发器侧均采用"大温差"设计，冷水设计进出水温度为 7～14℃；选择 1 台电热水锅炉作为大楼冬季热源。

该教学楼空调冷冻水系统为一次泵，末端变流量，机组侧定流量系统，采用二管制的形式，分二路分别接至主楼和裙楼空调区域，每路均设置水力平衡阀以保证各区冷冻水流量分配。主楼水系统竖向及各层水平方向均采用同程式设计，裙楼水系统则采用异程式设计。末端空调机组回水管上均设电动比例调节阀，每台风机盘管回水管均设电动二通双位阀。

问题：

如何对空调系统进行有效的节能检测和诊断？

分析要点：

空调系统的项目检测主要针对水系统和风系统的运行工况进行。主要检测内容包括水温、水泵的流量、耗功率、风速和风压等，所有的检测仪器均经过标定并在使用有效期内。

检测仪器参数见表 7-16。

检测仪器参数 表 7-16

指标	仪器名称	测量范围
水温	温度计	0～50℃（精度 0.1℃）
流量	超声波流量计	流速 0～12m/s（±1%）
功率	功率表	0～600V，0～1000A（2.0 级）
动、静压力	热电偶加电位差计	≥0.1 级
风速	风罩/风速仪	≥5 级

空调系统节能诊断依据及原理：

空调系统节能运行的基本理论是空调系统的节能诊断的原理，节能诊断的依据是系统检测或检测的数据，如出入水口水温，水泵流量，空调系统运行功率等。节能诊断主要是针对系统及设备的能源使用率，找出设备运行效率的影响因素，并对这些因素进行分析，找出耗能症状所在。如制冷机组性能系数 COP、水泵运行效率、冷却塔效率等。

【案例 7.11】某省级综合性公共图书馆节能改造措施及效益的分析

背景：

该省级图书馆改扩建项目一期工程，以绿色、低能耗为目标，紧密结合南方气候特点，采用先进、适用的绿色节能技术和有力措施，保质、保量、按期地完成了低能耗节能建筑示范，达到增强使用功能、改善室内环境和降低建筑能耗三统一。

（1）围护结构节能改造

结合该地区的气候特征，项目改造以改善夏季室内热环境和减少空调制冷负荷为重点，屋顶、外墙和外窗采用隔热和遮阳措施，防止大量的太阳辐射热进入室内；加强区域环境及房间的自然通风，有效带走室内热量，并对人体舒适感起调节作用。具体的改造措施有以下几个方面。

1）屋面

该图书馆部分屋顶在早期已部分采用了屋面绿化，通过进一步整治及规范化管理，达到节能标准要求。未采用屋面绿化部分，铲除原有屋面隔热层，增加新的隔热层（复合泡沫板一上人屋面彩色轻质防水隔热板），其中聚苯乙烯泡沫板（35mm 厚），达到节能标准要求。

2）外墙

采用的改造措施有如下几项：①铲除全部旧的外墙批荡和瓷片。②外墙内侧增加 180 轻砂浆砌筑黏土砖＋25mm 硅酸铝复合保温材料。③外钢筋混凝土墙＋20mm 硅酸铝复合保温材料。④外侧贴浅色瓷片。其性能达到节能标准要求。

3）外窗采用的改造措施有如下几项：①拆除原有旧窗，换为普通铝合金窗＋中空 low-E 玻璃。②调整窗墙面积比。其性能达到节能标准要求。

4）自然通风

项目改造前，利用计算机模拟对自然通风情况进行量化分析，确定了调整外窗开启方式、增大中庭开窗面积等几方面的改进措施，进一步改善室内自然通风效果。夏季和过渡季节利用自然通风可充分节约空调开启时间。

①为了进行室内自然通风条件分析，首先须在主导风条件下模拟得到建筑周边的风压分布，进一步以建筑前后风压作为自然通风分析的边界条件输入，以模拟单体的室内自然通风效果。以建筑前后 10m 处的平均风压分布作为室内自然通风模拟的边界条件，结果显示该建筑和前后 10m 处的平均风压差分别为 2.5Pa 和 3.3Pa，条件良好。

②室内自然通风效果分析表明，在建筑分隔和开窗条件下，图书馆地上部分均具有较好自然通风效果，外窗开启时可在窗口形成 1～1.5m/s 的风速，在阅览区域可形成 0.6～0.8m/s 的风速，能有效改善人员的热舒适状态。

在良好的自然通风条件下，该地区全年可减少两个月的空调开启时间，全年减少空调负荷和空调耗电 8%～10%，有利于节能。

5）空调系统

以该建筑 B 区原采用分体式空调系统，设备残旧且能耗大，改造后全面采用中央空调系统工程，冷站设在 A 区的地下车库。

①B 区建筑一期总空调冷负荷为 4200kW，二期总空调冷负荷约为 1800kW（预留），装机总容量为 5100kW（15USRT）。

a. 冷源：选用 2 台开利制冷量为 2100kW（600USRT）的水冷离心式冷水机组和 1 台制冷量为 1044kW（300USRT）的水冷螺杆式冷水机组。水冷离心式冷水机组 COP 为 5.54，水冷螺杆式 COP 为 4.92。b. 冷冻水系统：采用二级泵系统，一级泵定流量，二级泵变频、变流量控制。一级冷冻水泵与冷水机组相对应设置，每台 600USRT 主机配一台 $L=400m^3/h$，$H=160kPa$ 冷冻水泵；300USRT 主机配一台 $L=200m^3/h$，$H=150kPa$ 冷冻水泵。二级冷冻水泵选用 $L=330m^3/h$，$H=220kPa$ 3 台，其中 1 台备用，冷冻水管路采用 2 管同程式系统；在空调末端冷冻水回水管设动态平衡电动调节阀，以确保流入每台空调末端冷冻水量。c. 冷却水系统：采用一级泵系统，冷却泵与冷水机组相对应设置。每台 600USRT 主机配 1 台 $L=500m^3/h$，$H=280kPa$ 冷却水泵；300USRT 主机配 2 台 $L=250m^3/h$，$H=270kPa$ 冷却水泵。冷却水泵出口设置限流止回阀，在系统阻力发生变化时恒定通过冷水机组的流量；冷却水管路采用异程式系统。

②C 区的珍品书库等空调系统需要全年运行，设置独立冷源。冷源采用 4 台麦克维尔风冷冷水机组作为冷源，每台冷量为 280kW，COP 值为 3.0。当珍品书库、数字化中心机房需要 24h 供冷时，4 台风冷主机互为备用，冷冻水泵置于屋面，与风冷冷水机组采用并联的方式连接，共配置水量为 60m³/h，扬程为 280kPa，冷冻水泵共 5 台（其中 1 台备用）。为了保证 c 区建筑地下 4 层~地下 2 层的珍品书库、备用房及 3 层的数字化中心机房恒定的温度及湿度，使用一台装机容量为 28.5kW 的风冷热泵机组作为其热源，机组内配扬程为 180kPa 的水泵、自动补水阀、自动放气阀等，进、出水温度为 40℃、45℃；3 层的数字化中心机房采用电加热。

6）照明系统 B 区建筑改造前的照明系统是 20 世纪 80 年代设计的，主要是采取荧光灯照明，整体发光率低，线路、设备和灯具损耗大，并且照明系统分组设置不合理，所有控制开关均手动，能耗高。因图书馆特殊的服务性质和社会地位，照明系统既要满足公共服务、行政办公、经营服务的普通照明需要，还要满足展览演示、景观造型等场景光效的要求，故项目建设单位根据国家现行标准《建筑照明设计标准》GB 50034—2013 的有关规定。同时考虑科学控制和合理能耗的问题，项目采取了以下几项照明节能措施：①B 区和 C 区建筑的照明功率密度按照《建筑照明设计标准》GB 50034—2013 的有关规定设置，室内亮度合理分布。②充分利用自然采光的补偿，照明分组控制。③日间最大限度地使用太阳能光伏系统的发电量。④选用电子镇流器且反射率高的灯盘，三基色 T5 灯管。

7）遮阳措施

在保留岭南建筑风格、保留水平悬挑固件的前提下，一是利用屋檐悬挑给外墙遮阳。二是外墙自身遮阳，构成自遮阳体形，改善外墙隔热环境。

8）能耗分项计量系统

该图书馆 B 区建筑低压配电房位于 A 区地下室 1 层，共有 2 台变压器，每台容量为 1250kVA，总容量为 2500kVA。有应急发电设备。图书馆整体配电标准、清晰，分项明确，正常照明插座回路、应急公共照明回路、各种动力（电梯、水泵）回路和中央空调设备各配电回路在配电室内都是独立配置，整个配电系统的分项在低压配电一次回路上就能实现。根据配电图纸及现场调研得出图书馆 B 区建筑各类配电回路具体如图 7-8 所示。

图书馆配电标准，分项明确，能充分展现能耗分项计量的意义。为了充分了解其能耗分布情况，对其进行细分及详细测量。

①建筑总能耗

根据《楼宇分项计量设计安装技术导则》要求，中山图书馆 B 区建筑变压器数量为 2

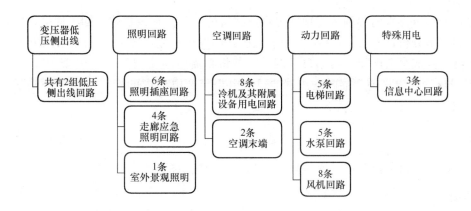

图 7-8 B 区建筑配电回路

台，变压器低压侧出线回路上应设置多功能电度表对其进行测量。利用加法原则得出该建筑的整体能耗数据。

②照明插座用电

a. 照明与插座：中山图书馆共设有 7 条照明插座回路，分别为：B 区建筑照明（北区）、B 区建筑照明（南区）、B 区报告厅、电房用电、A 区建筑负 1 层照明、A 区地下室照明。直接测量，利用加法原则得出此项能耗。

b. 走廊及应急照明：共设有 4 条独立供电回路。直接测量，利用加法原则得出。

c. 室外景观照明：共有 1 条景观照明回路：A 区建筑首层园林照明。直接测量得出该项能耗数据。

③空调用电

a. 冷热站：中山图书馆共有冷机用电回路 3 条、冷冻、冷却泵回路各 1 条、冷却塔回路 1 条。分别对以上回路进行直接测量，利用加法原则得出。

b. 空调末端：共有 2 条独立供电回路：B 区建筑空调末端（北区）、B 区建筑空调末端（南区）。直接测量，利用加法原则得出。

④动力用电

a. 电梯：共有 5 条电梯独立供电回路：B 区建筑电梯（北区）、B 区建筑电梯（新增）、B 区建筑消防电梯、A 区建筑电梯、B 区建筑消防电梯（备用）。直接测量，利用加法原则得出。

b. 水泵：A 区建筑室外排污泵、B 区建筑生活水泵、A 区建筑水塔水泵、雨水收集泵、B 区建筑室外潜水泵。直接测量，利用加法原则得出。

c. 通风机：图书馆部分消防风机为两用风机，即具有平时通风及消防排烟双重功能，故对其进行测量。共有 8 条风机回路。直接测量，利用加法原则得出。

⑤特殊用电

信息中心各类信息独立供电回路为 3 个回路，每个供电回路的功率在 30kW 左右。采取直接测量，采用加法原则得出。

9）太阳能光电利用

太阳能光伏发电技术是国家"建设行业'十一五'重点推广技术领域"的重点技术之

一，也是国家可再生能源利用专项资金重点扶持的内容。在改扩建一期工程中，通过充分的论证和技术分析，安装 181kW 太阳能光伏并网发电系统。本系统利用太阳能光伏组件将太阳能转换成直流电能，再通过并网逆变器将直流电逆变成 230V/50Hz 单相交流电或 400V/50Hz 交流电。逆变器的输出端通过配电柜与变电所内的变压器低压侧并联，实现低压并网。

问题：

试根据该项目节能改造的措施，分析其主要能耗指标及经济效益。

要点分析：

（1）能耗指标分析

①B 区建筑单位面积能耗指标：通过对 2011 年度 B 区建筑总用电量预测发现：本地区属于夏热冬暖地区，11、12 月份不采用任何热源采暖，故其用电量与 2011 年 1、2 月份不相上下。根据实测相关数据，预测 2011 年全年用电大约为（1420837.8＋80000）kW·h＝1500837.8kW·h，B 区总建筑面积为 30308m²。

②全年单位面积总能耗：（1500837.8/30308）kW·h/(m³·a)＝49.49kW·h/(m³·a)。

③B 区建筑空调能耗指标

实测数据表明，6～9 月空调用电量随着气温的增加，室内冷负荷随之增加，10 月份天气转凉后，用电量开始回落，处于夏热冬暖地区，11、12 月份不需要任何采暖，不开启空调，故其空调用电量与 1、2 月大致相当。

2011 年度空调总用电量为：（979750＋60000）kW·h＝1039750kW·h。其空调使用面积大约为 3 万 m²。

全年单位面积空调能耗：（1039750/30000）kW·h/(m²·a)＝34.66kW·h/(m²·a)。

④B 区建筑照明能耗指标

实测数据表明，每个月照明耗电量差异不大，根据 1～10 月份照明耗电量的数据，可以预测 2011 年度照明用电总量为：（344813＋64000）kW·h＝408813kW·h。

全年单位面积照明能耗：（408813/30000）kW·h/(m²·a)＝13.60kW·h/(m²·a)。

（2）经济效益

该图书馆改扩建，通过采用建筑围护结构节能措施和空调、通风及照明节能措施，建筑综合节能率达到 67.49%。

1）B 区

从 B 区能耗分项计量实测数据分析和建筑综合节能率理论分析，B 区参照建筑总能耗：2602015.5kW·h。

根据实测数据，B 区建筑年总用电量为 1500837.8kW·h，相比参照建筑节电约：（2602015.5—1500837.8）kW·h＝1101177.7kW·h。

2）C 区

通过相关模拟分析，C 区参照建筑总能耗为 1264716.36kW·h。根据实测数据，整个中山图书馆总用电量大约为 260 万 kW·h，除掉 A 区地下室用电量外，C 区建筑年总用电量大约为 98 万 kW·h，相比参照建筑节约用电：$(1264716.36-980000)$kW·h$=2841716.36$kW·h。

3）太阳能光伏发电

181kW 太阳能光伏发电全年发电量大约为 23 万 kW·h。

4）项目总计年节电量

项目年总节约用电量为$(1101177.7+284.716.36+230000)kWh=1615894.06$kW·h

第8章 美国 LEED 评价体系案例分析

本章提要

1. 美国 LEED 评价体系特点

LEED 是一个民间、基于共识的、市场推动的建筑评估系统。体系所建议的节能和环保原则及相关措施都是基于目前市场上成熟的技术应用，同时也尽量在依靠传统实践和提倡新兴概念之间取得一个良好的平衡。

一般而言，LEED 评估体系从以下 5 个方面来考察绿色建筑：

①可持续的建设场地；

②水资源利用效率；

③能源利用效率及大气环境保护；

④材料及资源的有效利用；

⑤室内环境质量。

除此之外，LEED 还特别增加一些奖励分，称为"设计中的创新"，目的是鼓励创新，同时也弥补上述几方面出现的疏漏。

LEED 的评估点分为三种类型：

（1）评估前提：项目都必须同时满足的必要条件，否则无法通过认证。

（2）得分点：即在上述 5 个方面中所描述的各种建筑采取的技术措施。项目实施过程中，可以自行决定要采取哪些评估要点所建议的技术措施，但每一个 LEED 认证级别都会有相应的得分总值要求。

（3）创新分：这些分数主要用于奖励两种情况，一种是候选项目中采取的技术措施所达到的效果显著超过了某些评估要点的要求，具有示范效果；另一种情况是项目中采取的技术措施在 LEED 评估体系中没有提及的环保节能领域取得了显著的成效。

上述评估点都是通过四个方面来阐述其要求：评估点的目的、评估要求、建议采用的技术措施以及所需提交的文档证明的要求。这种结构使得每个 LEED 评分点都易于理解和实施。

LEED 以评估对象的性能表现为评估标准，即每个得分点的获得乃是取决于建筑物在某方面的性能表现，而与达到这个表现背后所采取的技术无关。比如在 LEED-NC 中，如果建筑物中所采取的可再生能源达到建筑物总体电力消耗的 5%，则可以得 1 分，至于是采用太阳能还是生物能、风能、潮汐能来达到这 5%，由实施者自行决定。

2. LEED 在我国绿色建筑评价实践中遇到的问题

LEED 是由美国能源部根据美国绿色建筑市场特点而自主开发的评价体系，相比于美国绿色建筑市场，国内绿色建筑市场较为不成熟，因而 LEED 不做任何更改而直接"拿来"在国内应用，难免会有"水土不服"的情况出现，根据实际应用，LEED 不适合我国国情的方面主要体现在以下几点：

（1）人员培训

LEED 在美国发展趋于成熟，在相关的行业都具有 LEED 专业人员，如设计团队，开发团队，甚至施工方都具有 LEED 专业人员，所以项目在设计和建造过程中不存在或很少出现关于 LEED 的复杂的协调沟通问题。但是 LEED 是近几年才进入国内的，应用到我国绿色建筑领域尚属起步阶段，项目相关人员对 LEED 认证没有一个统一的认识，所以在项目的组织和协调中比较费力。本项目在经过慎重思量后采取了以业主为主，设计方为辅，施工方配合的方式对本项目进行设计和施工。鉴于业主对项目有一个全局的认识，且对 LEED 绿色建筑的增量成本有一个统筹的把握，避免出现为了论证而增加新的成本的问题。但是即便这样，局限于业主方通过 LEED 认证的人员较少而且各方对 LEED 没有一个统一的认识的现状，也使得参与方在沟通中走了不少弯路。不仅如此，而且还因为缺少 LEED 的专业培训，操作人员对 LEED 各技术参数含义的理解不同，相关系统在调试过程中也出现了一些的问题。

（2）对木材的认证

LEED 在材料与资源的 MRC6 中要求将经 FSC 认证的木材应用到项目设计中，这些木材需要永久安装在建筑内，包括但不限于结构框架，非结构框架的门窗框、扶手、地板、木门窗及其装饰面等。FSC，Forest Stewardship Council，即森林管理委员会，于 1993 年在加拿大多伦多成立的非营利性组织。能够购买标有 FSC 认证的木材，可以避免买到来自于非法砍伐或是濒危物种的产品，从源头杜绝乱砍滥伐，以达到保护森林的目的。但是在国内经过 FSC 认证的木材非常少，而且仅有的几家也是只做出口的外贸，所以很难买到大批量的得到 FSC 认证的木材，故 MRC6 应用在国内建筑上比较困难。

（3）可再生能源

可再生能源是指太阳能、风能、地热、生物质能和环保水电等等的非常规能源，LEED 中要求的绿色电力就是指由这些可再生能源产生的电力。LEED 要求这些可再生能源的利用量达到整栋建筑耗能量的 35%。由于这些非常规能源在国内市场上应用极少，具有切实的可操作性的非常规能源也只有太阳能，但是若要太阳能发电量占到整个建筑耗能量的 35%，需要投入巨大成本，而且回收期漫长，想让一个以盈利为目的的企业，为了获得这 1 分值而让本项目采取绿色电力，是很困难的。所以这个得分点在国内的操作性不大。

3. 本章案例分析简介

本章共选择 7 个案例，案例 8.1、8.2 为综合评价，案例 8.3、8.4 为专项评价，案例 8.5、8.6、8.7 为双认证评价比较，而且有不同地区、不同等级的评价，具有较好的代表性。

【案例 8.1】某核心商业区设计阶段 LEED-CS 预认证的评价

背景：

该商业项目位于某市的核心商务区，工程占地面积 10500m²，本期设计建设中含有 3

栋高层（A栋、B栋、C栋）和1栋商业单体建筑。A栋、B栋和C栋的建筑功能均为写字楼：A栋的总高131.75m、共31层，B栋和C栋的总高108.25m、共28层，A栋、B栋、C栋地下室设计皆为二层。裙楼总高18.35m，建筑功能为商业和车库。3栋塔楼，在裙楼部分彼此相互连通，功能为商业、车库、设备房等。本项目的建筑总面积为140000.00m²。

LEED-NC（LEED for New Construction——"新建和大修项目"）和 LEED-CS（LEED for Core and Shell——"建筑核心主体与外壳"）都是针对新建建筑的评估产品，鉴于 LEED-NC 需要在项目运营一年后才能评估，而 LEED-CS 在项目设计阶段即可进行预认证，并且预认证对项目销售和出租具有宣传广告效应，综合考虑，本项目采用 LEED-CS 进行预认证。表8-1是本项目 LEED-CS 预认证的得分情况。

本项目在 LEED-CS 的认证得分表　　　　表8-1

LEED-CS 的认证得分统计		确定得分	未确定得分	不得分
		52	15	43
LEED-CS 中，认证级为 40~49 分，银级为 50~59 分，金级为 60~79 分，白金级在 80 分以上				
可持续的建设场地（Sustainable Sites，简称 SS）		总分（28）	22	0	6
	二级条目	分值	确定得分	未确定得分	不得分
必要项 SSP1	建设中的污染防治				
非必要项 SSC1	基地选择	1	1		
非必要项 SSC2	开发强度和社区关联性	5	5		
非必要项 SSC3	褐地再开发	1			1
非必要项 SSC4.1	替代交通——公共交通的引入	6	6		
非必要项 SSC4.2	替代交通——自行车存放	2			2
非必要项 SSC4.3	替代交通——清洁能源汽车	3	3		
非必要项 SSC4.4	替代交通——停车容量	2	2		
非必要项 SSC5.1	场地开发——保护栖息地	1	1		
非必要项 SSC5.2	场地开发——最大化开敞空间	1	1		
非必要项 SSC6.1	雨水径流——径流量控制	1			1
非必要项 SSC6.2	雨水径流——径流水质控制	1			1
非必要项 SSC7.1	热岛效应防治——非屋顶	1	1		
非必要项 SSC7.2	热岛效应防治——屋顶	1	1		
非必要项 SSC8	光污染防治	1			1
非必要项 SSC9	租户设计和施工指导	1	1		
水资源的利用（Water Efficiency，简称 WE）		总分（10）	2	8	0
	二级条目	分值	确定得分	未确定得分	不得分
必要项 WEP1	降低用水量				
非必要项 WEC1	节水绿化景观	4	2	2	
非必要项 WEC2	废水处理技术创新	2		2	
非必要项 WEC3	降低用水量	2~4		4	

续表

LEED-CS 的认证得分统计	确定得分	未确定得分	不得分
	52	15	43
LEED-CS 中，认证级为 40～49 分，银级为 50～59 分，金级为 60～79 分，白金级在 80 分以上			

可持续的建设场地（Sustainable Sites，简称 SS）	总分（28）	22	0	6
	二级条目	分值	确定得分	未确定得分	不得分

能源利用与大气保护（Energy and Atmosphere，简称 EA）	总分（37）	11	4	22

	二级条目	分值	确定得分	未确定得分	不得分
必要项 EAP1	主要耗能系统的安装调试				
必要项 EAP2	建筑能耗最小化				
必要项 EAP3	制冷剂的使用				
非必要项 EAC1	能效最优化（节能 12%～48%）	3～21	4	1	16
非必要项 EAC2	基地中的可再生能源	4			4
非必要项 EAP3	耗能系统预调试	2	2		
非必要项 EAP4	进一步的制冷剂管理	2	2		
非必要项 EAP5.1	测量与审计：基础建筑	3		3	
非必要项 EAP5.2	测量与审计：租户部分计量	3	3		
非必要项 EAP6	绿色能源	2			2

材料与资源的循环利用（Materials and Resources，简称 MR）	总分（13）	5	1	7

	二级条目	分值	确定得分	未确定得分	不得分
必要项 MRP1	循环再生物的储存和收集				
非必要项 MRC1	建筑再利用——保留现有的外墙，地板和屋顶	1～5			5
非必要项 MRC2	建设过程中废弃物管理	1～2	2		
非必要项 MRC3	材料再利用	1～2			1
非必要项 MRC4	再生材料的使用	1～2	1	1	
非必要项 MRC5	地方建材的使用	2	2		
非必要项 MRC6	认证木材	1			1

室内环境质量（Indoor Environmental Quality，简称 IEQ）	总分（12）	8	1	3

	二级条目	分值	确定得分	未确定得分	不得分
必要项 IEQR1	室内空气质量最低标准				
必要项 IEQR2	环境烟草烟气控制				
非必要项 IEQC1	室外新风监测	1	1		
非必要项 IEQC2	加强通风	1	1		
非必要项 IEQC3.1	建设中的室内空气质量控制	1	1		
非必要项 IEQC4.1	低挥发性材料：胶粘剂和密封剂	1	1		
非必要项 IEQC4.2	低挥发性材料：油漆和涂料	1	1		
非必要项 IEQC4.3	低挥发性材料：楼地层	1		1	
非必要项 IEQC4.4	低挥发性材料：合成木材和中密度材料	1			1
非必要项 IEQC5	室内化学污染源控制	1	1		

LEED-CS 的认证得分统计	确定得分	未确定得分	不得分
	52	15	43

LEED-CS 中，认证级为 40~49 分，银级为 50~59 分，金级为 60~79 分，白金级在 80 分以上

可持续的建设场地（Sustainable Sites，简称 SS）		总分（28）	22	0	6
	二级条目	分值	确定得分	未确定得分	不得分
非必要项 IEQC6	系统可控性，热舒适	1			1
非必要项 IEQC7	热舒适——设计	1	1		
非必要项 IEQC8.1	日照和视野——日照	1			1
非必要项 IEQC8.2	日照和视野——视野	1	1		
设计中的创新（Innovation in Design，简称 ID）		总分（6）	4	1	1
	二级条目	分值	确定得分	未确定得分	不得分
非必要项 IDC1.1	设计创新——加强交通	1	1		
非必要项 IDC1.2	设计创新——本地材料使用	1	1		
非必要项 IDC1.3	设计创新——废弃物存储的地点决定	1	1		
非必要项 IDC1.4	设计创新——植被屋面	1		1	
非必要项 IDC1.5	设计创新	1			1
非必要项 IDC2	LEED 专业认可	1	1		
地域优先（Regional Priority，简称 RP）		总分（4）	0	0	4
	二级条目	分值	确定得分	未确定得分	不得分
非必要项 RPC1	地域优先	1~4			4

2011 年 3 月，该项目申请了 LEED-CS 预认证，项目申报方可以确定获得 52 分，另外还有 15 分需要待项目运行后才能确定，2011 年 8 月正式获得 LEED-CS 预认证金奖。2012 年 7 月，本项目竣工。项目待竣工后正式申报金级认证。

问题：

本项目在 LEED-CS 评分中，各个得分点是如何取得的？

要点分析：

1. 要点具体解析

在从规划设计的选址到方案设计、施工及运营的各阶段中，该项目都遵循了 LEED 中绿色建筑的指导思想进行规划、设计、施工和运营维护，包括材料选择等多方面。下文将逐步进行具体的解析。

（1）可持续的建设场地（Sustainable Sites）得 22 分

我国的《绿色建筑评价标准》与 LEED 在建筑选址上，其侧重点是不同的：《绿色建筑评价标准》侧重的是环境对项目的影响；而 LEED 却恰恰相反，注重的是建筑建造过程以及建成后对环境的影响，尽量减少人为活动对生态环境造成破坏性的不良影响。本项目遵循 LEED 的绿色建筑思想，参照合理规划的原则，进行了恰当的选址，并在公共交通和开发密度等方面进行合理规划，着重减少城市热岛效应和地表径流。

①必要项：建设中的防止污染

LEED 的防止施工污染主要是指两个方面：防止水土流失和沉积控制。其主要在施工

阶段实施。该项目的承包单位依据本项目的实际情况，编制了水土流失防止和沉积控制计划。具体计划有：

a. 沉淀池

专门为运输车辆、混凝土输送泵和清洗搅拌机，设置了三级沉淀池。沉积物得到充分的长时间的沉淀处理，之后再排放，最后借助地下排水管道，排入市政管网。

专门为运输车辆、混凝土输送泵和清洗搅拌机，设置了洗车槽，同时设计了为冲洗水经过路边时而设置的排水沟，再进入了沉淀池。

b. 短期绿化

将短期内不需要进行施工的裸露的区域，利用常绿树木及草坪等植被进行绿化；从而减少了裸露地表的面积，减少了发生水土流失的可能性。

c. 临时沉积沟渠

在场地路面的两边，利用砖砌的临时沟渠，并每隔一定的距离，设置集水井，及时将路面上作业径流排到集水井，进行沉淀。

d. 沉积围墙

为了防止场地内的水土流失，在建设工地的东面采用 2.2m 高的波纹钢板围墙封闭，在其他三面采用砖砌围墙封闭；减少场地内的水土流失，便于控制场地内的沉积，同时也不会对市容美观产生不良影响。

e. 路面稳定

场地内的路面统一，利用混凝土加固，减少水土流失。同时路面两边的未施工区域，也利用混凝土进行硬化处理。

f. 临时排水

本项目施工过程中的生活污水通过排水管道排入化粪池，环保单位会进行定期清理。暴雨水主要依靠自然渗透、市政雨水管道导流等方式排放。雨水在场地西南角注入沉淀池，经沉淀后，再汇入市政雨水管道。

g. 扬尘控制

因为裸露地表的面积较少，裸露时间很短，最长不超过一周，一般很快就回填了，故而扬尘控制相对简单，主要采用洒水方式来控制扬尘。同时要求施工单位在遇到四级以上大风时停止进行土方回填、转运以及其他有可能产生的扬尘的污染的施工。

在绿色施工过程中，除按以上措施实施外，还考虑植被种植期间的维护。在栽植乔灌木时，施工单位将围出一个土围来防止水土流失；在灌溉草坪时，将利用出水口的过滤措施和道牙来减少水土流失。

②非必要项：

a. 新型交通

该项目在道路交通设计方面的措施是鼓励新型燃料汽车的使用，鼓励用户上下班选择环保交通方式。这是遵循了 LEED 绿色环保理念的需要。LEED 对建筑周边公共交通的要求是在 1/2 英里（即 800m）范围内至少有一个地铁站；或者在 1/4 英里（即 400m）的步行距离内至少有一个公交站供两条或以上的通行线路服务。若是可以实现 1/4 英里（即 400m）的步行距离内至少存在两个公交站、供 4 条及以上的公交线路服务的目标，项目还可在公共交通获得额外的创新分。据了解，距离该项目 800m 范围内已有一条已经在运行的轻轨站。另外，还有一条规划中的地铁距离本项目也比较近。因为本项目是一个新的开发区，周围没有成熟的小区，距离本项目400m范围内原先只有一个公交站点，经过业主与重庆交通规划部门协调后，已新增加1个公交站点，目前已有正在运行的2个公交站点，服务的公交线路包括8字开头汽车和2字开头汽车各两条线路以及3字开头汽车等，超过LEED标准的4条线路，因此本项目获得新型交通项中公共交通的6分。

未来汽车行业发展的趋势是电动汽车和低排量汽车，为了鼓励清洁能源汽车和低排量汽车的使用，本项目在地下停车位规划中考虑提供车位给新能源汽车（Low-Emitting & Fuel-Efficient vehicles），其数量大于总机动车车位数量的5%（$670 \times 5\% = 34$），约为35辆。此外，该项目物业公司还将新能源汽车停车位的管理纳入停车位管理条例，以便规范本项目内新能源汽车的使用和停放。鉴于以上设计都符合LEED对新型燃料车辆交通的要求，故而本项目在新型燃料车辆的分项获得3分。

该项目地处该市核心商务区，依据2006年发布的《××市建设项目配建停车位标准细则》，细则对办公楼配套车位的标准是0.5车位/100m²（以建筑面积计算），本项目建筑面积140000m²，因此标准车位数量是$0.5 \times 140000/100 = 700$辆，而本项目设置的停车辆为670辆，包括地下一层、二层共210个车位；首层68个车位、二层共100个车位、二层100个车位、4层192个车位。低于地标标准，符合LEED对项目停车辆不超过当地最低标准的要求，本项得分2分。

另外，LEED在SSC7.1热岛效应防治——非屋顶中，要求50%的机动车停车位设计有覆盖系统，符合此条可获得1分；若100%机动车停车为有覆盖系统，则还能获得额外的创新分1分。因本项目的所有停车位都是室内停车位，100%有覆盖系统，因此本项目在SSC7.1评分项可以获得1分的分值和1分的创新分值，创新分值将在创新设计中计算。

LEED在新型交通项中对要求项目设计有一定数量的自行车停放点，但是结合项目的实际情况——地处山城，地势较为不平，且市政道路大多没有设置自行车道，调查结果显示很少人愿意骑自行车上班。所以本项目不会得到环保自行车得分点。

b. 绿化面积

本项目在场地的四周空地面上，种植本地节水植物，涵盖了草本植物、灌木和乔木，物种群落层次丰富，确保了项目周围环境呈现"四季常绿，三季有花"的美丽自然景观，实地绿化种植面积达185m²。当然除了在四周设计种植绿化外，本项目还在裙楼屋顶和3栋办公楼屋顶的规划设计均有绿化种植面积的相应设计，在屋顶暴露面积上铺上30cm厚的种植土壤，种上适应当地气候，易于繁殖的植物；屋顶绿化面积为裙房屋顶和塔楼屋顶除去设备占据面积外剩余面积的50%，即2185m²。按照LEED思路，屋顶绿化也会算作绿化面积之内，因此，本项目绿化面积为$185 + 2185 = 2370$m²，符合LEED对绿化面积应达到场地面积的20%（$10500 \times 20\% = 2100$m²）。本项目在保护栖息地和最大化开敞空间项获得2分的分值。

还有值得注意的是，本项目屋顶绿化的作用除了增加项目的绿化面积外，还能减少城市热岛效应，满足LEED SSC7.2热岛效应防治——屋顶中至少50%屋面为植被屋面的要求，因此，本项目在SSC7.2热岛效应防治——屋顶的得分项再获得1分的分值。

c. 租户设计、光污染、径流管理及褐地利用

LEED 要求为租户制定并提供装修指导和参考，本项目编制有租户指导手册，并在招租时免费提供给租户，为其装修提供指导和参考。其主要内容包括建议上下班使用公共交通代替私家车、装修材料应使用含循环成分、用水器具需节能环保等。本项目符合 LEED 对租户设计指导的要求，此处获得 1 分。

LEED 光污染防治的目标是尽量减少建筑和场地内的光线穿射到场外，与室外光线形成交叉，这样既无助于环保也有害于视觉的健康。在近十来年，项目所处的城市已经发展成一个山美、水美、夜景更美的城市，其中构成其美丽夜景元素之一的就是室外各种灯光的应用，本项目为了适应城市发展，无法完全控制灯光不外泄，因此本项目此处不得分。

本项目开发地无污染，不属于褐地。对于径流管理，本项目主要是采用低径流系数的地面铺砖，在裸露表面种植植物以减少径流量，增加渗透量，但与 LEED 要求做全面雨水收集系统相距甚远，故本项目此处不得分。

（2）水资源的利用（Water Efficiency）得 2 分

节水条款主要是考虑节约饮用水的量，通过创新废水处理技术节约饮用水灌溉量。本项目主要是利用节水器具来实现 LEED 中整体建筑内部节水 20% 的目标。项目所采购的用水器具都是低流速感应式节水器具，通过测算，可以实现节约用水量的 20%，符合 LEED 的必要条件。

对于景观节水，本项目总结了以下几点，植物物种选择耐旱、易成活的本地植物，植物层次多样，包涵乔木、灌木、草本植物，使得植物之间形成一个微生态系统，既可以减少低矮植物水分的蒸发，又可以增进植物间水分的均衡吸收，结合高效的灌溉技术，通过测算可使得景观节水量达到 50%。在该项上，可以获得 2 分。若同时还考虑雨水回收系统，景观节水甚至可达 100%，即完全不使用饮用水灌溉。那么该项就可获得 4 分。由于基于成本的考虑，本项目业主尚在考虑是否采用雨水回收系统，所以本项目此项确定获得 2 分，不确定得分 2 分。

（3）能源利用与大气保护（Energy and Atmosphere）得 11 分

能源和大气环境是 LEED 评估内容比较核心的部分，包括 3 个必要条件和 7 个评分点。必要条件：主要耗能系统的安装调试（EAP1）、建筑能耗最小化（EAP2）、制冷剂的使用（EAP3）；得分条件：能效最优化（EAC1）、基地中的可再生能源（EAC2）、耗能系统预调试（EAC3）、进一步的制冷剂管理（EAC4）、测量与审计——基础建筑（EAC5.1）、测量与审计——租户部分计量（EAC5.2）、绿色能源（EAC6）。实际上，EAC1，EAC3，EAC4 三项评分条件分别是 EAP2，EAP1 和 EAP3 三项必要条件的最优化体现或提高。

1）建筑能源系统的基本调试

查看配置于建筑物中有关系统的能源情况，根据业主对工程的要求，设计并编制基准和工程文件，核准系统效能，这正是系统调试的主要目的。为了有效实现过程控制，保障系统正常运行，依照 LEED 相关要求，本项目邀请调试专家组成独立的运行机构在系统项目竣工验收之后、正式投入使用之前进行系统调试，该机构成员包含设计、机电等设计成员。本项目中需要调试的主要能源系统是通风空调系统，冷源系统、热源系统、通风系统。具体调试内容包括：

① 单机试运转：水泵、风机、空调机组、制冷（热）机组等设备逐台投入运转，考

核检查其基础、转向、传动、润滑、温升以及电流功率等性能和参数牢固性、正确性、灵活性、可靠性及合理性等；

② 系统的测量与调整：a. 测定风机的风量和风压；b. 调整系统的风量分配，确保与设计保持一致；c. 测定和调整室内的湿度、温度、噪声级、气流速度等，使之符合设计规定数值；

③ 自控系统的调整：将各个自控环节逐个进行运行，按照设计要求调整设定值，逐步检查，考核其动作的准确性和可靠性、反应的灵敏性，直到调整各项指标均符合设计要求；

④ 综合调试：根据实际气象条件，让系统连续运行不少于 24 小时，并对系统进行全面检查、调整；考核各项指标，以全部达到各项设计指标为合格。

以上调试过程及结果都要做好书面记录并保存文档，可作为应提交的系统调试证明文件之一，同时也作为根据 EAC3 评分内容的要求本项目投入运营一年后再进行调试运行复查的依据。在该项得分内容上，本项目可获得 2 分。

2）冷媒管理

冷媒即氯氟烃（CFCs），也就是杜邦商标注明的氟利昂，CFCs 是以碳为基础的有机成分，该有机成分中含有氯原子和氟原子。目前普遍认为，氯原子是引起平流层臭氧破坏的有害物质。设置 EAC4 评分项的主要目的是禁止或者限制 CFCs 在新建筑物或主翻修建筑中的使用。本项目空调系统冷水机组冷媒采用的是 R134a（中低温环保制冷剂），不含 CFCs，真正做到 CFCs 的零使用，符合 LEED EAC4 的要求，获得 2 分的分值。

3）建造模型并分析模拟能耗

按照 LEED 必要条件（EAP2）的要求，设计建筑的模拟能耗和按 ASHRAE 标准相应条款确定的基准建筑的能耗相比节约 14%，同时满足该条件，也为本项目在 EAC1 评分项中获得 4 分的分值。该项目结合实际情况，依据自然条件、日照、窗墙比、传热系数、能源系统等建立数据模型，模拟项目中建筑物全年的能耗情况。

4）测量与认证

LEED 在测量与认证评分项内分两个评分子项，基础建筑和租户部分计量，分值分别为 3 分，共 6 分。LEED 设置此项的目的就是进一步加强能源性能的应用。这两评分子项都要是在项目运营环境中才能实现。本项目在设计方案中已经设计了能源管理系统，并为租户区域安装或预留数字式电表，能够将租户区域的用电状况通过自控系统远传到物业管理处，完成远程抄表工作。所有租户区域的用电（不包括空调）均在该电表范围内。因此本项目在测量与认证的租户部分获分值 3 分。鉴于基础建筑的测量与认证需要制定 "Measurement and Verification（M&V）" 计划，该计划周期至少持续到项目运营 1 年，实际测算建筑的能效，以核对能源效率是否和预期一致。这就需要邀请第三方专业顾问进行能源审计并且至少需要为期一年的测量认证时间，很显然实现难度较大，目前业主还没有确定是否邀请第三方专业审计人员，故而，在基础建筑的测量与认证中，这 3 分的分值成为可能获得分值。

5）可再生能源和绿色电力

目前理论上可以采用的可再生能源包括太阳能、风能、地热、环保水电、生物质能和沼气。因可再生能源投资大且回报周期长，同时考虑各种可再生能源的市场适用度，本项目决定不考虑该得分项。同样，鉴于目前中国市场上尚无可大规模供配的绿色电力，本项目放弃绿色电力得分项。

（4）材料与资源的循环利用（Materials and Resources）的使用共得 5 分

LEED 在材料和资源中主要是基于对材料的循环回收和资源的合理利用方面考虑，尽量减少建筑垃圾和对传统能源的损耗。该项目属于新建项目，所以 MRC1——建筑物再利用和 MRC3——材料再利用得分项不适用本项目。本项目提供有至少 $50m^2$ 的面积服务于可回收垃圾分类收集房。垃圾分类包括纸、纸板、玻璃、金属、塑料等。同时本项目所使用材料如钢筋、玻璃、塑胶板等均含可循环成分，而且大部分材料是在本地采购，即使用本地材料。根据材料供应商提供的数据，经过测算，本项目的材料循环成分价值占总造价比 10%（可得 MRC4 的 1 分）是没有问题的，有望通过使用更多含循环成分的材料使循环成分价值占总造价比可达到 20%，以期再获得 MRC4 的 1 分。同样的，本项目就材料采购计划来看，本地材料价值百分比占总造价的 20%，符合 LEED——对使用当地材料的要求，MRC5 项获得 2 分。

针对施工废弃物的管理，承包商编制《施工废弃物管理计划》并在施工中严格按照该计划执行。具体内容包括：现场视察，确定收纳容器和重选利用材料合适的放置地点；采用现场材料跟踪表，监测回收材料的数量；将材料分门别类放好，贴上明显标签；对于废弃材料按不同堆放地点存放，并做好回收记录；尽可能选择包装较少，或没有包装的产品和材料；尽量采用成品构件，尽量减少因现场加工而产生的废弃物等。本项目 MRC2 项获得 2 分。由于国内的 FSC（Forest Stewardship Council，森林管理委员会）认证木材较少，且多用于出口，因此本项目很难购买到 FSC 认证木材，故 MRC6 项不得分。

（5）室内环境质量（Indoor Environmental Quality）的保证，共得 8 分

室内环境质量主要是考虑室内合适的新风量、吸烟环境的控制、挥发性材料的使用以及系统的可控程度等方面。

1）室内空气质量和吸烟环境控制

LEED 项目的通风系统必须满足 ASHRAE62.1—2007 的 4～7 章节，关于最小新风量的要求。本项目通风系统设计办公部分新风量 $36m^3/hp$，大堂部分新风量 $36m^3$，商业部分的新风量按照 $1.5m^3/hp$ 计算，设计新风量为 $25m^3/hp$，此标准已经超过 ASHRAE 标准的 30%，不仅满足 LEED 对空气质量的最低要求，还能在 IEQC2 得分项内获得 1 分。为了保证大楼内工作人员的健康，本楼严格控制室内烟气传播途径，通过物业向建筑用户申明，建筑内部全面禁烟。为了建筑内工作人员吸烟的需要，在室外远离建筑入口、新风入口 8m 区域设置吸烟区；或者在楼层内设定特定的吸烟区，并在吸烟区设置合理的排烟系统把烟雾排至室外。此设计符合 LEED 对吸烟环境控制的必要条款。

2）空气监控系统

安装空气检测系统主要是保证室内空气质量，即是对必要条件中室内空气质量要求的进一步提升。本项目在每个 PAU 的新风管上都设计有新风量检测装置，并接入保安系统，当检测到的流量与设计值偏离 10% 时，报警，其精度达到 ±15%。并且在保安系统中预留有二氧化碳传感器的点位，以便检测室内二氧化碳的含量，反馈给通风空调系统，达到节能并保证室内空气质量舒适度的要求。此项获得 1 分。

3）施工期间室内空气质量管理计划与低挥发性材料的使用

① 室内空气质量管理

为了保护施工期间室内空气不受污染，以维持舒适的室内空气品质和保护施工者和未来用户的身体健康。本项目制定了《施工期间室内空气质量管理计划》。主要从 2 个阶段来控制，工程施工准备和工程施工阶段。

a. 工程施工准备

掌握工程所在地空气质量的基本情况，便于根据施工场地的原始情况采取治理措施。主要检测项目有氡的检测、大气污染物的检测、空气悬浮物的检测。

b. 工程施工阶段

该管理计划主要从 HVAC 设备保护、污染源控制、通路封闭、清洁管理和进度安排五方面进行控制管理。特别注意室内施工如室内装修时对空气质量影响的控制，本项目采用机械通风的方式加速室内浊空气的排出。同时还注重合理安排工期，避免在建筑门窗未隐秘前安装石膏板和其他的透孔材料。本项目在施工期间室内空气质量管理得分项，获得 1 分。

② 低挥发性材料的使用

主要是含氡、甲醛、氨、苯挥发性有机化合物（VOC）的材料被称为低挥发性材料，胶粘剂、密封剂、油漆、涂料、地板等有机材料属于低挥发性材料。本项目主要采用如下的方法控制 VOC 含量材料的使用，在施工前，分包商将所使用的主要材料，经国家有关环保部门检测、签字后的材料清单报送总包商，经过认可后方可使用。建筑、装饰材料的选用要符合国家规定的室内装饰装修材料相关标准的要求。在材料进场时，应具有由材料供应商统一提供的环保检测报告；材料进场后，监理单位和材料分包商对检测报告进行书面和实物的审核；所有材料产品必须符合国家标准和 SCAQMD（South Coast Air Quality Management District，美国南海岸空气质量管理局）中有关于 VOC 的限值要求（LEED 要求）。总包商对材料的检测报告进行书面和实物审核。不符合标准的材料不得投入使用，必须立即退场。如临时存放时，必须予以标示，以防错用。本项目在低挥发性材料——密封剂和低挥发性材料——油漆、涂料项中各获得 1 分。本项目结构主要是核心筒框架结构，采用的是钢筋、混凝土等，不含木质材料，所以低挥发性材料——合成木材及植物纤维产品得分项不适用于本项目，此项不得分。

4）室内化学制品和污染源的控制

控制室内化学物品和污染源的目的是避免室外的污染物进入室内，将室内的污染物控制在制定的区域通过排风排出去。本项目在建筑出入口地方提供至少 3 米长的入口防尘格栅系统，并且在所有的新风机和空调箱配备中效过滤器，清洁间配备自动关闭的门同时配备排风系统，建筑一层设置双道门或者旋转门，消除室外污染源带到室内的途径。本项目在此项可获得 1 分。

5）热舒适度和视野设计

人员不同的活动状况对应不同的舒适温度和湿度，因此应针对不同活动区域设置相应的温度。本项目在各活动区域设计的室内温度如表 8-2。室内和室外的视觉沟通，能够减少员工的焦虑、急躁情绪，因此设计一个舒适和谐的室内环境成为 LEED 的要求。本项目基于这点考虑优化了建筑立面和朝向，使得具有充足阳光照入室内工作区域，满足 LEED 要求。因此本项目在热舒适度和视野设计方面各获得 1 分。

各个活动区域设计温度与相对适度 表8-2

区域	夏季温度（℃）	冬季温度（℃）	相对湿度
办公区域	25～27	21～23	55％
餐厅	22～24	19～21	55％
商场	21～24	16～21	55％
大堂	21～24	16～21	55％

（6）设计中的创新（Innovation in Design）

本项目的创新设计得分已经在上述讲解中涉及，此处不再详述，仅做个综合说明。在SSC4.1中，距本项目400米范围内拥有至少两个交通站点并且服务于不少于4条公交线路而获得相应的创新设计1分。在MRC5中采用本地材料价值百分比占总价值30％时获得相应的创新设计1分。在IAQC3中，通过对施工废弃物的回收利用按重量计至少回收95％，而获得相应创新设计1分。在SSCr7.2中，通过设计100％的裸露屋面为种植屋面而获得相应创新设计1分。本项目设计小组中已有一人成功通过了LEED专业人员的考试，故本项目在LEED认证专业人员的创新项中获得1分。共得4分。

（7）地域优先（Regional Priority）

由于区域优先项不适用美国以外的地区，故本项目在区域优先项不得分。

【案例8.2】 某创智天地Ⅱ期项目LEED银级认证的分析

背景：

某创智天地Ⅱ期项目由5幢低层建筑组成，地上建筑面积48383m²，地下面积34117m²，共计建筑面积82500m²。该项目定位是：为企业提供一个推动创意的创业环境，为居民提供一个独特的高品质的休闲娱乐购物场地。

本案例适用的是LEED产品体系中的LEED-CS体系。最终，本项目获得LEED银级认证。某创智天地Ⅱ期项目LEED得分，见表8-3。

项目LEED得分分析 表8-3

要素	分项	标　准	得分	得分项目解析
可持续性选址（10分）	必选项1	建设活动中污染防治	—	控制水土流失，减少对水和空气质量的负面影响
	项目1	场址选择	1	避免开发不适宜的建筑场地，减少建筑物选址对环境的不利影响
	项目2	开发密度和社区联通性	1	尽量选择已经成熟开发的场地进行再开发，避免过多地占用耕地和绿地
	项目4.1	可选交通方式，接入公共交通	1	减少机动车使用造成的污染和对用地开发的不利影响

要素	分项	标　准	得分	得分项目解析
可持续性选址（10分）	项目4.2	可选交通方式，自行车存放和更衣室	1	目的：减少汽车使用造成的污染和对用地开发的不利影响
	项目4.3	可选交通方式，低排放和节油汽车	1	
	项目4.4	可选交通方式，停车容量	1	减少单个用户使用汽车造成的污染和对场地开发的不利影响
	项目7.1	热岛效应，非屋面区域	1	减少热岛效应（已开发区域和未开发区域的热效应之差），尽量减少对微观气候以及人类和野生生物栖息地环境的负面影响
	项目7.2	热岛效应，屋面区域	1	
	项目8	降低光污染	1	通过限制建筑场地内照明外露的情况，提高夜环境的质量，保护生物的生存环境
	项目9	租户区设计及施工指南	1	为租户提供一个表述性文件，帮助他们了解项目中的绿色设计，并且协助实现租户区域的绿色措施
节约水资源（3分）	项目1.1	节水景观，降低水量50%	1	控制或消除使用饮用水作为景观灌溉用水
	项目3.1	降低用水量，降低20%	1	建筑内部节水效率最大化，减轻市政供水和废水处理系统负担
	项目3.2	降低用水量，降低30%	1	
能源与大气（5分）	必选项1	建筑能源系统运行调试	—	证实和确保基本建筑元素和系统按照意图设计、安装和校准运行
	必选项2	最低能效性能	—	为基本建筑和系统设定节能的最低水平要求
	必选项3	基本冷媒管理	—	减缓臭氧稀薄趋势
	项目1	能效优化	2	节能，减少一次能源的消耗
	项目4	加强冷媒管理	1	减缓臭氧层稀薄趋势，同时减少全球变暖趋势
	项目5.1	检验与核查—基础建筑	1	不间断提供可读数据，不断优化建筑能源利用和水资源利用情况
	项目5.2	检验与核查—租户区计量表	1	
材料与资源（6分）	必选项1	可回收材料的贮存、收集和再利用	—	帮助减少由大楼用户产生的运往填埋地处理的废弃物
	项目2.1	建筑废弃物管理，回收50%	1	从填埋处理中转移出施工、拆除和清理场地的碎片将回收材料重新投入生产过程，将可再利用的材料投入合适的场地
	项目2.2	建筑废弃物管理，回收75%	1	
	项目4.1	再生材含量，指定10%	1	增加含回收成分建筑产品的用量，从而减少由于使用和处理新材料所造成的影响
	项目4.2	再生材含量，指定20%	1	
	项目5.1	材料本地化，10%本地化生产	1	增加当地开采和制造的建筑材料的用量，从而支持当地经济发展，并减少由运输引起的环境影响
	项目5.2	材料本地化，20%本地化生产	1	

要素	分项	标　准	得分	得分项目解析
室内环境品质（8分）	必选项 1	室内空气质量的量低品质	—	建立最低室内空气质量（IAQ）要求，防止建筑物产生室内空气质量问题，保证住户的舒适和健康
	必选项 2	吸烟环境控制（ETS）	—	防止住户和系统暴露在吸烟环境（ETS）中
	项目 1	室外新风监控	1	提高通风系统的监控能力，保证居住者生活环境的舒适和健康
	项目 2	提高通风量	1	提供更多的室外新风，以改进室内空气质量，提高居住环境的舒适度，保证居住环境的健康与高效
	项目 3	室内空气质量管理方案，施工中	1	防止由建造/改造工程造成的室内空气质量问题，长期保证施工人员和住户的健康和居住舒适
	项目 4.1	低排放材料，黏结剂和密封剂	2	减少有气味、有潜在刺激性和/或有害的室内空气污染物的量，保证安装人员和住户健康和居住舒适
	项目 4.2	低排放材料，涂料和涂层		
	项目 5	室内化学品和污染源控制	1	避免大楼用户被暴露在有潜在危害空气质量的有害化学制品环境中
	项目 6	系统可控行，热舒适	1	个性化设置空调系统的末端，以适应不同人员的差异化需求
	项目 7	热舒适度，设计	1	提供舒适的热环境，保证大楼用户的生产力和健康状况
创新与设计（11分）	项目 2	LEED 认可的专业人员	1	项目组至少有一个主要参与者已通过 LEED 专业人员认可

数据来源：施工技术，2012 第 6 期

问题：

（1）实施 LEED 认证各阶段的工作主要有哪些？

（2）提交认证资料时需要注意哪些要点？

分析要点：

（1）为方便了解 LEED 认证实施过程，案例中的申请项目团队按下列步骤安排项目各时段的相应工作：

① 进行项目初步设计，并监察项目设计是否达到 LEED 的最低要求。

② 为项目作 LEED 认证的登记，须提供项目的基本资料及填写表格。

③ 进行扩初设计，并确保设计曾考虑并落实 LEED 的要求。

④ 进行不同类型的模拟，如能耗模拟、采光模拟等，以改进初步设计。

⑤ 进行详细设计及施工图。

⑥ 为项目的设计向美国的 USGBC 进行预认证（pre-certification）。

⑦ 项目经理及施工监理设立测试及调试小组。

⑧ 进行项目招标，确保在招标文件上加入与 LEED 相关的工序及要求。

⑨ 须监察施工过程及对物料进行记录，以证明符合 LEED 的要求。

⑩ 为项目提交最终的认证文件。

（2）该项目提交 USGBC 的认证资料要点解析：

① 场址选择——需提交建筑工程规划许可证及选择卫星遥感图。

② 开发密度和社区联通性——需提交半径 800m 以内社区便利设施资料。

③ 可选交通方式，接入公共交通——需提交就近便利的公共交通设施资料。

④ 可选交通方式，自行车存放和更衣室——要求为 5％或更多的大楼用户提供可靠的自行车存放，以及 0.5％的大楼常规用户提供便利的更衣/淋浴设施。

⑤ 可选交通方式，低排放和节油汽车——需复核供低排放和节油汽车使用的泊车位数量是否满足 5％的要求。本项目设计地下停车位 224 辆，224×5％＝15 辆。本项目为低排放和节油汽车设计了 30 个泊车位，满足要求可以得分。

⑥ 可选交通方式，停车容量——要求停车容量符合，但不超过当地分区要求的最低标准。

⑦ 热岛效应，非屋面区域——要求至少 50％的停车面积有遮蔽（定义为地下的，有覆盖的，屋面下的或建筑下的）。用于遮蔽停车场的屋面 SRI 值至少为 29。

⑧ 热岛效应，屋面区域——要求至少 75％的屋顶使用高反射（SRI）的屋顶材料。

⑨ 降低光污染要求——对于室内照明，室内每个灯光的最大照度角应与室内不透明的墙体呈垂直正交并不会通过窗户溢出室外。

⑩ 租户区域设计施工引导——发布一本图文并茂的文件规定，为租户提供设计和施工资料，并勾画可持续性目标，包括其中涉及租户的方面。使得租户能够使他们的空间设计与施工和基础建筑相协调。

⑪ 最低能效性能——要求对于新建建筑，节能率最低要达到 14％。

⑫ 基本冷媒管理（制冷剂的使用）——要求在新建基本建筑的通风、供暖、空调和制冷设备中不使用含 CFC 的制冷剂。

⑬ 回收材料的贮存、收集和再利用——要求为整幢大楼提供方便的地点，用于回收材料，包括（至少）纸、硬纸板、玻璃、塑料和金属的分离、收集和储存。

⑭ 建筑废弃物管理——制定并实施废弃物管理计划，量化材料转移量的目标。回收和（或）利用附加 75％的施工、拆除和场地清理废弃物，可根据重量或体积进行计算。

⑮ 地方/区域性材料——所使用的至少 20％建筑材料和产品是在 800km 范围内提取、冶炼或重选利用（包括制造）的。

⑯ 吸烟环境控制（ETS）——指定的室外吸烟区域设立在远离入口和活动窗口至少 8m 的地方。

⑰ 室外新风监控——安装永久性监控系统，对通风系统性能提供反馈功能，保证通风系统能够达到通风设计的最低要求。确保所有监测设备在探测到通风量不够的时候发出警报。通过任何一个楼宇自动控制系统对楼宇控制中心发出警报。

⑱ 提高通风量——在所有居住区域内，呼吸区的新风量至少要提高 30％。

⑲ 室内空气质量管理方案——施工中制定施工阶段和入住前阶段室内空气质量（IAQ）管理计划。保护现场存贮或安装的吸收性材料不受潮湿环境破坏，如果施工期间必须使用空气调节器，每个回风端都必须使用最低有效值（MERV）为 8 的过滤媒介。在

入住前置换所有的过滤媒介。

⑳ 低排放材料，涂料和涂层——内墙漆、涂料和底漆的 VOC 含量不得超标，平光：50g/L；亮光和亚光：150g/L。用于室内金属层的防锈底漆和面漆：VOC 含量不得超过 250g/L。木质表面涂层漆：清漆 350g/L；硝基漆 550g/L。地板涂料：100g/L。密封剂：防水 250g/L；嵌贝腻子 275g/L；其他密封剂 200g/L。着色剂：250g/L。

㉑ 低排放材料，地毯——所有地毯胶需满足要求：VOC 不超过 50g/L。

㉒ 室内化学品和污染源控制——在建筑所有入口采用永久性入口系统（格栅、格网等），至少长 1.85m，捕捉灰尘、小颗粒等，使其无法进入大楼。在化学制品使用区域（包括清洁用品室和复印/打印室），提供独立的区域（从楼板到楼板的隔墙和自动关闭型门），并提供独立向外排气系统，排气率至少为 0.16m² /（min·m²），不产生再次循环，保持至少 5Pa 的负压，当其门关闭时，保持至少 1Pa 的负压。对于清洁用品房，必须设置上下水和台盆。在机械通风的空间，在入住之前提供 MERV 为 13 或更好的过滤体，同时用于室外新风和回风过滤。

㉓ 系统可控性——为至少 50% 的建筑用户提供单独的舒适度控制，可调节至合适的个体要求。在距窗 20 英尺、距窗两边 10 英尺的区域中，可控窗可代替舒适度控制。

通过该创智天地 Ⅱ 期项目 LEED 认证实施全程参与，从能源消耗、室内空气质量、生态、环保以及可持续发展等方面更深层次地理解 LEED 绿色建筑评价体系。

【案例 8.3】某软件园 LEED-CI 商业室内装修评价的分析

背景：

某软件园项目设计范围：1 号楼 1～8 楼和 3 号楼 6～8 楼共 11 层，项目面积 13000m²。

LEED 建筑由于要将环保节能作为第一考量，因此装饰材料的选择和手法受到极大的制约。在本项目的设计上，设计师的立意是不仅在选材上符合 LEED 的要求，更要表达出 LEED 内涵的"绿色精神"——即通过室内设计，传达出先进的环保理念，构建和谐人性化的室内环境，将 LEED 理念传达给每一个进入该空间的员工、访客。

本项目适用的是 LEED 商业室内空间，其评定系统为"LEED-CI"——商业室内装修项目。

相对国内很多企业的办公楼动辄 4000～5000 元/m² 的造价，花旗软件技术服务中心的室内设计可谓低成本之作，本项目面临几大难点：

（1）13000m² 的办公室内要安排 1980 个员工位，如何让办公区不显拥挤。

（2）每平方米造价低于 1000 元，如何既节省造价又能表现出设计风格。

（3）业主要求装修后立刻入住，如何保障花旗员工免遭室内环境污染。

问题：

（1）如何解决以上设计难点？

（2）室内设计的具体措施有哪些？

（3）如何控制 VOC 含量材料的使用，以保证室内空气质量？

分析要点：

（1）针对设计难点，解决方案具体如下：

① 员工区尽量紧凑，集中设置更多的共享区域，确保每一层有开放式茶歇区、活动室、公共会议室、洽谈室等公共设施，且保证每层的卫生间面积和厕位不减反增。员工位的密度虽然增加了，但获得了更多的公共交流、休闲空间。

② 不采用豪华昂贵的建材，选材以功能性、环保性为指针。通过对普通材料艺术化的处理，打造出清新简约、趣味盎然的空间。

③ 设计要求建材尽可能采用工厂加工、现场组装的模式，确保现场污染降到最低。在 LEED 顾问的指导下，选用能节能、环保的设备、产品。

（2）室内设计相关的措施：

1）日光及视野分析

① 采光策略

采用开放式室内空间设计，确保员工办公位均有采光。对于封闭房间（主管办公室、会议室）采用玻璃隔断创造出"玻璃盒子"，除营造一个现代、通透的办公、交流环境之外，更能充分引入室外光线，降低白天照明能耗，见图 8-1。

图 8-1 开放式办公区内的"玻璃盒子"

② 视野策略

在建筑内 90％以上的常规使用区域取得良好的对外视野：a. 私人办公室放在内区，公共办公室放在外区；b. 内部采用透明隔断；c. 内部不透明隔断的高度控制在 1m 以下。

③ 眩光和遮阳控制策略

在设计建筑的昼光照明和视野的时候，设计必须综合各种环境影响参数来分析权衡。适当的遮阳装置在达到控制眩光和阳光直接照射的同时，能提供高标准的日光环境，减少空调系统的冷热负荷和建筑能耗，见图 8-2。

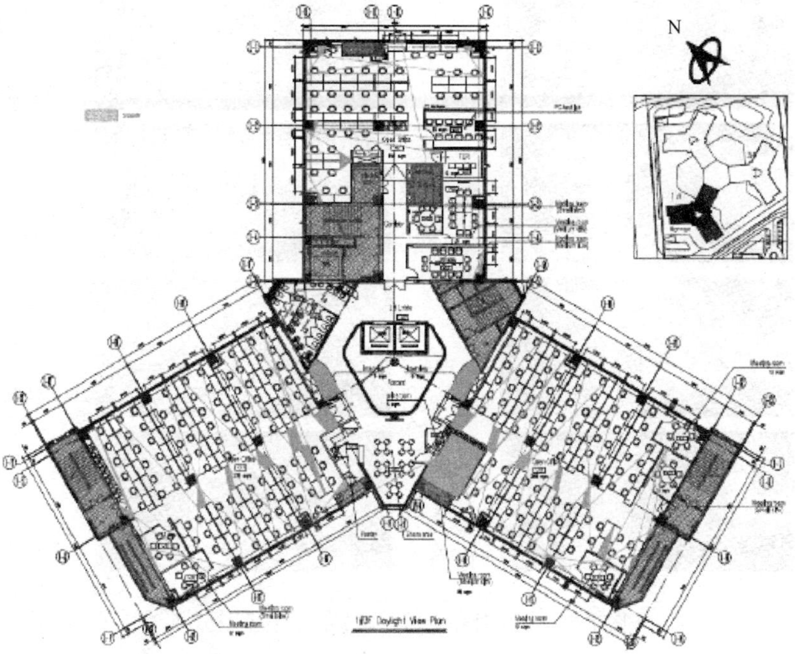

图 8-2　1 号楼 3F 日光视线分析

2）室内照明节能

本项目为写字楼办公区域照明，要求工作面照度 $500lx$ 或接近。根据 LEED 认证要求折算，本项目照明 LPD（功率密度）$\leqslant 9\mathrm{W/m^2}$。

结合大楼南北通透的平面，大空间办公室利用室外自然光的变化自动调节人工照明照度，所控灯列与窗平行。采用光传感器监测自然光，控制与窗平行的灯列自动开关，保证办公室内工作面得到设定的照度水平，节约电能消耗；小办公室、会议室、储藏间等房间设置人体热温感应元件控制系统，检测房间内是否有人控制房间内灯具；疏散楼梯间及公共卫生间夜间采用智能化声控。

3）节水措施

本项目主要是通过采用节水器具来实现 LEED 中整体建筑内部节水 20％的目标。项目所采购的用水器具都是低流速感应式节水器具，通过测算可以节约 20％的用水量，符合 LEED 的必要条件。LEED 对卫浴设备节水有着极高的要求，必须采用感应龙头及感应式小便器。另外，坐便器、小便器冲水量也有严格的要求（最终选定坐便器冲水 3.8L、小便器冲水 1L）。

4）材料及资源

本案例选材强调环保、节能、可持续发展，主要特点具体如下：

① 由于资金所限，本项目墙面主要采用乳胶漆作装饰，但是大面积乳胶漆会造成空间单调。由于本项目楼层众多，雷同的配色会降低楼层识别性。设计在配色上做了精心的考量，在中庭共享区域创造了一道彩虹桥，见图 8-3。具有良好、向上寓意的同时，既丰富了室内效果、又能为不同楼层提供标识色，提高了不同楼层不同部门的识别性能。

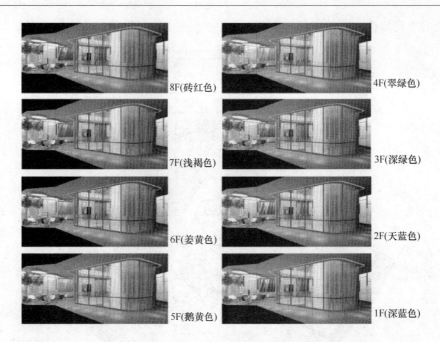

图 8-3　中庭回廊走道、电梯厅、休息区墙面

② 虽然尽可能降低成本，但是仍然不可避免要在前台、卫生间等区域采用石材、木材，在这方面设计选择新型、回收再利用或可快速再生的材料。设计不采用 1m² 天然石材，而是采用其他项目中废弃的天然石材的边角料加上树脂填充剂制成的人造复合石材。既保留了天然石材的色泽、纹理和质感，又实现了真正的循环利用。非但不占用任何自然资源，更使废弃的建筑材料得到了充分的利用。木制品方面不采用名贵的生长缓慢的木材，可采用可快速再生的竹木制品（用于办公区）、木纹防火板（橱柜及卫生间）。

③ 公共区域地面原业主提供了玻化砖地面，但是考虑到施工过程中很难确保地砖没有破损；且本楼人员密度大，公共区域铺设地砖容易产生噪音，因此，设计选用了天然亚麻制成的环保亚麻地板革铺装。由于亚麻地材是卷材且具弹性，铺设工艺是不拆除原有地坪的。对地砖破损用水泥修补后，可直接铺设地材，避免了浪费又提升了空间品质。

（3）本项目主要通过以下几个方法控制 VOC 含量材料的使用，以提高室内空气质量：

① 所有材料产品必须符合国家标准和 SCAQMD 中关于 VOC 的限值要求（LEED 要求）。在施工前，分包商将所使用的主要材料须经国家有关环保部门检测、签字后的材料清单报送总包商，认可后方可使用。

② 设计要求建材尽可能采用工厂加工、现场组装的模式，确保现场污染降到最低。

③ 施工过程中加强现场管理，提供施工用新风设备及抽排风扇、确保施工环境中空气流通。油漆工人戴口罩作业，确保人员安全。所有风口在施工过程中用胶条封闭，避免施工过程中的污染物进入风机，造成未来使用过程中的二次污染。

本项目在 LEED 认证评分体系中的可持续的场地规划得 8 分，保护和节约水资源得 11 分，高效的能源利用和可更新能源的利用得 27 分，材料和资源问题得 5 分，室内环境质量得 8 分，在上述 5 项评分项内容目标得分为 59 分。在创新设计和区域优先学这 2 个评分项内容目标得分为 6 分，合计总分 65 分，达到了 LEED-CI 金奖认证级别。

本项目在一个月内逐层验收交付业主搬家入住，装修、入住可谓无缝衔接。在设计、施工单位的努力之下，第一时间提供出一个环保无污染的室内办公环境。在入住之后，着重设计的公共共享茶歇、会议空间使用率很高，达到了最初的设计意图见图 8-4。本项目已成功获评为 LEED-CI 金奖认证。

图 8-4　标准楼层茶歇区

【案例 8.4】南方某超高层建筑 LEED 认证的分析

背景：

京基大厦项目位于深圳市罗湖区，为旧城改造项目。项目建筑面积约 234027m²，共 100 层。其中地下 4 层，地上 1～74 层为超甲级写字楼，75～98 层为铂金五星级瑞吉酒店层，建筑高度为 441.8m。图 8-5 项目建筑效果图和建成的结构封顶实景图片。

京基 100 项目作为深圳市已建成的第一高度的公共建筑，依次于 2011 年 3 月获得 LEED 金级预认证，于 2013 年 1 月获得 LEED 金级正式认证。本项目设计对亚热带地区

图 8-5　项目建筑效果图和建成的结构封顶实景图

的超高层建筑绿色实践具有很好的示范性和指导性。

（1）场地开发与配套

LEED 认证鼓励新建项目尽可能利用周边的配套和公共交通设施，减少新项目开发带来的配套开发和新的能源浪费及环境问题。京基 100 大厦是深圳罗湖蔡屋围的旧村改造项目，项目周边开发配套设施和交通设施齐全，800m 范围内有 10 种以上不同类型的配套设施，包括岁宝百货、中信大厦、寰宇酒店等，400m 范围内拥有环宇酒店、大剧院、深圳书城 3 个公交站和大剧院地铁站（地铁 1 号线）。大厦内部设置 18 个优先停车位（Preferred Parking），供低排放量汽车优先使用，鼓励降低对环境的影响。此外，城市广场设置绿化种植，透水地面的比例达到 25.4%。通过绿化种植和雨水收集等措施，项目场地内 1 年期和 2 年期 24h 降雨雨水径流量均比开发前降低了 36.5%，有效降低了因项目开发而带来的对环境的冲击，符合 LEED 绿色建筑对场地环境低冲击开发要求。

（2）围护结构设计

京基 100 大厦采用全玻璃幕墙结构，幕墙不透明部分采用 150mm 岩棉板，传热系数为 0.58W/（m² · K）；透明部分采用断热铝合金窗，玻璃采用 Low-E 夹胶中空玻璃幕墙，可见光透射比 Vt 为 0.40，玻璃幕墙遮阳系数为 0.20，传热系数为 3.0W/（m² · K）；幕墙气密性为 4 级，外窗气密性为 6 级。铝合金框采用浅色的 PVDF 氟碳面漆，其 SRI（太阳反射系数）为 55～65，满足 LEED 中关于减轻热岛效应的选材要求。结构体系是超高层建筑首要关注的问题，项目采用三重结构体系抵抗水平荷载，用钢量高达 6 万吨，这在全国来说都是少有的。装修阶段选用了石膏板等可再循环材料，办公室均为轻质隔墙的灵活隔断，避免浪费装修材料。在高性能混凝土应用方面，项目地下室底板采用 C50 高强混凝土，30 层以下剪力墙采用 C80 混凝土，30～60 层采用 C70 混凝土，60 层以上采用 C60 混凝土，这也是 C80 高强度混凝土在国内摩天大楼上的首次使用。

（3）空调节能设计

京基 100 大厦的办公层部分采用部分负荷蓄冰空调系统，部分负荷率为 29%，载冷剂为质量浓度 25% 的乙二醇溶液，设计采用 3 台双工况离心式冷水机组（制冷/蓄冰工况 800RT/540RT）和 2 台基载主机（制冷量 1000RT）；酒店层部分采用风冷热泵系统供冷、供生活热水及供暖，选用 3 台风冷热泵热回收机组（制冷/热量分别为 7174/802kW）和 2 台制冷量为 400kW 的一体化水冷冷水机组。酒店部分选用 2 台蒸汽锅炉，蒸汽量为 3000kg/h，额定热效率为 92%，满足《公共建筑节能设计标准》GB 50189—2005 和《除低层居住建筑外的建筑物的能源标准》ASHRAE90.1—2007 的相关要求。办公层部分采用变风量装置，组合式空调机组和转轮热回收机组设有 CO_2 浓度传感器联动风机开启和调节，具有明显的节能效果。同时，设置 8 套转轮热回收机组，额定风量为 45000m³/h，热回收效率大于 70%。酒店层部分选用 3 台全热回收工况螺杆风冷机组提供生活热水。本项目能耗模拟的节能率为 65.94%。

（4）照明及智能化系统应用

京基 100 大厦的照明是其一大亮点。设计主要采用 LED 照明灯具，其中地下车库采用 8600 套 14WLED 灯具（ST10T142C6590），外墙灯光采用 22000mLED 灯带及 3700 多套 LED 灯具，经过核算该照明设计可满足各房间或场所的照明功率密度在《建筑照明设计标准》GB 50034—2013 目标值的基础上再降低 20%。项目的公共照明控制系统采用集中控制，并按建筑使用条件和天然采光状况采取分区、分组与定时自动调光控制等措施。京基 100 大厦项目设计有独立的供配电系统，采用独立的 EnerSystem 监控系统，对冷热源、输配系统、照明系统、办公设备、电梯等各部分能源进行分项计量。

（5）节水设计

项目在方案、规划阶段制定水系统规划方案，统筹综合利用各种水资源。卫生洁具均为节水型的五金配件，公共卫生间的给水龙头及冲洗阀采用感应式，综合节水量相对于美国 EPAct（能源法案标准）中的基准洁具选型综合节水率达到 35%。项目场地周围设计渗水地面，收集南广场雨水处理后回用于绿化浇洒和道路广场、地下车库冲洗等杂用。集水面积约 3000m²，年雨水收集量为 1129.2m³，项目总用水量（不包括空调冷却塔补水）为 197107.9m³，非传统水源利用率为 0.54%。项目绿化灌溉采用滴灌的节水灌溉方式，并采用收集的雨水进行绿化浇洒。按照 LEED 计算原则，整个项目针对绿化浇洒的节水率达到 85.69%。

（6）室内环境质量

由于项目采用 Low-E 夹胶中空玻璃，项目采光性能较好（可见光透射比 Vt 为 0.40），办公标准层有 88.2%、酒店标准层有 82.1% 的主要功能区域均可以满足 LEED 认证体系的要求。通过模拟结果，办公标准层和酒店标准层主要功能空间在秋分日 9：00 模拟平均照度分别为 284388lx 和 249848lx；视野分析方面，分析结果表明 92.5% 的办公层主要功能空间和 90.8% 的酒店层主要功能空在具有直接对外的视野度（0.76～2.28m 之间），具有很好的通透性和舒适性。

问题：

（1）可用于该超高层建筑设计的绿色技术有哪些？
（2）请对该项目进行绿色建筑技术增量成本的分析。

分析要点：

（1）应用于本超高层建筑的绿色建筑技术

主要有场地开发与配套、围护结构设计、空调节能设计、照明及智能化系统应用、节水设计和室内环境质量。

（2）绿色建筑技术增量成本分析

经统计核算，京基 100 项目为实现绿色建筑而增加的初投资成本约为 3031.4 万元，折合单位面积的绿色建筑增量成本为 131.8 元/m²，这些绿色建筑技术可节约的运行费用约为 604.16 万元/年。本项目采用的绿色建筑技术及增量成本如表 8-4 所示。

京基 100 大厦绿色建筑技术增量成本　　　　　　　　　　　　　表 8-4

采绿色建筑关键技术	单价	应用量	应用面积/m²	增量成本/万元
节能照明	310 元/盏	33854 盏		1049.4
雨水回用	—		3600	35.50
冰蓄冷	—		173146.6	1298.6
转轮热回收装置	22.5 万元/个	8 个		180.00

采绿色建筑关键技术	单价	应用量	应用面积/m²	增量成本/万元
室内 CO_2 监控	1500 元/监测点	19 个		2.85
节水灌溉	5 元/m²		8428	4.21
节能电梯	5 万元/部	64 部		320.00
屋顶绿化	200 元/m²		7046	140.92

作为深圳已建成公共建筑中第一高度的地标性建筑，京基100大厦进行了绿色建筑多方面实践，包括周边配套开发、结构优化设计、空调节能设计、节水设计、高强度混凝土、室内环境等，取得了良好效果。其作为超高层建筑中节地、节能、节水、室内环境方面的设计将为亚热带同类建筑产生良好的示范作用和借鉴意义。

【案例 8.5】 某项目地方标准与 LEED 标准双认证的分析

项目位于重庆市北部新区高新园大竹林组团，东临渝武高速公路，北部为在建的山顶总部基地，西侧隔嵩山南路是中智联办公大楼，南部隔黄山大道为中国四联重庆川仪厂区。拟建项目为1栋超高层办公楼，项目用地面积1.52万 m²，建筑面积6.83万 m²，容积率为4.5，绿地率为48.2%，建筑密度为11.48%，主要功能为办公、配套商业、地下车库。该项目按重庆市《绿色建筑评价标准》DBJ/T 50—066—2009的金级（二星级）及美国 LEED-CS 金奖双认证为设计目标。

绿色建筑进行国内绿色建筑评价标准和 LEED 认证双认证正越来越受到国内开发商的重视和青睐。项目的实践也将越来越多。本项目设计对拟进行双认证的绿色实践具有很好的示范性和指导性。

问题：

（1）双认证中适宜的绿色技术主要有哪些？

（2）该项目双认证设计的要点与难点分别是什么？

分析要点：

（1）主要技术措施

绿色建筑技术措施的应用，见表8-5。按照《绿色建筑评价标准》DBJ/T 50—066—2009的金级（二星级）及美国 LEED-CS 金奖进行项目的自评估，评估结果见表8-6及表8-7所示。其结果均符合绿色建筑金级（二星级）和 LEED-CS 金奖的要求。

绿色建筑技术措施   表 8-5

节地与室外环境/可持续选址	绿地率：48.2%；设计1.01万 m²的地下车库；分别设置5%的停车位用于节能与共乘车位；周边交通便利，至少有6条便捷的公共交通；室外光污染控制；透水地面面积的比例达到45%；景观设计采用乡土植物；裙房设计屋顶绿化，绿化覆土300mm；室内的风环境人行风速<5m/s

节能与能源利用/能源与大气	建筑总平面考虑夏季通风、冬季日光要求；围护结构热传导系数性能：外墙 0.96、屋面 0.7、楼板 1.33、外窗 2.6（SHGC 0.28）；围护设置竖向自遮阳的构件；空调冷热源选用 2 级的冷水机组，办公区域 2～9 层、11～20 层采用风机盘加新风管系统，办公区域 22～31 层、33～40 层采用全空气变风量系统；新风机组采用热回收式空气处理机组，热回收效率 ≥60%；照明功率密度按照标准的目标值进行设计，高效 LED 光源或 T5 灯具
水与水资源利用/节约水资源	收集屋面、地面的雨水，设置水池 160m³，保证 3 天的绿化、道路用水量，非传统水源利用率达到 4.5%；采用一级节水器具，大便器≤4.5L/3L 两档，小便器≤2.5L/次，公用水龙头≤0.03L/S（感应水龙头 0.8L/次），节水率达到 30%；设置水表进行计量收费
节材与材料资源利用/材料与资源	50%的认证木材；使用至少 10%的可再循环材料；采用至少 50%的高性能混凝土；70%的钢材使用三级钢；100%使用预拌混凝土
室内环境质量/室内环境品质	设计区域的温度、湿度、风速符合节能标准要求；办公建筑室内背景噪声符合《民用建筑隔声设计规范》要求；CO_2 与新风系统联动监测系统；室内完全禁烟；使用环保涂料和装修材料；室内末端实现独立控制；室内污染源控制；地下车库设置有 32 套导光筒，改善地下车库采光设计；建筑 90%以上的主要功能空间室内采光系数符合标准要求；建筑入口和主要活动空间设有无障碍设施
创新与设计	便捷的公共交通；良好的视野和 90%的室内空间均有良好采光；具有 LEED AP 认证人员参与

绿色建筑评价标准设计阶段达标得分 表 8-6

	一般项（共 50 项）						优选项数	项数合计
	节地与室外环境	节能与能源利用	节水与水资源利用	节材与材料资源利用	室内环境质量	运营管理		
	共 12 项	共 8 项	共 10 项	共 6 项	共 8 项	共 3 项	共 11 项	共 58 项
项目达标项	6	3	6	4	3	3	3	28
标准要求项	4	1	3	2	2	1	2	26

LEED 标准评估要素得分 表 8-7

评估要素类别	得分
可持续选址（Site selection）	22
节约水资源（Water effieiency）	4
能源与大气（Energy & atmosphere）	20
材料与资源（Material & resources）	7
室内环境品质（Indoor environmental quality）	11
创新与设计（Innovation & design）	4
总分	68

注：LEED-CS 认证级 40～50 分；银级 50～60 分；金级 60～80 分；铂金级 80 分以上。

（2）双认证设计要点与难点

① 节地与室外环境

绿色建筑评价标准中"节地和室外环境"与 LEED 认证标准中"可持续场址"类似，两者均要求在选址安全的基础上，进行保护性（或者修复）开发以及周边提供良好的公共服务配套设施。主要包括场地的选择，合理的开发密度，便捷的公共交通，以及良好的室外光、热、声环境、景观绿化设计。

需要指出的是，绿色建筑评价标准中强调"结合山地城市地形特点，合理利用地形高差和地下空间"充分考虑到重庆市地理条件的特点,因地制宜设置评价内容。该项目地下面积主要用于地下停车库和公用设备用房,地下面积与用地面积比达到 2.1,体现了绿色节地的理念。而 LEED 标准并未过多地强调对建设用地资源的控制,综合周边区域的整体开发强度。

绿色建筑评价标准与 LEED 认证标准中"节地与室外环境"要求不同的是 LEED 标准中强调了除了公共交通外,还强调对自行车、节能、共乘交通的鼓励,因此在停车位的设置上要求优先分别设置总停车位 5% 以上的位置用做节能和共乘交通停车位,以达到引导的作用。考虑到重庆市山地地理特征的现状和道路现状,以及自行车在重庆推广的现状,故未设置相应的自行车停车位。总体分析来看,该项目通过前期合理的规划、设计和控制能够达到绿色建筑评价标准与 LEED 认证标准中保护环境和良好的公共服务,而无须较大的双认证投资成本。

② 节能与能源利用

绿色建筑评价标准"节能与能源利用"和 LEED 认证"能源与大气"均强调"建筑布局分布"、"围护结构热工性能"、"高效能设备的选用"、"可再生能源利用"和"能量回收"。LEED 认证增加"强化调试运行"、"加强制冷管理"、"计量与认证"和"绿色电力"的内容。LEED 评价更注重对建筑系统的使用能效,对建筑节能系统的运转调试有着严格的规定。LEED 认证体系要求建筑节能系统运转调试后,提供由业主或者调试专家(组)出具的 LEED 调试报告,以保证建筑节能系统的运转达到真正的节能效果。现阶段,绿色建筑评价标准则主要着重强调设计和使用的建筑节能设备符合国家相应的节能标准。因此,在节能与能源利用项上,LEED 有着更为严格的要求,在绿色建筑评价标准金级的基础上需要付出额外的投资成本。

可再生能源的利用也是 LEED 鼓励申请认证的得分要求,但是我国和重庆主要的电力需求均为煤炭和天然气发电提供,因此,标准中的零污染电网技术在我国和重庆极难实现。考虑到场地内可再生能源利用技术、相关产品的成熟度和集成度、以及投资开发成本,该项目未考虑可再生能源的利用。

③ 节水与水资源利用

绿色建筑评价标准的金级(二星级)与 LEED 认证标准在"节水"设计上有着相似的要求,均要求进行前期合理的雨水设计,高效的节水器具以及创新的废水处理技术,如雨水收集系统或者中水系统。具体条文设置的思路上则略有不同,如绿色建筑评价标准较为强调具体的操作细节、具体分类、分项的节水要求均有明确的要求,而 LEED 认证强调用水总量的控制。因此,两者的条文设置便有显著的不同。另一显著的不同是,绿色建筑评价标准对水质的要求和供水设计有明确的要求,这也是充分考虑了绿色建筑评价标准给排水行业和产业发展的现状。

因此,该项目进行双认证则是着重考虑满足绿色建筑评价标准的金级(二星级)要求,采用了超过 40% 的硬质地面均为透水地面,较高节水效率的节水器具(坐便器、小便器、洗手水龙头、厨房水槽等)、和雨水回用系统用做景观浇洒,同时对给排水管材均提出了严格的要求。在此基础上,能够满足 LEED-CS 对水系统的要求,而不会增加额外的投资成本。

④ 节材与材料资源利用

　　绿色建筑评价标准与 LEED 认证在"节材"认证上有本质的区别。虽然，两者均有强调材料的就地利用以减少运输过程中的能耗，以及健康材料的使用，但绿色建筑评价标准节材评估重在源头控制建筑材料的总量，而 LEED 认证标准则重在后期材料的回收利用。

　　绿色建筑评价标准的金级（二星级）主要强调减少建筑材料的使用量，比如强制项中就强调建筑造型的简约以及减少装饰性构建的使用。得分项中，高强钢、高性能混凝土的使用、土建装修一体化、办公商业强调的灵活隔断、消耗资源较少的结构体系等，均强调"总量"的减少。LEED 认证重在强调材料的回收利用，包括强调提高旧建筑与拆除建筑物时建材的回收利用率，分值占该类别的 38.46%。如果包括施工废弃物的管理，材料的回收利用则高达 76.92%。

　　因此，该项目中针对绿色建筑评价标准和 LEED 评价标准双认证时，尽量考虑采用两者相同的评价内容，侧重考虑重庆市建筑业的实际发展状况而满足绿色建筑评价标准。针对重庆市建筑业的现状，采用了预拌混凝土，作为超高层建筑、高强钢、高性能混凝土、以及 10% 左右的可再循环材料、合理的灵活隔断均能较为容易达到，而无须额外的投资成本。

　　⑤ 室内环境质量

　　绿色建筑评价标准的金级（二星级）与 LEED 认证标准在"室内环境"认证上也有着显著的区别。重庆市《绿色建筑评价标准》侧重于建筑物理环境的控制，包括日照、采光、通风和隔声等基本的条件，在得分项上也只着重强调了自然通风和室内采光的要求，只有在优选项上提高了室内环境的要求，如对室内环境的监测。

　　而 LEED-CS 认证除了对室内的通风、采光、视野等有要求以外，则对室内环境包括设计和施工以及后期的运营均提出了严格的要求，如施工过程中的空气质量控制，使用装修材料有害物质量的控制，以及室内污染源的控制与消除措施等，以保证施工的健康和使用的安全性。特别是污染源的控制和消除措施等均需要较大的投资成本，这也将显著的增加 LEED 认证项目的成本。LEED 认证中完全未考虑到噪音的影响，则较为直接的反映了两国间建筑业和城市环境所处的现状。

　　该项目在双认证实施过程中，充分考虑到业主的需求和提高使用的安全以及舒适性，除考虑到满足重庆市绿色建筑评价标准要求外，也充分考虑满足 LEED 认证室内环境的要求。同时该项目作为大型的公共建筑，在设计上采用了大量的玻璃幕墙，因此能够充分的满足采光和视野方面的需求。需要指出的是，由于二者在建筑室内人员密度上的差异，实际上满足了绿色建筑评价标准通风要求，就已经能够充分的满足美国 LEED-CS 评价中关于通风和提高后的通风要求，因此减少了相关设备投资，这也为重庆市项目实施双认证提供了良好的基础。

【案例 8.6】某建筑国家三星和美国 LEED 铂金级设计要求的分析

背景：

　　某建筑科技大楼作为科研办公楼，在建设设计中以探索低成本和软技术为核心的绿色建筑实现模式为宗旨，以实现建筑全寿命周期内最大限度节约和高效利用资源，保护环境、减少污染为目标。

该建科大楼位于南方小区内，总建筑面积 1.8 万 m^2，地上 12 层，地下 2 层。建筑功能包括实验、研发、办公、学术交流、地下停车、休闲及生活辅助设施等。建筑设计采用功能立体叠加的方式，将各功能块根据性质、空间需求和流线组织，分别安排在不同的竖向空间体块中，附以针对不同需求的建筑外围护构造，从而形成由内而外自然生成的独特建筑形态。

该建科大楼已实现了最初的建设目标，其以 4300 元/m^2 的工程单方造价。达到了国家绿色建筑评价标准三星级和美国 LEED 金级的要求，取得了较为突出的社会效益。经初步测算分析，1.8 万/m^2 规模的整座大楼每年可减少运行费用约 150 万元，其中相对常规建筑节约电费 145 万元，节约水费 5.4 万元，节约标准煤 610t，每年可减排 CO_2 1600t。

该大楼的设计从方案创作开始，整个过程都定量验证，并大量应用新的设计技术，利用计算机对能耗、通风、采光、噪声、太阳能等进行模拟分析。楼体的竖向布局与功能相关联，材料、通风、自然采光、外墙构造、立面及开窗形式等各方各面的确立也都经过优化组合。在设计中，为了确定一种技术方式，往往会研究十几种技术路线的贡献率后才选定最佳平衡值。

从设计到建设，建科大楼采用了一系列适宜技术共有 40 多项，其中被动技术、低成本技术和管理技术占 68% 左右。每一项技术都是建科大楼这一整合运用平台上"血肉相连"的一部分，它们并非机械地对应于绿色建筑的某单项指标，而是在机理上响应绿色建筑的总体诉求，是在节能、节地、节水、节材诸环节进行整体考虑并能够满足人们舒适健康需求的综合性措施。

问题：

（1）为了达到国家绿色建筑三星和美国 LEED 金级要求，作为建筑的设计者应该着重从哪几方面入手设计？

（2）为了达到节能目的，使建筑通过三星级绿色建筑评定和 LEED 金级评定，结合资料分析该建筑在外围结构、采暖制冷、照明、室内热环境、室内空气质量、可再生能源利用等方面应如何进行设计，才能达到能源合理管理？

（3）结合所给材料，分析在绿色建筑设计中应该采取哪些设计方法增加建筑给人的舒适感，提高人在其中的工作效率？

解题思路：

（1）从绿色建筑设计者的角度，分析国家绿色建筑三星级和美国 LEED 金级评定中要达到各得分点应该怎样进行设计。

（2）结合材料和教材内容分析绿色建筑设计在节能方向上的设计内容。

（3）从室内环境设计入手进行绿色建筑设计，分别详细说明室内风环境、热环境、空气质量、光环境设计手法。

要点分析：

（1）进行绿色建筑设计时，为了达到节水、节能、节地、节材、环保要求，设计师应该充分了解绿色建筑评价标准和美国绿色建筑 LEED 达标标准，在设计建筑用的材料、工艺、技术、设备、体型、与环境的融合方面做到设计规划达标，并且按照申请程序，申请三星级和 LEED 金级。

（2）在外围结构上，应该优先选择保温外墙，外墙的保温形式有外保温、自保温、内保温。在屋顶设计中，应该结合实际情况优先使用保温隔热屋面、种植屋面、坡屋面、避风屋面等。在外窗设计时，应该采用传热系数较低、气密性好的窗，以达到节能、耐久、对人体伤害少的目的。在玻璃幕墙设计时，应该根据实际需求合理选择明框、隐框、呼吸幕墙、Low-E 玻璃（低辐射玻璃）幕墙等。在外墙设计时，既要考虑到建筑物对材料性能的需求，也要考虑到建筑物的投资估算的限制，使其在投资估算的成本内保温、隔热等性能最好。

在采暖制冷上，可以使用热电冷联供、温湿度独立控制、离心螺杆机组、热泵机组、全热回收、VRV（变冷媒流量多联系统，即控制冷媒流通量并通过冷媒的直接蒸发或直接凝缩来实现制冷或制热的空调系统）、VAV（空气调节系统）、变频等技术来使空调系统更加节能。对设备系统能耗进行计量和控制，利用河水、湖水、浅层地下水进行采暖空调。

在照明采光上，设计采光性能最佳的建筑朝向，发挥天井、庭院、中庭的采光作用，使天然光线能照亮人员经常停留的室内空间；采用自然光调控设施，如采用反光板、反光镜、集光装置等，改善室内的自然光分布；办公和居住空间，开窗能有良好的视野；室内照明尽量利用自然光，如不具备自然采光条件，可利用光导纤维引导照明，以充分利用阳光，减少白天对人工照明的依赖；照明系统采用分区控制、场景设置等技术措施，有效避免过度使用和浪费；分级设计一般照明和局部照明，满足低标准的一般照明与符合工作面照度要求的局部照明相结合；局部照明可调节，一方面有利使用者的健康，另一方面利于照明节能；采用高效、节能的光源、灯具和电器附件。用 LED 灯、节能灯、T5（一种荧光灯）、T8（荧光灯一种）、电子镇流器、光感、红外线、定时、光导照明。并且应该充分组织室内外各个空间的照明，使照明系统达到最优节能效果的同时，又不对外界环境造成光污染。

在室内热环境、空气质量等室内环境上，优化建筑外围护结构的热工性能，防止因外围护结构内表面温度过高过低、透过玻璃进入室内的太阳辐射热等引起的不舒适感；设置室内温度和湿度调控系统，使室内的热舒适度能得到有效的调控，建筑物内的加湿和除湿系统能得到有效调节；根据使用要求合理设计温度可调区域的大小，满足不同个体对热舒适性的要求。对有自然通风要求的建筑，人员经常停留的工作和居住空间应能自然通风。可结合建筑设计提高自然通风效率，如采用可开启窗扇自然通风、利用穿堂风、竖向拔风作用通风等；合理设置风口位置，有效组织气流，采取有效措施防止串气、返味，采用全部和局部换气相结合，避免厨房、卫生间、吸烟室等处的受污染空气循环使用；室内装饰、装修材料对空气质量的影响应符合《民用建筑室内环境污染控制规范》GB 50325—2010 的要求；使用可改善室内空气质量的新型装饰装修材料；设集中空调的建筑，宜设置室内空气质量监测系统，维护用户的健康和舒适；采取有效措施防止结露和滋生霉菌。

在可再生能源利用上，充分利用场地的自然资源条件，开发利用可再生能源，如太阳能、水能、风能、地热能、海洋能、生物质能、潮汐能和通过热泵等先进技术取自自然环境（如大气、地表水、污水、浅层地下水、土壤等）的能源，可再生能源的使用不应造成对环境和原生态系统的破坏以及对自然资源的污染。为了充分利用太阳能，我们可以采用太阳能集热、供暖、供热水，利用太阳能发电，也可以利用风力发电，合理设计门窗、天窗等位置，利用自然通风散热、换气。

（3）要达到人与建筑和谐相处，作为绿色建筑设计师，应该着重对建筑室内光、热、声、空气质量进行合理的设计，保证室内的光照充足，温湿度适宜，噪音满足要求，空气清新。具体做法如下：

在光环境方面，设计采光性能最佳的建筑朝向，发挥天井、庭院、中庭的采光作用，使天然光线能照亮人员经常停留的室内空间；采用自然光调控设施，如采用反光板、反光镜、集光装置等，改善室内的自然光分布；办公和居住空间，开窗能有良好的视野；室内照明尽量利用自然光，如不具备自然采光条件，可利用光导纤维引导照明，以充分利用阳光，减少白天对人工照明的依赖；照明系统采用分区控制、场景设置等技术措施，有效避免过度使用和浪费；分级设计一般照明和局部照明，满足低标准的一般照明与符合工作面照度要求的局部照明相结合；局部照明可调节，以有利使用者的健康和照明节能；采用高效、节能的光源、灯具和电器附件。

在热环境方面，优化建筑外围护结构的热工性能，防止因外围护结构内表面温度过高过低、透过玻璃进入室内的太阳辐射热等引起的不舒适感；设置室内温度和湿度调控系统，使室内的热舒适度能得到有效的调控，建筑物内的加湿和除湿系统能得到有效调节；根据使用要求合理设计温度可调区域的大小，满足不同个体对热舒适性的要求。

在声环境方面，采取动静分区的原则进行建筑的平面布置和空间划分，如办公、居住空间不与空调机房、电梯间等设备用房相邻，减少对有安静要求房间的噪声干扰；合理选用建筑围护结构构件，采取有效的隔声、减噪措施，保证室内噪声级和隔声性能符合《民用建筑隔声设计规范》GB 50118—2010 的要求；综合控制机电系统和设备的运行噪声，如选用低噪声设备，在系统、设备、管道（风道）和机房采用有效的减振、减噪、消声措施，控制噪声的产生和传播。

在室内空气品质方面，对有自然通风要求的建筑，人员经常停留的工作和居住空间应能自然通风。可结合建筑设计提高自然通风效率，如采用可开启窗扇自然通风、利用穿堂风、竖向拔风作用通风等；合理设置风口位置，有效组织气流，采取有效措施防止串气、返味，采用全部和局部换气相结合，避免厨房、卫生间、吸烟室等处的受污染空气循环使用；室内装饰、装修材料对空气质量的影响应符合《民用建筑室内环境污染控制规范》GB 50325—2010 的要求；使用可改善室内空气质量的新型装饰装修材料；设集中空调的建筑，宜设置室内空气质量监测系统，维护用户的健康和舒适；采取有效措施防止结露和滋生霉菌。

【案例 8.7】某建筑国家三星和美国 LEED 铂金级在节水和水资源利用设计要求的分析

背景：

××项目拟采用绿色建筑理念进行设计，并且希望完成绿色建筑三星级评定和 LEED

铂金级认证，该项目概况如下：项目为绿色建筑科技馆的建设，占地 1050m²，总建筑面积为 4850m²，建筑高度为 18m。该项目欲作为绿色建筑的示范，为将来绿色建筑发展起模范作用，该项目运用了大量的国内外绿色建筑设计最新先进技术，在设计过程中，注重各种有效数据的收集、保存、整理。整合建筑功能、形态、各项适宜技术，通过绿色建筑智能技术平台，系统的集成应用了"主、被动式通风系统"、"高热工性能外围护系统"、"高能效空调系统和设备"、"建筑自遮阳和智能化遮阳百叶系统"、"节能高效照明系统"、"太阳能、风能、氢能发电系统"、"能源再生电梯系统"、"零污水排放的水处理回用系统"、"智能控制系统"等绿色建筑先进系统体系进行设计。

其中"零污水排放的水处理回用系统"的具体操作步骤如下：

生活污水通过化粪池后，进入格栅池，除去生活垃圾后，流入调节池（处理后的地面雨水和屋面雨水一起进入调节池），污水经调质调量后，通过调节池提升泵，提升至水解酸化池后，流进 MBR 膜（Membrane Bio-Reactor，膜生物反应器）生物反应池，经处理后达到去除氨氮的作用，剩余的污泥排到污泥池，污泥经压滤机干化作为绿化肥料外运。MBR 池出水通过膜抽吸泵抽吸出水，并经消毒后流入清水池，通过中水回用系统回用作为绿色建筑科技馆的厕所冲洗用水，及其周边的洗车用水、花草浇灌、景观用水和道路清洗，实现污水零排放。

问题：

（1）试用流程图表示污水处理系统的具体步骤。

（2）从绿色建筑设计的角度分析，要达到绿色建筑三星级评定和 LEED 铂金评定，本项目要达到绿色建筑的节水和水资源利用的要求，设计时应该从哪几方面考虑？

解题思路：

（1）结合材料文字说明，分别将上面的具体流程以图的形式画出。

（2）分析完成国家绿色建筑三星级评定和 LEED 铂金评定要做到哪几点，应该如何获得相应的得分，最后解析如何在节水和水资源利用方面得到相应的分数。

要点解析：

（1）根据上面文字说明，污水零排放处理系统的流程图见图 8-6；

（2）为了达到绿色建筑设计的节水和水资源利用要求，完成绿色建筑三星级评定和美国 LEED 铂金评定，主要可以通过以下五方面进行节水设计：

① 水系统规划设计

用水总体上可分为市政自来水和独立中水系统。项目给水不分区，由室外市政给水管网直接供水，单独设水表。同时考虑消防用水需求，在室内外设置消防栓，并且保证消防栓的用水需求。考虑项目所在地的降雨量，使其能保证中水处理的原水水量。在充分考虑能源节约、保证水质和用水量前提下，采用雨水收集及中水回用技术。

② 雨水回渗与集蓄利用

屋面雨水均采用外排水系统，屋面雨水经雨水斗和室内雨水管排至室外检查井。室外地面雨水经雨水口，由室外雨水管汇集，排至封闭内河，作为雨水调节池，做中水的

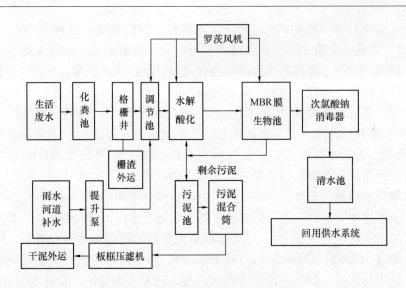

图 8-6　污水处理、中水回收系统图

补水。

雨水收集处理后进入人工蓄水池。人工蓄水池具有调蓄功能，尽可能消解降雨尽可能消解降雨的不平衡，以降雨补水为主，河道补水为辅，保证池水水位。

③ 非传统水源利用

本项目采用中水回用技术，实现所有生活废水处理，水量不足时采用雨水和河道水补充。生活废水经过中水系统处理后水质达到冲厕、景观绿化灌溉和冲洗路面要求，实现零排放。

④ 绿化节水灌溉

室外景观绿化灌溉用水量是建筑用水重要组成成分，通常占总用水量的 10%～30%，本项目景观绿化灌溉用水来自处理后的中水，灌溉技术为滴灌，有效节约室外灌溉用水。

⑤ 节水器具

建筑室内采用新型的节水器具。公共卫生间采用液压脚踏式蹲式大便器、壁挂式免冲型小便器、台式洗手盆等。

第9章 绿色建筑检测案例分析

本章提要

绿色建筑检测（testing of green building）是为绿色建筑运行评价而实施的检测。

绿色建筑的评价是以相关指标为基准对相应性能的实际状况进行评判的工作。在申报绿色建筑运行评价之前，应进行运营情况评价，因此需要规范绿色建筑检测活动。《绿色建筑检测技术标准》就是为绿色建筑各项性能检测提供检测方法，为绿色建筑运行评价提供依据的。

本章紧密结合《绿色建筑检测技术标准》，所介绍的 13 个案例，基本涵盖了《绿色建筑评价标准》中涉及的相关检测技术。

【案例 9.1】 关于绿色建筑检测方法和检测数量的确定

背景：

承担绿色建筑检测的检测机构应具备下列条件：（1）检测单位应有固定的工作场所；（2）获得计量认证；（3）相应的检测能力通过认可；（4）在机构属地建设主管部门备案；（5）具有见证检验资质。

检测机构应对检测报告及其检测结论的真实性负责。

在实施绿色建筑检测前，需编制绿色建筑检测方案。绿色建筑检测方案应符合下列要求：（1）应明确检测项目：可针对全部检测项目，也可针对某几个检测项目进行方案编制；（2）应明确检测对象的检测数量；（3）应明确采取的检测方法。

问题：

（1）绿色建筑检测方法有哪些？
（2）绿色建筑检测的数量如何确定？举例说明。

要点分析：

（1）检测方法

绿色建筑检测应采取多种方法相结合，尽可能利用已有资料，减少现场测试对使用方的影响。绿色建筑检测可采取检查、检验、核查、测试和计算分析等方法，也可以相关方法结合使用。

（2）检测数量的确定

1）对于检测对象不可计数的检测项目，可采取统一抽样方式。统一抽样方式为随机布置若干个测点，提供单一的测试结果。如室外空气质量、土壤氡含量等项目具有无法确定检测对象数量的特点，对于此类项目检测时可按统一抽样方式确定检测数量。下面以场地土壤氡浓度为例说明检测数量的确定：

① 绿色建筑运行评价，满足下列情况之一时，可不进行场地土壤氡浓度现场测试。

a. 绿色建筑场地土壤中氡浓度或土壤氡析出率测定的结果符合现行国家标准《民用建筑工程室内环境污染控制规范》GB 50325—2010 的要求。

b. 绿色建筑所在城市区域土壤中氡浓度或土壤表面氡析出率测定结果符合现行国家标准《民用建筑工程室内环境污染控制规范》GB 50325—2010 的要求。

② 当不满足第①条的要求时，绿色建筑运行评价应进行土壤氡浓度现场检测，且检测数量和测点布置应符合下列规定：

a. 建筑所在地区没有强制土壤氡浓度检测的情况，但是建筑所在区域土壤氡浓度较大的，宜在建筑物周边 10m 范围内，按 10m 网格法布设检测点。

b. 建筑所在地区没有强制土壤氡浓度检测的情况，但是建筑所在区域土壤氡浓度较低的，宜在建筑物四周 10m 范围内各布设五个检测点。

2）对于检测对象可计数的检测项目，宜按表 9-1 确定抽样检测的样本最小容量。

检验批最小样本容量　　　　　　　　　　　　表 9-1

检测对象总数	样本最小容量	检测对象总数	样本最小容量
2～15	2	1201～3200	50
16～25	3	3201～10000	80
26～90	5	10001～35000	125
91～150	8	35001～150000	200
151～280	13	150001～500000	315
281～500	20	>500000	500
501～1200	32		

如门窗是典型的可计量检测对象，此类检测对象可按批量抽样方式确定其检测数量。这里规定的检测数量为建议的抽样最小样本容量，其目的是要保证抽样检测结果具有代表性。最小样本容量不是最佳的样本容量，实际检测时可根据具体情况和规范相应条文或其他技术规范的规定确定样本容量。

【案例 9.2】关于绿色建筑周围热岛强度和室外光污染检测分析

背景：

绿色建筑室外环境的检测项目宜包括建筑周围场地土壤氡浓度、电磁辐射、室外空气质量、光污染、环境噪声、热岛强度等。当需要进行绿色建筑施工场地评价时，宜进行施工场地的污废水排放、废气排放、光污染、环境噪声等项目检测。

绿色建筑运行评价时，宜核查热岛模拟预测分析报告，并应对建筑周围热岛强度进行现场测试。

光污染可分为建筑光污染和施工场地光污染。建筑光污染主要是指室外景观照明造成的光污染和建筑玻璃幕墙产生的反射光及眩光等。施工场地光污染主要是指施工场地电焊操作以及夜间作业时所使用的强照明灯光等所产生的眩光。

问题：

(1) 什么叫住区热岛强度？建筑周围热岛强度现场测试有哪些规定？

(2) 如何评价绿色建筑光污染？

要点分析：

(1) 住区热岛强度为建筑室外空气温度平均值与郊区气象测点温度平均值的差值。建筑周围热岛强度现场测试宜符合下列规定：

① 在建筑物或小区两个不同方向同时设置两测点，超过 10 层的建筑宜在屋顶加设 1~2 个测点。

② 室外空气温度测量宜符合现行行业标准《居住建筑节能检测标准》JGJ/T 132—2009 中室外气象参数检测方法有关规定。

③ 建筑周边温度可取连续 3 天的 8:00~18:00 之间的气温平均值。

④ 郊区气象测点温度可从气象观测部门获取。郊区气象测点温度应采用主导来流风向上风向的郊区气象数据

(2) 绿色建筑运行评价时，应查看室外景观照明图纸并核查建筑光污染相关检测报告。夜景照明的光污染应满足现行行业标准《城市夜景照明设计规范》JGJ/T 163—2008 中光污染的限制。照度和亮度的检测方法应符合现行国家标准《照明测量方法》GB/T 5700—2008 的规定。建筑立面采用玻璃幕墙时，应核查玻璃幕墙的反射比的检测报告。检测方法应符合现行国家标准《玻璃幕墙光学性能》GB 18091—2000 的规定。

绿色建筑施工场地光污染评价时，应核查施工过程中光污染控制的相关文档。

【案例 9.3】关于建筑室外空气质量和施工场地污废水排放检测分析

背景：

建筑室外空气质量检测可分为建筑周围室外空气质量和施工场地废气排放。绿色建筑运营评价时，应核查建筑周围室外空气质量现场测试报告。绿色建筑施工场地评价时，应核查施工场地废气排放现场测试报告。

施工场地污废水包括施工污废水和生活污废水。施工污废水应设置沉淀设施和回用设施。生活污废水应设置污废水处理设施。

问题：

（1）试分析建筑室外空气质量的检测要点。

（2）试分析施工场地污废水的检测要点。

要点分析：

（1）建筑室外空气质量检测要点

建筑周围室外空气质量是指绿色建筑运营时的建筑区内的室外空气质量。建筑周围室外空气质量现场测试应在被评建筑室外周边四个方位各布设一个空气采样点。主要考察绿色建筑竣工后，其使用者所处的室外环境空气质量。室外空气质量现场测试方法应按现行国家标准《环境空气质量标准》GB 3095—2012进行。检测项目包括二氧化硫 SO_2、一氧化碳 CO、二氧化氮 NO_2 和可吸入颗粒物 PM10，有条件的测试 PM2.5。

施工场地废气主要是指施工过程中扬尘和施工机械装备工作时发动机排放废气等。施工场地废气排放现场测试应在建筑施工场地周边四个方位各布设一个空气采样点。主要考察施工对周围空气质量的污染情况，不应影响周边人们正常工作和生活。在检测过程中，应观测采样点位环境大气的温度、压力，有条件时可观测相对湿度、风向、风速等气象参数。测试数据可与当地气象部门当日测试数据进行比较。

（2）建筑施工场地污废水检测要点

绿色建筑施工场地评价时，应核查施工场地污废水处理设施和相关规定文件，并应核查污废水处理设施总排出口水样检测报告。

施工场地污废水排放检测方法应按现行国家标准《污水综合排放标准》GB 8978—1996进行。检测项目包括：pH值、化学需氧量、五日生化需氧量、氨氮、阴离子表面活性剂、色度和浊度。

施工污废水和生活污废水应区分处理。施工污废水一般含有泥沙，须进行沉淀处理，并可以回用节约水资源。生活污废水一般来自于施工场地的厨房和卫生间，须进行污水处理后排放。

有特定要求的检测应按相关规范进行检测。

【案例9.4】关于建筑环境噪声和室内声环境检测分析

背景：

建筑环境噪声可分为建筑周围环境噪声和施工场地环境噪声两类。建筑周围环境噪声主要是指场地周边的噪声，如交通工具等。施工场地环境噪声主要是指在建筑施工过程中产生的干扰周围生活环境的声音。（1）绿色建筑运行评价时，应对建筑周围环境噪声进行现场测试。（2）绿色建筑施工场地评价时，应核查施工场地环境噪声现场测试报告。

绿色建筑室内环境宜包括室内声学环境、室内天然光环境、室内通风效果、室内空气质量和温湿度等。因此，室内声环境是绿色建筑室内环境的重要组成部分。室内声环境检测项目应包括室内背景噪声、楼板和分户墙空气声隔声性能、楼板撞击声隔声性能和门窗空气声隔声性能检测等。

问题：

（1）试分析建筑环境噪声检测要点。
（2）试分析室内声环境检测要点。

要点分析：

（1）建筑环境噪声检测要点

1）建筑周围环境噪声现场测试应按现行国家标准《声环境质量标准》GB 3096—2008 进行，且应在建筑周边四个方位各布设一个噪声测量点。当建筑物对噪声敏感时，应在离该建筑物最近的方位增加不多于 2 个噪声测量点。主要考察绿色建筑竣工后，其使用者所处的室外环境噪声情况。噪声敏感建筑物是指医院、学校、机关、科研单位、住宅等需要保持安静的建筑物。

2）施工场地环境噪声现场测试应按照现行国家标准《建筑施工场界环境噪声排放标准》GB 12523—2011 进行，并应在建筑施工场地周边四个方位各布设一个噪声测量点。

（2）室内声环境检测要点

1）室内背景噪声现场测试应按现行国家标准《民用建筑隔声设计规范》GB 50118—2010 附录 A 的规定进行，需要注意：

为检验室内噪声级是否符合标准规定，对于室内允许噪声级分为昼间标准、夜间标准的房间，例如住宅中的卧室、旅馆的客房、医院的病房等，室内噪声级的测量分别在昼间、夜间两个时段内进行；对于室内允许噪声级为单一全天标准的房间，例如教室、办公室、诊室等，室内噪声级的测量在房间的使用时段内进行。

测量应选择在对室内噪声较不利的时间进行，测量应在影响较严重的噪声源发声时进行。测量噪声时应关闭房间门窗。

应参照 GB/T 3222.1—2006（ISO 1996-1-2003）对飞机噪声影响的室内噪声测量值进行修正。

2）建筑室内主要功能房间的楼板和分户墙空气声隔声性能现场测试应按现行国家标准《声学建筑和建筑构件隔声测量第 4 部分：房间之间空气声隔声的现场测量》GB/T 19889.4—2005 进行。现场测量时应注意以下要点：

应以 1/3 倍频程测量，并按照《建筑隔声评价标准》GB/T 50121—2005 得到空气声隔声的单值评价量和频谱修正量。

测量声源应保证足够的信噪比和平直的频率特性曲线，使接受室内声压级在任何频带比背景噪声至少高 10dB，声源频谱在相邻 1/3 倍频程之间的声压级差不允许大于 6dB，并应选择大房间作为声源室，声源应放在使声场尽量扩散的位置，并保证与隔声构件之间的距离。

平均声压级测试应该注意以下事项。使用单个声源测量时：采用固定传声器情况下最少测量 10 次，并保证至少 2 个声源位置，5 个测点位置；采用移动传声器时最少测量 2 次，保证至少 2 个声源位置。使用多个声源同时发声时：采用固定传声器测点时最少测量

5 次；采用移动传声器时最少测量一次。在每个传声器位置，对中心频率低于 400Hz 的每个频带，读取平均值的平均时间至少取 6s。对中心频率较高的频带，允许的平均时间不低于 4s。使用移动传声器时，平均时间应覆盖全部扫过的位置且不少于 30s。

3）建筑室内主要功能房间的楼板撞击声隔声性能现场测试应按现行国家标准《声学 建筑和建筑构件隔声测量 第 7 部分：楼板撞击声隔声的现场测量》GB/T 19889.7—2005 进行。现场测量时应注意以下要点：

撞击器应随机分布，放置在被测楼板上至少四个不同的位置。撞击器的位置与楼板边界之间的距离应不小于 0.5m。

至少应有四个传声器位置，并且均匀分布在待测房间空间的允许范围内。当利用可移动的传声器时，扫测半径至少应为 0.7m。移动平面宜倾斜以便覆盖大部分可供测量的空间。移动平面与房间的各个面（墙，楼板，天花板）的角度应不小于 100。扫测时间不少于 15s。

使用固定传声器位置至少测量六次，至少应取四个传声器位置和至少四个撞击器位置的组合。使用移动传声器至少测量四次，即对每一个撞击器位置测量一次。

4）应现场核查工程用的门窗产品的隔声性能检测报告。无法提供产品检测报告时，门窗的空气声隔声性能应按现行国家标准《声学 建筑和建筑构件隔声测量 第 5 部分：外墙构件和外墙空气声隔声的现场测量》GB/T 19889.5 进行。现场测量时应注意以下要点：

① 构件隔声测量方法可采用扬声器测量构件隔声法，当交通噪声声压级足够高时，可用交通噪声测量构件隔声法替代。

② 采用扬声器测量构件隔声法时，在所有测量频带中，声源应有足够的声功率，使接收室的声压级至少比接收室背景噪声级高出 6dB。选择扬声器位置应使得在被测试件上声压级的变化最小，最好将声源放置在地面上，或者将声源放置在离地面尽可能高的地方。构件表面的传声器位置 3~10 个，应均匀但不对称分布在整个表面；在每个房间内应至少采用 5 个传声器位置来测出每个声场的平均声压级。

采用道路交通噪声测量法时，测量时间内应至少有 50 辆车驶过测试地段。测试时应避开安静的时段，即避开交通噪声未超过背景噪声 10dB 的时段。测试构件上均匀分布 3~5 个传声器位置，在每个房间内应至少采用 5 个传声器位置来测出每个声场的平均声压级。

【案例 9.5】室内通风效果现场测试及空调通风系统性能检测分析

背景：

室内通风效果检测应包括室内新风量、拔风井自然通风效果、无动力拔风帽自然通风效果等检测。

拔风井是建筑设计中利用热压通风的常用措施，形式种类多样。合理设计拔风井可以加强室内换气改善室内空气品质和室内热舒适度。影响热压通风的关键因素是高差和温差。通风量和风速是评价拔风效果的重要指标，两者都通过测试风速得到。不同形式的拔风井不同高度处的温度是评价舒适性和影响热压效果的重要指标。因此，对于拔风井的检测重点关注风速与温度。绿色建筑的拔风井设计通常采用 CFD 软件辅助设计，对比软件预测结果和实测结果，可以评估拔风井是否达到了设计的预期效果。

无动力风帽是利用自然界的自然风速推动风机的涡轮旋转及室内外空气对流的原理，将任何平行方向的空气流动，加速并转变为由下而上垂直的空气流动，以提高室内通风换气效果的一种环保节能装置。它不用电，可长期运转，排除室内的热气、湿气和秽气，改善室内环境。风速和温度是衡量无动力风帽通风效果的重要指标，因此无动力风帽的通风效果检测重点关注风速和温度。

空调通风系统性能检测宜包括风系统总风量、支路风量、风量系统平衡度、风机单位风量耗功率，新风量等检测。

问题：

（1）建筑室内通风效果现场测试及空调通风系统性能各参数测试和计算的依据是什么？

（2）室内通风效果现场测试应符合哪些规定？

要点分析：

（1）建筑室内通风效果现场测试及空调通风系统性能各参数测试和计算的依据：符合现行行业标准《公共建筑节能检测标准》JGJ/T 177—2009 的要求。

（2）室内通风效果现场测试应符合下列规定：

1）室内新风量应按现行行业标准《公共建筑节能检测标准》JGJ/T 177—2009 的规定方法进行：①检测在系统正常运行后进行，且所有风口处于正常开启状态；②新风量检测采用风管风量检测方法：a. 风管风量检测宜采用毕托管和微压计；当动压小于 10Pa 时，宜采用数字式风速计。b. 风量测量断面应选择在机组出口或入口直管段上，且宜距上游局部阻力部件大于或等于 5 倍管径（或矩形风管长边尺寸），并距下游局部阻力构件大于或等于 2 倍管径（或矩形风管长边尺寸）的位置。c. 测量断面测点布置应分别符合矩形断面和圆形断面测点数及布置方法的规定。

采用风量罩风口风量检测方法的规定：①风量罩安装应避免产生紊流，安装位置应位于检测风口的居中位置。②风量罩应将待测风口罩住，并不得漏风，应在显示值稳定后记录读数。③应在显示值稳定后记录读数。

2）拔风井自然通风效果现场测试应符合下列规定：

① 不同尺寸的拔风井室内端和室外端自然通风风口风速应分别检测，且不多于 3 种。应按拔风井室内端和室外端风口的面积布置，小于 50m^2 的风口应设 1～4 个点；50～100m^2 设 3～5 个点；100m^2 以上至少设 5 个点。宜采用风速计逐时检测和记录。风速检测常用的风速计包括旋杯风速计、热线风速计、热球风速计等。室内风速较低，测试宜采用热线风速计、热球风速计，测速范围有 0.05～5m/s、0.05～10m/s、0.05～20m/s、0.05～20m/s 等几种。参照《居住建筑节能检测标准》JGJ/T 177—2009，室外风速测试宜采用旋杯风速计或其他风速计。风速计宜具有自动存储数据功能，并可以和计算机接口，其

扩展不确定度（k=2）≤0.5m/s。检测过程中应至少每小时检测并记录一次数据。

② 不同尺寸的拔风井室内端和室外端自然通风风口空气温度应分别检测，且不多于3种。应按拔风井室内端和室外端风口的面积布置，小于50m²的风口应设1～2个点；50～100m²设2～3个点；100m²以上至少设3个点。宜采用温度自动检测仪逐时检测和记录。参照《居住建筑节能检测标准》JGJ/T 177—2009，检测空气温度的仪器宜具有自动采集和存储数据功能，并可以和计算机接口，其扩展不确定度（k=2）≤0.5℃。检测过程中应至少每小时检测并记录一次数据。

3）无动力拔风帽自然通风效果现场测试应符合下列规定：

① 不同尺寸的拔风帽分别检测，且不多于3个；

② 拔风帽总数少于3个时，应全数检测。

③ 风速测试应按风帽室内端房间的面积布置，小于50m²的房间风口应设1～4个点；50～100m²设3～5个点；100m²以上至少设5个点。风速宜采用风速计逐时检测和记录。

④ 温度测试应按拔风井室内端和室外端风口的面积布置，小于50m²的风口应设1～2个点；50～100m²设2～3个点；100m²以上至少设3个点。空气温度的检测，宜采用温度自动检测仪逐时检测和记录。

【案例9.6】关于建筑室内空气质量和温湿度检测分析

背景：

室内空气质量和温湿度检测应包括室内空气污染物浓度、空气温度和湿度。

居住建筑主要通过通风开口面积与房间地板面积的比值进行简化判断。此外，卫生间是住宅内部的一个空气污染源，卫生间开设外窗有利于污浊空气的排放。

对于不容易实现自然通风的公共建筑（例如大进深内区、由于别的原因不能保证开窗通风面积满足自然通风要求的区域）进行了自然通风优化设计或创新设计，保证建筑在过渡季典型工况下平均自然通风换气次数大于2次/h（按面积计算。对于高大空间，主要考虑3m以下的活动区域）。

问题：

（1）室内空气质量和温湿度检测的依据是什么？

（2）民用建筑工程室内环境污染物浓度限量是多少？

要点分析：

（1）室内空气质量和温湿度检测的依据

1）室内空气污染物浓度现场测试应按现行国家标准《民用建筑工程室内环境污染控制规范》GB 50325—2010进行。

2）建筑室内主要功能房间的温、湿度现场测试应按现行行业标准《公共建筑节能检测标准》JGJ/T 177—2009和《居住建筑节能检测标准》JGJ/T 132—2009进行。

3）夏季建筑屋顶、东、西墙的内表面最高温度检测应按现行行业标准《居住建筑节能检测标准》JGJ/T 132—2009进行。

（2）民用建筑工程室内环境污染物浓度限量应符合表9-2。

民用建筑工程室内环境污染物浓度限量　　　　　　　　表9-2

污染物	I类民用建筑工程	II类民用建筑工程
氡（Bq/m³）	≤200	≤400
甲醛（mg/m³）	≤0.08	≤0.1
苯（mg/m³）	≤0.09	≤0.09
氨（mg/m³）	≤0.2	≤0.2
TVOG（mg/m³）	≤0.5	≤0.6

注：1. 表中污染物浓度限量，除氡外均指室内测量值扣除同步测定的室外上风向空气测量值（本底值）后的测量值。

2. 表中污染物浓度测量值的极限值判定，采用全数值比较法。

【案例9.7】关于围护结构热工性能的检测分析

背景：

围护结构热工性能检测宜根据《绿色建筑评价标准》相应的评价要求选择合适的测试项目：包括非透光围护结构热工性能现场测试、透光外围护结构热工性能和外窗气密性能检测。

当进行绿色建筑围护结构热工性能检测时，委托方宜提供工程竣工相关文件和技术资料。围护结构热工性能检测应优先采用节能验收的相关资料作为证明文件，如无节能验收相关证明文件或者对进场复验报告存在疑义，应重新对围护结构热工性能进行检测。

围护结构热工性能现场测试应符合现行国家标准《建筑节能工程施工质量验收规范》GB 50411—2007中有关规定。当无进场抽检，或检测资料不全，或进场复验报告有疑义时，须进行围护结构热工性能复（抽）检或验算。

问题：

（1）非透光围护结构热工性能检测项目有哪些？检测的依据是什么？

（2）透光围护结构热工性能检测项目有哪些？检测的依据是什么？

（3）如何进行外窗气密性能检测？

要点分析：

（1）非透光围护结构热工性能检测应包括传热系数、热桥部位内表面温度、隔热性能和热工缺陷检测。

1）围护结构传热系数检测内容应至少包含外墙和屋顶传热系数。居住建筑围护结构传热系数应按《居住建筑节能检测标准》JGJ/T 132—2009 第 7 章规定的方法进行检测和判定，公共建筑围护结构传热系数应按《公共建筑节能检测标准》JGJ/T 177—2009 中第 5 章规定的方法进行检测和判定。如现场不具备检测条件，可依据保温材料进场复验报告数据进行围护结构传热系数的验算和判定。

2）严寒、寒冷地区和夏热冬冷地区的围护结构热桥部位内表面温度现场测试应按现行行业标准《居住建筑节能检测标准》JGJ/T 132—2009 规定的方法进行检测。

3）夏热冬冷地区和夏热冬暖地区围护结构隔热性能现场测试应按现行行业标准《居住建筑节能检测标准》JGJ/T 132—2009 规定的方法进行。

4）围护结构热工缺陷现场测试应按现行行业标准《居住建筑节能检测标准》JGJ/T 132—2009 规定的方法进行。

（2）透光围护结构热工性能检测应包括传热系数、遮阳系数、可见光透射比和隔热性能检测。考虑到尽量降低绿色建筑检测的增量成本，因此对于门窗节能性能标识中的热工性能参数，其可信度较高，可直接采用而不需要再重复检测。

1）建筑外窗（含外门透明部分）和幕墙的传热系数、自身的遮阳系数、可见光透射比应按现行行业标准《建筑门窗玻璃幕墙热工计算规程》JGJ/T 151—2008 中相关的方法进行。当有外遮阳、中间遮阳装置时，其遮阳系数应按现行行业标准《建筑遮阳工程技术规范》JGJ 237—2011 规定的方法计算。当具有外遮阳设施的外窗，其结构尺寸、安装位置和角度、活动外遮阳的转动或活动范围、柔性遮阳材料的光学性能，应按现行行业标准《居住建筑节能检测标准》JGJ/T 132—2009 规定的方法进行检测。

2）玻璃检测报告应提供玻璃光谱数据。外窗玻璃现场抽样时，可置换玻璃窗扇上的玻璃，检测被拆卸玻璃的光学性能。检测抽样数量可选择安装数量最多的一种典型玻璃。建筑外窗玻璃的传热系数、遮阳系数、可见光透射比等热工性能模拟验算应符合下列规定：

① 具备建设主管部门颁发的《建筑门窗节能性能标识》证书，且品种规格与标识证书一致的外窗，宜采用标识证书中提供的热工性能参数；

② 无《建筑门窗节能性能标识》证书，或品种规格与标识证书不一致的外窗，应做外窗热工性能模拟验算；

③ 具有玻璃遮阳系数、可见光透射比、光谱数据等光学性能检测报告的外窗，应采用检测报告中的光学性能数据做外窗热工性能模拟验算；

④ 无玻璃光学性能检测报告的外窗，应对外窗玻璃现场抽样检测，采用检测数据做外窗热工性能模拟验算。

3）透明幕墙及采光顶热工性能应按现行行业标准《公共建筑节能检测标准》JGJ/T 177—2009 中规定进行。透明幕墙及采光顶热工性能应根据绿色建筑评价的需要，根据透明幕墙及采光顶类型，选择最典型的类型进行计算校验和判定，不必所有类型都进行验算。

4）当外围护结构采用通风双层幕墙时，其隔热性能现场测试应按现行行业标准《公共建筑节能检测标准》JGJ/T 177—2009 中规定进行。通风幕墙隔热性能检测抽样数量应根据通风幕墙结构类型，选择安装面积最多的一种典型的幕墙构造进行检测。

（3）外窗气密性能可选择有代表性的一樘外窗抽样检测。建筑外窗气密性能检测宜优先采信节能工程外窗气密性进场复验报告。如无复验报告，可根据现场实际情况，抽取安装数量最多的一种典型窗户进行气密性检测。

外窗气密性能现场测试应按现行行业标准《居住建筑节能检测标准》JGJ/T 132—2009 中规定的方法进行。

【案例 9.8】关于暖通空调系统的检测分析

背景：

绿色建筑暖通空调系统检测项目应包括采暖空调水系统性能、空调通风系统性能、锅炉热效率、耗电输热比、空调余热回收装置、热电冷联供系统性能等检测。供暖空调系统的冷、热源机组能效均优于现行国家标准《公共建筑节能设计标准》GB 50189—2015 的规定以及现行有关国家标准能效限定值的要求。集中供暖系统热水循环泵的耗电输热比和通风空调系统风机的单位风量耗功率符合现行国家标准《公共建筑节能设计标准》GB 50189—2015 的规定，空调冷热水系统循环水泵的耗电输冷（热）比现行国家标准《民用建筑供暖、通风与空气设计规范》GB 50736—2012 规定值低 20%。

使用集中采暖或空调系统的建筑，应对冷热量分户计量装置进行现场核查。

问题：

（1）试分析绿色建筑暖通空调系统各检测项目包括哪些性能参数检测和检测依据？

（2）试简要说明建筑冷热量分项计量的有关规定？

要点分析：

（1）绿色建筑暖通空调系统各检测项目包括的检测性能参数和检测依据

1）空调水系统性能检测宜包括冷水（热泵）机组实际性能系数、冷源系统能效系数、水系统供回水温差、水泵效率等检测。各参数测试和计算方法应符合现行行业标准《公共建筑节能检测标准》JGJ/T 177—2009 的要求。

2）空调通风系统性能检测宜包括风系统总风量、支路风量、风量系统平衡度、风机单位风量耗功率，新风量等检测。各参数测试和计算方法应符合现行行业标准《公共建筑节能检测标准》JGJ/T 177—2009 的要求。

3）锅炉效率现场测试可根据绿色建筑运行评价需要和测试时间的可行性酌情安排。锅炉检测前，应根据设计要求对锅炉容量及台数进行核查。锅炉效率的检测应符合现行国家标准《工业锅炉热工性能试验规程》GB/T 10180—2003 中要求。

4）集中供暖系统热水循环水泵的耗电输热比检测参数应包括系统供热量和水泵输送耗电量。各参数测试方法的耗电输热比计算应符合现行行业标准《居住建筑节能检测标准》JGJ/T 132—2009 的要求。

5）空调热回收装置的检测宜包括新风进/出风干球温度、排风进风干球温度、新风进/送风空气焓值、排风进风空气焓值等检测。现场测试工况与实验室模拟工况存在差别，测试仅用于核查效果。各参数检测方法和交换效率计算应按现行国家标准《空气—空气能量回收装置》GB/T 21087—2007 的要求。

6)《绿色建筑评价标准》第 11.2.3 条提出：采用分布式热电冷联供技术，系统全年能源综合利用率不低于 70%。分布式热电冷联供系统为建筑或区域提供电力、供冷、供热（包括供热水）三种需求，实现能源的梯级利用。在应用分布式热电冷联供技术时，必须进行科学论证，从负荷预测、系统配置、运行模式、经济和环保效益等多方面对方案做可行性分析，严格以热定电，系统设计满足相关标准的要求。热电冷联供系统年平均综合利用率检测应包括年有效余热供热总量、年有效余热供冷总量、年净输出电量和燃料消耗量。热电冷联供系统年平均综合利用率计算应符合现行行业标准《燃气冷热电三联供工程技术规程》CJJ 145—2010 的要求。热电冷联供系统年平均综合利用率应采用核查方法。

（2）根据《供热计量规范》对建筑冷热量分项计量的规定

1）使用集中空调系统的住宅应以楼栋为对象设置热量表。对建筑类型的相同、建设年代相近、围护结构做法相同、用户热分摊方式一致的若干栋建筑，也可确定一个共用的位置设置热量表。

2）使用集中空调系统的公共建筑宜分楼层、分室内区域、分用户或分室设置冷、热量计量装置；能源站房（如冷冻机房、热交换站或锅炉房等）应同样设置能量计量装置，并以此作为热量结算点；若空调系统只是负担一栋独立的建筑，则能量计量装置可以只设于能源站房内；当系统负担有多栋建筑时，应针对每栋建筑设置冷、热量计量装置，加强系统的运行管理。

3）集中采暖或集中空调系统的分项计量装置和室温调节装置应安装正确且能够在日常生活中使用。

【案例 9.9】 关于给水排水系统的检测分析

背景：

《绿色建筑评价标准》第 6.1.2 条提出合理、完善、安全的给排水系统应符合下列要求：

（1）给排水系统的规划设计应符合相关标准的规定，如《建筑给水排水设计规范》GB 50015、《城镇给水排水技术规范》GB 50788—2012、《民用建筑节水设计标准》GB 50555—2010、《建筑中水设计规范》GB 50336—2002 等。

（2）给水水压稳定、可靠，各给水系统应保证以足够的水量和水压向所有用户不间断地供应符合要求的水。供水充分利用市政压力，加压系统选用节能高效的设备；给水系统分区合理，每区供水压力不大于 0.45MPa；合理采取减压限流的节水措施。

（3）根据用水要求的不同，给水水质应达到国家、行业或地方标准的要求。使用非传统水源时，采取用水安全保障措施，且不得对人体健康与周围环境产生不良影响。

（4）管材、管道附件及设备等供水设施的选取和运行不应对供水造成二次污染。各类不同水质要求的给水管线应有明显的管道标识。有直饮水供应时，直饮水应采用独立的循环管网供水，并设置水量、水压、水质、设备故障等安全报警装置。使用非传统水源时，应保证非传统水源的使用安全，设置防止误接、误用、误饮的措施。

（5）设置完善的污水收集、处理和排放等设施。技术经济分析合理时，可考虑污废水的回收再利用，自行设置完善的污水收集和处理设施。污水处理率和达标排放率必须达到 100％。

（6）为避免室内重要物资和设备受潮引起的损失，应采取有效措施避免管道、阀门和设备的漏水、渗水或结露。

（7）热水供应系统热水用水量较小且用水点分散时，宜采用局部热水供应系统；热水用水量较大、用水点比较集中时，应采用集中热水供应系统，并应设置完善的热水循环系统。设置集中生活热水系统时，应确保冷热水系统压力平衡，或设置混水器、恒温阀、压差控制装置等。

（8）应根据当地气候、地形、地貌等特点合理规划雨水入渗、排放或利用，保证排水渠道畅通，减少雨水受污染的概率，且合理利用雨水资源。

该条的评价方法为：设计评价查阅相关设计文件；运行评价查阅设计说明、相关竣工图、产品说明书、水质检测报告、运行数据报告等，并现场核查。

因此《绿色建筑检测技术标准》提出绿色建筑给水排水系统的检测项目应包括非传统水源进、出水的水质，污水排放水质，建筑管道漏损，生活给水系统入户管表前供水压力等；非传统水源利用情况应进行现场核查。

问题：

简述绿色建筑给水排水系统各检测项目包括的检测参数和检测依据。

要点分析：

绿色建筑给水排水系统检测不包括传统水源的水质检测。

（1）非传统水源进、出水水质

非传统水源进、出水水质现场检测项目应根据水源情况、使用情况确定水质检测项目。

1）当景观和湿地环境等采用非传统水源时，水质测试应按现行国家标准《城市污水再生利用景观环境用水水质》GB/T 18921—2002 要求进行。

2）当采用非传统水源进行车辆清洗、厕所便器冲洗、道路清扫、消防、城市绿化、建筑施工杂用水时，水质测试应按现行国家标准《城市污水再生利用城市杂用水水质》GB/T 18920—2002 要求进行。

（2）污水排放水质

1）绿色建筑污水排放检测项目包括 pH 值、化学需氧量、五日生化需氧量、氨氮、阴离子表面活性剂和色度等。

2）绿色建筑污水排放水质测试应按现行国家标准《污水综合排放标准》GB 8978—1996 要求进行。

（3）建筑管道漏损

1）建筑管道漏损测试应依据现行行业标准《城市供水管网漏损控制及评定标准》CJJ

92—2002 规定的方法进行。

2）管网年漏损率计算应符合现行行业标准《城市供水管网漏损控制及评定标准》CJJ 92—2002 的规定。绿色建筑运行 1 年之后，可核查年供水量和年有效供水量记录，计算管网年漏损率。

（4）生活给水系统入户管表前供水压力

1）生活给水入户表前供水压力应符合国家现行标准《建筑给排水设计规范》GB 50015—2003（2009 年版）的规定。

2）入户管表前供水压力可采用现场核查方法。

【案例 9.10】关于室内天然光环境及照明与供配电系统的检测分析

背景：

充足的天然采光有利于居住者的生理和心理健康，同时也有利于降低人工照明能耗。各种光源的视觉试验结果表明，在同样照度的条件下，天然光的辨认能力优于人工光，从而有利于人们工作、生活、保护视力和提高劳动生产率。天然采光不仅有利于照明节能，而且有利于增加室内外的自然信息交流，改善空间卫生环境，调节空间使用者的心情。建筑的地下空间和大进深的地上室内空间，容易出现天然采光不足的情况。通过反光板、棱镜玻璃窗、天窗、下沉庭院等设计手法或采用导光管技术，可以有效改善这些空间的天然采光效果。

绿色建筑的照明与供配电系统检测项目应包括照度值、一般显色指数、功率密度值、眩光。一般显色指数和功率密度值宜与照度测试空间一致。分项计量电能回路应进行现场核查，必要时进行用电量校核。

问题：

（1）室内光环境检测的依据是什么？应包括哪些项目？

（2）绿色建筑的照明与供配电系统各检测的要点是什么？

（3）分析分项计量电能回路用电量校核要点是什么？

要点分析：

（1）室内光环境检测项目及其检测依据

1）室内光环境检测项目应包括室内采光系数、导光管效率。

2）室内主要功能空间的采光系数现场测试应按现行国家标准《采光测量方法》GB/T 5699—2008 的规定进行。

3）导光管效率宜核查试验室检测报告。

（2）绿色建筑的照明与供配电系统各检测项目检测

1）照度值：①根据资料核查情况，选取典型功能空间或场所，至少抽测 1 个进行照度值测量。②照度值测量应按现行国家标准《照明测量方法》GB/T 5700—2008 中规定的方法进行。

2）一般显色指数：①一般显色指数测试应按现行国家标准《照明光源颜色的测量方法》GB/T 7922—2008 的规定进行。②一般显色指数计算应符合国家标准《光源显色性评价方法》GB/T 5702—2003 的规定。

3）功率密度值：①根据资料核查情况，选取每类典型功能空间或场所，至少抽测 1个进行功率密度值测试。②功率密度值测试应按现行国家标准《照明测量方法》GB/T 5700 中规定的方法进行。

4）眩光：①光环境参数测量应按现行国家标准《照明测量方法》GB/T 5700—2008 的规定进行。②眩光计算应符合国家标准《建筑照明设计标准》GB 50034—2004 附录 A的规定。

（3）分项计量电能回路用电量校核

1）用电分项计量安装完成后的采集数据校核很重要，如果不进行采集数据的校核，容易造成耗电数据不准确，无法准确得知建筑改造前后节能量，也无法进行建筑耗电分析等工作。有功最大需量是衡量建筑内用电设备在需量周期内的最大平均有功负荷，一般电力公司取 15min 为需量周期，有功最大需量的测量是为了进行节能分析，可以将它与气象参数进行对比分析。

2）安装分项计量电能回路应在核查工程验收记录的基础上抽检总数的 5％，且不少于 2 个回路。

3）分项计量电能回路用电量校核测试方法应符合下列规定：①低压配供电系统的有功最大需量检测应与当地电力公司测量方法一致；②校核时应采用 0.2 级标准三相或单相电能表作为标准电能表。标准电能表的采样时间应与分项计量安装的电能表采样时间一致，且累计采样时间不应小于 1h。

【案例 9.11】关于绿色建筑可再生能源系统的检测分析

背景：

《绿色建筑评价标准》第 5.2.16 条提出：根据当地气候和自然资源条件，合理利用可再生能源。由于不同种类可再生能源的度量方法、品位和价格都不同，将可再生能源利用分为三种类型：可再生能源提供的生活用热水比例、可再生能源提供的空调用冷量和热量的比例、可再生能源提供的电量比例；根据指标大小分段评分，例如：

（1）由可再生能源提供的生活用热水比例不低于 80％，可得 10 分；

（2）由可再生能源提供的空调用冷量和热量的比例不低于 80％，可得 10 分；

（3）由可再生能源提供的电量比例不低于 4.0％，可得 10 分。

如有多种用途可同时得分，但本条累计得分不超过 10 分。

该条的评价方法为：设计评价查阅相关设计文件、计算分析报告；运行评价查阅相关竣工图、计算分析报告，并现场核实。

因此《绿色建筑检测技术标准》提出：绿色建筑可再生能源系统检测项目应包括太阳

能热利用系统检测、太阳能光伏系统检测、地源热泵系统检测；绿色建筑可再生能源系统宜采取现场核查方式进行；绿色建筑可再生能源系统的参数应在系统实际运行状态下进行短期检测。

问题：

(1) 简述太阳能热利用系统检测要点？

(2) 简述太阳能光伏系统检测要点？

(3) 简述地源热泵系统检测要点？

要点分析：

根据我国绿色建筑涵盖的建筑类型特点以及可再生能源在建筑中应用的特点，《绿色建筑检测技术标准》规定以太阳能热利用系统、太阳能光伏系统、地源热泵系统的测试为主要内容。其中，太阳能热利用系统包括：太阳能热水系统、太阳能采暖系统及太阳能空调系统。可再生能源系统长期测试结果虽然更接近系统的真实性能，但长期测试周期一般为一年，测试周期太长不适用于绿色建筑评价。短期测试是指在系统处于正常运行状态且负荷率满足要求条件下进行为期几天的系统性能测试，其规定按照《可再生能源建筑应用工程评价标准》GB/T 50801—2013 执行。

(1) 太阳能热利用系统

1) 太阳能热利用系统检测参数应为全年集热系统得热量 Q_{nj}。集热系统得热量指由太阳能集热系统中太阳集热器全年提供的有用能量。

2) 太阳能热利用系统检测前应进行核查。对于可再生能源项目的检测，为了避免造成重复检测，应在检测前进行资料核查，对正确有效的全年集热系统得热量数据结果可直接采用。因此，对已进行过可再生能源建筑应用工程评价的项目，可采信测评报告中全年集热系统得热量的数据结果；对未进行可再生能源建筑应用工程评价的项目或评价测评报告中未提供全年集热系统得热量数据结果的项目，应进行现场全年集热系统得热量的检测。

3) 太阳能热利用系统全年集热系统得热量 Q_{nj} 可按公式 9-1 进行计算；集热系统得热量 Q_{ji}、Q_{j2}、Q_{j3}、Q_{j4} 应按现行国家标准《可再生能源建筑应用工程评价标准》GB/T 50801—2013 短期测试的规定进行检测。

$$Q_{nj} = \frac{A}{A_i}(X_i Q_{j1} + X_2 Q_{j2} + X_3 Q_{j3} + X_4 Q_{j4}) \tag{9-1}$$

式中　　　Q_{nj}——全年集热系统得热量（MJ）；

　　A——所有太阳能光热系统总集热面积（m²）；

　　A_i——所测试太阳能光热系统的集热面积（m²）；

Q_{j1}、Q_{j2}、Q_{j3}、Q_{j4}——分别为当地日太阳辐照量小于 8MJ/m²、大于等于 8MJ/m² 且小于 12MJ/m²、大于等于 12MJ/m² 且小于 16MJ/m² 以及大于等于 16MJ/m² 时集热系统得热量（MJ）；

X_1、X_2、X_3、X_4——分别为全年中当地日太阳辐照量小于 8MJ/m²、大于等于 8MJ/m² 且小于 12MJ/m²、大于等于 12MJ/m² 且小于 16MJ/m² 以及大于等于 16MJ/m² 的天数。

通常情况下，一个项目中的太阳能集热器朝向是一致的，所抽检系统可以任意选取；但遇到一个项目中有集热器不同朝向的多个太阳能热利用系统时，因各系统之间的差别往往较小，每个集热器不同朝向的系统均检测容易造成检测量过大且测试时间过长，宜选取一个集热器主要朝向的系统进行检测。

（2）太阳能光伏系统

1）太阳能光伏系统检测参数应取光伏系统年发电量 En。住宅建筑可再生能源使用量中光伏系统发电量需转换为一次能源计算；公共建筑直接按光伏系统发电量计算。

2）太阳能光伏系统检测前应进行核查。对于可再生能源项目的检测，为了避免造成重复检测，应在检测前进行资料核查，对正确有效的光伏系统发电量数据结果可直接采用。因此，对已进行过可再生能源建筑应用工程评价的项目，可采信测评报告中系统年发电量的数据结果；对未进行可再生能源建筑应用工程评价的项目或评价测评报告中未提供系统发电量数据结果的项目，应进行系统年发电量的检测。

3）常见的太阳能光伏电池类型有单晶硅、多晶硅及薄膜电池等，一般情况下串联在同一电路上的太阳能电池采用同一类型。对于离网的独立光伏系统，将串联在一起的太阳能光伏电池板组成的线路视为一个发电支路；对于并网系统，将一个逆变器所连接的太阳能光伏电池板组成的线路视为一个发电支路。由于受空间布局的限值，光伏系统中偶尔出现不同发电支路的光伏电池板朝向不一致以及同一个发电支路中不同的光伏电池板朝向也不一致，对于该情况，现场测量时应尽可能抽取电池板正南朝向且朝向一致的发电支路进行检测，如果条件不容许则尽可能抽电池板朝向差别较小的发电支路进行检测。光伏系统年发电量可按公式 9-2 计算，系统光电转换效率应按现行国家标准《可再生能源建筑应用工程评价标准》GB/T 50801 短期测试的规定进行检测。

$$E_n = \frac{\eta_d \cdot \sum_{i=1}^{N} B_i \cdot H_{ai}}{3.6} \tag{9-2}$$

式中　E_n——太阳能光伏系统年发电量（kW·h）；

　　　η_d——所测试发电支路中太阳能光伏系统光电转换效率；

　　　N——整个太阳能光伏系统中不同朝向和倾角采光平面上的太阳能电池方阵个数，当所有电池板朝向一致时取 1；

　　　B_i——整个太阳能光伏系统中第 i 朝向和倾角电池板面积（m²）；

　　　H_{ai}——整个太阳能光伏系统中第 i 朝向电池板采光平面上全年单位面积的总太阳辐射量（MJ/m²），可根据当地典型年气象资料进行统计得出。

（3）地源热泵系统

1）地源热泵系统检测参数应为系统制冷能效比、制热性能系数。

2）系统制冷能效比、制热性能系数检测前应进行核查。对已进行过可再生能源建筑应用工程评价的项目，可采信测评报告中的数据结果；对未进行可再生能源建筑应用工程评价的项目或评价测评报告中未提供系统制冷能效比、制热性能系数数据结果的项目，应进行系统制冷能效比、制热性能系数检测。

3）系统制冷能效比、制热性能系数应按现行国家标准《可再生能源建筑应用工程评价标准》GB/T 50801—2013 短期测试的规定进行检测。

【案例 9.12】关于绿色建筑监测与控制系统核查与检测分析

背景：

绿色建筑的监测与控制系统包括活动外遮阳监控系统、送（回）风温及湿度监控系统、空调冷源水系统压差监控系统、照明及动力设备监控系统、室内空气质量监控系统、智能化系统。绿色建筑监控系统检测的相关内容主要针对各个系统的整体功能进行检测，不对系统中所用到的材料、部件等进行检测。

绿色建筑的监控系统宜采取现场核查方式进行。由于监控系统在安装完成后，均存在一个调试或试运行的过程，在调试或试运行完成后，达到系统正常后方可开展检测，以保证检测的科学合理性。因此，绿色建筑的监控系统现场核查应在正式有效连续投入运行 1 个月后进行。绿色建筑的监控系统现场核查应对各类监控系统的数量、品牌全数核查，各类系统运行是否有效可抽样检查。

活动外遮阳监控系统、送（回）风温及湿度监控系统、空调冷源水系统压差监控系统、照明及动力设备监控系统、室内空气质量监控系统、智能化系统在检查过程中未达到标准要求时，应委托检测机构进行检测。

问题：

试简述绿色建筑监测与控制各系统的核查及检测要点。

要点分析：

（1）活动外遮阳监控系统

1）绿色建筑评价时，应先核查活动外遮阳监控系统相关验收资料。

2）建筑外遮阳设施种类繁多，可以按照调节性能、驱动方式、面料材质、产品类型、控制方式等分类方式，这里考虑是对监控系统进行检测，故采用控制方式对活动外遮阳系统进行分类，即分为单控、群控两大类。活动外遮阳监控系统检查数量应符合下列规定：①对于单控的活动外遮阳系统抽查数量为总数乘以 10％后舍尾取整，且不应少于 1 套；②对于群控的活动外遮阳系统应全数检查。

3）重点考察监控系统对活动外遮阳系统的控制功能是否能够实现，以及动作时间是否能够满足设计要求。活动外遮阳监控系统检查方法应符合下列要求：①系统应在完成 5 次以上的全程调整后进行；②通过监控系统对活动外遮阳系统进行伸展、收合、开启、闭合、停止等各种动作，记录在各种动作执行过程的状态及动作完成时间。

（2）送（回）风温度及湿度监控系统

送（回）风温度及湿度监控系统检测的检测数量、检测方法和判定原则主要依据国家现行行业标准《公共建筑节能检测标准》JGJ/T 177—2009 进行。

1）绿色建筑评价时，应先核查送（回）风温度及湿度监控系统验收相关资料。

2）送（回）风温度及湿度监控功能抽查数量为总数乘以 10% 后舍尾取整，且不应少于 1 套。

3）送（回）风温度及湿度监控功能检查方法应符合下列要求：①夏季工况检查时，应在中央监控计算机上，将温度、相对湿度起始值设定为空调设计参数，待控制系统稳定到此参数后，将温度调高 2℃；相对湿度降低 10%；②冬季工况检查时，应在中央监控计算机上，将温度、相对湿度起始值设定为空调设计参数，待控制系统稳定到此参数后，将温度降低 2℃；相对湿度调高 10%；③调整完成 2s，应开始记录送（回）风的温度、相对湿度，记录时间不应少于 30min，记录间隔宜为 5min。

（3）空调冷源水系统压差监控系统

空调冷源水系统压差监控系统检测的检测数量、检测方法和判定原则主要依据国家现行行业标准《公共建筑节能检测标准》JGJ/T 177—2009 进行；计算机上显示的压差值即为供回水压差值。

1）绿色建筑评价时，应先核查空调冷源水系统压差监控系统相关验收资料。

2）空调冷源水系统压差控制功能应全数检测。

3）空调冷源水系统压差控制功能检测方法应符合下列要求：①应在中央监控计算机上，将压差设定值调整到合理范围之内并稳定 30min，然后在计算机上关闭 50% 的空调末端，并同时记录计算机上显示的压差值（即供回水压差）；②应在中央监控计算机上，开启 20% 的空调末端，并同时记录计算机上显示的压差值（即供回水压差）；③记录间隔宜为 5min，记录时间不少于 30min。

（4）照明及动力设备监控系统

1）绿色建筑评价时，应先核查照明及动力设备监控系统验收相关资料。

2）照明及动力设备监控系统检测数量应符合下列规定：①照明主回路抽查数量为总回路数乘以 10% 后舍尾取整，且不应少于 1 个回路；②动力主回路抽查数量为动力主回路总数乘以 10% 后舍尾取整，且不应少于 1 个回路。

3）照明及动力设备监控系统检测方法应符合下列要求：①应采用测量仪表对所抽查回路中央计算机上的电流、电压、功率参数进行比对；②比对时间不应少于 10min。

（5）室内空气质量监控系统

民用建筑室内空气质量主要指标是湿度、CO_2 浓度、空气污染物浓度，一般是通过检测这些指标是否符合设计要求，并通过自动控制，调节新风量来保证室内空气质量，所以现场检测时，应考核监控系统监测数据的准确性，同时可以通过改变传感器周围的监测指标（环境条件）或设定条件来实现新风量调节，这里主要考察监控系统的数据准确度和工况改变时的调节能力。

1）绿色建筑评价时，应先核查室内空气质量监控系统相关验收资料。

2）室内空气质量监控系统检查数量为系统总数乘以 10% 后舍尾取整，且不应少于 1 个系统；

3）室内空气质量监控系统检测方法应符合下列要求：①采用测量仪表对所抽查系统上显示的监控参数进行比对；②采用人为改变监控系统传感器附近的 CO_2 浓度、有害气体浓度、新风量的方法，记录监控系统的动作情况。

（6）智能化系统性能

1）绿色建筑评价时，应先核查智能化系统验收相关资料。

2）智能化系统检测应符合现行国家标准《智能建筑工程质量验收规范》GB 50339—2013 的规定。

【案例 9.13】关于绿色建筑年供暖空调能耗和总能耗的分析

背景：

建筑能源消耗情况较复杂，主要包括空调系统、照明系统、其他动力系统等。当未分项计量时，不利于统计建筑各类系统设备的能耗分布，难以发现能耗不合理之处。为此，要求采用集中冷热源的建筑，在系统设计（或既有建筑改造设计）时必须考虑使建筑内各能耗环节如冷热源、输配系统、照明、热水能耗等都能实现独立分项计量。这有助于分析建筑各项能耗水平和能耗结构是否合理，发现问题并提出改进措施，从而有效地实施建筑节能。

建筑年供暖空调能耗和年总能耗应以单栋建筑物为统计对象。

建筑年供暖空调能耗和年总能耗宜采用关键数据现场测试和常规统计计算相结合的方式进行，可采用全年能源计量仪表数据，能源账单和现场测量数据来进行统计和计算。

对于无分项计量的耗能设备，需要根据设备的运行数据记录或者辅以必要的现场测试数据来确定分项能耗。

目前《绿色建筑评价标准》中对于建筑各部分能耗有分项计量的要求，如建筑在实际实施过程中对暖通空调系统各耗能设备均安装了分项计量电表，如冷热源，冷却塔，空调箱，风机盘管，通风机，输配系统等，并且这些计量电表的性能参数符合《国家机关办公建筑和大型公共建筑能耗监测系统楼宇分项计量设计安装技术导则》中的相关要求，则可直接采信计量数据来统计暖通空调系统全年能耗。

问题：

（1）试分析计算绿色建筑年供暖空调能耗？

（2）试分析计算绿色建筑年总能耗？

（3）对于无分项计量的耗能设备的分项能耗确定方法？

要点分析：

（1）绿色建筑年供暖空调能耗

1）对于区域集中冷热源供冷供热量统计，可通过对建筑入口的冷量总表和热量总表或者次级计量表进行统计，如建筑入口没有冷热量总表或者次级计量表，可按照建筑采暖空调面积进行分摊计算。

建筑年供暖空调能耗应包括下列项目：①供暖空调系统耗电量；②用于供暖空调的燃气、蒸汽、煤、油等类型的耗能量；③区域集中冷热源供热、供冷量。

2）依据国际惯例和国家权威部门的习惯，一般将能耗单位统一为标准煤，而且随着技术水平的不断提高，各种能源转化效率的提升，折标系数会有所变化，因此应采用国家权威部门最新公布的折标系数。建筑物的空调系统采用不同的能源时，应通过换算将能耗计量单位统一为标准煤，各种能源折算标准煤的换算系数应符合表 9-3 的规定。

各种能源与标准煤的换算系数　　　　　　　　　　　　表 9-3

名　称	参考折标系数（吨标煤）	名　称	参考折标系数（吨标煤）
原煤（t）	0.7143	汽油（t）	1.4714
洗精煤（t）	0.9000	煤油（t）	1.4714
其他洗煤（t）	0.2850	柴油（t）	1.4571
型煤（t）	0.6000	燃料油（t）	1.4286
焦炭（t）	0.9714	液化石油气（t）	1.7143
其他焦化产品（t）	1.3000	炼厂干气（t）	1.5714
焦炉煤气（万 m²）	5.714	其他石油制品（t）	1.2000
高炉煤气（万 m²）	1.2860	热力（百万 kJ）	0.0341
其他煤气（万 m²）	3.5701	电力（万 kW·h）	1.229（自备电厂电力折标系数采用本厂实际发电煤耗折算）
天然气（万 m²）	12.1430		
原油（t）	1.4286		

注：以上为 2011 年国家发改委公布的数值。

3）建筑物年采暖空调总能耗指标主要是从总量上来分析建筑物暖通空调系统耗能情况，如室外气象条件，入住率，使用功能等均对总的暖通空调能耗有较大影响，在实际统计过程中需对这些影响因素作出说明。单位面积年采暖空调能耗指标是从单位面积用能强度来统计，便于同类建筑之间建立一个比较的基准，也为今后建立绿色建筑单位面积暖通空调能耗定额指标奠定基础。

对于无分项计量的耗能设备，需要根据设备的运行数据记录或者辅以必要的现场测试数据来确定分项能耗。建筑年供暖空调能耗应分别采用年供暖空调总能耗和单位面积年供暖空调能耗两个指标分别进行统计。

① 年供暖空调总能耗

a. 对于供暖空调系统设备无分项计量的建筑，建筑物年供暖空调能耗可根据建筑物全年的运行记录，供暖空调设备的实际运行参数和建筑的实际使用情况进行统计分析得到。统计时应符合下列规定：

对于冷水机组、水泵、空调机组、冷却塔、新风机组和通风机以及电锅炉，运行记录中的实际运行功率和运行电流等运行数据应经校核后，再依据全年运行时间计算得到设备的年运行能耗。

当运行记录中无运行功率和运行电流数据时，应现场测试设备一个完整运行周期的电功率和电流数，并从运行记录中得到设备的实际运行时间，再进行计算得到设备的年运行能耗。

b. 对于供暖空调系统设置分项计量的建筑，建筑物年供暖空调能耗可直接通过对分项计量仪表的记录数据进行统计，得到该建筑年供暖空调能耗。

② 单位建筑面积年供暖空调能耗应按公式 9-3 进行计算：

$$E_a = \frac{\sum E_i}{F} \qquad\qquad (9\text{-}3)$$

式中　E_a——单位建筑面积年供暖空调能耗（tce/m²）；

　　　E_i——各建筑供暖空调系统的年能耗（tce）；

　　　F——采暖空调面积（m²）。

（2）绿色建筑年总能耗

1）建筑年总能耗可分为居住建筑年总能耗和公共建筑年总能耗，能耗的种类包括电能、燃气、蒸汽等各种能源形式。

2）对于不同类型能源形式，应统一单位折算为标准煤当量值，单位为吨标准煤（tce）。

3）建筑年总能耗宜进行分类统计，对不同用能系统宜计算其占总能耗的百分数。

4）建筑年总电耗可通过大楼的总计量电表或分项计量电表数据统计得到。

5）建筑年总燃气耗量可通过各入户分项计量燃气表数据统计得到。

6）对于采用集中式供冷供热系统的建筑，建筑总的年供冷量和供热量可通过供冷供热面积加权平均的方式进行，然后通过冷热源总的冷表和热表计量数据计算得到。对于整栋大楼装有分项计量冷表和热表的建筑，可直接通过冷表、热表的计量数据统计得到。

7）建筑年总能耗应以单位建筑面积年总能耗指标表示，应按公式9-4进行计算：

$$E_{ta} = \frac{\sum E_{ti}}{D} \qquad\qquad (9\text{-}4)$$

式中　E_{ta}——单位建筑面积年总能耗（tce/m²）；

　　　E_{ti}——各耗能系统一年的能耗（tce）；

　　　D——建筑面积（m²）；

（3）无分项计量的耗能设备的分项能耗确定方法

对于无分项计量的耗能设备，需要根据设备的运行数据记录或者辅以必要的现场测试数据来确定分项能耗。具体方法如下：

1）对于制冷主机，采用运行记录中的逐时功率（或根据运行记录中冷机负载率和电流计算冷机的逐时功率），再依据运行时间进行全年累积得到全年的能耗。若无逐时运行记录，可采用电能质量分析仪进行现场测试，依据实际情况测试典型工况（工作日和非工作日）运行下的功率，电流，电压，功率因素等参数，然后再根据全年运行时间进行累积得到全年的能耗。

2）对于输配系统的水泵，有逐时运行记录时（或根据运行记录中的逐时电流计算水泵的逐时功率），依据全年运行时间累积计算得到全年能耗。如无逐时运行记录，对工频水泵，实测各水系统（如冷却水系统、冷冻水一次水系统、冷冻水二次水系统等）中，不同启停组合（即开启1台、2台、……N台）下水泵的单点功率，根据运行记录时间计算每种启停组合的全年电耗再相加得到全年能耗。对变频水泵，实测各水泵在不同启停组合下，工频时的水泵运行能耗，再根据逐时水泵频率运行记录计算逐时水泵能耗（假定为三次方的关系），并依据全年运行时间累积。空调机组、冷却塔、新风机组和通风机的计算方法与水泵类似。

3）对于风机盘管和分体式空调，分别测量不同类型设备单台典型工况运行的电流，电压，功率，功率因素等参数，再依据设备台数和全年运行时间进行累积相加。

　　4）对于热源，当采用自备热源时，根据运行记录或燃料费账单统计热源消耗的燃料量；当采用集中供热时，可根据热量表读数计算，当无热量表时，按照供热使用面积进行分摊。

第 10 章 绿色建筑综合评价案例分析

本章提要

绿色建筑的评价分为设计评价和运行评价。设计评价应在建筑工程施工图设计文件审查通过后进行，运行评价应该在建筑通过竣工验收并投入使用一年后进行。绿色建筑评价指标体系由节地与室外环境、节能与能源利用、节水与水资源利用、节材与材料资源利用、室内环境质量、施工管理、运营管理 7 类指标组成。施工管理和运营管理两类指标不参与设计评价。为鼓励绿色建筑技术、管理的提升和创新，评价指标体系还统一设置加分项。

每类指标均包括控制项和评分项。控制项的评定结果为满足或不满足；评分项和加分项的评定结果为分值。绿色建筑评价按总得分确定等级。总得分为相应类别指标的评分项得分经加权计算后与加分项的附加得分之和。

评价指标体系每类指标的总分均为 100 分。7 类指标各自的评分项得分 Q_1，Q_2，Q_3，Q_4，Q_5，Q_6，Q_7 按被评建筑该类指标的评分项实际得分值乘以 100 分再除以该建筑理论上可获得的总分值计算。某类指标理论上可获得的总分值等于被评建筑所有参评的评分项的最大分值之和。

加分项的附加总得分为 Q_8 按标准中提高与创新部分的有关规定确定。

绿色建筑评价的总得分按式（10-1）计算，其中评价指标体系 7 类指标评分项的权重 $w_1 \sim w_2$ 按表 10-1 取值。

$$\Sigma Q = w_1 Q_1 + w_2 Q_2 + w_3 Q_3 + w_4 Q_4 + w_5 Q_5 + w_6 Q_6 + w_7 Q_7 + Q_8 \tag{10-1}$$

绿色建筑分项指标权重 表 10-1

		节地与室内环境 w_1	节能与能源利用 w_2	节水与水资源利用 w_3	节材与材资源利用 w_4	室内环境质量 w_5	施工管理 w_6	运行管理 w_7
设计评价	居住建筑	0.21	0.24	0.20	0.17	0.18	—	—
	公共建筑	0.16	0.28	0.18	0.19	0.19	—	—
运行评价	居住建筑	0.17	0.19	0.16	0.14	0.14	0.10	0.10
	公共建筑	0.13	0.23	0.14	0.15	0.15	0.10	0.10

注：1. 表中"—"表示施工管理和运行管理两类指标不参与设计评价。

2. 对于同时具有居住和公共建筑功能的单体建筑，各类评价指标权重取为居住建筑和公共建筑所对应权重的平均值。

绿色建筑分为一星级、二星级、三星级三个等级。三个等级的绿色建筑均应满足本标准所有控制项的要求，且每类指标的评分项得分不应小于 40 分。三个等级的最低总得分分别为 50 分、60 分、80 分。

在满足全部控制项和每类指标最低得分的前提下，绿色建筑按总得分确定等级。评价得分及最终评价结果可按表 10-2 记录。

绿色建筑评价得分与结果汇总表　　　　　表 10-2

工程项目名称								
申请评价方								
评价阶段		□设计评价		□运行评价	建筑类型	□居住建筑		□公共建筑
评价指标		节地与室外环境	节能与能源利用	节水与水资源利用	节材与材料资源利用	室内环境质量	施工管理	运营管理
控制项	评定结果	□满足	□满足	□满足	□满足	□满足	□满足	□满足
	说明							
评分项	权重 w_i							
	适用总分							
	实际得分							
	得分 Q_i							
加分项	得分 Q_8							
	说明							
总得分 ΣQ								
绿色建筑等级		□一星级		□二星级		□三星级		
评价结果说明								
评价机构				评价时间				

本章介绍两个综合案例，分别是设计评价和运行评价，有一定的代表性。但由于资料的不完整和新《绿色建筑评价标准》刚刚实施，相关量化评价的指标还不够具体明确，还不能做到完全一一对应，因此，两个案例也没有得到最后的评分结果和绿色建筑的评价等级。但是，通过综合评价案例的学习，读者可以对绿色建筑的设计评价和运行评价的基本内容有一个系统的了解和基本方法的完整掌握。

【案例 10.1】某办公楼的绿色建筑设计评价分析

背景：

某市一大厦是由某公司开发的××路 19 号危旧房改造工程，项目用地位于××路西侧，××路头条与三条之间。用地性质为办公、居住。工程分为南北两个区，南区地上为 1 栋住宅楼、1 栋办公楼，地下两楼连通为一个车库，申报绿色建筑二星级的项目为南区的办公楼，即该大厦，见图 10-1。南区总用地面积 13085m²，总建筑面积 58255.78m²，其中地上 36657.54m²，地下 21598.24m²，建筑基底面积 3334.07m²，建筑密度 25.489%。本项目属于自用型办公建筑，地下 3 层，地上 13 层，建筑高度 46.8m，地上 19991.45m²，地下 13630m²，建筑基底面积 1549m²。其中首层、2 层为公共活动空间，局部采用挑空设计，布置入口大堂、配套商业；2 层、3 层办公用房；4～12 层是标准办公层，13 层为高级商务办公层。

图 10-1　某市大厦效果图

该大厦为企业自用型办公建筑，通过采用多项绿色生态技术实现能源和资源的节约，同时保证良好的室内环境质量、节省建筑的运营费用，体现集团的环境地产理念。

针对建筑特点和业主需求，本项目通过采用绿色建筑设计理念，引入节能技术，实现降低建筑能耗，节省运营费用；同时通过环境优化与控制技术手段实现健康舒适的室内环境，提高员工的工作效率，体现绿色地产的主题。

标识类型：公共建筑

申报星级：二星级

绿色建筑技术措施：

（1）地下车库利用太阳能发电；

（2）空调新风全热回收系统；

（3）中水回用系统；

（4）土建与装修一体化。

问题：

请根据该项目所给关键的和具体的绿色建筑技术措施，结合项目背景材料和《绿色建筑评价标准》判定下列标准条文是否参评？若参评，是否满足控制项或一般规定（提高与创新）的要求？对于评分项或加分项（提高与创新），评分或加分分值是多少？最后按照设计评价计算出总得分，才能判定绿色建筑设计评价等级。

（1）节能与能源利用

建筑围护结构节能设计。该大厦的围护结构采用玻璃幕墙与开缝式陶土幕墙相结合，砌筑采用 SN 保温砌块，为了增加围护结构的保温隔热效果，在玻璃幕墙的双层玻璃上涂刷具有自主知识产权的纳米透明节能玻璃涂料。该涂料主要起到隔热保温作用，此涂料夏季能够有效阻隔近红外线，以减少太阳能透过玻璃的热量，降低室内热量，降低室内温度约 6~8℃，减少空调能耗；冬季能够阻隔远红外线，减少热量从窗玻璃的损失，保持室内温度，降低能耗。

太阳能光电地下车库。该大厦地下 3 层均为车库，地下建筑面积较大，日间夜间均需照明，照明负荷大，费用高。该建筑物地下一层采用导光筒照明系统，即在车库顶板处预留洞口安装导光筒，将白天的自然光引入地下车库照明。地下 2、3 层无法采用自然采光，因此引入了用太阳能光伏板系统以达到节能作用，这如同给地下车库开了扇光伏天窗。由于停车场位于地下，对于用电的安全性和照明系统的应急功能要求相对较高，因此选择合理的照明方案，配置先进的控制系统，不仅能大大简化穿管布线的工作量，而且能有效地节约能源，降低用户运行费用，提高大楼管理水平。

电的分项计量。根据项目自身特点进行设计，对照明、冷热源、输配系统能耗进行分项计量，既有助于及时发现建筑用能存在的问题，找到能耗过高或不合理运行的设备或系统，指导提出科学用能的管理办法，还可作为节能技术应用成效的客观评价依据。依据该大厦项目实际情况，关于用电分项计量提出了相关方案。

根据室外日照模拟分析，得到了采光效果较好的地下车库上方区域，在该区域设置 20 个导光筒来改善地下车库的照明，本项目布置有导光筒的区域全年自然采光利用率为 35.8%。采用导光筒后照明用电节约量为 11.5 万 kW·h。本项目采用导光筒后，不仅在白天用电高峰时可有效避开用电高峰，而且全年节省大量照明用电费用。

（2）节水与水资源利用

水的分项计量：本项目用水分项计量按使用用途和水平衡测试标准要求进行水量计量，把厨卫用水、生活用水、卫生用水、绿化景观用水等分开。

该项目中水处理系统最高日处理量为 51 吨/天，杂排水经收集后，自流至中水回用处理系统，处理并消毒后的中水经泵送入中水供水管网，供冲洗大便器、绿化，浇洒道路等用途，非传统水源利用率达 40%以上。消毒池内安装余氯检测仪，并于消毒剂投加装置联动，保证中水消毒效果。当中水回用处理系统发生故障时，通过阀门的切换，可实现生活废水的紧急排放。

（3）节材与材料资源利用

土建与装修一体化

临时围挡材料选用轻质压型钢板，拼装灵活，周转率高，降低临时设施消耗。现场搭设的办公用房采用轻体、拼装式、活动板材组装而成，可以多次周转使用，又降低临时设施消耗；合理利用土地资源，不产生污染；施工耗材尽量采用可周转材料。钢筋采用现场外工厂专业化加工，降低钢筋的损耗，施工现场最大限度的利用竖向空间。结构施工期间在现场西北角搭设钢制操作平台，下部为厕所，上部为钢筋等材料堆放区域。这样既拓展施工场地又可以多次周转钢筋平台，节能降耗。

本工程采用安德固外脚手架，外侧满挂密目安全网，脚手板设置 2 层，每层满铺脚手板。架子的基础进行夯实和平整处理，并在地面脚手架立杆下面，铺 5cm 厚的脚手板。竖向模板设计采用可调式租赁钢模板，提高周转次数，节约资源，避免木质模板造成的材料浪费。通过技术措施，改变施工材料或施工工艺，提高工程质量，降低材料消耗。如轻集料混凝土改为加气混凝土制品，外墙采用保温砌块等。

新材料、新技术的应用：外墙外保温选用"LBL 型"胶粉聚苯颗粒喷涂岩棉板外墙外保温系统。该系统是适用于建筑节能 65% 标准及更高节能标准要求的外墙外保温系统，同时也满足高大建筑物防火要求。纳米玻璃隔热涂料能有效地防止刺目眩光，在保证玻璃良好透光性的同时，避免阳光对眼睛的伤害，提高眼睛的舒适度。膜层固化后具有静电屏蔽作用，可降低电磁微波对居住环境的污染。该产品绿色环保，不含铅、汞、铬等有害物质，固化后完全无毒害。

设备绿色节能项目选用组合式空调机组，把由屋顶热回收机组送入室内新鲜空气，进一步过滤，表冷器加热或冷却和加湿，通过风管输送到各层办公区。选用德国碧欧空气净化装置，空气中氧分子通过离子化发生装置的电离管时，氧分子被加载，产生正负氧原子簇，它具有极高的氧化性，这些正负氧原子簇随着送风被送入空调房间内，它包围空气中的有害化学气体（如装修材料散发出来的苯，甲醛），异味气体分子，细菌，病毒，霉菌等，使其分解、中和、丧失活性或沉降，达到空气净化、消毒、灭菌功效。确保它所覆盖区域空气质量达到环保卫生要求。废水（洗澡水）通过（BMS）膜式水处理装置后回用冲厕。

（4）节地与室外环境

屋顶绿化，城市中绿化屋面的增加不但可以丰富单调的建筑景观，美化城市空间平面，还可改善环境条件，具有明显的生态效益。本工程主要在屋顶核心筒周围的空旷区域采用种植绿化，屋顶绿化是与建筑本身结合最为密切的绿化方式，在屋面上以植物为主要覆盖物，配以植物生存所需的营养土层、蓄水层和保护屋面防水层所需要的防根扎阻拦层、排水层、过滤层等。主要作用为：储水能力强、保温效果显著、增加空气湿度、净化空气、降低噪音、有效保护屋顶、延长建筑物的寿命。就建筑物本身来说，采用屋顶绿化可以改善建筑的热工环境，减少屋顶到室内的传热量，降低空调及采暖能。

（5）室内环境质量

本项目设计室内空气质量监控系统以保证主要功能房间内健康舒适的室内环境，设计方案如下：

1）二管制新风空调器自控：

① 根据二管制供水管水温，确定其冷、热工况，并对所有二管制新风空调器进行制冷、采暖工况切换。

② 根据新风送风干球温度调节新风空调器回水管上电动比例二通阀。

③ 根据室内的相对湿度调节湿膜加湿器，并根据实际需求由 BA 中心直接控制加湿器的启停。

④ 新风空调器风机与相应的各类电动比例二通阀连锁。

⑤ 新风空调器的过滤器淤塞报警及运行失电报警。

⑥ 控制中心对新风空调器的启、停控制，运行状态显示，送风干球温、室内相对湿度显示。

⑦ 电动比例二通阀要求。

2）新风阀门及 CO_2 浓度探测装置自控：

① 新风机组的风机与新风阀连锁。

② 根据各办公层新风需求，设定其新风机组的风量，根据室内 CO_2 浓度调整阀门的开度。

③ 对每层的新风阀设置报警系统（当偏离设计新风量 10% 时报警），CO_2 感应器作为

参考。

④ 控制中心对新风阀位开度及风量显示及 CO_2 浓度显示。四节一环保设计评价见表 10-3～表 10-7。

节能与能源利用情况（评价） 表 10-3

名称	类别	标 准 条 文	是否参评	满足（不满足）或评分（加分）分值
节能与能源利用	控制项	5.1.1 建筑设计应符合国家现行相关建筑节能设计标准中强制性条文的规定	参评	满足
		5.1.2 不应采用电直接加热设备作为供暖空调系统的供暖热源和空气加湿热源	参评	满足
		5.1.3 冷热源、输配系统和照明等各部分能耗应进行独立分项计量	参评	满足
		5.1.4 各房间或场所的照明功率密度值不应高于现行国家标准《建筑照明设计标准》GB 50034—2013 中规定的现行值	参评	满足
	评分项	5.2.1 结合场地自然条件，对建筑的体形、朝向、楼距、窗墙比等进行优化设计。评价分值：6 分	参评	6
		5.2.2 外窗、玻璃幕墙的可开启部分，能使建筑获得良好的通风。评价总分值为 6 分，并按下列规则评分 （1）设玻璃幕墙且不设外窗的建筑，其玻璃幕墙透明部分可开启面积比例达到 5%，得 4 分；达到 10%，得 6 分 （2）设外窗且不设玻璃幕墙的建筑，外窗可开启面积比例达到 30%，得 4 分；达到 35%，得 6 分 （3）设玻璃幕墙和外窗的建筑，对其玻璃幕墙透明部分和外窗分别按本条第 1 款和第 2 款进行评价，得分取两项得分的平均值	参评	4
		5.2.3 围护结构热工性能指标优于国家或行业有关建筑节能设计标准的规定，评价总分值为 10 分，并按下列规则评分 （1）围护结构热工性能比国家现行相关建筑节能设计标准规定的提高幅度达到 5%，得 5 分；达到 10%，得 10 分 （2）供暖空调全年计算负荷降低幅度达到 5%，得 5 分；达到 10%，得 10 分	参评	5
		5.2.4 供暖空调系统的冷、热源机组能效均优于现行国家标准《公共建筑节能设计标准》GB 50189—2015 的规定以及现行有关国家标准能效限定值的要求，评价分值为 6 分	参评	6
		5.2.5 集中供暖系统热水循环泵的耗电输热比和通风空调系统风机的单位风量耗功率符合现行国家标准《公共建筑节能设计标准》GB 50189—2015 等的有关规定，且空调冷热水系统循环水泵的耗电输冷（热）比比现行国家标准《民用建筑供暖通风与空气调节设计规范》GB 50736—2012 规定值低 20%，评价分值为 6 分	参评	6
		5.2.6 合理选择和优化供暖、通风与空调系统，评价分值为 10 分，并按下列规则评分 （1）暖通空调系统能耗降低幅度不小于 5%，但小于 10%，得 3 分 （2）暖通空调系统能耗减低幅度不小于 10%，但小于 15%，得 7 分 （3）暖通空调系统能耗降低幅度不小于 15%，得 10 分	参评	7

名称	类别	标 准 条 文	是否参评	满足（不满足）或评分（加分）分值
节能与能源利用	评分项	5.2.7 采用措施降低过渡季节供暖、通风与空调系统能耗，评价分值为6分	参评	6
		5.2.8 采取措施降低部分负荷、部分空间使用下的供暖、通风与空调系统能耗，评价总分值为9分，并按下列规则评分 （1）区分房间的朝向，细分空调区域，对空调系统进行分区控制，得3分 （2）合理选配空调冷、热源机组台数与容量，制定实施根据负荷变化调节制冷（热）量的控制策略，且空调冷源机组的部分负荷性能符合现行国家标准《公共建筑节能设计标准》GB 50189—2015的规定，得3分 （3）水系统、风系统采用变频技术，且采取相应的水力平衡措施，得3分	参评	6
		5.2.9 走廊、楼梯间、门厅、大堂、大空间、地下停车场等场所的照明系统采取分区、定时、感应等节能控制措施，评价分值为5分	参评	5
		5.2.10 照明功率密度值达到现行国家标准《建筑照明设计标准》GB 50034—2013中规定的目标值，评分总分值为8分。主要功能房间满足要求，得4分；所有区域均满足要求，得8分	参评	4
		5.2.11 合理选用电梯和自动扶梯，并采取电梯群控、扶梯自动启停等节能控制措施。评价分值为3分	参评	3
		5.2.12 合理选用节能型电气设备，评价总分值为5分，并按下列规则分别评分累计 （1）三相配电变压器满足现行国家标准《三相配电变压器能效限定值及能效等级》GB 20052—2013的节能评价值要求，得3分 （2）水泵、风机等设备，及其他电气装置满足相关现行国家标准的节能评价值要求，得2分	参评	5
		5.2.13 排风能量回收系统设计合理并运行可靠，评价分值为3分	不参评	0
		5.2.14 合理采用蓄冷蓄热系统，评价分值为3分	参评	3
		5.2.15 合理利用余热废热提供建筑所需的蒸汽、供暖或生活热水需求，评价分值为4分	不参评	0
		5.2.16 根据当地气候和自然资源条件，合理利用可再生能源，评价总分值为10分，并按（1）由可再生能源提供的生活用热水比例 （2）由可再生能源提供的空调用冷量和热量的比例 （3）由可再生能源提供的电量比例，分段评价得分	不参评	0
	加分项	11.2.1 围护结构热工性能比国家现行相关建筑节能设计标准的规定高20%，或者供暖空调全年计算负荷降低幅度达到15%，评价分值为2分		
		11.2.2 供暖空调系统的冷、热源机组能效均优于现行国家标准《公共建筑节能设计标准》GB 50189—2015的规定以及现行有关国家标准能效节能评价值要求，评价分值为1分		
		11.2.3 采用分布式热电冷联供技术，系统全年能源综合利用率不低于70%，评价分值为1分		1
		11.2.11 进行建筑碳排放计算分析，采取措施降低单位建筑面积碳排放强度，评价分值为1分		
		11.2.12 采取节约能源资源、保护生态环境、保障安全健康的其他创新，并有明显效益，评价总分值为2分。采取一项，得1分；采取两项及以上，得2分		

节水与水资源利用情况（评价）　　　　　　　　　　　表 10-4

名称	类别	标　准　条　文	是否参评	满足（不满足）或评分（加分）分值
节水与水资源利用	控制项	6.1.1　应制定水系统利用方案，统筹利用各种水资源	是	满足
		6.1.2　给排水系统设置应合理、完善、安全	是	满足
		6.1.3　应采用节水器具	是	满足
	评分项	6.2.1　建筑平均日用水量满足现行国家标准《民用建筑节水设计标准》GB 50555—2010 中的节水用水定额的要求，评价总分值为 10 分，达到节水用水定额的上限值要求，得 4 分；达到上限值与下限值的平均值要求，得 7 分；达到下限值要求，得 10 分	是	7
		6.2.2　采用有效措施避免官网漏损，评价总分值为 7 分，并按下列规则分别评分并累计 （1）选用密闭性能好的阀门、设备，使用耐腐蚀、耐久性能好的管材、管件，得 1 分 （2）室外埋地管道采取有效措施避免管网漏损，得 1 分 （3）设计阶段根据水平衡测试的要求安装分级计量水表；运行阶段提供用水量计量情况和管网漏损检测、整改的报告，得 5 分	是	7
		6.2.3　给水系统无超压出流现象，评价总分值为 8 分。用水点供水压力不大于 0.30MPa，得 3 分；不大于 0.20MPa，且不小于用水器具要求的最低工作压力，得 8 分	是	8
		6.2.4　按用途和付费单元或管理单元设计用水计量装置，评价总分值为 6 分，并按下列规则分别评分并累计 （1）按照使用用途，对厨房、卫生间、空调系统、游泳池、绿化、景观等用水分别设置用水计量装置、统计用水量，得 2 分 （2）按照付费或管理单元，分别设置用水计量装置，统计用水量，得 4 分	是	6
		6.2.5　公共浴室采取节水措施，评价总分值为 4 分，并按下列规则分别评分并累计 （1）采用带恒温控制与温度显示功能的冷热水混合沐浴器，得 2 分 （2）设置用者付费的设施，得 2 分	是	4
		6.2.6　使用较高用水效率等级的卫生器具，评价总分值为 10 分。用水效率等级达到 3 级，得 5 分；用水效率等级达到 2 级，得 10 分	是	5
		6.2.7　绿化灌溉采用节水灌溉方式，评价总分值为 10 分，并按下列规则评分 （1）采用节水灌溉系统，得 7 分；在此基础上设置土壤湿度感应器、雨天关闭装置等节水控制措施，再得 3 分 （2）种植无须永久灌溉植物，得 10 分	是	0

名称	类别	标 准 条 文	是否参评	满足（不满足）或评分（加分）分值
节水与水资源利用	评分项	6.2.8 空调冷却系统采用节水技术，评价总分值为 10 分，并按下列规则评分 （1）开式循环冷却水系统设置水处理措施，采取加大集水盘、设置平衡管或水箱的方式，避免冷却水泵停泵时冷却水溢出，得 6 分 （2）运行时，开式冷却塔的蒸发耗水量占冷却水补水量的比例不低于 80%，得 10 分 （3）采用无蒸发耗水量的冷却技术，得 10 分	是	6
		6.2.9 除卫生器具、绿化灌溉和冷却塔外的其他用水采用节水技术或措施，评价总分值为 5 分。其他用水中采用节水技术或措施的比例达到 50%，得 3 分；达到 80%，得 5 分	是	3
		6.2.10 合理使用非传统水源，评价总分值为 15 分 （1）住宅、办公、商店、旅馆类建筑，详见标准 （2）其他类型建筑，按下列规则分别评分并累计：①绿化灌溉、道路冲洗、洗车用水采用非传统水源的用水量占其总用水量的比例不低于 80%，得 7 分；②冲厕采用非传统水源的用水量占其用水量的比例不低于 50%，得 8 分	是	0
		6.2.11 冷却水补水使用非传统水源，评价总分值为 8 分。评分规则如下 （1）冷却水补水使用非传统水源的量占其总用水量的比例不低于 10%，得 4 分 （2）冷却水补水使用非传统水源的量占其总用水量的比例不低于 30%，得 6 分 （3）冷却水补水使用非传统水源的量占其总用水量的比例不低于 50%，得 8 分	是	4
		6.2.12 结合雨水利用设施进行景观水体设计，景观水体利用雨水的补水量大于其水体蒸发量的 60%，且采用生态水处理技术保障水体水质，评价总分值为 7 分。并按下列规则分别评分并累计 （1）对进入景观水体的雨水采取控制面源污染的措施，得 4 分 （2）利用水生动、植物进行水体净化，得 3 分	是	0
	加分项	11.2.4 卫生器具的用水效率均达到国家现行有关卫生器具用水效率等级标准规定的 1 级，评价分值为 1 分	是	1

		节材与材料资源利用		表 10-5
名称	类别	标　准　条　文	是否参评	满足（不满足）或评分（加分）分值
节材与材料资源利用	控制项	7.1.1　不得采用国家和地方禁止和限制使用的建筑材料及制品	是	满足
		7.1.2　混凝土结构中梁、柱纵向受力普通钢筋应采用不低于400MPa级的热轧带肋钢筋	是	满足
		7.1.3　建筑造型要素应简约，且无大量装饰性构件	是	满足
	评分项	7.2.1　择优选用规则的建筑形体，评价总分值为9分。根据国家标准《建筑抗震设计规范》GB 50011—2010 规定的建筑形体规则性评分，建筑形体不规则，得3分 建筑形体规则，得9分	是	9
		7.2.2　对地基基础、结构体系、结构构件进行优化设计，达到节材效果，评价分分值为5分	是	5
		7.2.3　土建工程与装修工程一体化设计，评价总分值为10分，并按下列规则评分 　1.住宅建筑土建与装修一体化设计的户数比例达到30%，得6分；达到100%，得10分 　2.公共建筑公共部位土建与装修一体化设计，得6分；所有部位均土建与装修一体化设计，得10分	是	6
		7.2.4　公共建筑中可变换功能的室内空间采用可重复使用的隔断（墙），评价总分值为5分。根据可重复使用隔（墙）比例评分规则如下 　1.可重复使用隔断（墙）比例不小于30%但小于50%，得3分 　2.可重复使用隔断（墙）比例不小于50%但小于80%，得4分 　3.可重复使用隔断（墙）比例不小于80%，得5分	是	4
		7.2.5　采用工业化生产的建筑预制构件，评价总分值为5分，根据预制构件用量比例评分规则如下 　1.预制装配率不小于15%，得3分 　2.预制装配率不小于30%，得4分 　3.预制装配率不小于50%，得5分	是	4
		7.2.6　采用整体化定型设计的厨房、卫浴间，采用整体化定型设计，评价总分值为6分，并按下列规则分别评分并累计 　1.采用整体化定型设计厨房，得3分 　2.采用整体化定型设计的卫浴间，得3分	是	3
		7.2.7　采用本地化生产的建筑材料，评价总分值为10分。根据施工现场500km以内生产的建筑材料重量占建筑材料总重量的比例评分规则如下 　1.施工现场500km以内生产的建筑材料重量占建筑材料总重量60%以上，得6分 　2.施工现场500km以内生产的建筑材料重量占建筑材料总重量的70%以上，得8分 　3.施工现场500km以内生产的建筑材料重量占建筑材料总重量的90%以上，得10分	是	0

名称	类别	标准条文	是否参评	满足（不满足）或评分（加分）分值
节材与材料资源利用	评分项	7.2.8 现浇混凝土采用预拌混凝土，评价总分值为10分	是	0
		7.2.9 建筑砂浆采用预拌砂浆，评价总分值为5分。建筑砂浆采用预拌砂浆的比例达到50%，得3分；达到100%，得5分	是	3
		7.2.10 合理采用高强建筑结构材料，评价总分值为10分，并按下列规则评分 （1）混凝土结构：1）受力普通钢筋使用不低于400MPa级钢筋占受力普通钢筋总量的30%以上，得4分；50%以上，得6分；70%以上，得8分；85%以上，得10分 2）混凝土竖向承重结构采用强度等级不小于C50混凝土用量占竖向承重结构中混凝土总量的比例达到50%，得10分 （2）钢结构：Q345及以上高强钢材用量占钢材总量的比例达到50%，得8分；达到70%，得10分 （3）混合结构：对其混凝土结构部分和钢结构部分，分别按本条第1款和第2款进行评价，得分取两项得分的平均值	是	8
		7.2.11 合理采用高耐久性建筑结构材料，评价总分值为5分。对混凝土结构，其中高耐久性混凝土用量占混凝土总量的比例达到50%；对钢结构，采用耐候结构钢或耐候型防腐涂料	是	5
		7.2.12 采用可再利用材料和可再循环建筑材料，评价总分值为10分，并按下列规则评分 1. 住宅建筑中的可再利用材料和可再循环建筑材料用量比例达到6%，得8分；达到10%，得10分 2. 公共建筑中的可再利用材料和可再循环建筑材料用量比例达到10%，得8分；达到15%，得10分	是	0
		7.2.13 使用以废弃物为原料生产的建筑材料，评价总分值为5分，并按下列规则评分： 1. 采用一种废弃物为原料生产的建筑材料，其占同类建材的用量比例达到30%，得3分；达到50%，得5分 2. 采用两种及以上以废弃物为原料生产的建筑材料，每一种用量比例均达到30%，得5分	是	0
		7.2.14 合理采用耐久性好、易维护的装饰装修建筑材料，评价总分值为5分，并按下列规则分别评分并累计 1. 合理采用清水混凝土，得2分 2. 采用耐久性好，易维护的外立面材料，得2分 3. 采用耐久性好，因维护的室内装饰装修材料，得1分	是	5
	加分项	11.2.5 采用资源消耗和环境影响小的建筑结构体系，评价分值为1分		

节地与室外环境（评价）　　　　表 10-6

名称	类别	标　准　条　文	是否参评	满足（不满足）或评分（加分）分值
节地与室外环境	控制项	4.1.1　项目选址应符合所在地城乡规划，且应符合各类保护区、文物古迹保护的建设控制要求	是	满足
		4.1.2　场地应无洪涝、滑坡、泥石流等自然灾害的威胁，无危险化学品、易燃易爆危险源的威胁，无电磁辐射、含氡土壤等的危害	是	满足
		4.1.3　场地内不应有排放超标的污染源	是	满足
		4.1.4　建筑规划布局应满足日照标准，且不得降低周边建筑的日照标准	是	满足
	得分项	4.2.1　节约集约利用土地，评价总分值为 19 分。评分规则如下 （1）对居住建筑根据人均居住用地 A 指标进行评分：①3 层及以下高于 35m² 但不高于 41m²、4～6 层高于 23m² 但不高于 26m²、7～12 层高于 22m² 但不高于 24m²、13～18 层高于 20m² 但不高于 22m²、19 层及以上高于 11m² 但不高于 13m²，得 15 分。②3 层及以下不高于 35m²、4～6 层不高于 23m²、7～12 层不高于 22m²、13～18 层不高于 20m²、19 层及以上不高于 11m²，得 19 分 （2）对公共建筑根据其容积率 R 进行评分：达到 0.5，得 5 分；达到 0.8，得 10 分；达到 1.5，得 15 分；达到 3.5，得 19 分	是	19
		4.2.2　场地内合理设置绿化用地，评价总分值为 9 分，并按下列规则分别评分并累计 （1）住区绿地率：新区建设达到 30%，旧区改建达到 25%，得 2 分 （2）住区人均公共绿地面积：①新区建设达到 1.0m²，旧区改建达到 0.7m²，得 3 分；②新区建设达到 1.3m²，旧区改建达到 0.9m²，得 5 分；③新区建设达到 1.5m²，旧区改建达到 1.0m²，得 7 分 （3）公共建筑的绿地率：①达到 30%，得 2 分；②达到 35%，得 5 分；③达到 40%，得 7 分 （4）公共建筑的绿地向社会公众开放，得 2 分	是	7
		4.2.3　合理开发利用地下空间，评价总分值为 6 分，按下列规则评分 （1）居住建筑的地下建筑面积与地上建筑面积的比率：达到 5%，得 2 分；达到 15%，得 4 分；达到 25%，得 6 分 （2）公共建筑的地下建筑面积与总用地面积之比：≥0.5，得 3 分；≥0.7，且地下一层建筑面积与总用地面积的比率＜70%，得 6 分	是	6
		4.2.4　建筑及照明设计避免产生光污染，评价总分值为 4 分，并按下列规则分别评分并累计 （1）玻璃幕墙可见光反射比不大于 0.2，得 2 分 （2）室外夜景照明光污染的限制符合现行行业标准《城市夜景照明设计规范》JGJ/T 163—2008 的规定，得 2 分	是	2
		4.2.5　场地内环境噪声符合现行国家标准《声环境质量标准》GB 3096—2008 的有关规定，评价分值为 4 分	是	4

续表

名称	类别	标 准 条 文	是否参评	满足（不满足）或评分（加分）分值
节地与室外环境	得分项	4.2.6 场地内风环境有利于室外行走、活动舒适和建筑的自然通风，评价总分值为6分，并按下列规则分别评分并累计 （1）在冬季典型风速和风向条件下，按下列规则分别评分并累计 ① 建筑物周围人行区风速低于5m/s，且室外风速放大系数小于2，得2分 ② 除迎风第一排建筑外，建筑迎风面与背风面表面风压差不大于5Pa，得1分 （2）过渡季、夏季典型风速和风向条件下，按下列规则分别评分并累计 ① 场地内人活动区不出现涡旋或无风区，得2分 ② 50%以上建筑的可开启外窗室内外表面的风压差大于0.5Pa。得1分	是	6
		4.2.7 采取措施降低热岛效应，评价总分值为4分，并按下列规则分别评分并累计 （1）红线范围内户外活动场地有乔木、构筑物等遮荫措施的面积达到10%，得1分 （2）超过70%的道路路面、建筑屋顶的太阳辐射反射系数不小于0.4，得2分	是	1
		4.2.8 场地与公共交通设施具有便捷的联系，评价总分值为9分，并按下列规则分别评分并累计 （1）场地出入口到达公共汽车站的步行距离不大于500m，或到达轨道交通站的步行距离不大于800m，得3分 （2）场地出入口步行距离500m范围内设有2条或2条以上线路的公共交通站点（含公共汽车站和轨道交通站），得3分 （3）有便捷的人行通道联系公共交通站点，得3分	是	6
		4.2.9 场地内人行通道采用无障碍设计，评价分值为3分	是	3
		4.2.10 合理设置停车场所，评价总分值为6分，并按下列规则分别评分并累计 （1）自行车停车设施位置合理、方便出入，且有遮阳防雨和安全防盗措施，得3分 （2）合理设置机动车停车设施，并采取下列措施中至少2项，得3分 ① 采用机械式停车库、地下停车库或停车楼等方式节约集约用地 ② 采用错时停车方式向社会开放，提高停车场（库）使用效率 ③ 合理设计地面停车位，停车不挤占行人活动空间	是	6
		4.2.11 提供便利的公共服务，评价总分值为6分，并按下列规则评分： （1）居住建筑：满足下列要求中至少3项，得3分；满足4项及以上，得6分：①场地出入口到达幼儿园的步行距离不大于300m；②场地出入口到达小学的步行距离不大于500m；③场地出入口到达商业服务设施的步行距离不大于500m；④相关设施集中设置并向周边居民开放；⑤场地1000m范围内设有5种以上的公共服务设施 （2）公共建筑：满足下列要求中至少2项，得3分；满足3项及以上，得6分 ① 2种以上的公共建筑集中设置，或公共建筑兼容2种及以上的公共服务功能 ② 配套辅助设施设备共同使用、资源共享 ③ 建筑向社会公众提供开放的公共空间 ④ 室外活动场地错时向周边居民免费开放	是	6

名称	类别	标　准　条　文	是否参评	满足（不满足）或评分（加分）分值
节地与室外环境	得分项	4.2.12　结合现状地形地貌进行场地设计与建筑布局，保护场地内原有的自然水域、湿地和植被，采取表层土利用等生态补偿措施，评价分值为3分	是	3
		4.2.13　充分利用场地空间合理设置绿色雨水基础设施，对大于10hm²的场地进行雨水专项规划设计，评价总分值为9分，并按下列规则分别评分并累计 （1）下凹式绿地、雨水花园等有调蓄雨水功能的绿地和水体的面积之和占绿地面积的比例达到30%，得3分 （2）合理衔接和引导屋面雨水、道路雨水进入地面生态设施，并设置相应的径流污染控制措施，得3分 （3）硬质铺装地面中透水铺装面积的比例不小于50%，得3分	是	3
		4.2.14　合理规划地表与屋面雨水径流，对场地雨水实施外排总量控制，评价总分值为6分。其场地年径流总量控制率达到55%，得3分；达到70%，得6分	是	3
		4.2.15　合理选择绿化方式，科学配置绿化植物，评价总分值为6分，并按下列规则分别评分并累计 （1）种植适应当地气候和土壤条件的植物，采用乔、灌、草结合的复层绿化，种植区域覆土深度和排水能力满足植物生长需求，得3分 （2）居住建筑绿地配植乔木不少于3株/100 m²，公共建筑采用垂直绿化、屋顶绿化方式，得3分	是	3
	加分项	11.2.7　建筑方案充分考虑建筑所在地域的气候、环境、资源，结合场地特征和建筑功能，进行技术经济分析，显著提高能源资源利用效率和建筑性能，评价分值为2分		2
		11.2.8　合理选用废弃场地进行建设，或充分利用尚可使用的旧建筑，评价分值为1分		1
		11.2.9　应用建筑信息模型（BIM）技术，评价总分值为2分。在建筑的规划设计、施工建造和运行维护阶段中的一个阶段应用得1分，两个或两个以上阶段应用得2分		

室内环境质量（评价）　　　　　　　　　　　　　　　　　　表 10-7

名称	类别	标　准　条　文	是否参评	满足（不满足）或评分（加分）分值
室内环境质量	控制项	8.1.1　主要功能房间的室内噪声级应满足现行国家标准《民用建筑隔声设计规范》GB 50118—2010 中的低限要求	是	满足
		8.1.2　主要功能房间的外墙、隔墙、楼板和门窗的隔声性能应满足现行国家标准《民用建筑隔声设计规范》GB 50118—2010 中的低限要求	是	满足

名称	类别	标 准 条 文	是否参评	满足（不满足）或评分（加分）分值
室内环境质量	控制项	8.1.3 建筑照明数量和质量应符合现行国家标准《建筑照明设计标准》GB 50034—2013 的规定	是	满足
		8.1.4 采用集中供暖空调系统的建筑，房间内的温度、湿度、新风量等设计参数应符合现行国家标准《民用建筑供暖通风与空气调节设计规范》GB 50736—2012 的规定	是	满足
		8.1.5 在室内设计温、湿度条件下，建筑围护结构内表面不得结露	是	满足
		8.1.6 屋顶和东、西外墙隔热性能应满足现行国家标准《民用建筑热工设计规范》GB 50176—1993 的要求	是	满足
		8.1.7 室内空气中的氨、甲醛、苯、总挥发性有机物、氡等污染物浓度应符合现行国家标准《室内空气质量标准》GB/T 18883—2002 的有关规定	是	满足
	评分项	8.2.1 主要功能房间的室内噪声级，评价总分值为 6 分。噪声级达到现行国家标准《民用建筑隔声设计规范》GB 50118—2010 中的低限标准限值，得 3 分；达到高要求标准的数值，得 6 分	是	3
		8.2.2 主要功能房间的隔声性能良好，评价总分值为 9 分，并按下列规则分别评分并累计 （1）构件或相邻房间之间的空气声隔声性能达到现行国家标准《民用建筑隔声设计规范》GB 50118—2010 中的低限标准限值和高要求标准限的平均值，得 3 分；达到高要求标准限值，得 5 分 （2）楼板的撞击声隔声性能达到现行国家标准《民用建筑隔声设计规范》GB 50118—2010 中的低限标准限值和高要求标准限的平均值，得 3 分；达到高要求标准限值，得 4 分	是	6
		8.2.3 采取减少噪声干扰措施，评价总分值为 4 分，并按下列规则分别评分并累计 （1）建筑平面、空间布局合理，没有明显的噪声干扰问题，得 2 分 （2）采用同层排水，或其他降低排水噪声的有效措施，使用率不少于 50%，得 2 分	是	4
		8.2.4 公共建筑中的多功能厅、接待大厅、大型会议室和其他有声学要求的重要房间进行专项声学设计，满足相应功能要求，评价分值为 3 分	是	3
		8.2.5 建筑主要功能房间具有良好的户外视野，评价分值为 3 分。对居住建筑，其余相邻建筑的直接间距超过 18m；对公共建筑，其主要功能房间能通过外窗看到室外自然景观，且无明显视线干扰	是	3
		8.2.6 主要功能房间的采光系数满足现行国家标准《建筑采光设计标准》GB 50033—2013 的要求，评价总分值为 8 分，详见标准规定	是	6

名称	类别	标　准　条　文	是否参评	满足（不满足）或评分（加分）分值
室内环境质量	评分项	8.2.7　改善建筑室内天然采光效果，评价总分值为 14 分，并按下列规则分别评分并累计 （1）主要功能房间有合理的控制眩光措施，得 6 分 （2）且内区采光系数满足采光要求的面积比例达到 60%，得 4 分 （3）地下空间平均采光系数≥0.5%的面积大于首层地下室面积的 5%，得 1 分，面积达标比例每提高 5%得 1 分，最高得 4 分	是	12
		8.2.8　采取可调节遮阳措施，降低夏季太阳辐射得热，评价总分值为 12 分。外窗或幕墙透明部分中，有可控遮阳调节措施面积比例达到 25%，得 6 分；达到 50%，得 12 分	是	6
		8.2.9　供暖空调系统末端现场独立调节，评价总分值为 8 分。供暖、空调末端装置可独立启停的主要功能房间数量比例达到 70%，得 4 分；达到 90%，得 8 分	是	8
		8.2.10　建筑空间平面和构造设计采取优化措施，改善自然通风效果，评价总分值为 13 分，并按相邻规则评分 （1）居住建筑：按下列 2 项的规则分别评分并累计：①通风开口面积与房间地板面积的比例在夏热冬暖地区达到 10%，在夏热冬冷地区达到 8%，在其他地区达到 5%，得 10 分；②设有明卫，得 3 分 （2）公共建筑：根据在过渡季典型工况下，主要功能房间的平均自然通风换气次数不小于 2 次/h 的面积比例，按评分规则评分	是	8
		8.2.11　气流组织合理，评价总分值为 7 分，并按下列规则分别评分并累计 （1）重要功能区域供暖、通风或空调工况下的气流组织满足热环境设计参数要求，得 4 分 （2）避免卫生间、餐厅、地下车库等区域的空气和污染物串通到其他空间或室外主要活动场所，得 3 分	是	7
		8.2.12　主要功能房间中人员密度较高且随时间变化大的区域设置室内空气质量监控系统，评价总分值为 8 分，并按下列规则分别评分并累计 （1）对室内的二氧化碳浓度进行数据采集、分析，并与通风系统联动，得 5 分 （2）实现室内污染物浓度超标实时报警，并与通风系统联动，得 3 分	是	3
		8.2.13　地下车库设置与排风设备联动的一氧化碳浓度检测装置，评价分值为 5 分	是	5
	加分项	11.2.5　对主要功能房间采取有效的空气处理措施，评价分值为 1 分		1
		11.2.6　室内空气中的氨、甲醛、苯、氡和总挥发性有机物（TVOC）、氡、可吸入颗粒物等污染物浓度不高于现行国家标准《室内空气质量标准》GB/T 18883—2002 规定值的 70%，评价分值为 1 分		1

【案例 10.2】某绿色建筑科技馆的运行评价分析

背景：

某市的一个绿色建筑科技馆项目占地 1348m²，总建筑面积 4679m²，建筑高度 18.5m，集研发、展示、技术交流于一体。该馆运用先进绿色建筑设计理念，并采用了大量国内外最新的建筑技术，整合建筑功能、形态与各项适宜技术，通过绿色智能技术平台，系统化地集成应用了"被动式自然通风系统"、"建筑智能化控制系统"、"温湿度独立控制空调系统"、"节能高效照明系统"等十大先进绿色建筑系统体系。

该馆主要功能为科研办公、绿色建筑节能环保技术与产业宣传展示，项目于 2008 年 9 月开始土建施工，并于 2009 年 12 月投入使用。

标识类型：公共建筑

申报星级：三星级

绿色建筑技术措施：

(1) 温湿度独立控制空调系统；

(2) 多晶硅太阳光伏发电系统；

(3) 污、废水采用室内分流制室外合流制；

(4) 雨水收集回用系统；

(5) 被动式通风系统；

(6) 土建和装修一体化设计施工。

问题：

请根据该项目所给关键的和具体的绿色建筑技术措施，结合项目背景材料和《绿色建筑评价标准》判定下列标准条文是否参评？若参评，是否满足控制项或一般规定（提高与创新）的要求？对于评分项或加分项（提高与创新），评分或加分分值是多少？最后按照运行评价计算出总得分，才能判定该绿色建筑的运行评价等级。

(1) 节能与能源利用

本项目的围护结构采用较高节能标准设计，包括了形体自遮阳和高性能幕墙围护结构系统，同时积极利用可再生能源，包括太阳能光伏建筑一体化技术（BIPV）和垂直风力发电系统，合理利用自然通风、智能控制等措施降低建筑能耗。经软件模拟计算，绿色科技馆节能率达到了 76.4%，全年能耗不到一般同类建筑的 1/4。

1) 外围护系统建筑物南北立面、屋面采用钛锌板，东西立面采用陶土板，两种材料均具有可回收循环使用、自洁功能。建筑门窗采用了断桥隔热金属型材多腔密封窗框和高透光双银 Low-E 中空玻璃，使夏季窗户的得热量大大减少，空调负荷从基准建筑的 41.71W/m² 下降到了 23.53W/m²。

建筑物南立面窗墙比 0.29，北立面 0.38，东立面 0.07，西立面 0.1。合理的窗墙比既满足建筑物内的采光要求，防止眩光对室内人员产生不利影响，又不会形成较大的空调负荷。

2）主动及被动式通风系统。针对所在城市的气候特点，该项目引入了被动式通风系统。该系统是由英国某大学的专家团队设计，中庭总共设立了 18 处拔风井来组织自然通风，室外自然风进入地下室后，充分利用地下室这个天然的大冷库，对室外进入的空气进行冷却，然后沿着布置在南北向的 14 处主风道以及东西向的 4 处主风道风口进入各个送风风道，在热压和风压驱动下，沿着风道经由布置在各个通风房间的送风口依次进入房间，带走室内热量的风进入中庭，再通过屋顶烟囱的拔风作用排向室外，可有效减少室内的空调负荷。在室外温度或湿度较高时，被动式通风系统关闭，减少对室内温湿度的影响。图 10-2 为主动式和被动模式气流方向示意图。

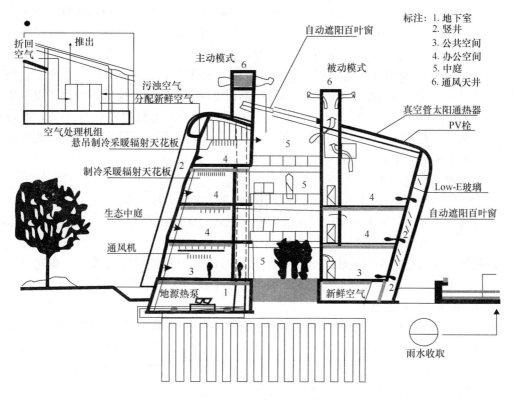

图 10-2　主动式和被动模式气流方向示意图

3）高能效的空调系统和设备。绿色建筑科技馆采用温湿度独立控制的空调系统，可以满足不同房间热湿比不断变化的要求，克服了常规空调系统中难以同时满足温度、湿度参数的问题，避免了室内湿度过高或过低现象。

系统冷热源为地源热泵系统，本系统选用一台地源热泵机组，制冷量 127kW，COP＝6.15；地埋管 DN25 埋深 60m，共 64 根单 U 管。空调末端采用四种形式：辐射毛细管、冷吊顶单元、吊顶式诱导器、干风机盘管。采用高温冷源和空调末端除去室内湿热负荷，采用水作为输送媒介，其输送能耗仅是输送空气能耗的 1/10～1/5。

湿度控制系统由四台热泵式溶液调湿新风机组、送风末端装置组成，通过盐溶液向空气吸收或释放水分，实现对空气湿度的调节。采用新风作为能量输送的媒介，同时满足室内空气品质的要求。每台热泵式溶液除湿新风机组的除湿量为 80kg/h，加湿量为 25kg/h，

COP 一般在 5.5 以上。

4）节能高效的照明系统。绿色建筑科技馆 3 层选用索乐图日光照明技术。光线在管道中以高反射率进行传输，光线反射率达 99.7%，光线传输管道长达 15m。通过采光罩内的光线拦截传输装置（LITD）捕获更多光线，同时采光罩可滤去光线中的紫外线。

办公、设备用房等场所选用 T5 系列三基色节能型荧光灯。楼梯、走道等公共部位选用内置优质电子镇流器节能灯，电子镇流器功率因数达到 0.9 以上，镇流器均满足国家能效标准。楼梯间、走道采用节能自熄开关，以达到节电的目的。

5）可再生能源利用

① 太阳能、风能、氢能发电系统。屋顶设置风光互补发电系统，多晶硅光伏板 296m²，装机容量 40kW；采光顶光电玻璃 57m²，装机容量 3kW。屋顶光伏发电系统产生的直流电，并入园区 2MW 太阳能发电网。两台风能发电机组装机容量为 600W，系统产生的直流电接入氢能燃料电池，作为备用电源，实现了光电、风电等多种形式的利用。

② 能源再生电梯系统。选用奥的斯 GeN2 能源再生电梯，采用 32 位能源再生变频器，可以将原消耗在电阻箱上的电能清洁后反馈回电网，供其他用电设备使用。曳引机采用植入式稀土永磁材料，不需要碳刷，因此也就没有碳尘。电机的效率为 90%，电机采用密封轴承，没有齿轮箱，所以无须润滑油，不存在润滑油污染的问题。双重节能较普通有齿轮乘客电梯最大节能可达到 70%。

（2）节水与水资源利用

1）水系统规划设计用水总体上可分为市政自来水和独立中水系统

项目给水不分区，由室外市政给水管网直接供水，单独设水表。馆内同时火灾次数考虑一次，室内消火栓用水量为 15L/s，室外消防水量为 20L/s。

杭州地区降水量在 1100～1600mm 之间，能够保证中水处理原水水量。在充分考虑能源节约、保证水质和用水量前提下，采用雨水收集及中水回用技术。

2）雨水回渗与集蓄利用

屋面雨水均采用外排水系统，屋面雨水经雨水斗和室内雨水管排至室外检查井。室外地面雨水经雨水口，由室外雨水管汇集，排至封闭内河，作为雨水调节池，做中水的补水。雨水收集处理后进入人工蓄水池。人工蓄水池具有调蓄功能，尽可能消解降雨的不平衡，以降雨补水为主，河道补水为辅，保证池水水位。

3）非传统水源利用

本项目采用中水回用技术，实现所有生活废水处理，水量不足时采用雨水和河道水补充。生活废水经过中水系统处理后水质达到冲厕、景观绿化灌溉和冲洗路面要求，实现零排放。通过利用雨水、废水、河道湖泊水等非传统水源，实现本项目非传统水源利用率达到 73.7%。在人行道区域铺设了透水地砖等，室外透水地面面积比为 56.7%，远大于 40% 的要求。

4）景观绿化

采用乔灌乡土植物或适宜树种，通过乔灌草搭配，形成复层绿化形式。绿化节水灌溉室外景观绿化灌溉设计用水额为 5.25t，占总用水量的 22%。本项目景观绿化灌溉用水来自处理后的中水，灌溉技术为滴灌，有效节约室外灌溉用水。

5）节水器具

建筑室内采用新型的节水器具。公共卫生间采用液压脚踏式蹲式大便器、壁挂式免冲型小便器、台式洗手盆等。

6）绿色建筑科技馆生活污水通过化粪池后，进入格栅池，除去生活垃圾后，流入调节池（处理后的地面雨水和屋面雨水一起进入调节池），污水经调质调量后，通过调节池提升泵，提升至水解酸化池后，流进 MBR 膜生物反应池，经处理后达到去除氨氮的作用，剩余的污泥排到污泥池，污泥经压滤机干化作为绿化肥料外运。MBR 池出水通过膜抽吸泵抽吸出水，并经消毒后流入清水池，通过中水回用系统回用作为绿色建筑科技馆的厕所冲洗用水及其周边的洗车用水、花草浇灌、景观用水、道路清洗，实现污水零排放。

（3）节材与材料资源利用

本项目主体结构采用钢框架结构体系，现浇混凝土全部采用预拌混凝土，不但能够控制工程施工质量、减少施工现场噪声和粉尘污染，并且能够节约能源、资源，减少材料损耗，同时还能严格控制混凝土外加剂有害物质含量，避免建筑材料中有害物质对人体健康造成损害，达到绿色环保的要求。

屋顶为非上人屋面，其上设计有 18 个拔风井烟囱用于过渡季节自然通风，南向东西两端的拔风烟囱顶部各自设置有 1 个直径 300mm 的垂直式风力发电机。整体建筑物未设计无功能作用的装饰构件。

本项目实现土建与装修工程一体化设计与施工，通过各专业项目提供资料及早落实设计，做好预埋预处理。若有所调整，则及时联系变更提早修正，有效避免拆除破坏、重复装修。

施工单位制定了建筑施工废弃物的管理计划，将金属废料、设备包装等折价处理，将密目网、模板等再循环利用，将施工和场地清理时产生的木材、钢材、铝合金、门窗玻璃等固体废弃物分类处理，并将其中可再利用、可再循环材料回收。

（4）节地与室外环境

1）土地。本项目地处平原地带，原用地为农居住宅和杂地等，无各类潜在地质灾害以及人为不良环境要素。周边为工业厂房，不存在对周边居住建筑物带来光污染和产生日照影响等问题，场地内无排放超标的污染源，项目废水主要为生活污水和少量的空调系统清洗废水，将由建设单位新建污水处理设施处理后进行中水回用，实现污水零排放。

2）交通项目周边以公路交通为主，建筑主出入口面西，靠近产业园的主出入口。虽然场址周边区域为工业园区厂房，公共服务设施较少，但靠近园区及建筑南侧，距离本项目 500 m 以内开通公交车，未来紧邻该地块还将开通地铁车站。

（5）室内环境质量

1）日照和采光。室内主要功能空间的采光效果较好。在遮阳板开启时，全楼采光系数大于 2.2％的区域面积占主要功能空间面积 85.47％；在遮阳板闭合时，全楼采光系数大于 2.2％的区域面积占主要功能空间面积 81.9％。采用无眩光高效灯具，并设置智能照明灯控系统。

2）自然通风。采用被动式通风系统，提高了环境的舒适性，满足室内卫生和通风换气要求。通过竖直风井、中庭，见图 10-3、拔风井促进热压通风的实现。室外风通过室外与地下室相连的集风口进入地下室，经由竖直风井进入各个房间，汇集到中庭，从拔风井排出至室外。

图 10-3　中庭

3）主动通风装置。采用温湿独立控制的集中空调系统，空调冷热源为土壤源热泵＋热泵式溶液调湿机组，具体空调末端为毛细管、干式风机盘管、冷辐射吊顶等。考虑到大楼的实际使用情况，为节约能耗，在 1 层展厅和报告厅的新风支管上设置了电动风阀。当 1 层展示厅和报告厅使用时，打开全部新风阀，新风机组工频运行；当不用时，关闭全部新风阀，新风机组通过变频器使其在设定好的频率下运行。每台新风机组设变频器 1 台。尽量减少室内不利因素对室内湿负荷的影响。

4）建筑遮阳技术。南立面采用电动控制的外遮阳百叶，控制太阳辐射的进入，增加对光线照度的控制。东西立面采用干挂陶板与高性能门窗的组合，采用垂直遮阳，减少太阳热辐射得热，保证建筑的节能效果和室内舒适性。

建筑物自遮阳系统：建筑物整体向南倾斜 15°，具有很好的自遮阳效果。夏季太阳高度角较高，南向围护结构可阻挡过多太阳辐射；冬季太阳高度角较低，热量则可以进入室内，北向可引入更多的自然光线。这种设计降低了夏季太阳辐射的不利影响，改善了室内环境。图 10-4 为建筑物自遮阳示意图。

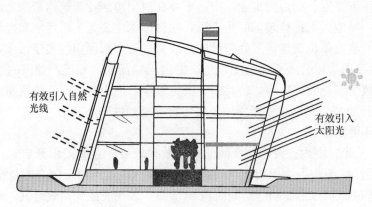

图 10-4　建筑物自遮阳示意图

百叶实现了遮阳不遮景，保持室内视觉通透感，并可以有效降低建筑能耗。夏季控制光线照度及减少室内得热，冬季遮阳百叶的自动调整可以保证太阳辐射热能的获取。通风百叶利用烟囱原理，在被动式通风模式时自动打开，排走室内多余热量、降低室内温度及发挥换气功能；在空调季节和有大风、大雨时自动关闭；在发生火灾时，自动打开排走浓烟。

（6）施工管理

1）成立绿色建筑施工管理组织机构，完善管理体系和制度建设

项目部成立专门的绿色建筑施工管理组织机构，完善管理体系和制度建设，根据预先设定的绿色建筑施工总目标，进行目标分解、实施和考核活动。项目经理为绿色施工第一责任人，负责绿色施工的组织实施及目标实现，并指定绿色建筑施工各级管理人员和监督人员。制定施工全过程的环境保护计划，明确施工中各相关方应承担的责任，将环境保护措施落实到具体责任人；实施过程中开展定期检查，保证环境保护计划的实现。建筑施工过程中加强对施工人员的健康安全保护。建筑施工项目部编制"职业健康安全管理计划"，并组织落实，保障施工人员的健康与安全。施工前由参建各方进行专业交底时，对保障绿色建筑性能的重点内容逐一交底。

2）加强环境保护措施

施工中采取降尘措施，降低大气总悬浮颗粒物浓度。施工中的降尘措施包括对易飞扬物质的洒水、覆盖、遮挡，对出入车辆的清洗、封闭，对易产生扬尘施工工艺的降尘措施等。在工地建筑结构脚手架外侧设置密目防尘网或防尘布，具有很好的扬尘控制效果。

采取降低噪声和噪声传播的有效措施，包括采用低噪声设备，运用吸声、消声、隔声、隔振等降噪措施，降低施工机械噪声。

在材料采购、材料管理、施工管理的全过程实施施工废弃物减量化。实现施工废弃物分类收集、集中堆放、回收和再利用。

3）有效节约资源

制定节能和用能方案，提出建成每平方米建筑能耗目标值，预算各施工阶段用电负荷，合理配置临时用电设备，避免多台大型设备同时使用。合理安排工序，提高各种机械的使用率和满载率，降低各种设备的单位耗能。做好建筑施工能耗管理，包括现场耗能与运输耗能。做好能耗监测、记录，用于指导施工过程中的能源节约。竣工时提供施工过程能耗记录和建成每平方米建筑实际能耗值，为施工过程的能耗统计提供基础数据。

制定节水和用水方案，提出建成每平方米建筑水耗目标值。为此应该做好水耗监测、记录，用于指导施工过程中的节水。竣工时提供施工过程水耗记录和建成每平方米建筑实际水耗值，为施工过程的水耗统计提供基础数据。

采取减少预拌混凝土的损耗措施，采用工厂化钢筋或钢结构加工方法，降低现场加工的钢损耗率。使用工具式定型模板，增加模板周转次数。

4）加强过程管理

参加各方重视对绿色建筑重点内容的专项会审，施工过程中以施工日志记录绿色建筑重点内容的实施情况。严格控制绿色建筑设计文件变更，避免出现降低建筑绿色性能的重大变更。施工过程中采取相关措施保证建筑的耐久性，对保证建筑结构耐久性的技术措施进行相应检测并记录。由建设单位统一进行图纸设计、材料购买和施工。在选材和施工方面采取工业化制造，具备稳定性、耐久性、环保性和通用性的设备和装修装饰材料，保证在工程竣工验收时室内装修一步到位，避免破坏建筑构件和设施。

（7）运营管理

　　楼宇自控系统主要针对科技馆内主要运行设备，包括被动式通风系统及主动空调系统，其他包括外遮阳的控制、照明的控制、与地源热泵系统的通信接口、变频水泵的状态检测、无动力通风系统的测量、地源热泵系统性能的测量、光伏电池和风力发电的参数检测、智能窗启闭的监控、电梯的状态检测和各种用能设备的能耗检测，建立统一的监控管理系统，进行集中管理和监控。

　　在地下 10m、20m、30m、40m、50m 处安装传感器，测量土壤温度。采用 20 个微风速传感器、20 个温度传感器，分别对无动力通风系统的气流沿线风速和温度进行监测，另配置一个便携式微风速测试仪对沿气流方向各点风速进行人工测量等。同时，对室内环境，室外气象参数，建筑能耗状况，以及系统的运行特性等进行逐时的测量，为建筑节能研究提供数据。系统中安装 38 个分项计量智能化仪表，实现了全面掌控系统状况，动态能耗分析，控制调节和节能优化，改善设备管理。据统计，系统实际现场监控点为 1600 点，系统软件配置为 1400 点，合计监控点为 3000 点。系统能够通过互联网在每天的某个时间将指定的数据表自动发送到指定的 E-mail 邮箱中。

　　四节一环保运行评价见表 10-8～表 10-14。

节能与能源利用评价　　　　　　　　　　　　　　　　表 10-8

名称	类别	标　准　条　文	是否参评	满足（不满足）或评分（加分）分值
节能与能源利用	控制项	5.1.1　建筑设计应符合国家现行相关建筑节能设计标准中强制性条文的规定	是	满足
		5.1.2　不应采用电直接加热设备作为供暖空调系统的供暖热源和空气加湿热源	是	满足
		5.1.3　冷热源、输配系统和照明等各部分能耗应进行独立分项计量	是	满足
		5.1.4　各房间或场所的照明功率密度值不应高于现行国家标准《建筑照明设计标准》GB 50034—2013 中规定的现行值	是	满足
	评分项	5.2.1　结合场地自然条件，对建筑的体形、朝向、楼距、窗墙比等进行优化设计。评价分值：6 分	是	6
		5.2.2　外窗、玻璃幕墙的可开启部分，能使建筑获得良好的通风。评价总分值为 6 分，并按下列规则评分 　　（1）设玻璃幕墙且不设外窗的建筑，其玻璃幕墙透明部分可开启面积比例达到 5%，得 4 分；得到 10%，得 6 分 　　（2）设外窗且不设玻璃幕墙的建筑，外窗可开启面积比例达到 30%，得 4 分；达到 35%，得 6 分 　　（3）设玻璃幕墙和外窗的建筑，对其玻璃幕墙透明部分和外窗分别按本条第 1 款和第 2 款进行评价，得分取两项得分的平均值	是	6
		5.2.3　围护结构热工性能指标优于国家或行业有关建筑节能设计标准的规定，评价总分值为 10 分，并按下列规则评分 　　（1）围护结构热工性能比国家现行相关建筑节能设计标准规定的提高幅度达到 5%，得 5 分；达到 10%，得 10 分 　　（2）供暖空调全年计算负荷降低幅度达到 5%，得 5 分；达到 10%，得 10 分	是	5

名称	类别	标 准 条 文	是否参评	满足（不满足）或评分（加分）分值
节能与能源利用	评分项	5.2.4 供暖空调系统的冷、热源机组能效均优于现行国家标准《公共建筑节能设计标准》GB 50189—2015 的规定以及现行有关国家标准能效限定值的要求，评价分值为 6 分	是	6
		5.2.5 集中供暖系统热水循环泵的耗电输热比和通风空调系统风机的单位风量耗功率符合现行国家标准《公共建筑节能设计标准》GB 50189—2015 等的有关规定，且空调冷热水系统循环水泵的耗电输冷（热）比比现行国家标准《民用建筑供暖通风与空气调节设计规范》GB 50736—2012 规定值低 20%，评价分值为 6 分	是	6
		5.2.6 合理选择和优化供暖、通风与空调系统，评价分值为 10 分，并按下列规则评分 （1）暖通空调系统能耗降低幅度不小于 5%，但小于 10%，得 3 分 （2）暖通空调系统能耗减低幅度不小于 10%，但小于 15%，得 7 分 （3）暖通空调系统能耗降低幅度不小于 15%，得 10 分	是	7
		5.2.7 采用措施降低过渡季节供暖、通风与空调系统能耗，评价分值为 6 分	是	6
		5.2.8 采取措施降低部分负荷、部分空间使用下的供暖、通风与空调系统能耗，评价总分值为 9 分，并按下列规则评分 （1）区分房间的朝向，细分空调区域，对空调系统进行分区控制，得 3 分 （2）合理选配空调冷、热源机组台数与容量，制定实施根据负荷变化调节制冷（热）量的控制策略，且空调冷源机组的部分负荷性能符合现行国家标准《公共建筑节能设计标准》GB 50189—2015 的规定，得 3 分 （3）水系统、风系统采用变频技术，且采取相应的水力平衡措施，得 3 分	是	6
		5.2.9 走廊、楼梯间、门厅、大堂、大空间、地下停车场等场所的照明系统采取分区、定时、感应等节能控制措施，评价分值为 5 分	是	5
		5.2.10 照明功率密度值达到现行国家标准《建筑照明设计标准》GB 50034—2013 中规定的目标值，评分总分值为 8 分。主要功能房间满足要求，得 4 分；所有区域均满足要求，得 8 分	是	4
		5.2.11 合理选用电梯和自动扶梯，并采取电梯群控、扶梯自动启停等节能控制措施。评价分值为 3 分	是	3
		5.2.12 合理选用节能型电气设备，评价总分值为 5 分，并按下列规则分别评分累计 （1）三相配电变压器满足现行国家标准《三相配电变压器能效限定值及能效等级》GB 20052—2013 的节能评价值要求，得 3 分 （2）水泵、风机等设备，及其他电气装置满足相关现行国家标准的节能评价值要求，得 2 分	是	3

名称	类别	标 准 条 文	是否参评	满足（不满足）或评分（加分）分值
节能与能源利用	评分项	5.2.13 排风能量回收系统设计合理并运行可靠，评价分值为3分	是	3
		5.2.14 合理采用蓄冷蓄热系统，评价分值为3分	是	3
		5.2.15 合理利用余热废热提供建筑所需的蒸汽、供暖或生活热水需求，评价分值为4分	是	4
		5.2.16 根据当地气候和自然资源条件，合理利用可再生能源，评价总分值为10分，并按（1）由可再生能源提供的生活用热水比例；（2）由可再生能源提供的空调用冷量和热量的比例；（3）由可再生能源提供的电量比例，分段评价得分	是	8
	加分项	11.2.1 围护结构热工性能比国家现行相关建筑节能设计标准的规定高20%，或者供暖空调全年计算负荷降低幅度达到15%，评价分值为2分		
		11.2.2 供暖空调系统的冷、热源机组能效均优于现行国家标准《公共建筑节能设计标准》GB 50189—2015的规定以及现行有关国家标准能效节能评价值要求，评价分值为1分		1
		11.2.3 采用分布式热电冷联供技术，系统全年能源综合利用率不低于70%，评价分值为1分		1
		11.2.11 进行建筑碳排放计算分析，采取措施降低单位建筑面积碳排放强度，评价分值为1分		
		11.2.12 采取节约能源资源、保护生态环境、保障安全健康的其他创新，并有明显效益，评价总分值为2分。采取一项，得1分；采取两项及以上，得2分		1

节水与水资源利用评价　　　　　　　　　　　　　　　表 10-9

名称	类别	标 准 条 文	是否参评	满足（不满足）或评分（加分）分值
节水与水资源利用	控制项	6.1.1 应制定水系统利用方案，统筹利用各种水资源	是	满足
		6.1.2 给排水系统设置应合理、完善、安全	是	满足
		6.1.3 应采用节水器具	是	满足
	评分项	6.2.1 建筑平均日用水量满足现行国家标准《民用建筑节水设计标准》GB 50555—2010中的节水用水定额的要求，评价总分值为10分，达到节水用水定额的上限值要求，得4分；达到上限值与下限值的平均值要求，得7分；达到下限值要求，得10分	是	7
		6.2.2 采用有效措施避免官网漏损，评价总分值为7分，并按下列规则分别评分并累计 （1）选用密闭性能好的阀门、设备，使用耐腐蚀、耐久性能好的管材、管件，得1分	是	2

名称	类别	标 准 条 文	是否参评	满足（不满足）或评分（加分）分值
节水与水资源利用	评分项	（2）室外埋地管道采取有效措施避免管网漏损，得 1 分 （3）设计阶段根据水平衡测试的要求安装分级计量水表；运行阶段提供用水量计量情况和管网漏损检测、整改的报告，得 5 分	是	2
		6.2.3　给水系统无超压出流现象，评价总分值为 8 分。用水点供水压力不大于 0.30MPa，得 3 分；不大于 0.20MPa，且不小于用水器具要求的最低工作压力，得 8 分	是	8
		6.2.4　按用途和付费单元或管理单元设计用水计量装置，评价总分值为 6 分，并按下列规则分别评分并累计 （1）按照使用用途，对厨房、卫生间、空调系统、游泳池、绿化、景观等用水分别设置用水计量装置、统计用水量，得 2 分 （2）按照付费或管理单元，分别设置用水计量装置，统计用水量，得 4 分	否	
		6.2.5　公共浴室采取节水措施，评价总分值为 4 分，并按下列规则分别评分并累计 （1）采用带恒温控制与温度显示功能的冷热水混合沐浴器，得 2 分 （2）设置用者付费的设施，得 2 分	是	4
		6.2.6　使用较高用水效率等级的卫生器具，评价总分值为 10 分。用水效率等级达到 3 级，得 5 分；用水效率等级达到 2 级，得 10 分	是	10
		6.2.7　绿化灌溉采用节水灌溉方式，评价总分值为 10 分，并按下列规则评分 （1）采用节水灌溉系统，得 7 分；在此基础上设置土壤湿度感应器、雨天关闭装置等节水控制措施，再得 3 分 （2）种植无须永久灌溉植物，得 10 分	是	10
		6.2.8　空调冷却系统采用节水技术，评价总分值为 10 分，并按下列规则评分 （1）开式循环冷却水系统设置水处理措施，采取加大集水盘、设置平衡管或水箱的方式，避免冷却水泵停泵时冷却水溢出，得 6 分 （2）运行时，开式冷却塔的蒸发耗水量占冷却水补水量的比例不低 80%，得 10 分 （3）采用无蒸发耗水量的冷却技术，得 10 分	是	6
		6.2.9　除卫生器具、绿化灌溉和冷却塔外的其他用水采用节水技术或措施，评价总分值为 5 分。其他用水中采用节水技术或措施的比例达到 50%，得 3 分；达到 80%，得 5 分	是	3
		6.2.10　合理使用非传统水源，评价总分值为 15 分 （1）住宅、办公、商店、旅馆类建筑，详见标准 （2）其他类型建筑，按下列规则分别评分并累计：①绿化灌溉、道路冲洗、洗车用水采用非传统水源的用水量占其总用水量的比例不低于 80%，得 7 分；②冲厕采用非传统水源的用水量占其用水量的比例不低于 50%，得 8 分	否	

名称	类别	标 准 条 文	是否参评	满足（不满足）或评分（加分）分值
节水与水资源利用	评分项	6.2.11 冷却水补水使用非传统水源，评价总分值为 8 分。评分规则如下 （1）冷却水补水使用非传统水源的量占其总用水量的比例不低于 10%，得 4 分 （2）冷却水补水使用非传统水源的量占其总用水量的比例不低于 30%，得 6 分 （3）冷却水补水使用非传统水源的量占其总用水量的比例不低于 50%，得 8 分	否	
		6.2.12 结合雨水利用设施进行景观水体设计，景观水体利用雨水的补水量大于其水体蒸发量的 60%，且采用生态水处理技术保障水体水质，评价总分值为 7 分。并按下列规则分别评分并累计 （1）对进入景观水体的雨水采取控制面源污染的措施，得 4 分 （2）利用水生动、植物进行水体净化，得 3 分	否	
	加分项	11.2.4 卫生器具的用水效率均达到国家现行有关卫生器具用水效率等级标准规定的 1 级，评价分值为 1 分	是	1

节材与材料资源利用评价　　　　　　　　　　　　表 10-10

名称	类别	标 准 条 文	是否参评	满足（不满足）或评分（加分）分值
节材与材料资源利用	控制项	7.1.1 不得采用国家和地方禁止和限制使用的建筑材料及制品	是	满足
		7.1.2 混凝土结构中梁、柱纵向受力普通钢筋应采用不低于 400MPa 级的热轧带肋钢筋	是	满足
		7.1.3 建筑造型要素应简约，且无大量装饰性构件	是	满足
	评分项	7.2.1 择优选用规则的建筑形体，评价总分值为 9 分。根据国家标准《建筑抗震设计规范》GB 50011—2010 规定的建筑形体规则性评分，建筑形体不规则，得 3 分 　建筑形体规则，得 9 分	是	3
		7.2.2 对地基基础、结构体系、结构构件进行优化设计，达到节材效果，评价分分值为 5 分	是	5
		7.2.3 土建工程与装修工程一体化设计，评价总分值为 10 分，并按下列规则评分 （1）住宅建筑土建与装修一体化设计的户数比例达到 30%，得 6 分；达到 100%，得 10 分 （2）公共建筑公共部位土建与装修一体化设计，得 6 分；所有部位均土建与装修一体化设计，得 10 分	是	6

名称	类别	标　准　条　文	是否参评	满足（不满足）或评分（加分）分值
节材与材料资源利用	评分项	7.2.4　公共建筑中可变换功能的室内空间采用可重复使用的隔断（墙），评价总分值为 5 分。根据可重复使用隔（墙）比例评分规则如下：（1）可重复使用隔断（墙）比例不小于 30% 但小于 50%，得 3 分；（2）可重复使用隔断（墙）比例不小于 50% 但小于 80%，得 4 分；（3）可重复使用隔断（墙）比例不小于 80%，得 5 分	否	
		7.2.5　采用工业化生产的建筑预制构件，评价总分值为 5 分，根据预制构件用量比例评分规则如下：（1）预制装配率不小于 15%，得 3 分；（2）预制装配率不小于 30%，得 4 分；（3）预制装配率不小于 50%，得 5 分	是	3
		7.2.6　采用整体化定型设计的厨房、卫浴间，采用整体化定型设计，评价总分值为 6 分，并按下列规则分别评分并累计：（1）采用整体化定型设计厨房，得 3 分；（2）采用整体化定型设计的卫浴间，得 3 分	否	
		7.2.7　采用本地化生产的建筑材料，评价总分值为 10 分。根据施工现场 500km 以内生产的建筑材料重量占建筑材料总重量的比例评分规则如下：（1）施工现场 500km 以内生产的建筑材料重量占建筑材料总重量 60% 以上，得 6 分；（2）施工现场 500km 以内生产的建筑材料重量占建筑材料总重量的 70% 以上，得 8 分；（3）施工现场 500km 以内生产的建筑材料重量占建筑材料总重量的 90% 以上，得 10 分	是	8
		7.2.8　现浇混凝土采用预拌混凝土，评价总分值为 10 分	否	
		7.2.9　建筑砂浆采用预拌砂浆，评价总分值为 5 分。建筑砂浆采用预拌砂浆的比例达到 50%，得 3 分；达到 100%，得 5 分	是	3
		7.2.10　合理采用高强建筑结构材料，评价总分值为 10 分，并按下列规则评分 （1）混凝土结构：①受力普通钢筋使用不低于 400MPa 级钢筋占受力普通钢筋总量的 30% 以上，得 4 分；50% 以上，得 6 分；70% 以上，得 8 分；85% 以上，得 10 分 ②混凝土竖向承重结构采用强度等级不小于 C50 混凝土用量占竖向承重结构中混凝土总量的比例达到 50%，得 10 分 （2）钢结构：Q345 及以上高强钢材用量占钢材总量的比例达到 50%，得 8 分；达到 70%，得 10 分 （3）混合结构：对其混凝土结构部分和钢结构部分，分别按本条第 1 款和第 2 款进行评价，得分取两项得分的平均值	是	8
		7.2.11　合理采用高耐久性建筑结构材料，评价总分值为 5 分。对混凝土结构，其中高耐久性混凝土用量占混凝土总量的比例达到 50%；对钢结构，采用耐候结构钢或耐候型防腐涂料	是	5

续表

名称	类别	标 准 条 文	是否参评	满足（不满足）或评分（加分）分值
节材与材料资源利用	评分项	7.2.12 采用可再利用材料和可再循环建筑材料，评价总分值为10分，并按下列规则评分：(1) 住宅建筑中的可再利用材料和可再循环建筑材料用量比例达到6%，得8分；达到10%，得10分。(2) 公共建筑中的可再利用材料和可再循环建筑材料用量比例达到10%，得8分；达到15%，得10分	是	8
		7.2.13 使用以废弃物为原料生产的建筑材料，评价总分值为5分，并按下列规则评分 (1) 采用一种废弃物为原料生产的建筑材料，其占同类建材的用量比例达到30%，得3分；达到50%，得5分；(2) 采用两种及以上以废弃物为原料生产的建筑材料，每一种用量比例均达到30%，得5分	是	3
		7.2.14 合理采用耐久性好、易维护的装饰装修建筑材料，评价总分值为5分，并按下列规则分别评分并累计：(1) 合理采用清水混凝土，得2分；(2) 采用耐久性好，易维护的外立面材料，得2分；(3) 采用耐久性好，易维护的室内装饰装修材料，得1分	是	3
	加分项	11.2.5 采用资源消耗和环境影响小的建筑结构体系，评价分值为1分	否	

节地与室外环境评价　　　　　　　　　　　　　　　表 10-11

名称	类别	标 准 条 文	是否参评	满足（不满足）或评分（加分）分值
节地与室外环境	控制项	4.1.1 项目选址应符合所在地城乡规划，且应符合各类保护区、文物古迹保护的建设控制要求	是	满足
		4.1.2 场地应无洪涝、滑坡、泥石流等自然灾害的威胁，无危险化学品、易燃易爆危险源的威胁，无电磁辐射、含氡土壤等的危害	是	满足
		4.1.3 场地内不应有排放超标的污染源	是	满足
		4.1.4 建筑规划布局应满足日照标准，且不得降低周边建筑的日照标准	是	满足
	得分项	4.2.1 节约集约利用土地，评价总分值为19分。评分规则如下 (1) 对居住建筑根据人均居住用地 A 指标进行评分：① 3层及以下高于35m² 但不高于41m²、4～6层高于23m² 但不高于26m²、7～12层高于22m² 但不高于24m²、13～18层高于20m²但不高于22m²、19层及以上高于11m² 但不高于13m²，得15分。② 3层及以下不高于35m²、4～6层不高于23m²、7～12层不高于22m²、13～18层不高于20m²、19层及以上不高于11m²，得19分 (2) 对公共建筑根据其容积率 R 进行评分：达到0.5，得5分；达到0.8，得10分；达到1.5，得15分；达到3.5，得19分	是	5

名称	类别	标　准　条　文	是否参评	满足（不满足）或评分（加分）分值
节地与室外环境	得分项	4.2.2　场地内合理设置绿化用地，评价总分值为 9 分，并按下列规则分别评分并累计 （1）住区绿地率：新区建设达到 30%，旧区改建达到 25%，得 2 分 （2）住区人均公共绿地面积：①新区建设达到 1.0m²，旧区改建达到 0.7m²，得 3 分；②新区建设达到 1.3m²，旧区改建达到 0.9m²，得 5 分；③新区建设达到 1.5m²，旧区改建达到 1.0m²，得 7 分 （3）公共建筑的绿地率：①达到 30%，得 2 分；②达到 35%，得 5 分；③达到 40%，得 7 分 （4）公共建筑的绿地向社会公众开放，得 2 分	是	9
		4.2.3　合理开发利用地下空间，评价总分值为 6 分，按下列规则评分 （1）居住建筑的地下建筑面积与地上建筑面积的比率：达到 5%，得 2 分；达到 15%，得 4 分；达到 25%，得 6 分 （2）公共建筑的地下建筑面积与总用地面积之比：大于等于 0.5，得 3 分；大于等于 0.7，且地下一层建筑面积与总用地面积的比率小于 70%，得 6 分	是	3
		4.2.4　建筑及照明设计避免产生光污染，评价总分值为 4 分，并按下列规则分别评分并累计 （1）玻璃幕墙可见光反射比不大于 0.2，得 2 分 （2）室外夜景照明光污染的限制符合现行行业标准《城市夜景照明设计规范》JGJ/T 163—2008 的规定，得 2 分	是	4
		4.2.5　场地内环境噪声符合现行国家标准《声环境质量标准》GB 3096—2008 的有关规定，评价分值为 4 分	是	4
		4.2.6　场地内风环境有利于室外行走、活动舒适和建筑的自然通风，评价总分值为 6 分，并按下列规则分别评分并累计 （1）在冬季典型风速和风向条件下，按下列规则分别评分并累计 ① 建筑物周围人行区风速低于 5m/s，且室外风速放大系数小于 2，得 2 分 ②除迎风第一排建筑外，建筑迎风面与背风面表面风压差不大于 5Pa，得 1 分 （2）过渡季、夏季典型风速和风向条件下，按下列规则分别评分并累计 ① 场地内人活动区不出现涡旋或无风区，得 2 分 ② 50%以上建筑的可开启外窗室内外表面的风压差大于 0.5Pa。得 1 分	否	
		4.2.7　采取措施降低热岛效应，评价总分值为 4 分，并按下列规则分别评分并累计 （1）红线范围内户外活动场地有乔木、构筑物等遮荫措施的面积达到 10%，得 1 分 （2）超过 70%的道路路面、建筑屋顶的太阳辐射反射系数不小于 0.4，得 2 分	是	4

名称	类别	标 准 条 文	是否参评	满足（不满足）或评分（加分）分值
节地与室外环境	得分项	4.2.8 场地与公共交通设施具有便捷的联系，评价总分值为9分，并按下列规则分别评分并累计 　（1）场地出入口到达公共汽车站的步行距离不大于500m，或到达轨道交通站的步行距离不大于800m，得3分 　（2）场地出入口步行距离500m范围内设有2条或2条以上线路的公共交通站点（含公共汽车站和轨道交通站），得3分 　（3）有便捷的人行通道联系公共交通站点，得3分	是	9
		4.2.9 场地内人行通道采用无障碍设计，评价分值为3分	是	3
		4.2.10 合理设置停车场所，评价总分值为6分，并按下列规则分别评分并累计 　（1）自行车停车设施位置合理、方便出入，且有遮阳防雨和安全防盗措施，得3分 　（2）合理设置机动车停车设施，并采取下列措施中至少2项，得3分 　①采用机械式停车库、地下停车库或停车楼等方式节约集约用地 　②采用错时停车方式向社会开放，提高停车场（库）使用效率 　③合理设计地面停车位，停车不挤占行人活动空间	是	6
		4.2.11 提供便利的公共服务，评价总分值为6分，并按下列规则评分 　（1）居住建筑：满足下列要求中至少3项，得3分；满足4项及以上，得6分：①场地出入口到达幼儿园的步行距离不大于300m；②场地出入口到达小学的步行距离不大于500m；③场地出入口到达商业服务设施的步行距离不大于500m；④相关设施集中设置并向周边居民开放；⑤场地1000m范围内设有5种以上的公共服务设施 　（2）公共建筑：满足下列要求中至少2项，得3分；满足3项及以上，得6分 　①2种级以上的公共建筑集中设置，或公共建筑兼容2种及以上的公共服务功能 　②配套辅助设施设备共同使用、资源共享 　③建筑向社会公众提供开放的公共空间 　④室外活动场地错时向周边居民免费开放	是	6
		4.2.12 结合现状地形地貌进行场地设计与建筑布局，保护场地内原有的自然水域、湿地和植被，采取表层土利用等生态补偿措施，评价分值为3分	是	3
		4.2.13 充分利用场地空间合理设置绿色雨水基础设施，对大于10hm² 的场地进行雨水专项规划设计，评价总分值为9分，并按下列规则分别评分并累计 　（1）下凹式绿地、雨水花园等有调蓄雨水功能的绿地和水体的面积之和占绿地面积的比例达到30%，得3分 　（2）合理衔接和引导屋面雨水、道路雨水进入地面生态设施，并设置相应的径流污染控制措施，得3分 　（3）硬质铺装地面中透水铺装面积的比例不小于50%，得3分	是	6

续表

名称	类别	标　准　条　文	是否参评	满足（不满足）或评分（加分）分值
节地与室外环境	得分项	4.2.14　合理规划地表与屋面雨水径流，对场地雨水实施外排总量控制，评价总分值为 6 分。其场地年径流总量控制率达到 55%，得 3 分；达到 70%，得 6 分	否	
		4.2.15　合理选择绿化方式，科学配置绿化植物，评价总分值为 6 分，并按下列规则分别评分并累计 （1）种植适应当地气候和土壤条件的植物，采用乔、灌、草结合的复层绿化，种植区域覆土深度和排水能力满足植物生长需求，得 3 分 （2）居住建筑绿地配植乔木不少于 3 株/100 m²，公共建筑采用垂直绿化、屋顶绿化方式，得 3 分	是	6
	加分项	11.2.7　建筑方案充分考虑建筑所在地域的气候、环境、资源，结合场地特征和建筑功能，进行技术经济分析，显著提高能源资源利用效率和建筑性能，评价分值为 2 分	是	2
		11.2.8　合理选用废弃场地进行建设，或充分利用尚可使用的旧建筑，评价分值为 1 分	否	
		11.2.9　应用建筑信息模型（BIM）技术，评价总分值为 2 分。在建筑的规划设计、施工建造和运行维护阶段中的一个阶段应用得 1 分，两个或两个以上阶段应用得 2 分	否	

室内环境质量评价　　　　　　　　　　　　　　表 10-12

名称	类别	标　准　条　文	是否参评	满足（不满足）或评分（加分）分值
室内环境质量	控制项	8.1.1　主要功能房间的室内噪声级应满足现行国家标准《民用建筑隔声设计规范》GB 50118—2010 中的低限要求	是	满足
		8.1.2　主要功能房间的外墙、隔墙、楼板和门窗的隔声性能应满足现行国家标准《民用建筑隔声设计规范》GB 50118—2010 中的低限要求	是	满足
		8.1.3　建筑照明数量和质量应符合现行国家标准《建筑照明设计标准》GB 50034—2013 的规定	是	满足
		8.1.4　采用集中供暖空调系统的建筑，房间内的温度、湿度、新风量等设计参数应符合现行国家标准《民用建筑供暖通风与空气调节设计规范》GB 50736—2012 的规定	是	满足
		8.1.5　在室内设计温、湿度条件下，建筑围护结构内表面不得结露	是	满足
		8.1.6　屋顶和东、西外墙隔热性能应满足现行国家标准《民用建筑热工设计规范》GB 50176—1993 的要求	是	满足
		8.1.7　室内空气中的氨、甲醛、苯、总挥发性有机物、氡等污染物浓度应符合现行国家标准《室内空气质量标准》GB/T 18883　2002 的有关规定	是	满足

名称	类别	标　准　条　文	是否参评	满足（不满足）或评分（加分）分值
室内环境质量	评分项	8.2.1　主要功能房间的室内噪声级，评价总分值为6分。噪声级达到现行国家标准《民用建筑隔声设计规范》GB 50112—2010中的低限标准限值，得3分；达到高要求标准的数值，得6分	是	3
		8.2.2　主要功能房间的隔声性能良好，评价总分值为9分，并按下列规则分别评分并累计 （1）构件或相邻房间之间的空气声隔声性能达到现行国家标准《民用建筑隔声设计规范》GB 50118—2010中的低限标准限值和高要求标准限的平均值，得3分；达到高要求标准限值，得5分 （2）楼板的撞击声隔声性能达到现行国家标准《民用建筑隔声设计规范》GB 50118—2010中的低限标准限值和高要求标准限的平均值，得3分；达到高要求标准限值，得4分	否	
		8.2.3　采取减少噪声干扰措施，评价总分值为4分，并按下列规则分别评分并累计 （1）建筑平面、空间布局合理，没有明显的噪声干扰问题，得2分 （2）采用同层排水，或其他降低排水噪声的有效措施，使用率不少于50%，得2分	是	4
		8.2.4　公共建筑中的多功能厅、接待大厅、大型会议室和其他有声学要求的重要房间进行专项声学设计，满足相应功能要求，评价分值为3分	是	3
		8.2.5　建筑主要功能房间具有良好的户外视野，评价分值为3分。对居住建筑，其余相邻建筑的直接间距超过18m；对公共建筑，其主要功能房间能通过外窗看到室外自然景观，且无明显视线干扰	是	3
		8.2.6　主要功能房间的采光系数满足现行国家标准《建筑采光设计标准》GB 50033—2013的要求，评价总分值为8分，详见标准规定	否	
		8.2.7　改善建筑室内天然采光效果，评价总分值为14分，并按下列规则分别评分并累计 （1）主要功能房间有合理的控制眩光措施，得6分 （2）且内区采光系数满足采光要求的面积比例达到60%，得4分 （3）地下空间平均采光系数≥0.5%的面积大于首层地下室面积的5%，得1分，面积达标比例每提高5%得1分，最高得4分	是	6
		8.2.8　采取可调节遮阳措施，降低夏季太阳辐射得热，评价总分值为12分。外窗或幕墙透明部分中，有可控遮阳调节措施面积比例达到25%，得6分；达到50%，得12分	是	6
		8.2.9　供暖空调系统末端现场独立调节，评价总分值为8分。供暖、空调末端装置可独立启停的主要功能房间数量比例达到70%，得4分；达到90%，得8分	是	8

续表

名称	类别	标　准　条　文	是否参评	满足（不满足）或评分（加分）分值
室内环境质量	评分项	8.2.10　建筑空间平面和构造设计采取优化措施，改善自然通风效果，评价总分值为 13 分，并按相邻规则评分 （1）居住建筑：按下列 2 项的规则分别评分并累计：①通风开口面积与房间地板面积的比例在夏热冬暖地区达到 10%，在夏热冬冷地区达到 8%，在其他地区达到 5%，得 10 分；②设有明卫，得 3 分 （2）公共建筑：根据在过渡季典型工况下，主要功能房间的平均自然通风换气次数不小于 2 次/h 的面积比例，按评分规则评分	是	10
		8.2.11　气流组织合理，评价总分值为 7 分，并按下列规则分别评分并累计 （1）重要功能区域供暖、通风或空调工况下的气流组织满足热环境设计参数要求，得 4 分 （2）避免卫生间、餐厅、地下车库等区域的空气和污染物串通到其他空间或室外主要活动场所，得 3 分	是	4
		8.2.12　主要功能房间中人员密度较高且随时间变化大的区域设置室内空气质量监控系统，评价总分值为 8 分，并按下列规则分别评分并累计 （1）对室内的二氧化碳浓度进行数据采集、分析，并与通风系统联动，得 5 分 （2）实现室内污染物浓度超标实时报警，并与通风系统联动，得 3 分	是	5
		8.2.13　地下车库设置与排风设备联动的一氧化碳浓度检测装置，评价分值为 5 分	否	
	加分项	11.2.5　对主要功能房间采取有效的空气处理措施，评价分值为 1 分	是	1
		11.2.6　室内空气中的氨、甲醛、苯、氡和总挥发性有机物（TVOC）、氡、可吸入颗粒物等污染物浓度不高于现行国家标准《室内空气质量标准》GB/T 18883—2002 规定值的 70%，评价分值为 1 分	否	

施工管理评价　　　　　　　　　　　　　　　　　表 10-13

名称	类别	标　准　条　文	是否参评	满足（不满足）或评分（加分）分值
施工管理	控制项	9.1.1　应建立绿色建筑项目施工管理体系和组织机构，并落实各级责任人	是	满足
		9.1.2　施工项目部应制定施工全过程的环境保护计划，并组织实施	是	满足
		9.1.3　施工项目部应制定施工人员职业健康安全管理计划，并组织实施	是	满足
		9.1.4　施工前应进行设计文件中绿色建筑重点内容的专项会审	是	满足

名称	类别	标 准 条 文	是否参评	满足（不满足）或评分（加分）分值
施工管理	评分项	9.2.1 采取洒水、覆盖、遮挡等有效的降尘措施，评价分值为6分	是	6
		9.2.2 采取有效的降噪措施。在施工场界测量并记录噪声，满足现行国家标准《建筑施工场界环境噪声排放标准》GB 12523—2011的规定，评价分值6分	是	6
		9.2.3 制定并实施施工废弃物减量化、资源化计划，评价总分值为10分，并按下列规则分别评分并累计 （1）制定施工废弃物减量化、资源化计划，得3分 （2）可回收施工废弃物的回收率不小于80%，得3分 （3）根据每10000m² 建筑面积的施工固体废弃物排放量，按下列规则评分，最高得4分 ① 不大于400t但大于350t，得1分 ② 不大于350t但大于300t，得3分 ③ 不大于300t，得4分	是	6
		9.2.4 制定并实施施工节能和用能方案，监测并记录施工能耗，评价总分值8分，按下列规则分别评分并累计 （1）制定并实施施工节能和用能方案，得1分 （2）监测并记录施工区、生活区的能耗，得3分 （3）监测并记录主要建筑材料、设备从供货商提供的货源地到施工现场运输的能耗，得3分 （4）监测并记录建筑施工废弃物从施工现场到废弃物处理/回收中心运输的能耗，得1分	是	8
		9.2.5 制定并实施施工节水和用水方案，监测并记录施工水耗，评价总分值8分，按下列规则分别评分并累计 （1）制定并实施施工节水和用水方案，得2分 （2）监测并记录施工区、生活区的水耗数据，得4分 （3）监测并记录基坑降水的抽取量、排放量和利用量数据，得2分	是	6
		9.2.6 减少预拌混凝土的损耗，评价总分值为6分，规则如下 （1）损耗率不大于1.5%但大于1.0%，得3分 （2）损耗率不大于1.0%，得6分	否	
		9.2.7 采取措施降低钢筋损耗，评价总分值为8分，并按下列规则评分 （1）80%以上的钢筋采用专业化生产的成型钢筋，得8分 （2）根据现场加工钢筋损耗率，按下列规则评分，最高得8分 ① 不大于4.0%但大于3.0%，得4分 ② 不大于3.0%但大于1.5%，得6分 ③ 不大于1.5%，得8分	是	8

名称	类别	标　准　条　文	是否参评	满足（不满足）或评分（加分）分值
施工管理	评分项	9.2.8　使用工具式定型模板，增加模板周转次数，评价总分值为 10 分，根据工具式定型模板使用面积占模板工程总面积的比例评分，规则如下 （1）使用面积占模板工程总面积的比例不小于 50% 但小于 70%，得 6 分 （2）不小于 70% 但小于 85%，得 8 分 （3）不小于 85%，得 10 分	是	8
		9.2.9　实施设计文件中绿色建筑重点内容，评价总分值为 4 分，并按下列规则分别评分并累计 （1）进行绿色建筑重点内容的专项会审，得 2 分 （2）施工过程中以施工日志记录绿色建筑重点内容的实施情况，得 2 分	是	4
		9.2.10　严格控制设计文件变更，避免出现降低建筑绿色性能的重大变更，评价分值为 4 分	是	4
		9.2.11　施工过程中采取相关措施保证建筑的耐久性，评价总分值为 8 分，并按下列规则分别评分并累计 （1）对保证建筑结构耐久性的技术措施进行相应检测并记录，得 3 分 （2）对有节能、环保要求的设备进行相应检验并记录，得 3 分 （3）对有节能、环保要求的装修装饰材料进行相应检测并记录，得 2 分	是	6
		9.2.12　实现土建装修一体化施工，评价总分值为 14 分，并按下列规则分别评分并累计 （1）工程竣工时主要功能空间的使用功能完备，装修到位，得 3 分 （2）提供装修材料检测报告、机电设备检测报告、性能复试报告，得 4 分 （3）提供建筑竣工验收证明、建筑质量保修书、使用说明书，得 4 分 （4）提供业主反馈意见书，得 3 分	是	11
		9.2.13　工程竣工验收前，由建设单位组织有关责任单位，进行机电系统的综合调试和联合试运转，结果符合设计要求，评价总分值为 8 分	是	8
	加分项	11.2.12　采取节约能源资源、保护生态环境、保障安全健康的其他创新，并有明显效益，评价总分值为 2 分。采取一项，得 1 分；采取两项及以上，得 2 分		

运营管理情况

表 10-14

名称	类别	标 准 条 文	是否参评	满足（不满足）或评分（加分）分值
运营管理	控制项	10.1.1 应制定并实施节能、节水、节材、绿化管理制度	是	满足
		10.1.2 应制定垃圾管理制度，合理规划垃圾物流，对生活废弃物进行分类收集，垃圾容器设置规范	是	满足
		10.1.3 运行过程中产生的废气、污水等污染物应达标排放	是	满足
		10.1.4 节能、节水设施应工作正常，且符合设计要求	是	满足
		10.1.5 供暖、通风、空调、照明等设备的自动监控系统应工作正常，且运行记录完整	是	满足
	评分项	10.2.1 物业管理机构获得有关管理体系认证，评价总分值为10分，并按下列规则分别评分并累计：（1）具有 ISO 14001 环境管理体系认证，得4分；（2）具有 ISO 90001 质量管理体系认证，得4分；（3）具有现行国家标准《能源管理体系　要求》GB/T 23331—2012 的能源管理体系认证，得2分	是	8
		10.2.2 节能、节水、节材与绿化的操作规程、应急预案完善，且有效实施，评价总分值为8分，并按下列规则分别评分并累计：（1）相关设施的操作规程在现场明示，操作人员严格遵守规定，得6分；（2）节能、节水设施运行具有完善的应急预案，得2分	是	8
		10.2.3 实施能源资源管理激励机制，管理业绩与节约能源资源、提高经济效益挂钩，评价总分值为6分，并按下列规则分别评分并累计：（1）物业管理机构的工作考核体系中包含能源资源管理激励机制，得3分；（2）与租用者的合同中包含节能条款，得1分；（3）采用能源合同管理模式，得2分	是	5
		10.2.4 建立绿色教育宣传机制，编制绿色设施使用手册，形成良好的绿色氛围，评价总分值为6分，并按下列规则分别评分并累计：（1）有绿色教育宣传工作记录，得2分；（2）向使用者提供绿色设施使用手册，得2分；（3）相关绿色行为与成效获得媒体报道，得2分	是	6
		10.2.5 定期检查、调试公共设施设备，并根据运行检测数据进行设备系统的运行优化，评价总分值为10分，并按下列规则分别评分并累计：（1）具有设施设备的检查、调试、运行、标定记录，且记录完整，得7分；（2）制定并实施设备能效改进方案，得3分	是	7
		10.2.6 对空调通风系统进行定期检查和清洗，评价总分值为6分，并按下列规则分别评分并累计：（1）制定空调通风设备和风管的检查和清洗计划，得2分；（2）实施第一款中的清洗计划，且记录保存完整，得4分	否	
		10.2.7 非传统水源的水质和用水量记录完整、准确，评价总分值为4分，并按下列规则分别评分并累计：（1）定期进行水质检测，记录完整、准确，得2分；（2）用水量记录完整、准确，得2分	否	

名称	类别	标　准　条　文	是否参评	满足（不满足）或评分（加分）分值
运营管理	评分项	10.2.8　智能化系统的运行效果满足建筑运行与管理的需要，评价总分值为12分，并按下列规则分别评分并累计：（1）居住建筑的智能化系统满足现行行业标准《居住区智能化系统配置与技术要求》CJ/T 174—2013 的基本配置要求，公共建筑的智能化系统满足现行国家标准《智能建筑设计标准》GB/T 50314—2015 的基本配置要求，得6分；（2）智能化系统工作正常，符合设计要求，得6分	是	6
		10.2.9　应用信息化手段进行物业管理，建筑工程、设施、设备、部品、能耗等档案及记录齐全，评价总分值为10分，并按下列规则分别评分并累计：（1）设置物业信息管理系统，得5分；（2）物业管理信息系统功能完备，得2分；（3）记录数据完整，得3分	是	7
		10.2.10　采用无公害病虫害防治技术，规范杀虫剂、除草剂、化肥、农药等化学药品的使用，有效避免对土壤和地下水环境的损害，评价总分值为6分，并按下列规则分别评分并累计：（1）建立和实施化学药品管理责任制，得2分；（2）病虫害防治用品使用记录完整，得2分（3）采用生物制剂、仿生制剂等无公害防治技术，得2分	是	4
		10.2.11　栽种和移植的树木一次成活率大于90%，植物生长状态良好，评价总分值为6分，并按下列规则分别评分并累计：（1）工作记录完整，得4分；（2）现场观感良好，得2分	是	6
		10.2.12　垃圾收集站（点）及垃圾间不污染环境，不散发臭味，评价总分值为6分，并按下列规则分别评分并累计：（1）垃圾站（间）定期冲洗，得2分；（2）垃圾及时清运、处置，得2分；（3）周边无臭味，用户反映良好，得2分	是	6
		10.2.13　实行垃圾分类收集和处理，评价总分值为10分，并按下列规则分别评分并累计：（1）垃圾分类收集率达到90%，得4分；（2）可回收垃圾的回收比例达到90%，得2分；（3）对可生物降解垃圾进行单独收集和合理处理，得2分；（4）对有害垃圾进行单独收集和合理处理，得2分	是	8
	加分项	11.2.11　进行建筑碳排放计算分析，采取措施降低单位建筑面积碳排放强度，评价分值为1分	否	
		11.2.12　采取节约能源资源、保护生态环境、保障安全健康的其他创新，并有明显效益，评价总分值为2分。采取一项，得1分；采取两项及以上，得2分		1

参 考 文 献

[1] 住房和城乡建设部建筑节能与科技司．绿色建筑和低耗能建筑示范工程[M]．北京：中国建筑工业出版社，2012：1-193.

[2] 综合案例分析．绿色建筑工程师岗位技术能力培训教程[Z]．天津：天津科学技术出版社，2014.

[3] 孙红．合同能源管理实务[M]．北京：中国经济出版社，2012.

[4] 住房和城乡建设部科技发展促进中心．绿色建筑评价技术指南[M]．北京：中国建筑工业出版社，2010：65-92.

[5] 李百战．绿色建筑概论[M]．北京：化学工业出版社，2007，（5）：105-106.

[6] 薛志峰．既有建筑节能诊断与改造[M]．北京：中国建筑工业出版社，2007：1-200.

[7] 李飞等．绿色建筑技术概论[Z]．北京：国防工业出版社，2014

[8] 鄂勇，伞成立．能源与环境效应[M]．北京：化学工业出版社，2003：35-58.

[9] 美国绿色建筑委员会．绿色建筑评估体系[M]．彭梦月．北京：中国建筑工业出版社，2002：3-14.

[10] 陈湛．绿色星级公共建筑中的被动式设计[C]．2011全国工程设计技术创新大会论文集．2011：262-274.

[11] 梁章旋．地域性节能建筑探讨[C]．中国建筑学会建筑师分会人居环境专业2006年学术年会论文集．2006：10-15.

[12] GB/T 50378—2014，绿色建筑评价标准[S]．北京：住房和城乡建设部，2014.

[13] GB/T24915—2010，合同能源管理技术通则[S]．北京：中国计量出版社，2010.

[14] JGJ/T 132—2009，居住建筑节能检验标准[S]．北京：中国建筑工业出版社，2009.

[15] JGJ/T 177—2009，公共建筑节能检验标准[S]．北京：中国建筑工业出版社，2009.

[16] GB/T 2589—2008，综合能耗计算通则[S]．北京：中国标准出版社，2008.

[17] GB 50189，公共建筑节能设计标准[S]．北京：中国计划出版社，2005.

[18] 第139号．城市建筑垃圾管理规定[S]．北京：中华人民共和国建部，2005.

[19] JGJ 134—2001，夏热冬冷地区居住建筑节能设计标准[S]．北京：中国计划出版社，2001.

[20] JGJ 26—95，民用建筑节能设计标准[S]．北京：中国计划出版社，1995.

[21] GB 50176—93，民用建筑热工设计规范[S]．北京：中国计划出版社，1993.

[22] 中国节能服务网．湖南：首家医院动力中心合同能源管理项目启动[EB/OL]．(2010-9-29)．[2013-5-15]http：//www.emca.cn/bg/dfzx/dflb/20，100，929，085，646.html

[23] 曹江涛．合同能源管理及应用[D]．成都：西南交通大学，2005.

[24] 侯玲．基于费用效益分析的绿色建筑的评价研究[D]．西安：西安建筑科技大学，2006.

[25] 熊小萌．中国夏热冬冷地区绿色建筑技术应用问题研究[D]．武汉．华中科技大学硕士学位论文，2006.

[26] 柴宏祥．绿色建筑节水技术体系与全生命周期综合效益研究[D]．重庆：重庆大学，2008.

[27] 赵振林．地源热泵技术在欧逸丽庭项目中的应用[D]．华北电力大学，2008.

[28] 文艺植．基于LEED的绿色建筑经济评价方法研究[D]．西安．长安大学硕士论文，2009.

[29] 李春茹．博物馆"盒中盒"类复杂高大空间空调系统CFD模拟研究[D]．天津大学，2010.

[30] 刘丽霞．基于费用效益法的绿色建筑节能措施之经济评价研究[D]．江西：江西理工大学，2010.

[31] 崔晨华．绿色建筑的成本与效益分析研究[D]．西安：西安建筑科技大学，2010.

[32] 伍倩仪. 基于全寿命周期成本理论的绿色建筑经济效益分析[D]. 北京：北京交通大学，2011.

[33] 张慧萍. 基于全寿命周期理论的绿色建筑成本研究[D]. 重庆：重庆大学，2012.

[34] 刘秀杰. 基于全寿命周期成本理论的绿色建筑环境效益分析[D]. 北京：北京交通大学，2012.

[35] 胡三妹. LEED认证在商用项目中的应用研究[D]. 重庆. 重庆大学，2012.

[36] Zhen Chen, HengLi. Environmental management of urban construction projects in China[J]. 2000 (04)：6-14.

[37] Raymond J Cole. Building environmental assessment methods：assessing construction practices [J]. 2000(18)：7-8.

[38] 竹隰生，任宏. 可持续发展与绿色施工[J]. 基建优化，2002(4)：33-35.

[39] Alison Forrest. Manchester Piccadilly. Architects for redevelopment：Building Design Partnership [J]. Prospect NW, 2003(10)：10-13.

[40] 刘煜. 国际绿色生态建筑评价方法介绍与分析[J]. 建筑学报，2003(3)：58-60.

[41] C M Tam, W Y Tam，W S Tsui Green construction assessment for environmental management in the construction industry of Hong Kong[J]. 2004(07).

[42] 竹隰生，王冰松. 我国绿色施工的实施现状及推广对策[J]. 重庆建筑大学学报，2005(1)：97-100.

[43] 申琪玉，李惠强. 绿色施工应用价值研究[J]. 施工技术，2005(11)：60-62.

[44] 章崇任. 实施绿色施工的途径[J]. 建筑，2005，52(7)：84-86.

[45] 赵海川，刘时新. "国门"建设创节约工程——首都机场三号航站楼强化施工节材管理[J]. 建设科技. 2005(16)：16-17.

[46] 曹毅然，陆善后等. 建筑物体形系数与节能关系的探讨[J]. 住宅科技，2005(4)：26-28.

[47] 陈晓红. 基于层次分析法的绿色施工评价[J]. 施工技术，2006，35(11)：85-89.

[48] 胡勤. 绿色施工：建筑业实践科学发展观[J]. 建筑经济，2006(2)：19-23.

[49] 高素萍. 智能建筑的几种有效节能技术措施[J]. 建筑节能. 2007(04)：52-54.

[50] 刘平. 绿色施工的定义、范围及其内涵[J]. 建筑施工，2007(12)：911-914.

[51] 白雪莲，王洪卫，郭林文. 公共建筑暖通空调系统提高能效的措施分析[J]. 建筑节能. 2007，35(09)：2-5.

[52] 李峥嵘，赵明明. 上海既有公共建筑节能改造方案对比分析[J]. 建筑节能. 2007，35(08)：26-37.

[53] 吴玲红，叶大法，周钟，梁韬. 办公建筑围护结构的保温性能与空调能耗[J]. 建筑节能. 2007，35(02)：18-21.

[54] 叶青. 以绿色思维创新建筑设计[J]. 建筑创作，2007(9)：90-93.

[55] 韩继红，汪维，安宇等. 绿色公共建筑评价标准与技术设计策略[J]. 城市建筑，2007(4)：29-31.

[56] N. W. Alnaser, R. Flanagan，W. E. Alnaser. Model for calculating the sustainable building index (SBI) in the kingdom of Bahrain[J]. Energy and Buildings, 2008，40：2037-2, 043.

[57] 孙延超，张炜. 深圳市建筑科学研究院建科大楼绿色设计理念浅析[J]. 城市建筑，2008(8)：24-25.

[58] 徐东升. 绿色建筑案例——西子联合大厦工程[J]. 建设科技，2008(12)：74-78.

[59] 欧阳生春. 美国绿色建筑评价标准LEED简介[J]. 建筑科学，2008(8)：1-3.

[60] 熊君放. 绿色施工在"绿色建筑"形成过程中的重要作用[J]. 施工技术，2008，37(6)：10-11.

[61] 王有为. 中国绿色施工解析[J]. 施工技术，2008，37(6)：1-6.

[62] 王李平，王敬敏，江慧慧. 我国合同能源管理机制实施现状分析及对策研究[J]. 电力需求侧管理，2008，10(1)：17-18.

[63] Guy R. Newsham etc. Do LEED-certified buildings save energy Yes，but.[J]. Energy and Buildings，2009，41：897-905.

[64] 罗雷.《绿色建筑评价标准》解析[J]. 城市建设，2009(33)：24-25.

[65] 黄健光，黎沛，梁松庆. 绿色变电站的探索和实践[J]. 电力环境保护，2009(01)：110-142.

[66] 刘斌，张飞涟. 绿色施工评价及其相关问题研究[J]. 价值工程，2009(6)：106-108.

[67] 王宝申，杨健康，朱晓锋. 绿色施工中存在的问题及对策[J]. 施工技术，2009(6).：3-5.

[68] 李志斌，钱霞. 大型公共建筑节能改造措施和效果分析[J]. 建筑节能.2009，37(06)：67-69.

[69] 陈永攀，张吉礼，牟宪民等. 建筑运行能耗监测与节能诊断系统的开发[J]. 建筑科学.2009，25(2)：30-31.

[70] 冯小平，李少洪，龙惟定. 既有公共建筑节能改造应用合同能源管理的模式分析[J]. 建筑经济，2009(03)：54-57.

[71] 马欣伯，赵安启. 探研中国特色绿色建筑人文内涵——《绿色建筑的人文理念》要点[J]. 建设科技，2010(6)：36-37.

[72] 韩洪丙.2009年度绿色建筑设计评价标识项目(★★★)——苏州·朗诗国际街区[J]. 建设科技，2010(6)：79-81.

[73] 柴宏祥，胡学，斌彭述等. 绿色建筑节水项目全生命周期增量成本经济模型[J].2010，38(11)：59-63.

[74] 王玉岭，唐际宇. 昆明市新机场绿色施工管理与技术应用[J]. 工程管理学报，2010(4)：1-5.

[75] 2011年度第十五批绿色建筑评价标识项目公布[J]. 建设科技，2011(23)：9-9.

[76] 蒋忠孝，陈瑞生. 有关民用建筑暖通设计的思考[J]. 城市建设理论研究(电子版)，2011(22).

[77] 朗诗·绿色街区[J]. 城市住宅，2011，21：73.

[78] 艾侠，普雪梅. 工业时尚与绿色情结——苏州工业园区物流保税大厦[J]. 世界建筑，2011，05：124-129.

[79] 王新，续振艳，陈涛. 我国大型公共建筑节能改造EPC模式选择研究[J]. 建筑节能.2011，39(01)：77-80.

[80] 吴春梅，孙昌玲. 运用LCC分析建筑维护结构节能的经济性[J]. 建筑节能，2011(2)：63-64.

[81] 岐家宽.施金健.黄辉.吴海洪. 花篮拉杆式型钢悬挑脚手架在高层建筑施工中的应用[J]. 建筑施工.2012，34(05)：435-437.

[82] 黄晓丹. 从博泽上海总部项目看绿色建筑理念与常规设计手法[J]. 工程建设与设计，2012(3)：61-64.

[83] 陆正刚. 杭州绿色建筑科技馆项目实施案例分析[J]. 浙江建筑，2012，29(1)：65-68，71.

[84] 朱亮. 浅析上海杨浦创智天地Ⅱ期项目LEED认证[J]. 施工技术，2012(增)：374-377.

[85] 王书中，杨斌，何耀东，冀海燕，何青. 中新天津生态城某学校绿色建筑设计案例研究[J]. 建筑节能，2012，08：28-30.

[86] 傅德辉，刘庄民. 北京建工发展大厦绿色建筑设计概述[J]. 工程建设与设计，2012(5)：88-91

[87] 陈益明. 京基100大厦超高层绿色建筑设计实践[J]. 建筑节能，2013(8)：60-64.

[88] 杨云铠，何开远，熊海. 绿色建筑绿标与LEED双认证项目的实践探索[J]. 重庆建筑，2014(12)：26-28.

[89] 王元忠，李雪宇. 合同能源管理相关节能服务法律事务[M]. 北京：中国法制出版社，2012.

[90] 国家发展和改革委员会，世界银行，全球环境基金，中国节能促进项目办公室. 中国合同能源管理节能项目案例[M]. 北京：中国经济出版社，2006.

[91] 江苏省住房和城乡建设厅科技发展中心编著. 江苏省绿色建筑应用技术指南[M]. 南京：江苏科学技术出版社，2013.